无线传感器网络

赵仕俊　唐懿芳　著

科学出版社

北京

内 容 简 介

　　本书全面论述了无线传感器网络的基础理论、技术方法和最新研究成果。全书共 11 章，对涉及无线传感器网络关键技术的网络部署、拓扑结构、节点定位、目标跟踪、路由协议、数据融合、拥塞控制、网络安全等问题进行了深入研究，并以 TinyOS 为基础详细介绍了无线传感器网络操作系统，最后通过实例说明了无线传感器网络的工程设计方法。

　　本书可供无线传感器网络研究人员和无线传感器网络设计工程师参考，也可作为高等学校、研究院所信息与控制领域的本科生和研究生课程的教材。

图书在版编目（CIP）数据

无线传感器网络 / 赵仕俊，唐懿芳著. —北京：科学出版社，2013.5
　ISBN 978-7-03-036866-9

I. ①无⋯　II. ①赵⋯　②唐⋯　III. ①无线电通信 – 传感器 – 研究
IV. ①TP212

中国版本图书馆CIP数据核字（2013）第040637号

责任编辑：邓　静　张丽花 / 责任校对：宋玲玲
责任印制：徐晓晨 / 封面设计：迷底书装

科 学 出 版 社 出版
北京东黄城根北街 16 号
邮政编码：100717
http://www.sciencep.com

北京厚诚则铭印刷科技有限公司 印刷
科学出版社发行　各地新华书店经销

*

2013 年 5 月第 一 版　　开本：B5（720×1000）
2017 年 3 月第四次印刷　　印张：21 1/2
字数：418 000

定价：**158.00 元**
（如有印装质量问题，我社负责调换）

序

　　无线传感器网络是物联网的基础，是影响人类未来生活的重大新兴技术之一。作者在网络部署、拓扑结构、路由协议、节点定位、目标跟踪、拥塞控制、数据融合、网络安全等涉及无线传感器网络关键技术的各方面进行了深入研究，所提出的无线传感器网络正六边形节点覆盖模型，将基于模拟退火思想的遗传算法应用于 WSN 节点定位，关于无线传感器网络的工程设计方法等都具有新意。

　　全书针对无线传感器网络研究问题进行分类，按照理论基础、国内外研究状态、作者的理解认识、未来研究方向来组织论述，结构清晰、逻辑严密。相信从事无线传感器网络研究的人员阅读本书后，会在把握研究方向、理清研究思路、激发研究灵感诸多方面颇有获益。

姚建铨 院士

2012 年 12 月

前　　言

　　无线传感器网络是 21 世纪改变人类生活的重大技术之一。作者以无线传感器网络的重点研究问题为主线，在参考国内外无线传感器网络最新资料的基础上，结合自己 10 年来对无线传感器网络进行持续研究所取得的若干成果，科学组织内容，精心著述成书。

　　在内容安排上，作者力图通过有限的篇幅，对涉及无线传感器网络的基础理论、关键技术、重点研究内容、主要研究方法、国内外的典型研究成果，以及作者的研究成果进行详细讨论。读者通过参阅本书能够了解到无线传感器网络的系统知识，把握无线传感器网络的研究方向，通过对一些基本研究方法和研究成果的批判，生发对有关问题研究的新思路。

　　在组织架构上，首先介绍无线传感器网络系统与体系结构，给出无线传感器网络的问题域，然后详细讨论涉及无线传感器网络的关键技术，包括不同区域的网络部署、能量高效的拓扑控制、网络层路由协议和数据链路层 MAC 协议、将模拟退火思想的遗传算法应用于 WSN 的节点定位算法、基于动态成簇的二进制 WSN 目标跟踪、基于主动队列管理的拥塞控制、基于事件驱动的数据融合和传感器网络安全技术等研究内容。再以 TinyOS 为基础，详细介绍无线传感器网络操作系统结构、设计准则和主要设计技术。最后以数字化钻井的无线传感器网络监测系统为例，说明无线传感器网络的工程设计流程、技术参数的确定方法和网络部署运行技术。

　　在此谨向帮助和参与本书相关研究工作的所有同仁表示感谢。北京科技大学张朝晖教授、穆志纯教授、王沁教授，清华大学黄德先教授，北京理工大学戴亚平教授曾对书中的研究内容提出中肯的意见，使得有关问题的研究得到了满意的结果；张朝晖教授审阅了本书全稿；研究生陈琳、徐秀兰、徐麦玲、王盼盼、刘思佳和李国全等曾参与了部分研究工作。在本书的著述过程中参阅了大量研究资料，谨向书中已列出和未列出的所有文献资料的作者表示敬意。同时，向长期以来一直默默支持我们研究工作的亲人表示深深的感谢。

　　"思如静水，想若流云"是"思想"的精致状态，作者始终以这种认真态度和满腔热情来从事本书的著述。尽管小心翼翼，然而由于作者才疏学浅，书中的瑕疵仍然在所难免，拜望广大读者不吝赐教，我们感激不尽。

赵仕俊　唐懿芳

2012 年 12 月

目　　录

第1章 绪 论

1.1 引言

无线传感器网络(Wireless Sensor Networks，WSN)综合了传感器技术、微机电系统技术、嵌入式计算机技术、分布式信息处理技术、网络技术和通信技术，是信息感知和数据采集领域的一场革命，是 21 世纪影响人类生活的重大技术之一[1-3]。

无线传感器网络旨在提供一个有效的连接自然界和计算机世界的桥梁，可广泛应用于国防军事、国家安全、环境监测、目标跟踪、医疗卫生、反恐抗灾、智能建筑、环境科学和空间探索等领域，已经引起许多国家的军事部门、工业界和学术界的极大关注[4-6]。美国自然科学基金委员会 2003 年制定了传感器网络研究计划，巨额投资支持相关基础理论的研究。美国国防部和各军事部门都对传感器网络给予了高度重视，在 C^4ISR 的基础上提出了 C^4ISRT(Command，Control，Communication，Computing，Intelligence，Surveillance，Reconnaissance and Targeting)计划，强调战场情报的感知能力、信息的综合能力和信息的利用能力，把传感器网络作为一个重要研究领域。美国加州大学伯克利分校最早开展对无线传感器网络的研究，研究涉及的内容系统而全面，并已研制成功 TinyOS 操作系统。此外，南加州大学、加州大学洛杉矶分校、斯坦福大学、麻省理工学院等著名大学也针对无线传感器网络中的热点和难点问题进行了研究并取得进展。日本、英国、意大利、巴西等国家也对传感器网络表现出了极大的兴趣，纷纷展开了该领域的研究工作。在产业界，2002 年，英特尔公司发布了"基于微型传感器网络的新型计算发展规划"；2004 年，NASA的 JPL(Jet Propulsion Laboratory)研制了用于空间探索的 Sensor Webs。此外，摩托罗拉、英特尔、霍尼韦尔等著名公司发起成立了 ZigBee 产业联盟，致力于无线传感器网络技术的研发和推广。

我国在传感器网络方面的研究水平还有待提高。国家自然科学基金委员会自 2003 年开始连续几年将无线传感器网络列为重点资助项目，课题涉及传感器网络的各个方面。中科院无线传感器项目组已经成功研制了基于专用低功耗处理器芯片的 IPv6 无线传感器网络节点软硬件平台。目前，中国科学院、中国科技大学、哈尔滨工业大学、西北工业大学、北京科技大学、中国石油大学和北京邮电大学等正在开展该领域的研究工作。

从 20 世纪 90 年代开始至今，无线传感器网络的发展历程大概可以划分为三个阶段。第一阶段主要致力于小型化、低功耗、低成本、智能化的传感器节点的开发和研制；第二阶段注重无线传感器网络作为通信网络的特性研究，特别是通信协议的设计和实现；第三阶段侧重于对无线传感器网络的群体智能行为的研究。

无线传感器网络是当前在国际上备受关注的、涉及多学科高度交叉融合、技术高度密集的前沿热点研究领域。由于网络中节点数量多并具有高度自主性，每个传感器节点的能力和能源都十分有限，网络工作环境恶劣，网络拓扑结构经常处于高度的动态变化中，因此，构建一个可靠、高效的传感器网络系统是一项艰巨而有挑战性的工作，特别是在体系结构、网络协议、能量高效、节点定位、目标跟踪、系统软件及网络应用方面，现有的思想与方法完全不适应或者必须经过修改才能应用于无线传感器网络。

1.2　无线传感器网络概述

1.2.1　无线传感器网络定义

1. 无线 Ad hoc 网络

Ad hoc 源于拉丁语，意思是"for this"，可引申为"for this purpose only"，即"为某种目的设置的，特别的"意思。Ad hoc 网络的起源可以追溯到 1968 年的 ALOHA 网络和 1973 年 DARPA 开始研究的分组无线电网络(Packet Radio Network)。在开发 IEEE 802.11 标准时，IEEE 802.11 标准委员会采用了"Ad hoc 网络"一词来描述这种特殊的自组织对等式多跳移动通信网络，将分组无线电网络改称为 Ad hoc 网络，Ad hoc 网络就此诞生。

IEEE 希望 Ad hoc 网络成为为特定目的而临时组建并短期存在的网络。IEEE 802.11 标准定义的 Ad hoc 网络为仅由那些通过无线方式能够互相进行直接通信的站点组成的网络，即独立的基本服务集(Independent Basic Service Set，IBSS)。IBSS 没有接入点，为单跳 Ad hoc 网络，但是目前研究的 Ad hoc 网络通常是多跳的。1997 年 IEEE 成立了移动 Ad hoc 网络 MANET(Mobile Ad hoc NETwork)工作组，专门负责具有数百个节点的移动 Ad hoc 网络的路由算法的研究和开发，并制定相应的标准。

Ad hoc 网络由一组自主的无线节点或终端相互合作而形成，独立于固定的基础设施并采用分布式管理，是一种自创造、自组织和自管理网络。与传统的蜂窝网络(Cellular Network)相比，Ad hoc 网络没有网关节点，所有节点分布式运行，具有路由器的功能，负责发现和维护到其他节点的路由，向邻居节点发射或转发分组。这种网络既可以单独运行，又可以通过网关接入到有线骨干网络——Internet。

2. 无线传感器网络的定义

根据节点是否移动，无线 Ad hoc 网络分为移动 Ad hoc 网络和传感器网络。在移动 Ad hoc 网络中，各个无线节点可以自由移动，通常也把无线 Ad hoc 网络等同于移动 Ad hoc 网络。在传感器网络中，各个无线节点静态地随机分布于某一区域。传感器负责收集区域内的声音、电磁或地震信号等多种信息，将它们发送到网关节点。网关具有更大的处理能力，能够进一步处理信息，或有更大的发送范围，可以将信息送往某个大型网络，使远程用户能够检索到该信息。随着微机电系统技术和信息技术的发展，可实现低成本、灵巧、可移动、功能强大的传感器节点，更具有应用价值。无线传感器网络成为 Ad hoc 网络技术的一个重大应用领域，目前，无线传感器网络已等同于无线 Ad hoc 网络。Ad hoc 网络是一个没有任何固定的设施，集中无线、可移动、节点自组织等特点形成的网络。绝大多数的无线传感器网络（以下简称 WSN）都采用无线 Ad hoc 网络的体系结构。

到此，可以给出无线传感器网络的定义：无线传感器网络是以传感器为网络节点，节点之间能够协作地实时监测、感知和采集各种监测对象的信息并对其进行处理，然后以自组多跳的网络方式将信息无线传送到用户终端，从而实现物理世界、计算世界以及人类社会三元世界的连通。从上述定义可以看到，传感器节点、观察者、感知对象和无线通信是传感器网络的 4 个基本要素。

(1) 传感器节点是传感器网络的主要硬件，具有信息感知、数据处理、信息通信等功能。

(2) 观察者是传感器网络的用户，是感知信息的接收者和应用者。

(3) 感知对象是观察者感兴趣的监测目标，即传感器网络的感知对象。一个传感器网络可以感知网络分布区域内的多个对象，一个对象也可以被多个传感器网络所感知。

(4) 无线通信是传感器之间、传感器与观察者之间的通信方式，用于在传感器与观察者之间建立通信路径。

1.2.2 系统组成

一个传感器网络通常包括传感器节点（Sensor Node）、网关节点（Sink Node）和任务管理节点（Manage Node）。大量传感器节点可以通过人工部署或飞行器撒播，甚至可以借助火箭发射等方式部署在监测区域（Sensor Field）内部或附近。之后，这些节点能够以自组织的方式构成网络，并通过多跳转发的方式将感知到的数据传送到远端的网关节点，而网关节点则可以将整个网络的数据通过卫星传送到计算机网络中心，同时也可以将用户的查询请求发送到传感器网络中。传感器网络系统如图 1-1 所示。

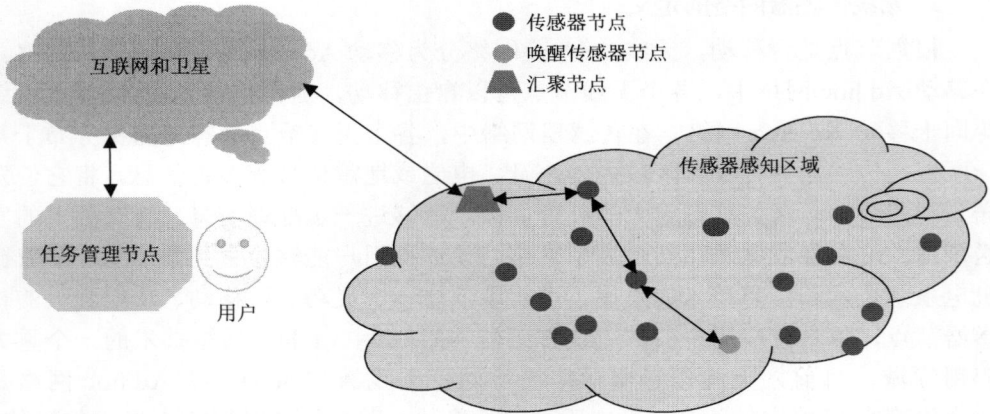

图 1-1　WSN 系统组成

1.2.3　网络模型

一般来说，WSN 的协议针对特定的应用设计。通常在建立 WSN 的模型（Network Model）时作如下假设：

(1) 传感器节点随机均匀布设；

(2) 传感器节点不具备随机移动性；

(3) 所有的传感器节点相同且节点的初始能量相等；

(4) 所有传感器节点的探测范围相等；

(5) 网络中所有节点的位置信息是可知的；

(6) 网络中只有一个网关节点，分布在传感器网络内，且位置固定。

目前的研究通常还假设节点采用全向天线，因此，在平面区域内节点的无线通信覆盖范围可以用以节点为中心，以最大传输距离为半径的圆盘表示。当网络中所有节点同构，网络的拓扑结构可以通过二维平面上的单位圆盘图建模，即利用无向图描述网络的拓扑结构[7]。

1.3　网络体系结构

无线传感器网络体系结构（WSN Architecture）是描述传感器网络自身特点，反映用户对网络需求，在设计网络协议和网络通信机制的过程中必须遵守的一组抽象规则。设计网络体系结构的目的是为网络协议和算法的标准化提供统一的技术规范，使其能够满足用户需求。

WSN 体系结构与传统的计算机和通信网络不同，研究人员参照 OSI（Open

System Interconnect)五层协议模型，提出了多个 WSN 协议体系结构框架，大部分框架都是由文献[6]提出的五层协议栈细化改进而来的。图 1-2 所示的 WSN 体系结构，不仅起到了将相关研究内容集成到统一框架和体系下的作用，而且也清晰地表明了传感器网络组成的逻辑关系和应研究的主要内容。

图 1-2　WSN 体系结构

1. 物理层

物理层(Physical Layer)负责频率选择、载波频率产生、信号检测、信号的发送与接收及其调制解调、数据加密和功率控制等，物理层的设计目标是以尽可能少的能量消耗获得较大的链路容量。物理层协议主要研究信号传播效果、能效和调制方案，其他问题主要属于硬件设计的范畴。

2. 数据链路层

数据链路层(Data-link Layer)负责数据成帧、帧检测、信道访问和错误控制。数据链路层的设计目标是保证通信网络中点对点和点对多点的连通可靠性，保证源节点发出的信息可以完整、无误地到达目标节点。数据链路层主要研究信道访问和错误控制问题。

3. 网络层

网络层(Network Layer)主要负责网内从源节点到目标节点的数据分组路由，并把数据可靠传送到网关节点，通过数据融合和拥塞控制提高数据传输效率。

4. 传输层

要通过 Internet 或其他外部网进入传感器网络时，需要设计传输层协议。传输层负责数据流的传输控制，提供可靠的、开销合理的数据传输服务。由于 Internet 的传输控制协议 TCP 与传感器网络环境的特点不匹配，TCP 的连通会终止在传感器网络的网关节点，因此，需要设计专门的传输层协议来处理网关节点和传感器节点之间的通信，而用户和网关节点之间的通信则可通过用户数据报协议(User Datagram Protocol，UDP)或 TCP 经由 Internet 或卫星来实现。另一方面，网关节点和传感器节点之间的通信可以纯粹是 UDP 型协议。

5. 应用层

从信息交换的角度看，有 3 个重要的应用层协议，即传感器管理协议、任务分配和数据广播协议、传感器查询和数据传播协议。另外，也包括一系列基于监测任务的应用层软件。传感器管理、任务分配和数据广播、传感器查询和数据传播是应用层协议的主要研究内容。

1.4 网络节点

1. 节点组成

无线传感器网络节点由电源、传感器、嵌入式处理器、存储器、通信部件和软件这几部分构成，如图 1-3 所示。

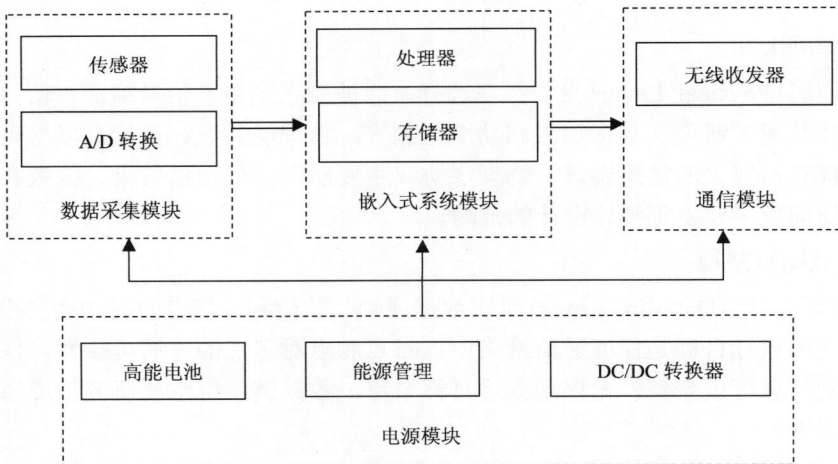

图 1-3 传感器网络节点结构框图

2. 传感器节点工作模式

按照节点各部件开启与关闭状况，传感器节点的工作模式有以下 5 种，分别是：检测、通信、空闲、侦听和休眠。节点在 5 种工作模式下的各部件工作状态如表 1-1 所示。

表 1-1 节点 5 种模式下的各部件工作状态表

部件 / 工作模式	CPU	传感器	发送模块	接收模块	无线触发器	定时器
休眠	关闭	关闭	关闭	关闭	开启	开启
侦听	关闭	关闭	关闭	关闭	开启	开启
通信	开启	关闭	开启	开启	关闭	关闭
检测	开启	开启	开启	开启	关闭	关闭
空闲	开启	关闭	关闭	关闭	开启	开启

空闲模式消耗的能量几乎与活动模式消耗的能量相同。当节点能量消耗完或剩余能量小于规定下限时认为节点失效，不能再参与任何信息感知及采集的工作。在网络初始化后，如果能合理地调整传感器节点处于活动模式和休眠模式的时间，就可以减少能量消耗，延长网络节点寿命。

每个传感器节点存储的信息有：节点的身份标识符 ID(Identity)，节点周围一跳的邻居节点 ID 表，节点的坐标，节点目前的状态，节点的初始能量及剩余能量(Remaining Power，RP)。

3. 节点工作流程

为便于管理和调度，将节点所要实现的功能定义为事件进行处理。每个事件完成相应功能，如图 1-4 所示，所有事件进行协调处理，就能实现节点工作时要完成的系统功能。

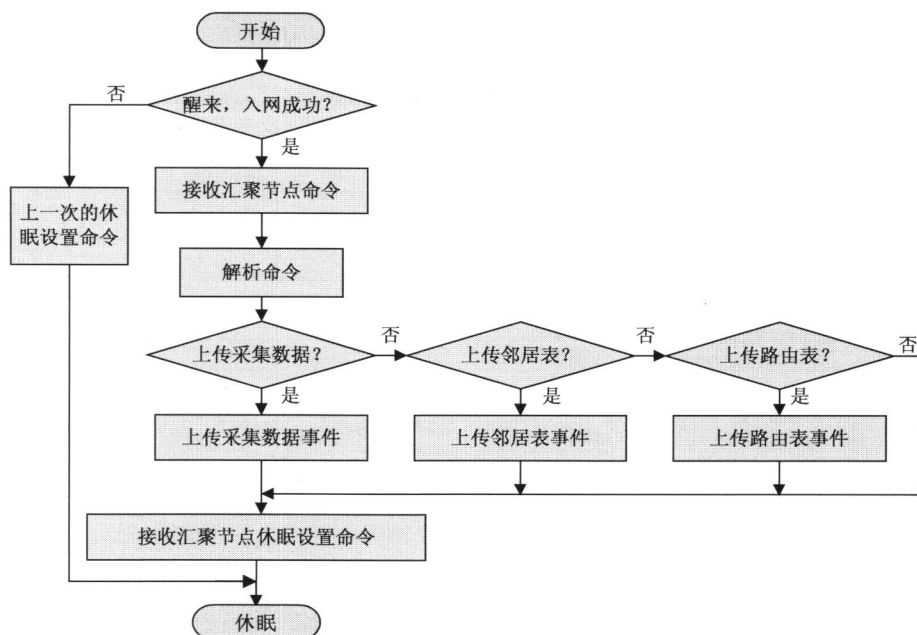

图 1-4 传感器节点的工作流程

　　当网关节点成功初始化网络，传感器节点成功入网后，全网节点处于通信状态，传感器节点等待接收网关节点的命令。网关节点通过数据中转器与上位机进行通信，根据上位机的要求触发相应的事件进行处理。传感器节点接收到来自网关节点的命令后触发相应的事件，将相应的数据上传给网关节点，网关节点再通过数据中转器将数据上传给上位机。在每次通信结束之前，网关节点会向数据中转器发送一个请求休眠的消息，数据中转器与上位机通信后，会按照上位机的要求对全网节点的状态进行设置。网关节点的工作流程如图1-5所示。

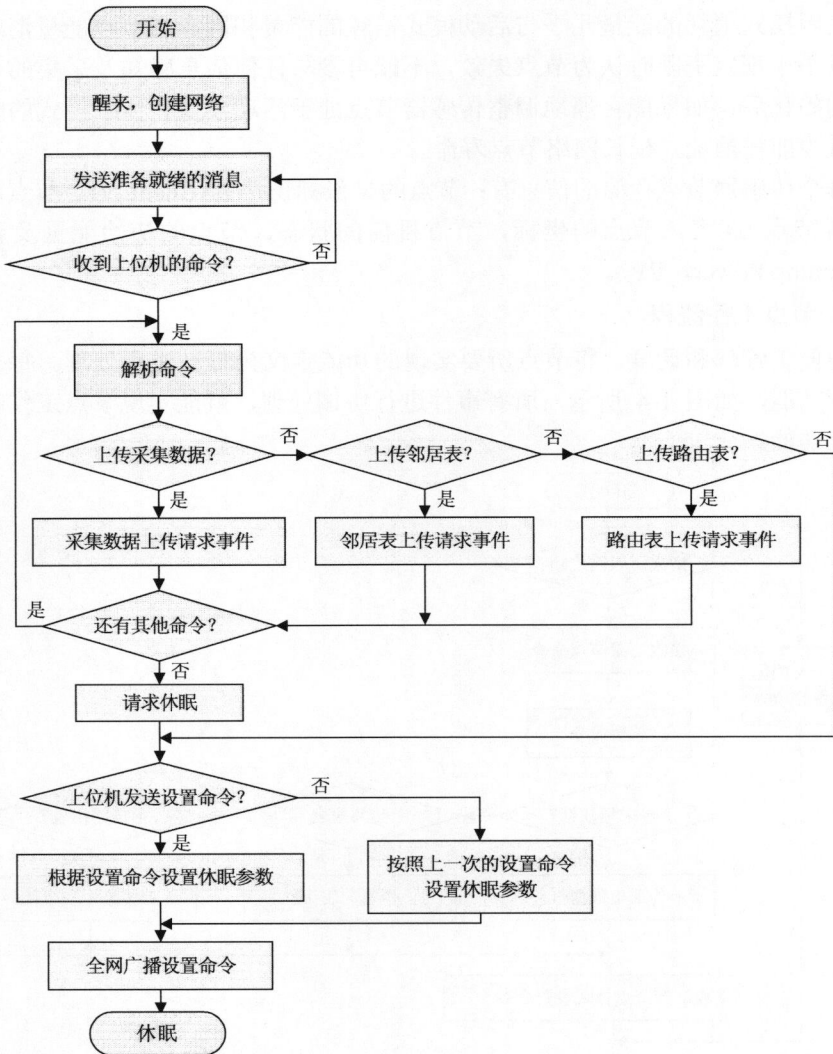

图1-5　网关节点的工作流程

1.5 网络特点与性能评价

1.5.1 网络特点

WSN 能够快速随机部署，自动配置，易于调整使其适用特定的任务。 由于独特的应用需求，WSN 很大程度上不同于传统的 Ad hoc 网络。例如：WSN 通常具有成千上万的传感器节点，高于传统的 Ad hoc 网络几个数量级。密布的节点导致邻居节点数据的高度冗余。此外，WSN 还受到资源限制，如能量、存储和计算能力。同样，由于应用的多样性，WSN 设计通常要考虑应用的特殊性，即很难设计一个通用的 WSN 结构和部署方法来满足各种应用需求。此外，一个传感器节点的现行任务周期低于 1%，最终用户集中于数据采集的数据流通常是单向的，即从传感器节点到数据处理中心，可用于许多别的网络的现有结构和协议不再适用于 WSN。除了吞吐量、延时特性这些技术指标外，在 WSN 的设计中必须考虑系统寿命指标[8]。传感器网络具有如下特点。

1. 大规模性（Large Scale）

大规模一方面指传感器节点分布在很大的地理区域内，需要部署大量的传感器节点；另一方面指在一个面积不是很大的空间内，密集部署了大量的传感器节点。传感器网络的节点数比起常规的 Ad hoc 网络的节点数要高几个数量级。为了对一个区域执行监测任务，往往有成千上万传感器节点部署到该区域。传感器节点的密集分布是要利用节点的高度连通性来保证系统的容错性和抗毁性[9]。

2. 自组织性（Self-organized）

自组织性定义为：若干传感器节点能相互协调地形成一个独立完成确定任务的系统。传感器网络的自组织性要求网络的布设和展开不依赖于任何预设的网络设施，传感器节点的位置不能预先精确设定，节点之间的邻居关系也不能预知，传感器节点具有自组织的能力，节点通过分层协议和分布式算法协调各自的行为，自动进行配置和管理，通过拓扑控制机制和网络协议自动形成转发监测数据的多跳无线网络系统。自组织的传感器网络具有以下特征：

（1）系统由可独立感知信息的传感器节点组成；

（2）传感器节点共同作用实现任务分工；

（3）系统能自适应、高效完成目标任务。

3. 资源有限（Resource Constrain）

传感器网络的资源有限指的是节点的计算能力有限、电源能量有限和通信能力有限。

计算能力有限是因为节点受价格、体积和功耗的限制，其计算能力、程序空间和内存空间比普通的计算机要弱得多，因此决定了在 WSN 操作系统设计中，协议层次不能太复杂。

电源能量有限是因为网络节点由电池供电，电池的容量一般不大，其特殊的应用领域决定了网络运行中不能给电池充电或更换电池，一旦电池能量耗尽，这个节点也就失去了作用。因此，在传感器网络设计过程中，任何技术和协议的使用都要以节能为前提。

通信能力有限是因为带宽有限、容量可变的链路，多接入、多径衰减、噪声和信号干扰等因素将显著降低无线通信的吞吐量。同时，节点的发射距离不大。

4. 动态性（Dynamic）

WSN 是一个动态的网络，节点可以在网络中移动，自由地加入和退出网络，节点可能会因为电池能量耗尽或环境变化，造成的无线通信障碍而退出网络运行，也可能由于节点周期性睡眠无法正常工作，或由于工作的需要而被添加到网络中，使网络节点数量动态地增加或减少。这些都会使网络的拓扑结构随时发生变化，因此传感器网络系统应具有动态的系统可重构性，使网络具有动态拓扑结构组织能力。

5. 以数据为中心（Data-centric）

传感器节点没有全局标识符（ID），因为传感器节点随机部署，构成的传感器网络与节点编号之间的关系是完全动态的，表现为节点编号与节点位置没有必然联系。用户使用传感器网络查询事件时，以数据本身作为查询或传输线索直接将所关心的事件通告给网络，而不是通告给某个确定编号的节点，所以通常说传感器网络是一个以数据为中心的网络。同时，WSN 中没有严格的控制中心，所有节点地位平等，是一个对等式网络。节点可以随时加入或离开网络，任何节点的故障不会影响整个网络的运行，具有很强的抗毁性。

6. 多跳路由（Multihop Routing）

网络中节点通信距离有限，一般在百米范围内，节点只能与它的邻居直接通信。如果希望与其射频覆盖范围之外的节点进行通信，则需要通过簇头节点进行路由。固定网络的多跳路由使用网关和路由器来实现，而 WSN 中的多跳路由是由普通网络节点完成的，没有专门的路由设备。这样每个节点既可以是信息的发起者，也可以是信息的转发者。

7. 安全性（Security）

由于监测区域环境的限制以及传感器节点数目巨大，不可能人工"照顾"每个传感器节点，所以网络的维护十分困难甚至不可维护。传感器网络的通信保密性十分重要，要防止监测数据窃听、欺骗和拒绝服务攻击，因此其安全问题是一个大的挑战。

8. 分布式操作系统（Distributed OS）

传感器网络需要和周围环境交互，并且能够以自治的方式进行主动计算

（Proactive Computing），所以传感器操作系统是一个分布式的系统。

9. 应用相关性（Application-related）

对于不同的传感器网络应用虽然存在一些共性问题，但在开发传感器网络应用中，更关心传感器网络的差异。只有让系统更贴近应用，才能做出最高效的目标系统。针对每一个具体应用来研究传感器网络技术是传感器网络设计不同于传统网络的显著特征。

10. 可靠性（Reliability）

传感器网络特别适合部署在恶劣环境或人员不便到达的区域，传感器节点可能工作在露天环境中，遭受太阳的暴晒或风吹雨淋，甚至遭到无关人员或动物的破坏。这些都要求传感器节点非常坚固，不易损坏，适应各种恶劣环境条件。

1.5.2　性能评价

WSN 的质量可以用一组技术指标进行评价，这些指标包括：能效、精度、延时、安全、可靠性和可扩展性等。这些指标是不可能同时得到满足的，因为有些相互之间存在冲突。事实上，还没有形成评价无线传感器网络性能的一套完整的技术指标。通常是针对不同的研究问题，提出相应的性能评价指标。

1.6　网络应用

无线传感器网络的应用前景非常广阔，传感器网络是物联网建设的关键技术，随着传感器网络的深入研究和广泛应用，传感器网络将逐渐深入到人类生活的各个领域。

1. 军事方面的应用

无线传感器网络具有可快速部署、可自组织、隐蔽性强和高容错性的特点，能够发展成为非常实用的军事技术，可作为军事 C^4ISRT 系统的重要组成部分。通过飞机或炮弹直接将传感器节点播撒到敌方阵地，或者在公共隔离带部署传感器网络，能够非常隐蔽而且近距离迅速、准确地收集战场信息，实现对敌军兵力和装备的监控、战场实时监视、目标定位、战损评估。通过传感器网络分析采集到的数据，可得到准确的目标定位，从而为火控和制导系统提供精确的制导。利用传感器网络对核攻击和生物化学攻击的监测和搜索等功能，可以准确地探测到生化武器的成分，及时提供情报信息，有利于正确防范和实施有效的反击。

2. 环境方面的应用

传感器节点被随机密布在森林之中，平常状态下定期报告森林环境数据，当发生火灾时，这些传感器节点通过协同合作在短时间内将火源的具体地点、火势的大小等信息传送给相关部门，实现森林火灾的准确报告。传感器网络可作为大规模地球观测和行星探测的微型仪器，用于行星探测、气象与地理研究、洪水监测。传感器网络还可以通过跟踪鸟类、小型动物和昆虫的运动进行种群复杂度的研究。用传感器网络可监测影响农作物生长和灌溉、牲畜成长的环境条件，进行化学/生物学检测，实现精准农业；应用传感器网络可对海洋、土壤和大气环境下的生物、泥土和环境监测、进行气象学与地球物理学研究、环境的生物多样性调查以及环境污染研究。

3. 医疗卫生方面的应用

传感器网络可用于残疾人、病人的综合监护，跟踪和监控医生和患者的行为，医院的药物管理等。如果在住院病人身上安装特殊用途的传感器节点，如心率和血压监测设备，医生利用传感器网络就可以随时了解和诊断被监护病人的病情，发现异常能够迅速抢救。将传感器节点按药品种类分别放置，计算机系统即可帮助辨认所开的药品，从而减少病人用错药的可能性。还可以利用传感器网络长时间地收集人体的生理数据，这些数据对了解人体活动机理和研制新药品都非常有用。

4. 智能家居方面的应用

智能家居包括智能家电和智能家居环境。智能家电是在家用电器和家具中嵌入传感器节点和执行器，通过无线网络与 Internet 连接在一起，利用远程监控系统，可完成对家电的远程遥控。智能家居环境有两个不同的设计理念：即以人为中心和以技术为中心。以人为中心要求智能家居环境在输入/输出能力方面要适应最终用户的需求。以技术为中心就必须开发新的硬件技术、网络解决方案和中间件服务。传感器节点嵌入居家设备中，节点之间可互相通信，也可与居家人员进行通信，居家人员也可相互通信，学习智能家居提供的服务。居家人员、传感器节点与嵌入式设备相结合，成为一个自组织、自调节和自适应系统，为人们提供更加舒适、方便和更具人性化的居家环境。

5. 工业和商贸方面的应用

工业和商贸方面的应用包括构建智能办公空间、建筑物状态监控、复杂机械监控与故障诊断、交通运输工具跟踪与检测、空间探索、风洞和航空器监测、自动化生产线上的机器人控制、互动玩具、交互式博物馆、灾害监测、执行器控制、车辆防盗监测、大型车间和仓储管理，以及机场、大型工业园区的安全监测等领域。

在石油天然气工业生产方面，以油气长输管道为例，由于这些管道在很多地方都要穿越大片荒无人烟的地区，这些地方的管道监控一直是一大难题。应用 WSN 技术可以实时地监控长输管道运行情况。一旦出现管道破损即能在控制中心实时监控，仅我国的西气东输工程就可能节省上亿元的资金。对石油钻井现场的实时监测，避免一次井喷事故就可挽回几千万元的损失。

在电力监控方面，因为电能一旦送出就无法保存，所以电力管理部门一般都会要求下级部门每月层层上报地区用电要求，并根据需求配送。但是使用人工报表的方式根本无法准确统计这项数据，如果使用 WSN 来监控每个用电点的用电情况，这类问题将迎刃而解。如果美国加州将这种产品应用于电力使用状况监控，电力调控中心每年将可以节省 7 亿～8 亿美元。

1.7 无线传感器网络与物联网

1. 物联网概念

物联网（Internet of Things）概念最早由 Kevin Ashton 在 1998 年春季 Procter & Gamble 公司演讲中提出，旨在建立一种借助安装在各种物体上的传感器，通过运行特定的程序，与互联网交换信息，达到远程控制或者实现物与物的直接通信的系统，即通过安装在各类物体上的射频识别（RFID）、传感器、二维码等，经过接口与无线网络相连，从而给物体赋予智能，实现人与物体、物体与物体间的沟通和对话[10]。

物联网可定义为：通过信息传感设备，按照约定的协议，把任何物品与互联网连接起来，进行信息交换和通信，以实现智能化识别、定位、跟踪、监控和管理的一种网络[11]。

从物联网通信对象和过程来看，其核心是物与物以及人与物之间的信息交互。物联网的基本特征可概括为利用射频识别、二维码、传感器等感知、捕获、测量技术随时随地对物体进行信息采集和获取的全面感知；通过将物体接入信息网络，依托各种通信网络，随时随地进行可靠的信息交互和共享的可靠传送；利用各种智能计算技术，对海量的感知数据和信息进行分析并处理，实现决策和控制的智能化。

2. 无线传感器网络与物联网的关系

基于前述对物联网、无线传感器网络的定义及特征分析，物联网与无线传感器网络的关系是物联网包含无线传感器网络，无线传感器网络是物联网的基础，如图 1-6 所示。

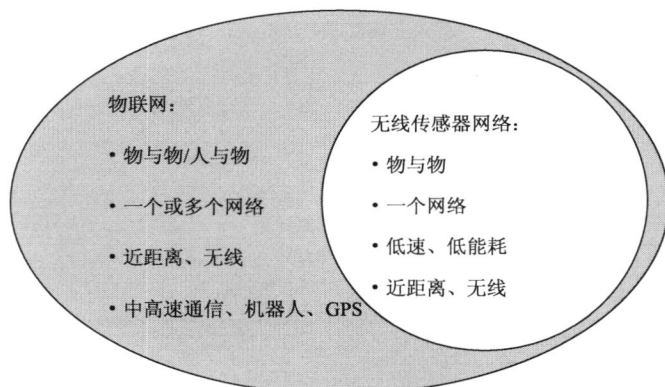

物联网：
· 物与物/人与物
· 一个或多个网络
· 近距离、无线
· 中高速通信、机器人、GPS

无线传感器网络：
· 物与物
· 一个网络
· 低速、低能耗
· 近距离、无线

图 1-6 传感器网络与物联网的关系

　　从通信对象及技术的覆盖范围看，传感器网络是物联网实现数据信息采集的一种末端网络，除了各类传感器外，物联网的感知单元还包括如 RFID、二维码、内置移动通信模块的各种终端等。

1.8　主要研究内容

　　WSN 是涉及多学科交叉的研究领域，有很多的关键技术有待研究与发明。与传统的 Internet 和蜂窝网络相比，WSN 没有固定的基础设施，每个节点都可能随时进入和离开网络，整个网络分布式运行。然而，传统网络中对连通性和信息传输的基本需求，在 WSN 中也同样需要得到满足。目前关于 WSN 研究中的主要难点问题为部署策略、路由协议、服务质量、MAC 协议、能量消耗、节点移动性管理、安全性等问题。目前涉及传感器网络关键技术的研究热点可用图 1-7 来概括，详述如下。

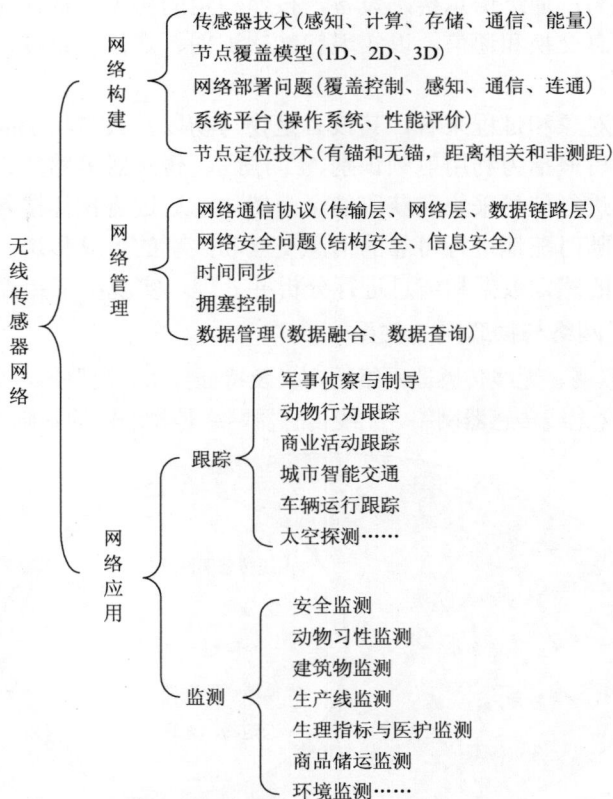

图 1-7　WSN 研究内容

1. 网络拓扑控制（Network Topology Control）

主要研究的问题是在满足网络覆盖度和连通度的前提下，通过功率控制和骨干网节点选择，剔除节点之间不必要的无线通信链路，生成一个高效数据转发的网络拓扑结构。

2. 网络层路由协议（Routing Protocol）

在 WSN 中，节点一般都采用多跳路由连接信源和信宿。但是，现存的 Ad hoc 网络多跳路由协议一般不适合 WSN 的特点，WSN 必须开发属于自己的路由协议。网络层的路由协议决定监测信息的传输路径，开发良好的路由协议是建立 WSN 的首要问题，同时也是主要的研究热点和难点。传统的距离向量和链路状态路由协议并不适用于拓扑结构高度动态变化的 WSN。理想的 WSN 的路由协议应该具有以下性能：分布式运行、无环路、按需运行、考虑安全性、高效地利用电池能量、支持单向链路、维护多条路由。

由于 WSN 具有很强的应用背景，一个传感器网络通常是为某个具体的应用场合设计的。因此，很难采用通用的路由协议。和传统的以地址为中心的路由协议不一样，WSN 的路由协议是以数据为中心的，没有一个全局的标识，一般是基于属性的寻址方式，通常采用按需的被动式路由方式。研究较多的是以数据为中心的路由协议和基于分簇的层次化路由协议，此外还有一些多播路由协议。

3. 信道访问控制协议（MAC Protocol）

数据链路层的信道访问控制（MAC）用来构建底层的基础结构，控制传感器节点的通信过程和工作模式。无线 Ad hoc 网络中 MAC 协议主要为 IEEE 802.11 标准中的 CSMA/CA 协议和 HiperLan/2 协议。对于 Ad hoc 网络，IEEE 802.11 标准采用分布式协调功能（Distributed Coordination Function，DCF）的接入模式，MAC 层协议为 CSMA/CA，节点间的数据传输过程为 RTS/CTS+数据+确认。HiperLan/2 是由欧洲标准化组织 ETSI 开发的高速无线接入项目的一部分，能够携带多媒体数据和支持服务质量保证。HiperLan/2 网络采用直接模式时可以用于 Ad hoc 网络的组网。

目前对 WSN 的研究常常是采用 IEEE 802.11 标准。IEEE 802.11 MAC 层协议在多跳网络中存在一些问题：仍然没有解决隐藏节点和暴露节点问题；IEEE 802.11 的 MAC 协议的载波监听（和干扰）的范围通常大于通信范围，加剧了隐藏节点和暴露节点的问题；延时算法对刚发送成功的节点有利，对发送失败的节点不利，使各节点间存在明显的不公平；不能解决 WSN 的能量消费的问题。

4. 服务质量 QoS（Quality of Serve）

QoS 是指当源端向目的端发送分组流时，网络向用户保证提供一组满足预先定义的服务性能约束，如端到端的延时、带宽、分组丢失率等。显然，为了提供 QoS 保证，首要的任务就是在源和目的节点之间寻找具有必要资源来满足 QoS 要求的路由，其次对于特定的流一旦路由被选择后，必须为该流预留必要的资源（如带宽路由器中的缓存空间等）。提供 QoS 路由可以将这些任务结合在一起，这样 QoS 保证转换为 QoS 路由问题。

QoS 路由依赖于当前网络状态信息的获得。在基于局部状态信息的 QoS 路由算法中，源节点和中间路由器向外发送具有一定的节点识别能力、并包含 QoS 信息的探测分组(Probe Packet)来寻找一条满足 QoS 需求的可行路由。基于不精确的全局状态信息的路由技术采用基于票的(Ticker Based)探测分组来寻找可行路由。每个从源端到目的端的分组至少携带一张票来搜索可行路径。探测分组携带的票数越大，找到满足 QoS 要求的路由的可能性越小。

5. 网络安全(Network Security)

WSN 不仅要进行数据的传输，而且要进行数据采集和融合、任务的协同控制等。如何保证任务执行的机密性、数据产生的可靠性、数据融合的高效性以及数据传输的安全性，就成为 WSN 安全问题需要全面考虑的内容。

Ad hoc 网络存在以下的安全性问题：无线链路使 Ad hoc 网络容易受到链路层的攻击，包括被动窃听和主动假冒信息重放和信息破坏；节点在敌方环境漫游时缺乏物理保护，使网络容易受到已经泄密的内部节点(而不仅仅是外部节点)的攻击，采用分布式的网络体系结构可以提高 Ad hoc 网络的生存能力。Ad hoc 网络的拓扑和成员经常改变，节点间的信任关系经常变化，与移动 IP(Mobile IP)相比，Ad hoc 网络没有值得信任的第三方的证书的帮助，在节点间建立信任关系成为 Ad hoc 网络安全的中心问题；Ad hoc 网络包含成百上千个节点，需要且应该采用具有扩展性的安全机制。

6. 时钟同步(Time Synchronism)

传感器网络中节点的本地时钟依靠对自身晶振中断计数实现，晶振的频率误差和初始计时时刻不同，使得节点之间本地时钟不同步。研究本地时钟与物理时钟的关系或本地时钟之间的关系，构造对应的逻辑时钟以达成同步式时钟同步是问题研究的关键。

7. 定位技术(Localization)

确定事件发生的位置或采集数据的节点位置是传感器网络最基本的功能之一。定位机制必须满足自组织性、健壮性、能量高效、分布式计算等要求，并要具有一定的定位精度。

8. 数据融合(Data Gathering)

在应用层设计中，可以利用分布式数据库技术，对采集到的数据进行逐步筛选，达到融合的效果；在网络层中，很多路由协议均结合了数据融合机制，以期减少数据传输量；独立于其他协议层的数据融合协议层，通过减少 MAC 层的发送冲突和头部开销达到节省能量的目的，同时又不损失时间性能和信息的完整性，也是数据融合问题的研究方向。

9. 数据管理（Data Management）

传感器网络的数据管理系统必须在尽量减少能量消耗的同时提供有效的数据服务。传感器网络中节点数量庞大，且传感器节点产生的是无限的数据流，对传感器网络数据的查询经常是连续的查询或随机抽样的查询，这就使得传统分布式数据库的数据管理技术不适用于传感器网络。

10. 无线通信技术（Wireless Communication）

传感器网络需要低功耗短距离的无线通信技术。超宽带（uWB）技术具有对信道衰落不敏感、发射信号功率谱密度低、低截获能力、系统复杂度低、能提供数厘米的定位精度等优点，非常适合应用在 WSN 中，但还没有形成一种正式的国际标准。

11. 嵌入式操作系统（Embedded OS）

传感器节点是一个微型的嵌入式系统，需要系统能够有效地满足发生频繁、并发程度高、执行过程比较短的逻辑控制流程，同时还要求操作系统能够让应用程序方便地对硬件进行控制，且保证在不影响整体开销的情况下，应用程序中的各个部分能够比较方便地进行重新组合。上述这些特点对设计面向 WSN 的操作系统提出了新的挑战。

12. 应用层技术（Application Layer）

传感器网络应用开发环境的研究旨在为应用系统的开发提供有效的软件开发环境和软件工具，需要解决的问题包括传感器网络程序设计语言，传感器网络程序设计方法学，传感器网络软件开发环境和工具，传感器网络软件测试工具的研究，面向应用的系统服务（如位置管理和服务发现等），基于感知数据的理解、决策和举动的理论与技术（如感知数据的决策理论、反馈理论、新的统计算法、模式识别和状态估计技术等）。

13. 功率控制（Energy-efficient）

功率控制（能量高效）是在目的端能正确接收分组的前提下，减少节点的能量消耗以延长节点和网络的寿命，减少对邻居节点的干扰以提高网络的吞吐量，减少数据被窃听的可能性以提高通信的安全性。功率控制问题涉及无线传感器网络中的各层。硬件层次的技术，如低功率的 CPU、显示器和能量有效的算法等。在物理层可以调整节点的发射功率来减少网络的能量消耗。MAC 层的主要措施为减少数据发送的冲突，避免重传，使节点进入睡眠状态。在网络层，采用功率控制路由算法，而不是以最短跳数和最小延时作为路由度量。

节点能耗可以分为通信能耗和计算能耗两部分。前者是指无线网络接口消费的能量。在 Ad hoc 网络中，移动节点可以处于发射、接收和空闲 3 种模式，其中发射模式的功率消耗最大，空闲模式的功率消耗最小。降低通信能耗的技术可能增加计算能耗，反之亦然。

1.9　内容组织

本书旨在通过分析归纳国内外的参考文献，结合作者的研究成果，力图全面系统地介绍 WSN 的前沿研究状况。根据 WSN 的研究内容主次及关联性，考虑到本书体系结构的完整性和逻辑结构的严密性，作者对其内容组织做了合理安排。首先，在第 1 章绪论部分就 WSN 的定义、系统与体系结构、特点与性能评价、与物联网的关系、主要研究内容及其应用做了分类和概括性的介绍；然后，在第 2 章和第 3 章讨论涉及网络构建的节点覆盖模型、网络部署、节点定位等问题，在第 4～10 章就网络管理方面的网络协议、MAC 协议、QoS 服务质量、时钟同步、数据融合、拥塞控制、网络安全等问题进行深入讨论；最后，在第 11 章讨论 WSN 的工程设计方面的问题。

参 考 文 献

[1] Estrin D, Govlndan R, Heidemann J, et al. Next century challenges: Scalable coordination in sensor networks MOBICOM. Seattle, 1999: 263-270.

[2] Weiser M. The computer for the twenty-first century. Scientific American, 1991, 9.

[3] 孙利民, 李建中, 陈谕, 等. 无线传感器网络. 北京: 清华大学出版社, 2005: 5.

[4] Akyildiz I F, Su W. Yogesh Sankarasubramaniam, Erdal Cayirci. Wireless sensor networks: a survey. Computer Networks, 2002, 38(4): 393-422.

[5] Chong C Y, Kumar S. Sensor networks evolution, opportunities, and challenge. Proc of the IEEE, 2003, 9(1): 1247-1256.

[6] Shih E, Cho S, Ickes N, et al. Physical layer driven protocol and algortithm design for energy-efficient wireless sensor networks. ACM SIGMOBILE Conference on Mobile Computing and Networking. Rome, 2001, 7.

[7] 刘林峰, 刘业, 庄艳艳. 高效能耗传感器网络的模型分析与路由算法设计. 电子学报, 2007, 35(3): 457-460.

[8] Xue G L, Hassanein H. On current areas of interest in wireless sensor networks. Computer Communications, 2006, 29: 409-412.

[9] 马祖长, 孙怡宁, 梅涛. 无线传感器网络综述. 通信学报, 2004, 25(4): 114-124.

[10] AutoID Labs homepage. http://www.autoidlabs.org.

[11] 孙其博, 刘杰, 黎羴, 等. 物联网: 概念、架构与关键技术研究综述. 北京邮电大学学报, 2010, 33(3): 1-9.

第 2 章 无线传感器网络部署

2.1 概述

网络部署，即在确定的区域内，遵从某一理论方法布置传感器节点。网络部署是建立传感器网络的首要工作，是网络正常运行的基础。网络部署要优化现有网络资源，以期网络在未来的应用中获得最高效率和最长网络寿命。在 WSN 中，由于节点兼具信息采集和信息传输功能，使得网络的部署必须满足两个方面：一是在保证感知覆盖、通信覆盖和连通覆盖的前提下，用最少的节点覆盖监测区域；二是在保证信息和控制命令在网络中顺畅传输的前提下，尽可能延长网络寿命[1]。

在传感器网络中，每个传感器所能感知的最大物理空间即感知范围有限，为保证需要监测的区域都在可监测范围内，就需要按照某种方法在目标区域布置传感器，这就是所谓的覆盖问题。覆盖问题是传感器网络研究的基础性问题，它描述了网络对物理世界的感知状况，反映了网络所能提供的"感知质量"。目前覆盖问题已经与保证网络连通性、有效利用节点能量、动态覆盖等问题结合起来，内涵和外延都得到了很大的扩充。对网络覆盖的综合考察有助于了解是否存在监测和通信盲区，从而重新调整传感器节点分布或者分析在将来添加传感器节点时可采取的改进措施。

研究覆盖问题首先要研究覆盖模型。通常人们把节点感知模型、通信模型和连通模型与节点覆盖模型混为一谈，没有梳理清楚感知、通信和连通是节点覆盖这一问题的三个方面，所以当把感知模型理想化为圆盘模型时，也同时把节点覆盖模型认为是圆盘模型。文献[2]讨论了所谓的正三角形分区覆盖模型，它是把探测区域划分成若干个三角形区域，传感器节点置于每个三角形顶点上，研究确保完全覆盖探测区域的条件，给出了三角形分区覆盖效率最大定理并证明之。文献[3]提出了基于一系列圆心成正方形分布的圆对感兴趣区域(Region of Interest)进行划分的方法，称为矩形分区覆盖模型，并根据这一划分方法给出了传感器网络的覆盖连通及网络半径与传感器网络参数(主要是传感器数量、可靠性、感知半径、通信半径)之间的数学关系。文献[4]讨论了菱形分区覆盖模型，每个传感器节点位于菱形网格的顶点上。该菱形网格既能充分利用传感器的感知和通信能力，又能确保传感器区域内完全无缝连通和完全无漏洞覆盖。能量高效覆盖模型分为区域覆盖和连通覆盖。文献[5,6]认为，大量随机分布的传感器用于区域监视，其设计目的是既要维持区域覆盖又要能量高效。由于所布置的传感器数目远大于完成监视任务所需要的最优数目，这一问题的解决方案是把传感器节点分成若干不连通集，让每一个不连通集都能独立的完成区域监视任务。逐个激活这些不连通集，当激活的传感器工作时，其他的传感器就进入节能休眠状态。如何确定最大不连通集数，从而节省传感器能源，延长传感器网络寿命是这类问题研究的主要目标。

相关文献虽然讨论的是区域覆盖问题，但都无意中使用了节点的圆盘覆盖模型或隐含了正三角形、正四边形的节点覆盖模型概念。

覆盖问题研究的目的是要获得最优覆盖率，通常借用圆覆盖问题、几何问题和受限密码理论中的某种拓扑问题的解决方法。计算几何方法经常用来解决覆盖问题。著名的画廊问题是寻求合适的观测器数量，使得画廊中每一点至少有一个观测器能观测到。对于平面上的画廊问题，文献[7]给出了最优算法，并证明三维空间的画廊问题是NP 难问题，同时给出了利用计算几何中的 Delaunay 方法进行搜索的启发式方法。Meguerdichian 等将计算几何中的 Delaunay 与 Voronio 方法应用到传感器网络覆盖问题上，给出了多项式时间内的算法，并计算覆盖最差的路径和覆盖最好的路径[8]。

文献[9]将网络覆盖问题都归结为 k 重覆盖问题。k 是一个预先定义的常量。不同的传感器网络应用对 k 的具体要求也不相同。例如：对于一般传感器网络应用（如温度探测、污染监测），$k=1$ 即可满足要求；而对于某些传感器网络应用，出于提高监测可靠性（如军事侦察）或实现特定监测目的（如定位实体目标）的需要，则会要求 $k>1$。

随着研究的深入，很多人将覆盖和连通的性能综合起来。PEAS 最早提出了兼顾覆盖和连通的思路，但是没有提供理论上的分析，而这一点在要求严格的传感器网络中是必需的。文献[10,11]讨论了 CCP（Coverage Configuration Protocol）协议，能够根据应用需求提供不同程度的覆盖，在大范围和动态环境下的连通具备灵活性，并且对覆盖和连通的关系做了几何分析。将这两点融合到一起，综合考虑覆盖和连通，进一步优化网络，可以有效地节约网络资源，提高网络性能。节点的传感范围、通信范围与节点的能量消耗有很大关系。传感器的传感范围和通信范围随能量的调节变化关系不同，进而会影响原有的网络性能。这个问题依赖于通信模型、覆盖模型，以及节点通信范围和感知范围随能量变化关系函数的建立。文献[11]从数学上证明了覆盖和连通之间存在的内在联系，并提出了保证传感器网络覆盖和连通的节点调度策略。

拓扑结构的变化是 WSN 的显著特点，也是从发展角度研究 WSN 覆盖问题必须解决的问题。适应多变环境的覆盖研究涉及覆盖程度的调节、节点采集频率的转换、节点的开启与关闭的调度、邻居节点覆盖范围的判定等，同时还涉及工作节点的调度问题，即保证网络完成覆盖的最小节点数目和节点分布问题。

部署中覆盖与连通的关系问题也是部署理论研究的热点问题。在 WSN 中，节点间一般通过无线射频的方式通信，每个节点具有一定的通信范围，只有在彼此通信范围内的节点能够实现点对点的直接通信，在通信范围外的节点要通过多跳的方式进行通信。通信时也需要通信范围的连通，这样才能保证节点间能够彼此通信，这是连通问题要研究的重要内容。

覆盖时的能量优化以及延长网络寿命的覆盖方案也是 WSN 覆盖问题的研究方向。在覆盖时除了考虑使用最少的节点总数外，还需要研究节点的传感范围与能量消耗之间的关系，找出合适的传感范围；同时需要研究节点的密度与覆盖性能之间的平衡关系，以及节约单个节点的能量与平衡整个网络能量消耗之间的关系。这些问题都直接影响着网络的寿命，寻求性能与寿命之间的平衡一直是网络研究的热点。关于能量高效的覆盖控制研究，Israr 等根据网络的冗余特性，提出了一种基于能量平衡的原则改变簇内通信模式的算法，可有效延长网络寿命[12]。

建立适应不同监测区域的节点覆盖模型，研究维持感知覆盖、通信覆盖和连通覆盖最优化节点部署方法和延长传感器网络使用寿命的覆盖控制策略成为网络部署的主要研究内容。

2.2　覆盖及评价指标

2.2.1　基本假设

在 WSN 中，假设所有节点按照某种覆盖模型部署在监测区域，节点对监测区域的覆盖范围称为覆盖域。节点的覆盖域可以重叠，以达到无漏洞覆盖被监测区域的要求。从节约节点能量、延长网络寿命的角度考虑，要用最少的节点最大范围地覆盖监测区域。如果假设被覆盖区域足够大，不考虑边界的影响，在保证完全覆盖的要求下节约能量就是使得覆盖效率最大。

在研究覆盖问题时，需要将现实的物理问题转换成抽象的数学问题。为在不失问题的一般性的前提下降低问题的复杂性，特做出如下假设。

假设 2-1：WSN 的传感器节点是物理同构的，即所有传感器节点的感知范围和信号接收能力是一致的，节点采用全向天线发射，发射功率是均衡的。

假设 2-2：网络中的每个传感器节点知道自己的地理位置信息，不管是通过直接定位或通过某种定位算法间接定位获得的。

假设 2-3：传感器信号的感知和传播不受周边地理环境的影响。

假设 2-4：传感器网络部署的区域都是凸区域，即区域里任何两点的连线完全落在该区域内。

2.2.2　覆盖及优化

在传感器网络中，每个传感器的感知范围(Sensing Range)有限，为保证整个区域都在监测范围之内，需要基于某种理论按照确定的方法在监测区域部署传感器节点，这就是覆盖问题，它是整个网络任务得以继续进行的基础。覆盖问题从最初的画廊问题(线性规划问题)发展到 Ad hoc 网络的覆盖问题，以及现在考虑能量消耗的WSN 覆盖问题，甚至出现了移动站点辅助的覆盖方案。覆盖问题本质就是在保证区域覆盖的前提下，调度节点状态，最小化系统每轮的能量消耗，同时使能耗均匀地分布到每个节点上，因此覆盖算法应满足以下条件。

(1) 尽可能地选取最少的工作节点保证网络覆盖，减少能耗，延长网络寿命。

(2) 算法应该是完全分布式的，节点基于邻居的信息进行状态决策。

(3) 在选取工作节点时，尽可能减少通信开销。

(4) 工作节点的选取应该考虑节点的能量大小，由于在每轮中节点的能量开销不一致，需要算法保证能量开销被均匀地分布到每个节点上，避免某些节点过早死亡。

(5) 选取的工作节点应该在监测区域中分布良好。

随着实际应用的发展，针对 WSN 的具体特点和应用环境的特殊性，覆盖最优化研究以下几个问题。

1. 理想状态下传感器节点的分布及优化

理想状态是在满足覆盖问题假设的前提下，将 WSN 的覆盖问题抽象为几何中的覆盖问题，进而可以用数学方法求得最优解。假设 WSN 随着监测工作的进展不发生变化，根据最初的任务需求对目标区域进行覆盖，这是一个静态的覆盖过程。对静态覆盖而言，一般有两种优化方法：一是通过数学方法得到精确解的部署方案，仅适用于小范围规则区域的部署；二是当目标区域不规则或很大时，许多学者提出通过局部的信息找到次优化方法。

2. 应用环境中传感器节点的密度控制

在上面理想状态的基础上加上环境因素的影响，如监测区域边界，规则和不规则有很大影响，同时包括应用中的实际需求，在不同区域需要不同的覆盖程度。这样就涉及节点的密度控制问题。怎样的密度分布，能够满足实际的需要。在理想状态下抽象的模型基础加入不同区域对覆盖程度的约束。同时，边界的影响不容忽视，现在的节点密度控制完全假设监测区域边界规则，而不考虑边界区域的动态影响，仅研究性能稳定的中间区域的覆盖密度控制问题。

3. 传感器节点的冗余和能量消耗之间的平衡

网络运行过程中，节点要完成信息采集、计算、传输等功能，其能量的消耗对于工作在无人值守环境中的无线网络来讲，是一个迫切需要解决的问题。节点被密集的部署在监测区域，让所有节点同时工作，势必会造成资源的浪费。这就在工作节点布置和网络性能之间构成了一对平衡关系，即节点的冗余控制，同时完成相同任务的节点之间对于某种信息采集消耗的能量也有很大差异，进而需要解决系统能量消耗和信息采集精度之间的平衡。当然优化的完成依赖于节点工作状态的能量消耗的数学描述，但目前关于节点的工作能量消耗模型很少。

4. 应用中网络覆盖节点的动态调整

由于地形引起的通信干扰、中断，能量消耗导致节点失效，新节点的加入等都会引起网络的拓扑和基本性能发生变化，这时就需要对原有的节点部署进行动态调整，以适应实际的覆盖需求。动态覆盖方案也包括两方面的内容：一是为了节约能量，通过算法控制一些节点的开启和关闭，完成对节点工作状态的调节；二是适应不同应用的需要，对某些区域进行可变的多重覆盖调整，调整传感器采集的频率。此外，还可以在节点稀疏或大部分节点能量不足的情况下，将移动站点或移动机器人引入 WSN 部署中，即移动站点辅助覆盖方案。另外，在部署中需要考虑网络中能量的节约、节点间能量消耗的平衡，以及现有部署对以后网络运行能量的影响。但是考虑能量优化的覆盖方案目前很少提及，并且多是基于某种节能的路由协议。

总之，传感器网络覆盖主要研究监测区域内的信息是否能被传感器节点感知到，感知到的信息如何有效地发送出去，节点发送出来的信号能否通过传感器网络可靠地传送给用户这三个问题。研究监测区域内的信息是否能被传感器节点感知到，这个问题属于感知覆盖问题。感知到的信号通过什么方式能够有效地发送出去属于通信覆盖问题。节点发送出来的信号能否通过传感器网络可靠地传送到用户终端则属于连通覆盖问题。图 2-1 所示为节点部署后的覆盖情形，图中 R_s 表示节点的感知半径，R_c 表示节点的通信距离。

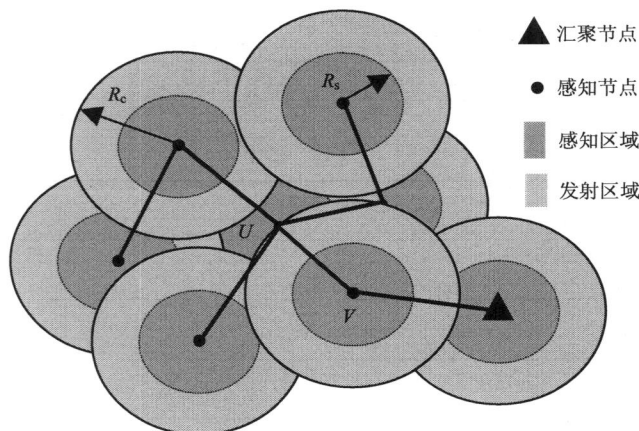

图 2-1　传感器网络的节点覆盖

2.2.3　覆盖问题分类

覆盖可以看成是对传感器网络服务质量的度量。覆盖问题一方面根据节点的部署情况可分为确定性覆盖和随机性覆盖；另一方面根据传感器节点是否具有移动能力又可以分为静态网络覆盖和动态网络覆盖。还可根据部署的形式分为点覆盖、区域覆盖和栅栏覆盖。另外，还把覆盖分为毯式覆盖、障碍物覆盖和掠过式覆盖。

　　确定性覆盖指覆盖区域的大小和节点位置可预先确定，主要研究如何放置传感器节点，以保证使用最少数目的传感器覆盖该区域。确定性覆盖通常基于预定义的形状设定静态网络，传感器网络节点可以均匀分布或采用加权方式监测重要区域。加权预定义部署主要是利用多个传感器对重点监测点进行监测，使得被监测点获得最大覆盖。

　　随机性覆盖是指在 WSN 中传感器节点随机分布且在预先不知道节点位置的条件下，网络完成对监测区域的覆盖任务。在许多实际应用中，网络中需要部署大量的无线传感器节点，或者网络会被部署到人不易接近的地域（如战场和灾害发生地等），所以不适合人工部署，这时通常会采用随机部署的方式来部署 WSN。

　　静态网络覆盖通常又被划分为区域覆盖（Area Coverage）、点覆盖（Point Coverage）和栅栏覆盖（Barrier Coverage），如图 2-2 所示。区域覆盖是目前研究最多的领域，此时，WSN 主要用于监测某个区域，即目标区域的每个点至少被一个传感器节点覆盖，同时，还要保证网络内各节点的通信连接，如图 2-2（a）所示。点覆盖则是要求覆盖一组给定的地点，如图 2-2（b）中，黑色节点覆盖了一组用小方形块代表的目标地点。栅栏覆盖主要考察目标穿越传感器网络时被检测的情况，它反映了给定传感器网络所能提供的感知和监测能力，如图 2-2（c）所示。

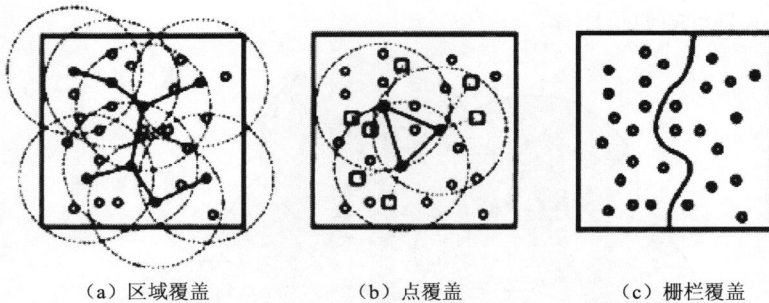

（a）区域覆盖　　　　　（b）点覆盖　　　　　（c）栅栏覆盖

图 2-2　WSN 覆盖问题分类

　　动态网络覆盖与静态网络覆盖相反，无线传感器节点具有一定的移动能力，即节点被初始部署后，可根据网络对监测区域的覆盖情况，移动节点而进行重部署。可见动态网络覆盖能更好地对区域进行监测服务。

　　基于目前对覆盖问题研究的深入程度，覆盖问题可作细分，如图 2-3 所示。从图 2-3 可以看出，节点覆盖问题的研究就是研究节点的覆盖模型，即节点取什么形式对监测区域进行覆盖可以兼顾感知、通信和连通三个问题。区域覆盖则是研究基于某种节点覆盖模型的节点在区域的部署。就所参阅的文献资料分析发现，不少文献在讨论覆盖问题时通常把节点的感知问题等同于覆盖问题。综合起来，传感器网络覆盖问题的研究集中在以下几个方面。

　　（1）建立新的覆盖模型，研究感知和通信范围的关系、覆盖与能量高效和连通性的关系，以及相应的覆盖控制算法和协议。

(2)传感器节点的激活/睡眠机制的研究,这是节约能源、延长网络寿命的有效方法。

(3)将覆盖问题与传感器节点调度、节能和网络生命周期等问题相结合,以得出一些更广义的结论。

(4)部署最优化:最大覆盖率、最大网络寿命和最少传感器数目。

(5)以 1 重覆盖与连通性之间的关系为基础,扩展到 K 重覆盖的研究。

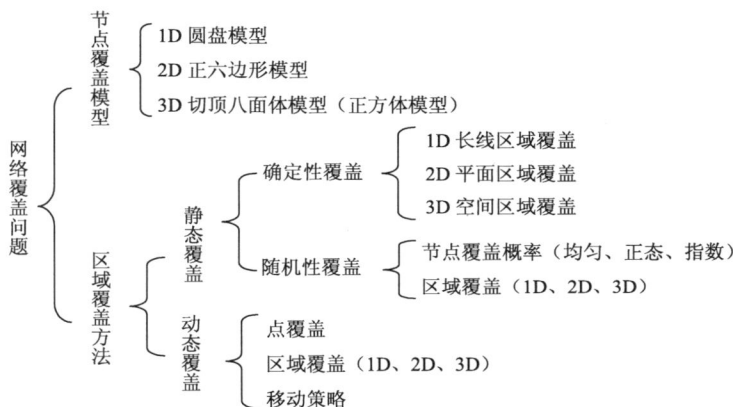

图 2-3　传感器网络覆盖问题分类

2.2.4　网络覆盖评价指标

传感器网络部署是在相关理论指导下布置传感器节点,获得覆盖率最大而覆盖数最小的无漏洞覆盖,实现网络资源的优化,达到网络的最大利用率和最少能源消耗量。一个好的网络部署方案,要求节点能够覆盖目标监测区域,并且综合考虑节点的冗余和信息的容错,对传感器节点能进行动态的管理,在保证采集信息的完整性和精确度的前提下能将信息准确及时的传送到信息使用终端,保证网络服务质量,最大限度的延长网络的使用寿命。因此,网络部署的好坏直接影响着网络的寿命和性能。有效的部署方案,依赖于一套完整的节点部署评价体系。结合 WSN 的应用特点和系统特性,给出 WSN 的网络覆盖评价指标如下。

1. 覆盖程度

网络覆盖程度是网络内的对象被网络中所有节点监控或跟踪的可靠性。覆盖程度又称覆盖度或覆盖率,是衡量传感器网络节点部署的一个重要指标。

定义 2-1:覆盖程度是所有节点覆盖区域的大小与整个目标区域大小的比值。其中节点覆盖区域取集合概念中的并集,所以覆盖程度一般是小于或等于 1 的。

$$C = \frac{\bigcup\limits_{i=1,\cdots,N} A_i}{A} \tag{2-1}$$

式中，C 为覆盖程度；A_i 为第 i 个节点的覆盖区域的大小；N 为节点的数目；A 为整个目标区域的大小。

覆盖程度还可以分为区域覆盖程度和节点覆盖程度，上面的定义严格地说是区域覆盖程度的定义，节点覆盖程度的定义与其类似。

2. 覆盖效率

覆盖效率用来衡量节点覆盖范围的利用率，一方面可以反应覆盖的情况，另一方面也可以反映整个网络的能量消耗情况。

定义 2-2：覆盖效率指区域中所有节点的覆盖范围的并集与所有节点覆盖范围之和的比值。覆盖效率 CE 的计算为

$$\mathrm{CE} = \frac{\bigcup\limits_{i=1,\cdots,N} A_i}{\sum\limits_{i=1,\cdots,N} A_i} \tag{2-2}$$

覆盖效率也反映了节点的冗余程度，覆盖效率越高，节点冗余度越小，反之节点冗余度越大。覆盖效率也是每个节点的平均覆盖率。

3. 覆盖重数

覆盖重数表示某个区域的覆盖的冗余程度。对于区域覆盖而言，若整个监测区域至少被 K 个不同的节点同时监测，则称为 K 重覆盖。

定义 2-3：给定一个平面区域，如果其中的任意一个物理位置都至少落在 K 个无线传感器节点的感知范围之内，则称这个无线传感器网络 K-度覆盖给定区域，那么它的覆盖重数就是 K。数学表达式为

$$K_A = \sum_{i=1}^{N} K_i, \quad K_i = \begin{cases} 1, & A \subseteq A_i \\ 0, & A \cap A_i \neq A \end{cases} \tag{2-3}$$

式中，K_A 为 A 区域的覆盖重数；A_i 为 i 节点的传感范围；K_i 为第 i 个节点传感范围是否覆盖 A 区域，覆盖时 K_i 为 1，否则为 0。某些应用并不要求网络提供完全覆盖，当网络的覆盖率大于某个阈值时，即 $0<K<1$ 就可满足要求，这称为部分覆盖。

某一事件是否被 K 个节点覆盖这与上面的覆盖程度并不矛盾，只是关注的侧重点不同。前者关注的是对目标区域的整体覆盖情况，后者则侧重于局部的重点观测。

4. 覆盖均匀性

节点均匀分布的传感器网络，其能量的消耗会均衡一些，这样可以避免过早出现失效节点，起到平衡负载、节省能量的作用。

定义 2-4：覆盖均匀性一般用节点间距离的标准差来表示，即

$$U = \frac{1}{n} \sum_{i=1}^{n} U_i \tag{2-4}$$

其中
$$U_i = \left(\frac{1}{K_i} \sum_{j=1}^{K_i} (D_{i,j} - M_i)^2 \right)^{1/2}$$

式中，U 为均匀性；n 为节点总数目；K_i 为第 i 个节点的邻居节点个数；$D_{i,j}$ 为第 i 个节点与第 j 个节点之间的距离；M_i 为第 i 个节点与其传感范围相交的所有节点的距离的平均值。

5. 覆盖时间

定义 2-5：覆盖时间指目标区域被完全覆盖或者跟踪时，所有工作节点从启动到就绪所需要的时间。

覆盖时间可用来表征网络系统的反应速度，在营救或者突发事件监测中是一个很重要的节点覆盖衡量指标，可以通过算法优化和改进硬件设施来减少覆盖时间。

6. 平均移动距离

定义 2-6：平均移动距离指在具有移动节点的覆盖方案中，移动节点到达最终位置所移动距离的平均值。移动距离可以用每个节点移动的距离与整个网络中节点移动平均距离的偏差来表示（可以根据式(2-4)给出数学表达式）。

平均移动距离越小，系统消耗的总能量就越少。在实际应用中，不仅要减少节点移动的平均距离，而且要尽量减少节点间能量消耗的差异。因此，标准差越小，则系统中节点消耗的能量就越均衡，不易导致网络因为某个节点能量的过多消耗而中断。

7. 网络连通性

一个传感器网络能否为用户提供服务，主要取决于它的节点能否正确地收集数据并将数据可靠的传送给用户，前者称为传感器节点的存活性，后者称为传感器网络的连通性。网络的连通性将有效地保证网络自身以无线多跳自组织的方式协同工作，并直接决定了 WSN 的各种服务质量。

所谓连通，就是在任意拓扑结构下，网络中任意两点都能够连接，保证信息在网络中顺畅传输，这是网络得以正常运行的前提。WSN 中的连通包括纯连通和路由连通。前者是指网络中任意两节点间都能进行通信（包括直接通信和通过多跳的方式通信）；后者是指在网络中按照某种特定的路由算法保证信息能够准确及时地传送到网关节点，路由算法不同，连通的效果也会有很大差异。

连通度是连通性的度量，又分网络连通度和节点连通度。本质上，WSN 结构是一个以节点为顶点，以节点间的通信为边的连通图。网络连通度的数学定义如下。

定义 2-7：设 G 是一个非平凡的连通图，则称 $\kappa(G) = \min\{|V_1| \,|\, V_1$ 是 G 的点割集或 $G{-}V_1$ 是平凡图$\}$ 为 G 的点连通度。即 $\kappa(G)$ 是使得 G 不连通或成为平凡图所必须删除的顶点的最小个数；称 $\lambda(G) = \min\{|E_1| \,|\, E_1$ 是 G 的边割集$\}$ 为 G 的线连通度。即 $\lambda(G)$ 是使得 G 不连通所必须删除的边的最小条数。

WSN 中，任一节点一跳到达的邻居节点数目称为该节点的连通度，所有节点的平均邻居节点数称为网络的节点连通度。对于 WSN 而言，节点连通度越大，系统越稳定，但增加网络的点连通度意味着要增加传感器节点的部署量，增加网络的线连通度意味着要增强传感器节点的发射和接收能力，这样无疑会加大网络的部署和管理成本。

8. 最优邻居节点数目

定义 2-8：最优邻居节点数目指保证网络连通的邻居节点数目临界值。

最优邻居节点数目在某种特定情况下可以看做是网络连通性的量度，在实际应用中，最优邻居节点数目不一定能够很好地反映网络的连通性能。但是从另一角度出发，网络连通问题中存在着很有意义的临界值研究，即节点的邻居节点的数目超过某一临界值时，网络会有很好的连通性。不同的监测空间，节点的最优邻居节点数目不相同。在二维区域内，对最优邻居节点数目的研究认为这个数字是 5 或 8。这就意味着只要网络保证节点的最近邻居节点数目保持在 5～8，整个网络就是连通的。

9. 冗余性

系统冗余性指系统功能有相当程度的重叠，当系统某一部分出现故障时，系统功能保持不变或接近正常状态。在部署传感器网络时，由于一些被监测点比较重要，如博物馆中珍贵展品处，通常需要使用多个传感器节点来监测，当一个传感器节点不能工作时，其他节点仍然能够对该监测点实行监测，从而保证监测的冗余性。节点的冗余程度可通过覆盖效率反映出来，覆盖效率越高，节点冗余度越小，反之节点冗余度越大。覆盖重数也可反应冗余度的大小。

10. 能量有效性

能量有效性包括能量优化和能量平衡。能量优化意味着系统的总体能量消耗最小，能量平衡保证所有的传感器网络节点消耗相等的能量，即对于单跳传感器网络的通信能量平衡及能量优化算法，在系统失效前，不会出现某节点的单个失效。由若干簇头和感知节点构成的单跳传感器网络系统，关于通信能量平衡及能量优化算法建立的能量模型如下[13]。

系统总能量等于簇头能量 E_h 与感知节点能量 E_s 之和，即

$$E_t = n_h E_h + n_s E_s \tag{2-5}$$

其中
$$E_s = T[(e_a + (\mu + \lambda)\alpha^k] + e_0$$

式中，n_h 为簇头节点数；n_s 为感知节点数；T 为节点收发数据包循环次数；e_a 为每个循环过程中节点电路消耗的能量；$\mu\alpha^k$ 为收发数据无线传播能量；μ 为电磁场的扩散损失项；λ 为网络协议能量消耗；α 为信源到信宿的距离；k 为扩散损失因子；e_0 为节点在闲置模式下的能量消耗。

节点在闲置模式下能量消耗很小，e_0 可以忽略不计。另外，网络协议消耗能量与数据本身传播消耗能量相比也很小，特别是在单跳情况下，可以忽略不计，则式(2-5)中

$$E_s = T(e_a + \mu \alpha^k) \tag{2-6}$$

对于每个簇头，接收数据包的数目为 n_n / n_h，每个簇头能量 E_h 为

$$E_h = T\left[\frac{n_s}{n_h}(e_{ha} + e_c) + \left(\frac{n_s}{n_h} P_{in} \rho + d \right)(e_a' + \mu' \chi') \right] \tag{2-7}$$

式中，e_{ha} 为簇头与感知节点通信的电路消耗能量；e_c 为每个数据包融合处理时消耗的计算能量；P_{in} 为簇头接收的数据包数目；ρ 为输入数据包处理因子(大多是压缩因子)；d 为汇聚因子；$\mu' \chi'$ 为簇头到网关节点通信能量的计算参数，类似于式(2-5)中的意义。

由 Motorola MC68HC908RF2 芯片和 Motorola 8020A 传感器构成的传感器网络节点采集发送一次数据的能量消耗为 1450×10^{-5}(J)[14]。

11. 网络可扩展性

可扩展性是 WSN 覆盖控制的一项关键需求。通常 WSN 采用大规模的随机部署方式，若没有网络可扩展性的保证，网络的性能会随着网络规模的增加而显著降低。因此，网络的可扩展性需求在 WSN 中尤为重要。

12. 算法复杂性

不同 WSN 覆盖控制算法因实现方式不同而导致算法复杂程度也有较大差别。衡量一个 WSN 覆盖控制算法是否优化的一项重要指标就是其算法的复杂性程度，通常包括时间复杂度、通信复杂度和实现复杂度等。

对 WSN 覆盖问题的研究，上述指标很难取得一致性，因此要根据研究的侧重点，选取某些指标进行评价，注意取得各指标的相对平衡。

2.3 覆盖模型与区域覆盖概率

2.3.1 基本概念

目前在传感器网络覆盖问题的研究中，经常涉及覆盖、覆盖程度、覆盖重数、覆盖率、邻居节点、均匀性、时间和距离等一些基本概念。实际应用中，一些学者会根据不同的应用具体化这些概念，致使数学公式不尽相同，前面已经给出了与覆盖评价指标有关的一些概念，在 2.2.1 节的假设前提下再定义与覆盖有关的几个基本概念。

1. 覆盖

覆盖在代数几何中指两个同维数的代数簇之间的满态射 $f: X \rightarrow Y$ 称为 X 到 Y 的覆盖。Y 上每个点在 f 下的原像是一些点，这些点的个数是一个常数，记为 $\deg f$，称为覆盖次数。在 WSN 研究中，为了便于理解，给出与代数几何中关于覆盖定义本质上无差别的 WSN 覆盖的定义。

定义 2-9：设 G 和 F 是两个图形，如果图形 F 或由图形 F 经过有限次的平移、旋转、对称等变换后得到的大小形状不变的图形 F' 上的每一点都在图形 G 上，就说图形 G 覆盖图形 F；反之，如果图形 F 或 F' 上至少存在一点不在 G 上，就说图形 G 不能覆盖图形 F。

关于图形覆盖，下述性质是十分明显的。

性质 2-1：图形 G 覆盖自身。

性质 2-2：图形 G 覆盖图形 E，图形 E 覆盖图形 F，则图形 G 覆盖图形 F。

根据覆盖和圆的定义及性质即可得到以下定理。

定理 2-1：如果能在图形 F 所在平面上找到一点 O，使得图形 F 中的每一点与 O 的距离都不大于定长 r，则 F 可被一个半径为 r 的圆所覆盖。

今后称覆盖图形 F 的圆中最小的一个为 F 的最小覆盖圆，最小覆盖圆的半径称为图形 F 的覆盖半径。

2. 覆盖数

事实上，要对某一监测区域实施覆盖，可以有多种覆盖，但存在一种使用传感器节点数最少的无漏洞覆盖，这个最小传感器节点数就是覆盖数。最小覆盖的定义如下：

定义 2-10：已知一个图形 F，存在 m 个对应节点数为 K_1, K_2, K_3, $\cdots$, K_m 的图形 G_1, G_2, G_3, $\cdots$, G_m 可覆盖图形 F，若存在一个最小 $K_{\min}\{K_{\min}\in(K_1, K_2, K_3, \cdots, K_m)\}$，则 $K_{\min}$ 对应的图形 $G_{\min}$ 是图形 F 的最小覆盖。

3. 邻居节点

定义 2-11：邻居节点指在节点周围的一跳通信范围内的节点。

在一跳通信范围内，一对邻居节点的感知范围一般会相交或者相切，即邻居节点的感知范围能够连接起来，这样才能完全覆盖被监测区域。

2.3.2 感知、通信和连通覆盖的物理模型

传感器网络的覆盖包含感知、通信和连通三个方面的问题。感知覆盖研究侧重于传感器的感知能力的控制范围，即保证能够采集整个监测区域的信息，要求相邻两传感器的覆盖范围必须无漏洞。通信覆盖问题侧重于节点间的通信能力，保证整个目标区域内节点之间的信息畅通。连通覆盖要求传感器节点间可以直接相邻，也可以不相邻通过多跳的方式连接，节点的信息在网络内以最佳路径传送给用户。随着研究的深入，把覆盖涉及的感知、通信和连通问题综合起来考虑是覆盖问题研究的必然。

感知、通信和连通之间既有区别又有联系。例如，若只顾及感知覆盖而忽视了通信覆盖，当感知覆盖远大于通信覆盖时，必然造成过多的覆盖重叠；当感知覆盖远小于通信覆盖时，又会产生严重的通信干扰。感知覆盖、通信覆盖和连通覆盖的物理模型如图 2-4 所示。图 2-4 (a) 表示的是感知覆盖，即在以节点 S 为圆心，R_s 为

半径的感知区域内的信息都能被感知到。图 2-4(b)表示的是通信覆盖，即节点 S_1 和 S_2 必须有距离为 R_c 的发射能力，才能保证节点感知到的信息能可靠的传送出去。图 2-4(c)表示的是连通覆盖，即节点 S 应有适当数量的邻居节点按某种方式部署才能确保监测区域内的信息都能感知到并以最优路径传送给用户。

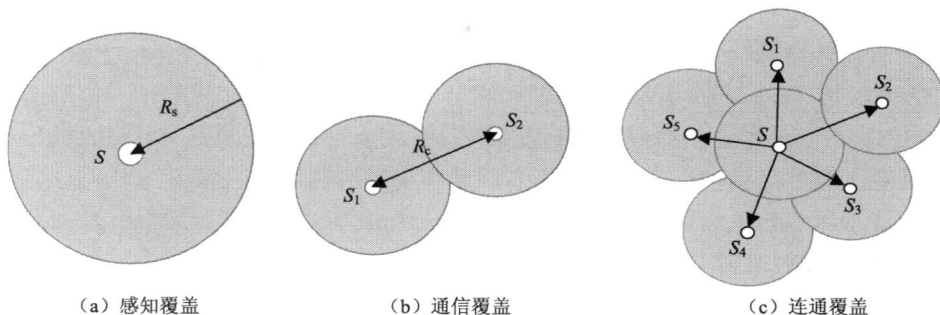

（a）感知覆盖　　　　　　　　（b）通信覆盖　　　　　　　　（c）连通覆盖
图 2-4　节点覆盖物理模型

基于上面的分析，可以给出感知覆盖、通信覆盖和连通覆盖这三个概念的确切定义[15]。

定义 2-12：感知覆盖指节点的信息感知能力所能波及的周围空间。

定义 2-13：通信覆盖指节点的信号发送能力所能到达的有效空间距离。

定义 2-14：连通覆盖指网络中节点周围的邻居节点的分布状态及数量。

WSN 在运行中，传感器节点除了完成数据的采集，还要通过一定的方式把采集的数据传输出去，一般采用无线射频传输数据，以多跳的方式发送到数据使用终端。节点的通信范围和节点的发射功率有直接的关系。节点的发射功率越大，节点的通信范围也就越大，但是这样节点消耗的能量也就越大，节点也就越容易失效，影响网络寿命。因此，需要在节点的通信范围和能量消耗之间寻找一个平衡关系，即节点功率调节问题。问题的关键在于建立节点的通信能量模型，这也是此问题解决的难点所在。

通信覆盖与连通覆盖有一定的包含关系。通信覆盖是传感器通信能力所覆盖的范围。连通覆盖要求相邻或不相邻两传感器节点之间必须能实现信息交换。

网络能够正常运行，依赖于信息的可靠传输。WSN 由于物理条件的限制，节点通信范围是有限的，一般通过多跳的通信方式实现不相邻节点间的连通。如果不论网络是否运行，都要保证网络任意两节点连通称为纯连通，这是网络运行的基础。网络运行时，按照某种特定的算法实现任意两点间的连通称为路由连通。路由连通是对纯连通的优化。不同的路由算法，对连通效果也有很大的影响。此外，好的连通除了实现现有节点的连通之外，至少要保证节点失效时，能够通过潜在的冗余连通实现网络连接，这样可以避免通信的瞬时中断，还可以通过保持良好的吞吐率来避免通信瓶颈。

由上面的定义可知，节点对区域的覆盖模型(简称节点覆盖模型)不能简单地在物理意义上认为只是感知能力的描述，在物理形式上一律假设为圆盘模型。从物理意义上讲，节点覆盖模型应能兼顾感知、通信和连通。从物理形式上看，节点覆盖模型应因不同的物理空间而取不同的形式，才能够使 WSN 覆盖问题的研究更加简明，才有可能得到 WSN 覆盖问题的最优解。目前大量文献对传感器网络覆盖问题的研究都因节点覆盖模型选取不当，使得研究过程复杂化。例如，文献[16]提出了保证传感器网络覆盖和连通的节点调度策略，从数学上证明了当通信半径大于两倍感知半径时，只要传感器网络充分覆盖了某块区域，该网络即为连通的。Zhang 等[17]提出一种 GS^3 算法，利用该算法可使网络节点自动配置成蜂窝状的正六边形结构。文献[18]将节点的覆盖模型假设为圆盘模型，采用多目标遗传算法，可将随机分布的网格经过 120 代进化，形成几乎是正六边形结构的网格。

一般说来，为了保证重复最少的无漏洞覆盖，对于一维区域覆盖应采用圆盘节点覆盖模型，对于二维区域覆盖应采用正六边形节点覆盖模型，对于三维区域覆盖应采用切顶八面体(或正方体)节点覆盖模型。这一结论将在后面详述。

2.3.3 感知、通信和连通覆盖的数学模型

1. 感知模型

根据假设 2-1，节点的感知覆盖区域和通信覆盖区域一般被看做是圆域，传感器节点的感知能力包括监测范围和信号特征。基于此，人们建立了不同的感知模型。因此，覆盖问题的讨论大多数是在某种感知模型基础上进行的。通常来说，基于监测范围建立的传感器节点感知模型有三种：0-1 模型、概率模型和精确模型。

(1)0-1 模型。0-1 模型又称二值模型，是一种简化的传感器节点模型。设传感器节点的感知半径为 r_s，$d(S_i,P_j)$ 为部署区域中某点 j 离其最近传感器节点 i 的距离，点 j 是否被覆盖仅取决于 r_s 和 $d(S_i,P_j)$ 之间的大小关系。用 P_i 表示点 j 是否被传感器节点 i 感知，被感知为 1，否则为 0。则有

$$P_i(S_i,P_j)=\begin{cases}1, & 0<d(S_i,P_j)\leqslant r_s \\ 0, & d(S_i,P_j)>r_s\end{cases} \tag{2-8}$$

(2)概率模型。传感器节点的感知能力不是简单的二值关系，从而构造了一种节点感知模型，即在节点不存在邻居节点的前提下，节点感应区域内任一点的覆盖概率(感知能力)为

$$P_i(S_i,P_j)=\begin{cases}\dfrac{1}{[1+\alpha d(S_i,P_j)]^\beta}, & 0<d(S_i,P_j)\leqslant r_s \\ 0, & d(S_i,P_j)>r_s\end{cases} \tag{2-9}$$

式中，α 和 β 是与传感器节点物理性能和感知环境有关的参数。

(3)精确模型。上述感知模型属于经验模型。在实际应用中，当被监测对象远离

节点感知范围时，节点几乎感知不到监测对象，认为节点的感知能力为 0；当被监测对象在节点感知范围内，但离节点相对较远时，对象被感知的能力是由对象与节点之间的距离、节点的物理特性、节点周围环境条件以及邻居节点的多少等因素决定的；当被监测对象在节点感知范围内，且离节点较近时，被监测对象一定能监测到，此时节点的感知能力可以认为是 1。因此，对由 Ghosha，Dasb[19]模型改造后得出的传感器节点感知精确模型为

$$P_i(S_i,P_j) = \begin{cases} 0, & d(S_i,P_j) > R_C \\ e^{-\alpha d(S_i,P_j)^2}, & R_S < d(S_i,P_j) \leqslant R_C \\ 1, & d(S_i,P_j) \leqslant R_S \end{cases} \tag{2-10}$$

感知能力是传感器节点设计和传感器网络工程设计的重要技术参数。感知覆盖模型描述的是传感器节点所能监测的区域大小的能力。监测区域有一维、二维、三维的问题，感知模型应从维数上有所区分。研究感知覆盖与节点覆盖的关系是为了在充分发挥节点的感知能力的前提下得到节点最大的覆盖率。

2. 通信模型

根据电磁波传播理论，电磁波在自由空间的传播，若发射机和接收机在视距范围内，可用自由空间传播模型预测接收信号的强度。若发射功率(信源强度)为 P_T，d 为收发天线之间的距离，则可由 Friis 自由空间模型公式得到收发节点之间的信号功率关系为

$$P_R = P_T \left(\frac{\lambda}{4\pi d} \right)^n G_T G_R \tag{2-11}$$

式中，P_R 为接收功率(接受强度)；λ 为载波波长；G_T 和 G_R 分别为发送天线和接收天线的增益；n 为信道衰落系数，研究结果表明，在自由空间 $n=2$，在金属建筑物中 $n=6$，在大部分情况下 n 的取值为 2~4[20]。

在无线传感器网络中，节点一般为直立全向天线，G_T 和 G_R 有近似计算式

$$G(\text{dBi}) = 10\log\left(2\frac{L}{\lambda_0} \right) \tag{2-12}$$

式中，L 为天线长度；λ_0 为中心工作波长。

若信号发射节点与信号接收节点之间的距离为 r_c，取 $n=2$，则节点接收信号强度(接收功率)为

$$P_R(r_c) = P_T G_T G_R \left(\frac{\lambda}{4\pi r_c} \right)^2 \tag{2-13}$$

文献[3,21]认为，感知能力通常被看做是传感器节点的覆盖能力。人们在研究此

类问题时混淆了节点感知模型、节点通信模型和节点覆盖模型这几个概念[22-25]。从式(2-13)可知，节点的通信覆盖描述的是节点之间的信号传送能力，不仅与信源信号的强度有关，而且与信号的波长、传播的距离、接收天线的增益有关。

3. 连通模型

由于连通覆盖反映的是节点发送的信号在网络中的传播能力，因此节点连通的数学模型是基于某种网络拓扑结构、网络中节点周围分布的邻居节点数量（节点连通度）及分布状态，即

$$C = \frac{1}{N} \sum_{i=1}^{N} C_i \tag{2-14}$$

式中，C 为网络节点连通度；N 为网络节点数；C_i 为任一节点连通度。

覆盖问题的研究本质上是要在兼顾感知、通信和连通前提下，区域上节点部署时使用的节点数最少，即重复最少的无漏洞覆盖。在分析节点覆盖的物理模型时指出：为了能兼顾感知覆盖、通信覆盖和连通覆盖，从物理形式上看，节点覆盖模型应因不同的物理空间而取不同的形式，才能够使区域上节点部署时在保证无漏洞覆盖的前提下使用的节点数最少。因此，节点以什么形式对不同维数区域进行覆盖这个问题非常值得研究，这类问题归于对不同维数区域节点覆盖模型的研究。

2.3.4 区域随机覆盖概率与覆盖数

区域随机覆盖是指采用随机抛撒（随机部署）的方式在监测区域部署传感器节点形成的网络覆盖。在概率与统计领域，从数学分析的角度对几种随机分布已经讨论得很清楚。WSN 的随机性节点覆盖模型的研究应说明哪一种随机分布能更好地解释传感器节点部署的物理现象，更适合于 WSN 的覆盖问题研究。

随机分布的概率模型假设每个传感器节点能监控整个区域的概率为 p，所有传感器节点独立工作，即相互独立，在监控区域 A 内，要抛撒多少节点，才能以一定的覆盖概率对这个区域进行监控。

若不考虑节点可能落入边界区域造成覆盖面积减小的因素，令 1 个传感器节点的覆盖概率为

$$P(A) = p$$

2 个传感器节点所能检测的覆盖概率为

$$P(A + A) = P(A) + P(A) - P(A)P(A) = 1 - (1 - p)^2$$

3 个传感器节点所能检测的覆盖概率为

$$P(A + A + A) = P(A + A) + P(A) - P(A + A)P(A) = 1 - (1 - p)^3$$

则，n 个节点的覆盖概率为

$$P(A + A + \cdots + A) = 1 - (1-p)^n \tag{2-15}$$

所以，若要保证以 P 为概率来可靠地监控区域 A，则随机抛撒的传感器的个数为

$$n = \log_{(1-p)}(1-P) = \frac{\lg(1-P)}{\lg(1-p)} \tag{2-16}$$

当实施 K-覆盖并考虑到抛撒在边界区域的某些节点的覆盖概率小于 p 时，实际上随机抛撒的传感器的个数(覆盖数)为

$$n_K \geqslant \frac{K\lg(1-P)}{\lg(1-p)} \tag{2-17}$$

从式(2-16)和式(2-17)可知，当需求的区域覆盖率 P 确定之后，重要的是只有确定了传感器节点的覆盖概率 p 后才能计算覆盖数。

2.3.5　节点覆盖的随机分布函数

传感器节点在区域上的随机分布，一个重要的问题是确定节点的随机分布概率模型。文献[26]采用的是均匀分布。Leoncini 等采用的是标准正态分布[2]。Ghosha，Dasb[19]在讨论感知模型时介绍了指数分布的概率模型。因此，应该研究节点在区域上的覆盖选用哪一种随机分布函数更为合理。

1. 均匀分布 $U(a,b)$

均匀分布表明 X 落在$[a,b]$的子区间内的概率只与子区间的大小有关，而与子区间位置无关，因此 X 落在$[a,b]$的大小相等的子区间内的可能性是相等的，所谓均匀指的就是这种等可能性。

假设每个传感器节点感知半径为 R_s，所监控的区域为 A，均匀分布每个节点的覆盖概率的密度函数为

$$F(x) = \begin{cases} \dfrac{1}{A}, & 0 < r < R_s \\ 0, & r \geqslant R_s \end{cases}$$

目标监测区域内，感知半径为 R_s 的节点的覆盖概率为

$$p(r) = F(r) = \int_0^{A_{R_s}} f(x)\mathrm{d}x = \frac{A_{R_s}}{A} \tag{2-18}$$

在实际问题中，当无法区分在区间$[a,b]$内取值的随机变量 X 取不同值的可能性有何不同时，就可以假定 X 服从$[a,b]$上的均匀分布。需要注意不同的节点覆盖模型 A_{R_s} 计算上的差别。

2. 正态分布 $N(\mu,\sigma^2)$

正态分布是具有两个参数 μ 和 σ^2 的连续型随机变量的分布，第一参数 μ 是服从正

态分布的随机变量的均值，第二个参数 σ^2 是此随机变量的方差，所以正态分布记作 $N(\mu,\sigma^2)$。服从正态分布的随机变量的概率，其规律为取与 μ 邻近的值的概率大，而取离 μ 越远的值的概率越小；σ 越小，分布越集中在 μ 附近，σ 越大，分布越分散。当 $\mu=0$，$\sigma^2=1$ 时，称为标准正态分布，记作 $N(0,1)$。构造正态分布密度函数为

$$f(x) = \frac{2}{\sqrt{2\pi}\sigma} \exp\left(-\frac{x^2}{2\sigma^2}\right)$$

因为

$$\frac{\pi}{4}(1-\mathrm{e}^{-r^2}) < \left(\int_0^r \mathrm{e}^{-x^2}\mathrm{d}x\right)^2 < \frac{\pi}{4}(1-\mathrm{e}^{-2r^2})$$

目标监测区域内，感知半径为 R_s 的节点的覆盖概率为

$$p(r) = F(r) = \int_0^{R_s/R_m} f(x)\mathrm{d}x \approx 1 - \exp\left(-\frac{(R_s/R_m)^2}{2\sigma^2}\right) \tag{2-19}$$

式中，R_m 为监测区域的半径；R_s/R_m 是为了使量纲无因次化。

一般来说，如果一个量是由许多微小的独立随机因素影响的结果，那么就可以认为这个量具有正态分布(见中心极限定理)。从理论上看，正态分布具有很多良好的性质，许多概率分布可以用它来近似。

3. 指数分布 $E(\lambda)$

指数分布是一种连续概率分布。指数分布可以用来表示独立随机事件发生的时间间隔，如旅客进机场的时间间隔等。指数分布的密度函数为

$$f(x) = \lambda\mathrm{e}^{-\lambda x}$$

目标监测区域内，感知半径为 R_s 的节点的覆盖概率为

$$p(r) = F(r) = \int_0^{R_s/R_m} f(x)\mathrm{d}x = 1 - \mathrm{e}^{-\lambda R_s/R_m} \tag{2-20}$$

式中，λ 为信号衰减因子。

指数分布应用广泛，在日本的工业标准和美国军用标准中，半导体器件的抽验方案都是采用指数分布。指数分布主要做寿命估计。此外，指数分布还用来描述大型复杂系统(如计算机)的故障间隔时间。但是，指数分布具有缺乏"记忆"的特性。

4. 泊松分布 $P(\lambda)$

泊松分布是一种常见的离散概率分布。泊松分布的密度函数

$$P\{X = k\} = \frac{\lambda^k \mathrm{e}^{-\lambda}}{k!} \qquad \lambda > 0; k = 0,1,2,3\cdots \tag{2-21}$$

式中，λ 为单位时间(或单位空间)内随机事件的平均发生率。

泊松分布适合于描述单位时间内随机事件发生的次数。例如，某一服务设施在一定时间内到达的人数，电话交换机接到呼叫的次数，汽车站台的候客人数，机器出现的故障数，自然灾害发生的次数等。

2.3.6　一维区域传感器节点覆盖的分布实验

一维区域上随机分布的传感器节点，应该用哪一类分布函数进行描述，目前未见相关文献报道。在讨论节点覆盖问题时，传感器节点部署取什么分布状态，一般是各取所需，分别讨论[19, 26]。可以肯定，不同的随机分布应用的条件并不一样，因此得出的结论有较大的差别。为了找到更合理的分布方式，文献[27]对多管火箭弹着点的特征分析，得出这种随机着点一般符合正态分布。为了得到一维区域上传感器节点的分布方式，设计了相应的实验。

1. 实验方案描述

考虑到该实验在野外实地进行的难度，设计了实验室的模拟试验，试验方法如图 2-5 所示。在表面较粗糙的软地面画一条约 10m 长的曲线，曲线的垂直上方设计一导轨，导轨与地面的垂直距离可以调节，用直径为 1mm 的塑料小球模拟传感器节点，将小球装入一辆可在导轨上滑动的小车，小车在导轨上匀速滑动时，可控制一个开关让小球自由撒落，测量每一个小球的落点离地面上画的长线的距离，对所测的数据进行统计分析，以此即可以判明传感器节点在一维区域上的随机分布状态。

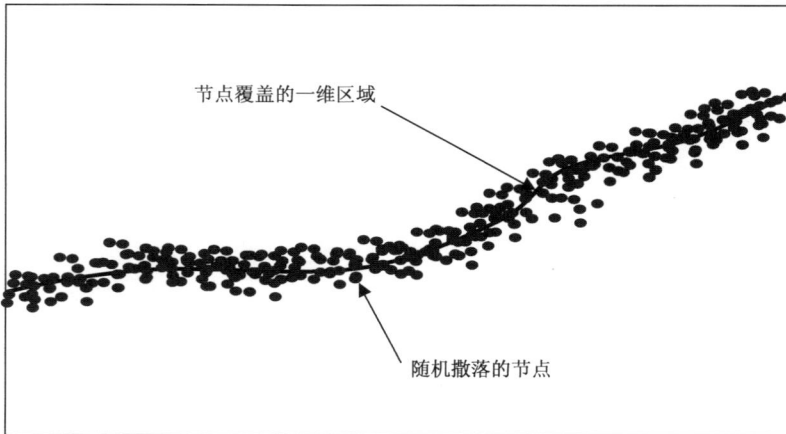

节点覆盖的一维区域

随机撒落的节点

图 2-5　节点随机分布实验示意图

2. 实验数据统计分析

试验时，每次用 200 个小球进行抛撒。测量数据时，沿 x 轴方向左边取负，右边取正，测得的数据可分成 ±0～2mm，±2～4mm，±4～6mm，±6～8mm，±8～10mm，共 10 组。作出节点分布统计直方图如图 2-6 所示。

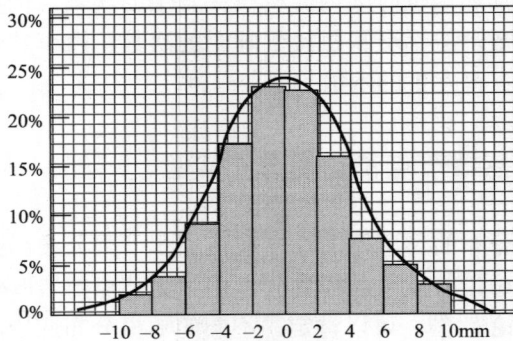

图 2-6　节点分布统计图

3. 随机分布函数的确定

将图 2-6 与正态分布的概率密度函数图进行对比，可以判断对上述实验数据统计分析的结果：节点在一定高度沿着长线随机抛撒，其落地点是服从正态分布的。利用 MATLAB 的统计绘图函数 normplot(x) 进行分布的正态性检验，说明图 2-5 的节点随机分布是服从正态分布的。

由于传感器网络节点的随机部署是受许多独立随机因素影响的结果，在监测区域随机撒播无线传感器节点会受到抛洒高度、初始速度、气流速度和方向、空气湿度、节点重量、地形地貌等多种随机因素的影响，因此选用正态分布来描述区域上的节点随机覆盖是合理的。当忽略上述因素时，可选用均匀分布来描述区域上的节点随机覆盖。

2.4　一维区域节点覆盖模型

2.4.1　一维区域定义

像长输管线、江河流道、地下巷道、交通道路、边界线等这类监测区域的宽度与长度相比很小，忽略区域宽度几乎不影响监测质量。这类监测区域上传感器节点主要是沿线部署的，监测区域是直线和曲线的连续线，如图 2-7 所示，可视为一维区域上的 WSN。

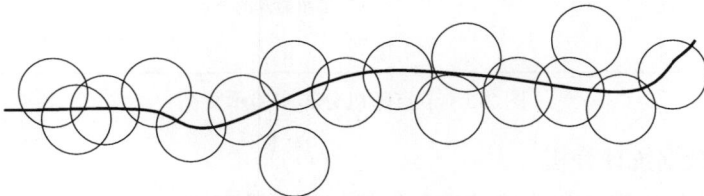

图 2-7　一维区域上的节点随机覆盖

定义 2-15：若传感器节点主要是沿线部署即可实现对区域的监测，监测区域的宽度几乎不影响监测质量，这一类监测区域称为一维长线监测区域，简称一维区域。

给定要覆盖的长度为 l 的一维区域 R，求其覆盖程度 $\text{DoC}(q,p)$，假定当传感器节点落在某一点 $(x,y) \in R$，它的空间分布可用一个二维的随机密度函数来精确近似[2]。在前面的讨论中，要覆盖的区域 R 是一维的，但节点布置是假定为二维的，实际反映了应用情形的本质特征，如运行在道路上的车辆跟踪、边界线的监控等，区域 R 中要覆盖的那一部分区域本质上是一维的，但节点布置不能限定在一维区域 R 内，也可在二维坐标系统中对问题进行讨论。

2.4.2　节点覆盖模型

根据 2.2 节的假设，无线传感器节点的感知模型是圆盘模型，在一维长线区域上要得到重复最少的无漏洞覆盖有如下定理。

定理 2-2：对于一维长线区域，用感知半径为 R_s 的圆，以半径为 R_s 的圆盘节点覆盖模型对区域进行覆盖，可得到重复覆盖最少的无漏洞覆盖，当通信半径大于等于 $2R_s$ 时可保证通信覆盖，当邻居节点数大于或等于 2 时可保证连通覆盖[28, 29]。

证明：节点在一维区域上随机部署时，如图 2-8 所示，任意两邻居节点感知圆的关系只能是相离、相交和相切三种情形。对于第一种情形，两邻居节点感知圆处于相离状态，中间出现漏洞，不能完全覆盖区域，如 C、D 节点。对于第二种情形，两邻居节点感知圆为相交情形，如 A 与 B、B 与 C 节点，此时出现重复覆盖。对于第三种情形，两邻居节点感知圆相切，既不出现漏洞且覆盖重叠最小（只有切点 Q），如 D、E 节点。

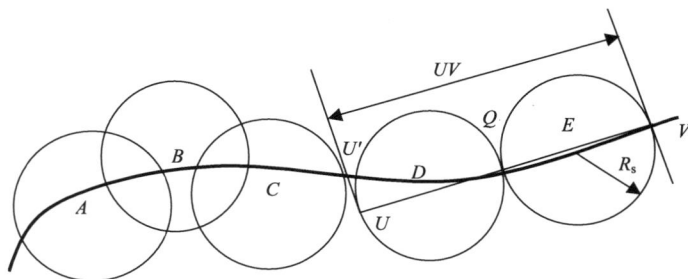

图 2-8　一维区域上的节点随机覆盖

若节点相切于 Q 且在弧线 $U'V$ 上，显然节点 D、E 对长线的覆盖是无漏洞的，由于切点 Q 是感知圆 D 和感知圆 E 的公共点，所以感知圆 D 和感知圆 E 的重复覆盖区域最小且是连通的。两节点所能覆盖的长线区域一般可认为

$$U'V \leqslant 4R_s \tag{2-22}$$

因为传感器节点对一维区域的覆盖是线覆盖，由于两圆相切就可实现重复一点

的无漏洞覆盖，所以一维区域的节点覆盖模型应取圆盘模型。

节点 D、E 的中心点之间的距离为 $2R_s$，当通信半径大于或等于 $2R_s$ 时可保证通信覆盖。

由于一维区域上的信息只要求向两个方向传播，所以当邻居节点数大于或等于 2 时可保证连通覆盖。证毕。

一维区域上的节点覆盖率定义与二维区域上的节点覆盖率定义略有不同。

定义 2-16：一维覆盖率是所有节点覆盖的总长度与目标区域总长度的比值。其中节点覆盖的总长度取集合概念中的并集。

$$C = \frac{\bigcup\limits_{i=1,\cdots,n} L_i}{L} \tag{2-23}$$

式中，C 为覆盖率；L_i 为第 i 个节点的覆盖长度；n 为节点的数目；L 为整个目标区域的长度。

2.4.3　一维区域覆盖

1. 一维直线区域的节点随机覆盖概率

如 2.4.2 节的讨论，在一维区域上节点覆盖模型取圆盘模型，所以根据假设 2-1 和假设 2-2，节点在一维直线区域上的随机覆盖模型应为图 2-9 所示，感知半径为 R_s 的节点分布只能出现图中所示的 A、B、C、D、E 和 F 六种情形，A 情形的覆盖率为 0，F 情形的覆盖率为 $2r/L$，通常的是 B、C、D、E 情形，在此主要以 C 情形进行讨论，所得结论具有一般意义。

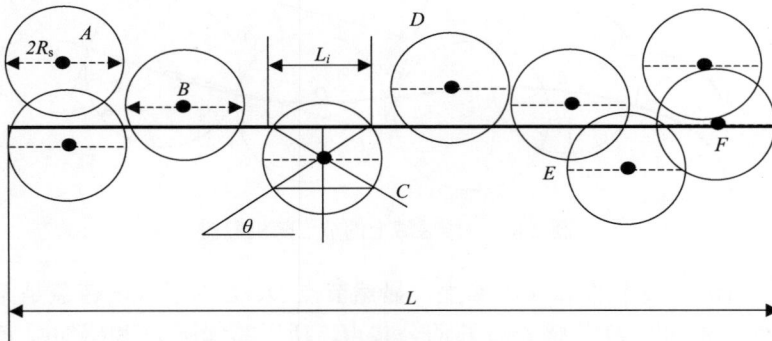

图 2-9　一维直线区域上的节点随机覆盖

以 C 情形为例，一维目标区域的长度为 L，节点对目标区域的覆盖长度为 L_i，由正态分布的密度函数

$$f(x) = \frac{2}{\sqrt{2\pi}\sigma}\exp\left(-\frac{x^2}{2\sigma^2}\right) \tag{2-24}$$

可得目标监测区域内，感知半径为 r 的节点的覆盖概率为

$$p(r,\theta) = \iint f(r,\theta)\mathrm{d}r\mathrm{d}\theta \approx 1 - \exp\left(-\frac{(2r\cos\theta/L)^2}{2\sigma^2}\right), \quad 0 \leqslant \theta \leqslant \frac{\pi}{2}, 0 < r \leqslant R_\mathrm{s} \tag{2-25}$$

由式 (2-25) 可知，节点在一维直线上部署的覆盖概率不仅与节点的感知半径有关，还和节点与直线的偏离程度 θ 角有关。

当 θ 角为 π/2 时，节点的覆盖概率为 0，表示 A 情形；当 θ 角为 0 时，节点的覆盖概率取最大，表示 D 情形。

2. 一维弧线区域的节点随机覆盖概率

如长输管道，通常需经过许多地形复杂的区域，为适应地形起伏和管道走向的变化，所以长输管道不是单纯的直线结构，也经常有弧线结构，所以要研究弧线上的覆盖概率计算。

如图 2-10 所示，节点对弧线 L 的覆盖长度为弧长 $\widehat{MIN}$，节点圆的弧 $\widehat{MN}$ 和弧线 L 的弧 $\widehat{MIN}$ 对应相等的弦长为 MJN。由于

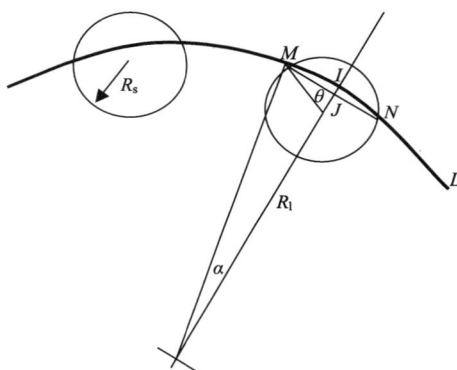

图 2-10　一维区域弧线上的节点随机覆盖

$$MJN = 2R_1\sin\alpha = 2R_\mathrm{s}\sin\theta \tag{2-26}$$

则

$$\sin\alpha = \frac{R_\mathrm{s}}{R_1}\sin\theta$$

$$\alpha = \arcsin\left(\frac{R_\mathrm{s}}{R_1}\sin\theta\right) \tag{2-27}$$

所以，节点对弧线 L 的覆盖长度为弧长 $\widehat{MIN}$，即

$$\widehat{MIN} = 2R_1 \times \alpha = 2R_1\arcsin\left(\frac{R_\mathrm{s}}{R_1}\sin\theta\right) \tag{2-28}$$

仍然以式 (2-19) 作为一维区域上的随机覆盖模型，一维弧线目标监测区域内，感知半径为 r 的节点的覆盖概率为

$$p_A(r,\theta) = \iint f(r,\theta)\mathrm{d}r\mathrm{d}\theta$$

$$\approx 1 - \exp\left\{ -\frac{\left[2R_1 \arcsin\left(\dfrac{r}{R_1}\sin\theta \right) / L \right]^2}{2\sigma^2} \right\}, \quad 0 \leqslant \theta \leqslant \frac{\pi}{2}, 0 < r \leqslant R_s \tag{2-29}$$

式中，当 R_s 远小于 R_1 时，可近似等同于直线区域。

3. 一维弧线区域的节点的通信覆盖

为了保证节点在一维区域上部署时的连通性，对节点的发射半径可作如下分析。如图 2-11 所示，任意两邻居节点感知圆的关系只能是相离、相交和相切三种情形。第一种情形，当两邻居节点感知圆相离时，中间出现漏洞，不能完全覆盖区域，如 H、I 节点圆。第二种情形，当两邻居节点感知圆相切时，既不出现漏洞，也不出现覆盖重叠，如 C、D 节点圆。更一般的情形是第三种情形，即两邻居节点感知圆相交的情形，如 E、F 节点圆。

在图 2-11 中，E、F 节点之间的距离为直线 EF，设节点的发射半径为 R_c，显然，节点的发射半径应满足

$$R_c \geqslant EF = \begin{cases} 0, & \alpha = \pi/2 \\ 2R_s\cos\alpha, & 0 < \alpha < \pi/2 \\ 2R_s, & \alpha = 0 \end{cases} \tag{2-30}$$

式中，R_c 的最大值为 $2R_s$。所以，在一维区域上的节点部署，只要节点发射半径大于或等于 2 倍节点感知半径时，在保证无漏洞覆盖的条件下，网络是连通的。

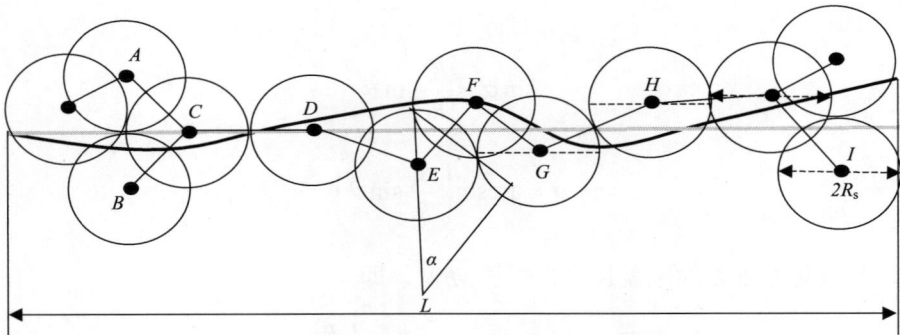

图 2-11　一维区域上的节点通信覆盖

4. 一维区域随机覆盖数

由上面的分析可知，在一维直线目标监测区域内，感知半径为 r 的节点的覆盖概率为

$$p_L(r,\theta) = 1 - \exp\left(-\frac{(2r\cos\theta/L)^2}{2\sigma^2}\right); \quad 0 \leqslant \theta \leqslant \frac{\pi}{2}, 0 < r \leqslant R_s \tag{2-31}$$

一维目标监测区域上直线段的节点平均覆盖概率为

$$p_{aL}(r,\theta) = \frac{2R_s}{\pi L} \iint\limits_{0 \leqslant \theta \leqslant \frac{\pi}{2}, 0 < r < R_s} \left\{ 1 - \exp\left[-\frac{(2r\cos\theta/L)^2}{2\sigma^2} \right] \right\} d\theta dr \tag{2-32}$$

所以，一维直线目标监测区域的覆盖数应为

$$n_L \geqslant \frac{\lg(1-P)}{\lg[1-p_{aL}(r,\theta)]} \tag{2-33}$$

在一维弧线区域内，感知半径为 r 的节点的覆盖概率为

$$p_A(r,\theta) = \iint f(r,\theta) dr d\theta$$

$$\approx 1 - \exp\left\{ -\frac{\left[2R_l \arcsin\left(\frac{r}{R_l}\sin\theta\right)/L \right]^2}{2\sigma^2} \right\}; \quad 0 \leqslant \theta \leqslant \frac{\pi}{2}, 0 < r \leqslant R_s \tag{2-34}$$

一维目标监测区域上弧线段的节点平均覆盖概率为

$$p_{aA}(r,\theta) = \frac{2R_s}{\pi L} \iint\limits_{0 \leqslant \theta \leqslant \frac{\pi}{2}, 0 < r < R_s} \left(1 - \exp\left\{ -\frac{2R_l \arcsin\left[\left(\frac{r}{R_l}\sin\theta\right)/L\right]^2}{2\sigma^2} \right\} \right) d\theta dr \tag{2-35}$$

根据式 (2-16)，一维弧线上目标监测区域的覆盖数应为

$$n_A \geqslant \frac{\lg(1-P)}{\lg[1-p_{aA}(r,\theta)]} \tag{2-36}$$

因此，一维区域上 WSN 的节点数为

$$n = n_L + n_A \tag{2-37}$$

式 (2-37) 可用作一维区域上 WSN 工程设计的技术参考。

2.5　二维区域节点覆盖模型

2.5.1　正六边形节点覆盖模型

在无线传感器网络应用中，对于某一监测区域，需要在监测区域内部署若干个已知感知半径的传感器节点才能毫无遗漏地对监测区域进行监测，并将信息可靠地传送到用户终端。怎样做到"毫无遗漏"地监测就是无漏洞覆盖问题。按照节点覆盖的圆盘模型，这个问题可抽象为：对于面积为 A 的图形 F，如果用半径为 r 的圆去覆盖？如何拼接这些圆？至少需要多少个这样的圆才能完全覆盖图形 F？

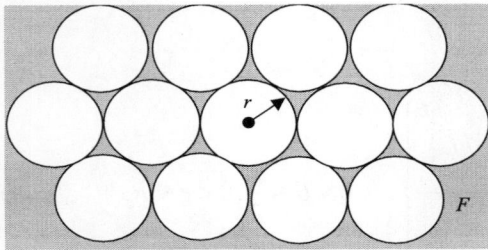

图 2-12　圆盘覆盖

显然，如图 2-12 所示的圆盘覆盖模型，无论用多么小的半径为 r 的圆，对某一区域进行覆盖都是不可能做到无重复无漏洞覆盖的。问题的解决只能退让到用最少个数的正多边形完成重复最小的无漏洞覆盖。因此，想到用圆的内接正多边形来无漏洞覆盖该区域，正多边形的边数越多，越近似于它的外接圆，重复覆盖的区域就越少。这个问题的解有如下定理。

定理 2-3： 用感知半径为 r 的圆，以它的内接正六边形对区域进行覆盖，可得到重复覆盖最少的无漏洞覆盖。

证明： 首先证明全等正三角形或全等正四边形或全等正六边形的图形可无重复无漏洞覆盖任一凸区域。不失一般性，用正多边形无漏洞覆盖某一区域，事实上只要求把若干个全等正多边形的角顶在一个点上即可实现，因为每个正 n 边形的一个内角为 $(n-2)180°/n$，则在一个顶点处集结的 x 个正 n 边形满足方程

$$\frac{(n-2)180°}{n}x = 360° \tag{2-38}$$

解得

$$x = 2 + \frac{4}{n-2} \tag{2-39}$$

为使 x 是正整数，只能取 $n=3$, $x_3=6$; $n=4$, $x_4=4$; $n=6$, $x_6=3$，即可以用全等正三角形或全等正四边形或全等正六边形无重复无漏洞覆盖全域，如图 2-13 所示。

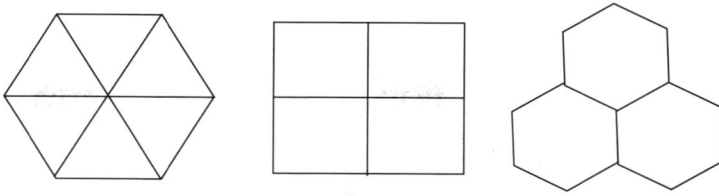

图 2-13　全等正多边形的无漏洞覆盖

然后证明正六边形是感知覆盖重复最少的正多边形。以节点感知圆域的内接正多边形对区域进行覆盖，无漏洞覆盖后一个节点圆域的重复覆盖面积 A_C 是节点圆域面积 A_L 与内接正多边形面积 A_S 之差，即

$$A_C = A_L - A_S = \pi r^2 - \frac{nr^2}{2}\sin\frac{360°}{n}$$

$$= \pi r^2 - \frac{nr^2}{2}\sin\frac{2\pi}{n} \tag{2-40}$$

式中，n 为节点感知圆域的内接正多边形的边数。当 $n\to\infty$ 时，$A_C\to 0$，所以为了保证无漏洞覆盖，当 $n=3, 4, 6$ 时，以 $n=6$ 取得重复覆盖最小，即

$$A_{C\min} = \left(\pi - \frac{3\sqrt{3}}{2}\right)r^2 \tag{2-41}$$

证毕！

所以，当节点的感知半径为 r 时，以它的内接正六边形对区域进行覆盖，可得到感知覆盖重复最少的无漏洞覆盖，因此称之为正六边形节点覆盖模型。

对于部署在监测区域内部的节点，每一个节点的感知覆盖率 η_s 为感知圆域内接正六边形面积 A_s 与感知圆域面积 A_1 之比，即

$$\eta_s = \frac{A_s}{A_1} = \frac{3\sqrt{3}r^2/2}{\pi r^2}\times 100\% = 82.7\% \tag{2-42}$$

2.5.2　节点通信半径

关于传感器网络部署问题的研究，无漏洞覆盖解决了对监测区域的覆盖漏洞问题。感知信息能不能可靠地传送给用户，是与节点通信半径相关的节点通信覆盖问题。节点通信半径的确定应考虑节点的感知半径和发射功率两个重要因素。若通信半径远大于感知半径，不仅需要加大发射功率而耗费节点能量，而且易造成通信干扰。若通信半径小于感知半径，要实现节点连通覆盖，必然要降低覆盖率或极大的增加覆盖数。

文献[30]设计了一种基于目标区域 Voronoi 划分的集中式近似算法——

CVT（Centralized Voronoi Tessellation）算法，用于计算完全覆盖目标区域所需要的近似最小节点集。当节点通信半径 R_c 大于或等于 2 倍感知半径 R_s 时，CVT 算法构造的节点集是连通的；当节点通信半径小于 2 倍感知半径时，设计了一种基于最小生成树（Minimum Spanning Tree，MST）的连通算法来计算确保 CVT 算法构造的覆盖集连通所需的辅助节点。文献[30]研究得出引理 2-1。

引理 2-1：如果 $R_c \geqslant 2R_s$，则 CVT 算法构造的覆盖集是连通的。

对于一个用正六边形节点覆盖模型建立的无漏洞覆盖，节点集 Voronoi 划分的 Delaunay 三角剖分是 Voronoi 划分的对偶图，如图 2-14 所示，可得定理 2-4。

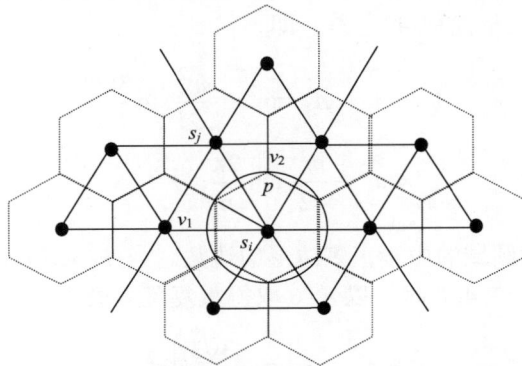

图 2-14　基于正六边形节点覆盖模型部署的传感器节点 Voronoi 图

定理 2-4：基于正六边形节点覆盖模型建立的覆盖集，如果 $R_c \geqslant \sqrt{3}R_s$，则覆盖集是连通的。

证明：一个确定区域上随机分布的传感器节点可描述为给定二维平面上 R^2 的一个有限点集 $S=\{s_1, s_2, \cdots, s_n\}$，定义与 s_i 相关联的 Voronoi 区域 V_i：$V_i = \left\{ p \in R^2 \middle| d(p, s_i) \leqslant d(p, s_j), j \neq i \right\}$，其中 d 为欧氏距离。点集 $\{s_i\}^n_{i=1}$ 称为 Voronoi 产生点，Voronoi 区域的边称为 Voronoi 边，其顶点称为 Voronoi 顶点，共享一条 Voronoi 边的两个点互为 Voronoi 邻居。集合 $\{v_i\}^n_{i=1}$ 称为 R^2 的 Voronoi 划分。Delaunay 三角剖分是 Voroni 划分的对偶图。用 $GD = (VD, ED)$ 表示点集 $S=\{s_1, s_2, \cdots, s_n\}$ 形成的 Voronoi 划分所对应的 Delaunay 三角剖分。其中 $VD = S, (s_i, s_j) \in ED$，当且仅当 s_i 与 s_j 互为 Voronoi 邻居。

如图 2-15 所示，考虑节点部署完成后形成的覆盖集中的两个节点 s_i、s_j，假定二者互为 Voronoi 邻居，且共享边 $v_1 v_2$，根据 Voronoi 划分的定义，边 $v_1 v_2$ 是线段 $s_i s_j$ 的垂直平分线。设 $v_1 v_2$ 与 $s_i s_j$ 相交于点 p。由于节点 s_i 属于覆盖集，则其有界 Voronoi 多边形的每个顶点都位于其感知圆盘内，因此 $d(s_i, v_1) \leqslant R_s$。从而 $d(s_i, s_j) = 2d(s_i, p) < d(s_i, v_1) \leqslant 2R_s$，仅当 $R_c \geqslant d(s_i, s_j)$，节点 s_i、s_j 是连通的，则 $R_c \geqslant 2R_s$。因此，覆盖集中的每个节点都能够与其每一个 Voronoi 邻居节点直接通信，则对应的

Delaunay 三角剖分图中的每条边长度都小于 R_c。由于最小生成树是 Delaunay 图的子图，从而该覆盖集是连通的。

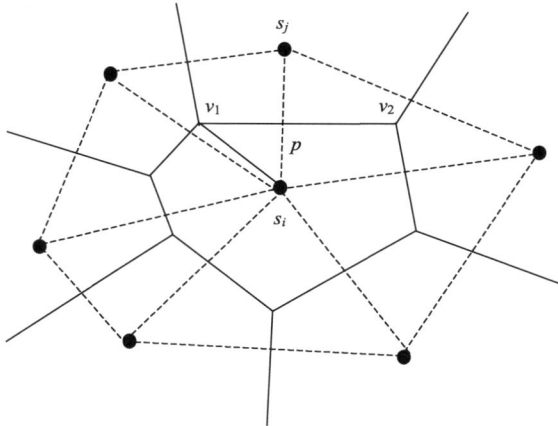

图 2-15　随机部署传感器节点的 Voronoi 图

依此类推，对于正六边形节点覆盖模型建立的无漏洞覆盖网，其节点集 Voroni 划分的 Delaunay 三角剖分如图 2-14 所示，因此有

$$d(s_i, v_1) = R_s \qquad\qquad (2\text{-}43)$$

$$d(s_i, s_j) = 2d(s_i, p) = 2 \times \frac{\sqrt{3}}{2} d(s_i, v_1) = \sqrt{3} R_s \qquad (2\text{-}44)$$

仅当 $R_c \geqslant d(s_i, s_j)$，节点 s_i、s_j 是连通的，则 $R_c \geqslant \sqrt{3} R_s$。证毕。

文献[16, 30]均在圆盘节点覆盖模型的假设下，证明传感器节点信号发射半径大于或等于 2 倍感知半径时，可保证网络的通信覆盖。根据定理 2-4，基于正六边形节点覆盖模型部署的网络，当传感器节点信号发射半径大于或等于 $\sqrt{3}$ 倍感知半径时，可保证网络的通信覆盖。定理 2-4 说明，用正六边形节点覆盖模型建立的网络，在保证通信覆盖的情况下，传感器节点信号可以以较小的发射半径传送信号，从而降低发射功率，节省能耗。

2.5.3　邻居节点数与连通图的分形

1. 邻居节点数

定理 2-3 回答了感知覆盖的问题，定理 2-4 回答了通信覆盖的问题，根据定理 2-3，基于正六边形节点覆盖模型部署节点完成的区域覆盖，每一个节点的最少邻居节点数是多少，这就是连通覆盖的问题，有如下定理 2-5。

定理 2-5：WSN 中的每个节点必须拥有至少 6 个邻居节点才能保证监测区域的

连通性(对监测区域形成无漏洞覆盖)。

证明: 先证明至少 7 个以感知半径为 r 的节点能无漏洞覆盖半径为 $2r$ 的监测圆域。

首先将半径为 $2r$ 圆周分为六等分,则半径为 r 的 6 个圆恰好盖住半径为 $2r$ 的圆周,再用半径为 r 的一个圆盖住半径为 $2r$ 的圆的圆心。这说明:至少 7 个以 r 为半径的小圆能覆盖半径为 $2r$ 的一个大圆。作半径为 $2r$ 圆的内接正六边形,分别将半径为 r 圆的圆心与各边中点重合,再将第 7 个半径为 r 圆的圆心与半径为 $2r$ 圆的圆心重合,即 7 个以 r 为半径的小圆完全覆盖半径为 $2r$ 的一个大圆,如图 2-16 所示。

在图 2-16 中,对于正 $\triangle OAB$,设 OA、OB 中点为 A_1、B_1,那么 $\angle AA_1B = \angle AB_1B = 90°$,故四边形 AA_1B_1B 被以 AB 为直径的圆覆盖。另外,$\triangle OA_1B_1$ 被小圆 $\odot O$ 所覆盖。类似地,可推得 7 个以 r 为半径的小圆完全覆盖半径为 $2r$ 的一个大圆,即一个节点必须拥有至少 6 个邻居节点才能对监测区域形成无漏洞覆盖。

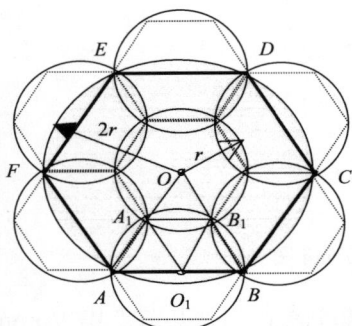

图 2-16　网络节点的最少邻居节点

如图 2-17(a)所示,仿上述方法,可以证明,基于正六边形节点覆盖模型所做的区域覆盖,若不考虑边界因素,任意 7 个节点构成的节点簇和周围均布的 6 个节点簇所覆盖的区域是无漏洞覆盖,这一结论可推广到整个覆盖区域。

因此,基于正六边形节点覆盖模型得到的传感器节点感知无漏洞覆盖网如图 2-17 所示。正六边形拼接的图就是节点的感知覆盖图,一个正六边形中心点与邻近 6 个正六边形中心点的连线构成节点的网络连通覆盖图。证毕。

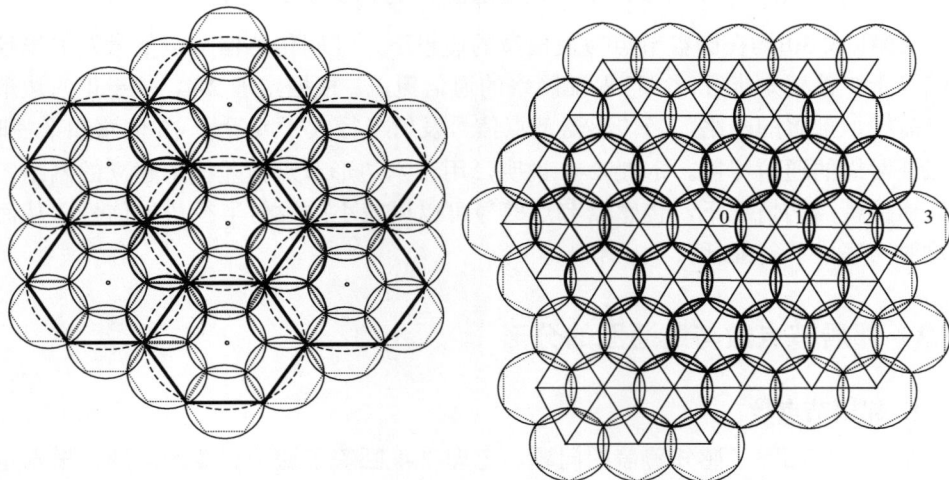

（a）感知覆盖图　　　　　　　　（b）连通覆盖图

图 2-17　正六边形节点覆盖模型的传感器节点覆盖网

图 2-17 所示的传感器节点覆盖网的形式与蜂窝无线网的基站部署有相似之处，但它们研究的内容大不相同。蜂窝无线网的基站部署主要是通过解决频率复用 (Frequency Reuse) 问题而获得系统容量的大幅增加，先进的蜂窝无线网的基站部署在角的顶点上，采用 120°有向天线发射信号[18]。而 WSN 的节点部署要研究的是节点的感知、通信和连通问题，节点只能部署在中心点。Jia 等采用多目标遗传算法[18]，Zhang 等提出 GS^3 算法[17]，得到的结果均接近于本研究结果。

Kleinrock 和 Silvester 在节点的通信功率相同的情况下研究 SottedALOHA 协议时，首先提出了所谓的"魔鬼数字"，认为网络要达到完全连接，平均每个节点必须拥有 6 个邻居节点。Hou 和 Li 在假设每个节点可以确定自己通信范围的基础上，对最优邻居节点数目做了研究，认为保证网络连接的魔鬼数字为 5～8。Xue 和 Kumar 研究了多跳的通信方式下，节点均匀分布的无线网络保持连通性的节点最优邻居数问题，再次提出在有限节点的网络中当节点的邻居数大于 5.1774 时，网络几乎完全连通。说明网络要达到完全连通，平均每个节点必须拥有 6 个邻居节点[31]。所谓的"魔鬼数字"就是 6，由定理 2-5 证明了这个结论。

在传感器节点的部署中，基于正六边形节点覆盖模型的区域覆盖，如图 2-17(b) 所示，以中心节点为 0 层逐层记为 1,2,3,… 层向外分布，每一层的节点数为

$$S_L = \begin{cases} 1, & L = 0 \\ 6L, & L = 1,2,3,\cdots \end{cases} \tag{2-45}$$

到第 L 层分布的节点总数为

$$N_L = 3L(L+1) + 1, \quad L = 0,1,2,3,\cdots \tag{2-46}$$

无漏洞覆盖的区域面积为

$$A_c = \frac{3\sqrt{3}r^2}{2}[3L(L+1)+1], \quad L = 0,1,2,3,\cdots \tag{2-47}$$

最小重复覆盖区域面积为

$$A_{K\min} = [3L(L+1)+1]\left(\pi - \frac{3\sqrt{3}}{2}\right)r^2 \tag{2-48}$$

引理 2-2：如果所有传感器节点 $\{S_1, S_2, \cdots, S_n\}$ 的覆盖范围一致，并且可以完全覆盖区域 D，那么最小化节点数目与最小化重叠区域面积是等价的[32]。

基于引理 2-2，立即可得覆盖区域面积为

$$S_c = \frac{3\sqrt{3}r^2}{2}[3L(L+1)+1], \quad L = 0,1,2,3,\cdots \tag{2-49}$$

的最小传感器节点数为

$$N_{\min} = 3L(L+1)+1, \qquad L = 0,1,2,3,\cdots \tag{2-50}$$

由式 (2-50) 可知，对层次型传感器网络进行分簇时，当 $L=1$，邻居节点数 $n_b=6$，当 $L=2$，$n_b=18$，若 n_b 取 6～18，可使簇头数与节点总数的比率达到 5%～14%。3 跳数内，簇内节点数占节点数总数的比例在 81% 以上。对于层次型网络拓扑结构，簇的大小、簇头总数和簇内节点数满足这些比例关系可以获得较好的拓扑结构。

2. 节点连通图的分形

从图 2-17(b) 中可以看出，每个六边形的中点为一个传感器节点，各节点之间的连线构成一个具有分形结构的连通图，下面分析其分形特性。

如图 2-18 所示，从左到右为正三角形的三代分形，每一代从顶到底分为级，设分形代数为 g，级数为 l，则第 g 代的最大级数

$$l(g) = \begin{cases} 3, & g = 1 \\ 2l(g-1)-1, & g = 2,3,4,\cdots \end{cases} \tag{2-51}$$

第 g 代的 l 级的节点数

$$n_g = l$$

第 g 代的总节点数

$$N_g = 1+2+3+4+\cdots+l(g) = \frac{1}{2}l(g)[(l(g)+1] \tag{2-52}$$

第 g 代的总边数

$$S_g = 3[0+1+2+3+4+\cdots+l(g)] = \frac{3}{2}l(g)[(l(g)-1] \tag{2-53}$$

第 g 代分形三角形的边长

$$r_g = \left(\frac{1}{2}\right)^g$$

分形结构的分形维数

$$F_d = \frac{\ln S_g}{\ln\left(\dfrac{1}{r_g}\right)} = \frac{\ln\left\{\dfrac{3}{2}l(g)[l(g)-1]\right\}}{\ln\left(1/\dfrac{1}{2}\right)^g} = 2, \qquad g \to \infty \tag{2-54}$$

于是可得出以下定理 2-6。

定理 2-6: 正六边形覆盖模型的区域部署，各节点的连线构成的连通图具有分形结构，分型维数为 2。

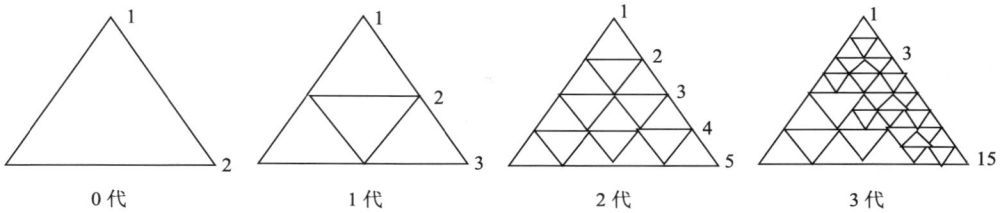

图 2-18　基于正六边形节点覆盖模型的节点连通图的分形

　　基于正六边形节点覆盖模型部署的 WSN，其连通图的分形结构的分形维数等于 2 正好说明这种部署是无漏洞的，因为分形维数等于 2 的图是一个平面图(凸区域)。

2.5.4　区域的最小覆盖

　　依据正六边形节点覆盖模型进行传感器网络部署，需要部署多少个节点才能保证信息的可靠传送，即一个确定的监测区域的最小覆盖数是多少，这是传感器网络应用的工程实际问题。事实上，要对某一监测区域实施覆盖，可以有多种覆盖，但是否存在一种使用传感器节点数最少的无漏洞覆盖，有以下定理 2-7。

　　定理 2-7：已知一个图形 F，若存在 m 个对应节点数为 $K_1, K_2, K_3, \cdots, K_m$ 的图形 $G_1, G_2, G_3, \cdots, G_m$ 可覆盖图形 F，则存在一个最小 $K_{\min}\{K_{\min} \in (K_1, K_2, K_3, \cdots, K_m)\}$，$K_{\min}$ 对应的图形 $G_{\min}$ 是图形 F 的最小覆盖。

　　证明：设图形 F 的直径为 D，节点圆域直径为 d。

　　若 $d \geq D$，则 $K_{\min}=1$，即一个单节点的图形 $G_{\min}$ 是图形 F 的最小覆盖。

　　若 $d < D$，当 $K_1 = K_2 = K_3, \cdots, K_m$ 时，$K_{\min} = K_1 = K_2 = K_3, \cdots, K_m$，则节点数相同的图形 $G_{\min}$ 是图形 F 的最小覆盖。

　　当 $K_1 \neq K_2 \neq K_3, \cdots, K_m$ 时，因 $K_1, K_2, K_3, \cdots, K_m$ 是正整数，必然存在 $K_{\min}\{K_{\min} \in (K_1, K_2, K_3, \cdots, K_m)\}$，则 $K_{\min}$ 对应的图形 $G_{\min}$ 是图形 F 的最小覆盖。证毕。

　　由定理 2-4、定理 2-5 和定理 2-7 可得以下推理 1。

　　推理 1：一个二维区域的最小覆盖是以正六边形节点覆盖模型所做的重复最少的无漏洞覆盖。

　　最小覆盖的节点数又称为覆盖数。二维区域内正六边形节点覆盖模型对区域的覆盖数为

$$n = \frac{A_q}{A_s} = \frac{A_q}{3\sqrt{3}R_s^2/2} \tag{2-55}$$

式中，n 为部署的传感器节点总数；A_q 为监测区域面积；A_s 为正六边形节点覆盖模型单个节点的覆盖面积。

2.6　三维区域节点覆盖模型

　　三维传感器网络是由部署在三维物理空间中、执行一定感知任务的传感器节点组成的无线传感器网络系统。现在已经有大量三维传感器网络应用，如水下静态传感器网络、移动水下设备网络、部署在建筑物各层的传感器网络、放置在树木上监视森林环境的传感器网络等。即使一般的地面传感器网络，由于地形起伏，网络往往也并非理论假设的那样是完全平坦的。随着人们对水下传感器网络兴趣的增加，如海洋学数据采集、海洋勘探、船员生活、天气预报和气候观测的需要，对三维网络覆盖与连通问题提出了许多挑战。三维网络的设计比起二维遇到的问题更加困难[19]。

2.6.1　正六面体节点覆盖模型

　　研究三维网络的覆盖与连通问题，其目的是找到一个 100% 的三维空间覆盖率且节点数最少的网络部署策略。假设节点的感知区域是半径为 R_s 的球体，问题是要构造等体积的多面体填充三维空间，当节点放置在多面体的外接圆圆心上，在感知区域内重叠最小，没有重复覆盖的点。这也就意味着要找出填充三维空间的最少节点数。

　　定义 2-17：对于任何多面体，如果从它的中心到任一顶点的距离是 R，多面体的体积是 V，则多面体的体积系数（节点在三维空间的感知覆盖率）是

$$\eta_s = \frac{V}{\frac{4}{3}\pi R^3} \tag{2-56}$$

　　定理 2-8：对于三维空间区域，若节点的感知半径为 R_s，以它的内接正六面体对空间区域进行覆盖，可得到重复覆盖较少的无漏洞覆盖，当通信半径大于或等于 $3\sqrt{3}\,R_s/2$ 时可保证通信覆盖，当邻居节点数大于或等于 6 时可保证连通覆盖。

　　证明：根据麦克斯韦的电磁场理论，在三维空间传播的电磁波中的电场和磁场互相垂直，电磁波在与二者均垂直的方向传播。因此，传感器节点在三维空间的信息感知和发送是空间传播的横波。要得到三维空间节点的重复覆盖最少的无漏洞覆盖，直接用球型做节点的覆盖模型显然不能实现无漏洞覆盖。因此，可把问题转化成在一个球体内内接一个正多面体，使它的体积最大，并且这个正多面体在三维空间能实现无空隙填充。

　　根据计算几何知识，正多面体是每个面都有相同边数的正多边形，且每个顶点为端点都有相同棱数的凸多面体。由多面体欧拉定理，简单多面体的顶点数 V、棱

数 E、及面数 F 间的关系为

$$V + F - E = 2 \tag{2-57}$$

式中，V 为顶点数；E 为棱的数目；F 为面的数目。

可以证明，三维空间的正多面体仅有：正四面体、正六面体、正八面体、正十二面体和正二十面体共 5 种，如图 2-19 所示。

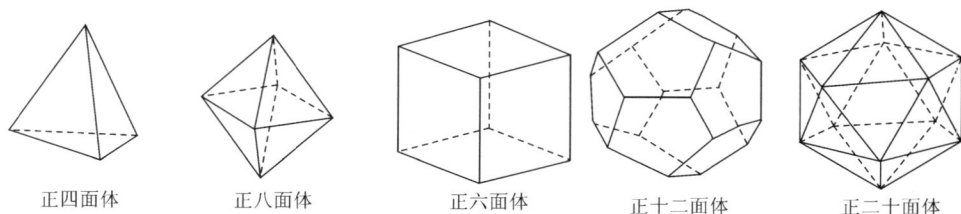

正四面体　　　　正八面体　　　　　正六面体　　　　正十二面体　　　　正二十面体

图 2-19　5 种正多面体

若 d 表示每个顶接的棱数，α 表示两面在空间的夹角，R 表示正多边形的外接圆半径，则正多面体的几何参数如表 2-1 所示。

表 2-1　正多面体的几何参数

名称	V	E	F	d	α	a
	顶数	棱边数	面数	顶棱数	棱面夹角	棱边长
正四面体	4	6	4	3	70°32′	1.633R
正六面体	8	12	6	3	90°	1.155R
正八面体	6	12	8	4	109°28′	1.414R
正十二面体	20	30	12	3	116°34′	0.714R
正二十面体	12	30	20	5	138°11′	1.051R

为了实现无漏洞覆盖，对于图 2-19 任一种多面体，在其任一棱边的两个面上，拼接上同样的正多面体，让 n 个正多面体的这一棱边重合，即

$$n = \frac{360°}{\alpha} \tag{2-58}$$

由于棱面夹角不同，需要的正多面体的个数 n 亦不相同。仅当 n 为整数时才能刚好形成封闭空间。5 种正多面体，只有正好 4 个正六面体能够形成封闭空间，即无漏洞覆盖三维空间。图 2-20 所示为 4 个正六面体共 MN 棱。

任一个正六面体的每一个面用同样的正六面体进行拼接，总可以将感知球形空间完全覆盖。完全覆盖一个节点的感知空间并保证网络的连通性，在节点周围至少

需要布置 6 个节点。当最少节点布置完成后，节点之间的最小发射半径 R_c 随之确定，即为图 2-20 中的 S_1S_2。

$$R_c = S_1S_2 = \frac{2\sqrt{3}R_s}{3} \tag{2-59}$$

可以计算出节点在三维空间的感知覆盖率为

$$\eta_s = \frac{V_{正六面体}}{V_{球}} = \frac{\left(\dfrac{2\sqrt{3}}{3}R\right)^3}{\dfrac{4}{3}\pi R^3} = 36.76\% \tag{2-60}$$

所以，对于三维空间区域，若节点的感知半径为 R_s，以它的内接正六面体对空间区域进行覆盖，可得到重复覆盖较少的无漏洞覆盖。最小节点度数为 6。最大空间覆盖率为 36.76%，部署结果如图 2-21 所示。

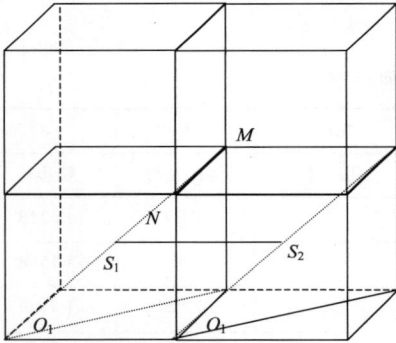

图 2-20　六面体对空间的无漏洞覆盖　　　图 2-21　基于正六面体节点覆盖模型的三维空间部署

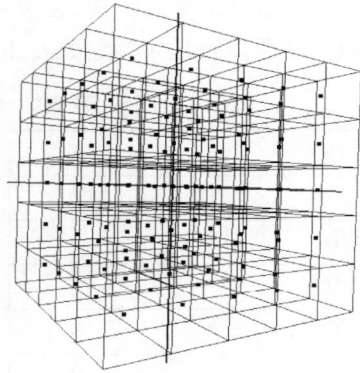

2.6.2　切顶八面体节点覆盖模型

填充空间的多面体应是这样一个多面体，能够用来填充空间但没有任何重叠和空隙。一个三维多面体是由有限多个边和面组成的三维形状。面接触的直线段称为多面体的边，边结合的点称为多面体的顶角。多面体以三维的形式充满空间。由于三维空间中的传感器节点感知域是球形的，球体在三维空间中不能完全镶合，我们想找的是一种最近似球体的空间填充体。换句话说，我们想找的空间填充体应该是这样的，如果每个单元格都用这个多面体填充，然后覆盖这一体积空间所需的单元数量是最少的，从单元中心到它最远角落的距离不大于感知范围 R_s[33]。

多边形是多面体的二维类推，多少维的一般术语就是多面体。一个空间填充多面体是指能够用来填充空间而不存在任何重叠和空隙的多面体(像棋盘布局和铺地砖)。多面体具有空间填充特性不易弄清楚。在 5 种正多面体中，只有立方体具有前述的空间填充性。基于开尔文猜想，不弯曲的切顶八面体的等周率是 0.753367，根据节点数最少原则，可作为三维空间覆盖问题的最优空间填充多面体。文献[34]也证明了切顶八面体是三维空间覆盖的最优形式。

切顶八面体如图 2-22 所示。切顶八面体有 14 个面，包括 8 个正六边形和 6 个正方形，正六边形和正方形的边长相同。在这种情况下，邻居节点间维持通信覆盖的发射距离为 $1.7889R_s$。假设每边长是 a，两个相对正六边形面之间的距离是 $\sqrt{6}a$，两个相对正方形面之间的距离是 $2\sqrt{2}a$，切顶八面体外接圆的半径是 $\sqrt{10}a/2$，切顶八面体的体积是 $8\sqrt{2}a^3$，节点在三维空间的感知覆盖率为

$$\eta_s = \frac{8\sqrt{2}a^3}{\frac{4}{3}\pi\left(\frac{1}{2}\sqrt{10}a\right)^3} = \frac{24}{5\sqrt{5}\pi} = 0.68329 \tag{2-61}$$

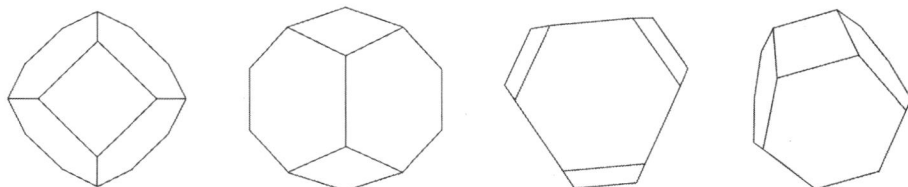

图 2-22　切顶八面体

2.6.3　相对于感知范围的通信半径

如果节点在 u, v, w-坐标系统的每个整数坐标点放置，则可得到切顶八面体的棋盘型布局。u, v, w-坐标系统的原点在 x, y, z-坐标系统的 (cx, cy, cz) 点。在邻居节点间维持连通需要的最小通信半径取决于选择的多面体。如果采用切顶八面体，沿 u, v 轴的通信半径不小于 $4R/\sqrt{5} = 1.7889R$，沿 w 轴的通信半径不小于 $R2\sqrt{3}/\sqrt{5} = 1.5492R$。

理论分析表明，三维空间采用切顶八面体覆盖模型较之正六面体覆盖模型可获得较大的感知覆盖率，但正六面体覆盖模型更具有应用上的简单性和适用性。

参 考 文 献

[1]　刘丽萍, 王智, 孙优贤. WSN 中的资源优化. 传感技术学报, 2006, 19(3): 917-925.

[2]　Leoncini M, Resta G, Santi P. Partially controlled deployment strategies for wireless sensors. Ad hoc Networks, 2009, 7: 1-23.

[3]　徐从富, 李石坚, 饶大展, 等. 基于正三角形区域划分的传感器网络覆盖与连通. 传感技术学

报, 2007, 20(3): 650-655.

[4]   Shakkottai S, Srikant R, Shroff N. Unreliable sensor grids: coverage, connectivity and diameter. INFOCOM 2003, Twenty-second Annual Joint Conference the IEEE Computer and Communications Societies, 2003: 1073-1083.

[5]   汪学清, 杨永田, 孙亭, 等. WSN 中基于网格的覆盖问题研究. 计算机科学, 2006, 33(11): 38-39, 78.

[6]   Cardei M, MacCallum D, Cheng X, et al. Wireless sensor networks with energy efficient organization. Journal of Interconnection Networks, 2002, 3(3-4): 213-229.

[7]   Marengoni M, Draper B A, Hanson A, et al. System to place observers on a polyhedral terrain in polynomial time. Image and Vision Computing, 1996, 18(10): 73-780.

[8]   Meguerdichian S, Koushanfar F, Potkojak M, et al. Coverage problems in wireless ad-hoc sensor networks. New York: IEEE Infocom, 2001: 1380-1387.

[9]   Huang C, Tseng Y. The coverage problem in a wireless sensor network. WSNA03, San Diego, CA, 2003: 9.

[10] Close D A, Stelly O V. New information system promise the benefits of the information age to the drilling industry. SPE/IADC 39331, 1998.

[11] Zhang H H, Chou J. Maintaining sensing coverage and connectivity in large sensor networks. Wireless Ad-Hoc and Sensor Networks, 2005, (1-2): 89-123.

[12] Israr N, Awan I. Coverage based inter cluster communication for load balancing in heterogeneous wireless sensor networks.Telecommun Syst, 2008, 38: 121-132.

[13] 杨余旺, 于继明, 赵炜, 等. 单跳 WSN 能量分析计算. 南京理工大学学报, 2007, 31(1): 81-84.

[14] Nojeong H, Varshney P K. An intelligent deployment and clustering algorithm for a distributed mobile sensor network. IEEE International Conference on Systems, Man and Cybernetics, 2003.

[15] 赵仕俊, 张朝晖. WSN 正六边形节点覆盖模型研究. 计算机工程, 2010, 36(20): 113-115, 118.

[16] Tian D, Georganas N D. Connectivity maintenance and coverage preservation in wireless sensor networks. Ad hoc Networks, 2005, 3: 47-761.

[17] Zhang H W, Arora A. GS3: Scalable self-configuration and self-healing in wireless sensor networks. Computer Networks, 2003, 43: 459-480.

[18] Jia J, Chen J, Chang G R, et al. Energy efficient coverage control in wireless sensor networks based on multi-objective genetic algorithm. Computers and Mathematics with Applications, 2009, 57: 1756-1766.

[19] Ghosha A, Dasb S K. Coverage and connectivity issues in wireless sensor networks: A survey. Pervasive and Mobile Computing, 2008, 4: 303-334.

[20] Eren H. 无线传感器及元器件: 网络、设计与应用. 纪晓东, 赵北雁, 彭木根, 译. 北京: 机械工业出版社, 2008: 53-55.

[21] Wu C H, Lee K C, Chung Y C. A delaunay triangulation based method for wireless sensor network deployment. Computer Communications, 2007, 30: 2744-2752.

[22] Gage D W. Command control for many-robot systems. Proc of AUVS-92. Huntsville AL, 1992,

6:22-24.

[23] 赵旭, 雷霖, 代传农. WSN 的覆盖控制. 传感器与微系统, 2007, 26(8): 35-37.

[24] Cardei M, Wu J. Energy-efficient coverage problems in wireless ad-hoc sensor networks. Computer Communications, 2006, 29: 413-420.

[25] Heo N, Varshney P K. A distributed self spreading algorithm for mobile wireless sensor networks. IEEE Conference on Wireless Communications and Networking, 2003, (13): 1597-1602.

[26] Harada J, Shioda S, Saito H. Path coverage properties of randomly deployed sensors with finite data-transmission ranges. Computer Networks, 2009, 53: 1014-1026.

[27] 董满才, 芮筱亭. 多管火箭弹道点分布规律研究. 火炮发射与控制学报, 2008, 3: 1-7.

[28] 赵仕俊, 路嘉鑫, 张朝晖. 无线传感器网络一维区域随机覆盖研究. 昆明理工大学学报(理工版), 2010, 35(4): 71-75.

[29] 唐懿芳, 穆志纯. 无线传感器网络一维区域的覆盖研究. 计算机应用研究, 2010, 27(8): 3110-3112.

[30] 蒋杰, 方力, 张鹤颖, 等. WSN 最小连通覆盖集问题求解算法. 软件学报, 2006, 17(2): 176-184.

[31] 刘丽萍, 王智, 孙优贤. WSN 连接问题研究. 兵工学报, 2007, 28(9): 7901.

[32] Zhang H, Hou J C. Maintaining sensing coverage and connectivity in large sensor networks. University of Illinois at Urbana-Champaign, 2003.

[33] Alam N, Haas Z J. Coverage and connectivity in three-dimensional networks. MobiCom '06: Proceedings of the 12th Annual InternationalConference on Mobile Computing and Networking. New York, 2006: 346-357.

[34] Ambahrp B. On lattice coverings by spheres. Procee of Nat. In st. S c.i. 1954, 20: 25-52.

第 3 章　网络拓扑控制

3.1　概述

3.1.1　网络拓扑结构及分类

网络的拓扑结构是指网络中各个节点之间相互连接的形式。WSN 是以数据为中心，节点的电池能量、计算能力和存储能力非常有限，从而导致网络拓扑的频繁变化。因此，对于无线自组织的传感器网络而言，网络拓扑控制具有特别重要的意义。所谓拓扑控制，就是要形成一个优化的网络拓扑结构。如果没有拓扑控制，网络中所有节点都会以最大传输功率工作，这种情况下，一方面节点有限的能量将被快速消耗，降低了网络的生命周期。同时，网络中每个节点的无线信号将覆盖大量的其他节点，造成无线信号冲突频繁，影响节点的通信质量，降低网络的吞吐率；另一方面在生成的网络拓扑中将存在大量的链路，从而导致网络拓扑信息量大，路由计算复杂，浪费了宝贵的计算资源。因此，需要研究 WSN 中的拓扑控制方法，在维持拓扑的某些全局性质的前提下，通过各种节能措施延长网络生命周期，提高网络吞吐量，降低网络干扰，节约节点资源，提高 MAC 协议和路由协议的效率等。

传感器网络拓扑可以根据节点是否可移动和部署是可控的或不可控的分为以下 4 类[1]。

(1) 静态节点、不可控部署。静态节点随机地部署到给定的区域，这是大部分拓扑控制研究所作的假设。对稀疏网络的功率控制和对密集网络的睡眠调度是两种主要的拓扑控制技术。

(2) 动态节点、不可控部署。这样的系统称为移动自组织网络 (Mobile Ad hoc Network，MANET)。其主要问题是无论独立自治的节点如何运动，都要保证网络的正常运行，功率控制是主要的拓扑控制技术。

(3) 静态节点、可控部署。节点通过人或机器人部署到固定的位置。拓扑控制主要是通过控制节点的位置来实现的，功率控制和睡眠调度虽然可以使用，但已经是次要的了。

(4) 动态节点、可控部署。在这类网络中，移动节点能够相互定位，拓扑控制机制融入到移动和定位策略中。因为移动是主要的能量消耗，所以节点间的能量高效通信不再是首要问题，这种情况下，移动节点的部署不太可能是密集的，所以睡眠调度也不重要。

3.1.2　拓扑控制研究内容

目前拓扑控制研究一般以能量高效作为主要设计目标，并集中于功率控制和睡眠调度两个方面。所谓功率控制，就是为传感器节点选择合适的发射功率；所谓睡眠调度，就是控制传感器节点在工作状态和睡眠状态之间的转换。

功率控制的基本思想是通过调整发送节点的信号功率来影响节点的无线信号的覆盖范围，进而调整网络的拓扑结构，同时降低对邻近节点的干扰，最终提高整个网络的连通性能。功率控制的主要目的是在保证网络的连通性和覆盖度的前提下使得节点的能量消耗最小，同时增加网络的容量、降低通信干扰。

功率控制问题是复杂的，对于其复杂性的认识是基于发射范围分配问题，又称 RA（Range Assignment）问题。设节点的位置是已知的，RA 问题就是要在保证网络连通的前提下，使网络中所有节点的发射功率的总和最小。在一维情况下，RA 问题可以在多项式时间内解决；然而在二维和三维情况下，RA 问题是 NP 难的。文献[2]对功率控制问题有全面的综述。

睡眠调度的基本思想是通过关闭冗余节点来降低网络的能耗。WSN 通常是密集部署的，网络中存在着大量的冗余节点，因而可以通过关闭冗余节点的办法来达到节能的目的。对于其复杂性的认识是基于图论上的最小支配集问题。所谓最小支配集问题，就是要寻找一个最小的节点子集，使得任何一个节点，或者属于这个集合，或者与这个集合中的某个节点相邻。理想的基于分簇的拓扑控制就是要选取最少且足够的链路作为网络的通信骨干，同时减小控制和维护开销。众所周知，最小支配集问题和最小连通支配集问题都是 NP 完全问题。

拓扑控制在 WSN 研究中非常重要。首先，拓扑控制是一种重要的节能技术；其次，拓扑控制保证覆盖质量和连通质量；再次，拓扑控制能够降低通信干扰、提高 MAC 协议和路由协议的效率、为数据融合提供拓扑基础；此外，拓扑控制能够提高网络的可靠性、可扩展性等其他性能。总之，拓扑控制对网络性能具有重大的影响，因而对它的研究具有十分重要的意义。

拓扑控制研究仍然存在着许多问题。首先，对所研究的拓扑控制问题很难给出清晰的定义，而仅仅是模糊描述。这一方面是因为 WSN 是应用相关的，另一方面是由问题本身的复杂性造成的。其次，大多数的研究不能全面考虑网络的能耗。功率控制主要考虑如何降低网络的通信代价，睡眠调度主要考虑如何降低网络的空闲能耗，然而很少有工作将二者结合起来考虑。再则，拓扑控制研究缺乏理论基础，大多数的工作仅仅是通过有限规模的模拟或者少量节点的实验来代替理论分析。最后，由于上述几个问题的存在，带来了一系列的其他问题，诸如算法的优劣难以度量，算法的实用性较差，研究结果不具有充分说服力等。

3.2 拓扑控制设计原则与算法评价

3.2.1 网络能耗模型

无线传感器节点的无线通信模块存在发送、接收、空闲(或监听)和睡眠 4 种状态。无线通信模块在空闲状态一直监听无线信道的使用情况，检查是否有数据发送给自己，而在睡眠状态则关闭通信模块。研究人员通过测量得到了无线通信模块在各种状态时消耗能量的比例[3]。如图 3-1 所示，无线通信模块在发送状态的能量消耗最大，在睡眠状态的能量消耗最小，最重要的结论是在空闲状态的能量消耗与在接收状态的能量消耗相当，是不可忽略的。因此，制订恰当的睡眠调度策略使网络中的冗余节点从空闲模式转换为睡眠模式将能明显地节约能量。

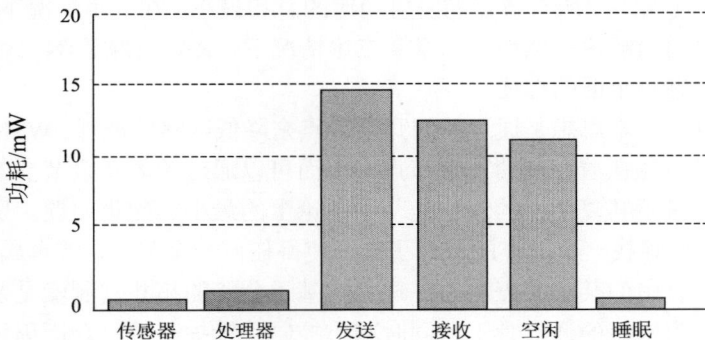

图 3-1 WSN 节点能量消耗分析

任一传感器节点的能耗一般由以下部分组成，取决于节点完成的工作任务。

1. 感知能量

为了激活节点内部的感知电路，采集监测对象的数据，必然要消耗一些能量，称为感知能量，用 E_s 表示。

2. 计算能量

要传感器节点工作，必须激活节点的处理单元。此外，无论什么时候完成的数据融合，都要实现必要的辅助计算。数据处理消耗的能量用 E_c 表示，与其他几种能量相比，计算能量 E_c 相对较低。

3. 发射能量

采集到的数据需要传送到目的站，因此发射电路必须启动工作，这个过程必然要消耗能量，称为发射能量，用 E_t 表示。E_t 的大小取决于发射功率 P_t，数据包大小以及数据传输率。

4. 接收能量

对于中继节点，还要担负向前面传送来自其他传感器的数据包。传感器接收这些数据包过程中消耗的能量，称为接收能量，用 E_r 表示。

5. 空闲(或监听)能量

当传感器节点并不进行某种操作，但各功能模块又处于正常工作状态，通常把这个状态称为传感器节点的空闲(或监听)状态。处于中断模式工作的传感器节点，所谓的空闲(或监听)状态是必要的。传感器节点在空闲(或监听)过程中消耗的能量，称为空闲(或监听)能量，用 E_i 表示。从图 3-1 可以看出，空闲状态的能量消耗与在接收状态的能量消耗相当。

6. 睡眠能量

对于处于周期性工作模式的传感器节点，当检测周期未到时，可以关闭空闲(或监听)功能模块的部分电路，使其进入睡眠状态，一旦检测周期到达时，再打开这部分电路，使传感器节点重新进入空闲(或监听)状态。传感器节点在睡眠过程中仍然要消耗能量，称为睡眠能量，用 E_l 表示。

在一个典型的传感器节点的生命周期内，每一个事件或队列都经过感知、完成必要的计算得到数据包，把数据包发送到目的地这个过程。而且，传感器节点经常要中继转发来自其他传感器的数据包。这样，总能量 E_{total} 就是上面所述的各能量的总和。

$$E_{total} = E_t + E_r + E_s + E_c + E_i + E_l \qquad (3\text{-}1)$$

高效的感知电路和算法有助于减少 E_i、E_l、E_s 和 E_c。其他两部分 E_t 和 E_r 取决于通信架构和一些潜在技术。因此，为了减少通信过程的能耗，必须采用能量有效的方法。

3.2.2　拓扑控制协议设计原则

对于一般的拓扑控制问题(没有诸如均匀分布、人工部署等过强的假设)，能量高效的拓扑控制协议的 3 个必要性设计原则如下。

(1)功率控制与睡眠调度相统一的原则。要创建能量高效的网络拓扑，必须综合考虑网络的通信能耗和空闲能耗。也就是说，要把功率控制与睡眠调度统一起来。

(2)负载感知原则。真正能做到能量高效的拓扑控制协议必须能够感知节点的负载，并用来调整网络的拓扑结构。

(3)路由机制相结合的原则。从拓扑控制的研究情况来看，拓扑控制在协议栈中的位置可以是 MAC 层、网络层，也可以是 MAC 层上、网络层之下。拓扑控制要真正做到能量高效，须放在网络层，并且与路由机制相结合。因为，拓扑控制一般要保证网络的连通性，而下层协议很难高效实现；其次，拓扑控制需要必要的拓扑知识，而路由协议能够通过路由表存储的网络拓扑信息感知网络拓扑；再则，路由影响拓扑控制的有效性，将拓扑控制放在低层会使路由协议失去根据数据流优化网络拓扑的机会。拓扑控制应该属于网络层这一设计原则已被 Kaw 等指出。COM POW[4]，CLUST ERPOW[5]和 MINPOW[3]就是功率控制与路由机制相结合的范例。

3.2.3　拓扑控制算法评价

拓扑控制的研究是在保证一定的网络覆盖质量的前提下，以延长网络寿命为主要目标，兼顾通信干扰、网络延时、负载均衡、简单性、可靠性、可扩展性等其他性能，形成一个优化的网络拓扑结构。拓扑控制的各种设计目标之间有着错综复杂的关系，对这些关系的研究也是拓扑控制研究的重要内容。影响拓扑性能主要有以下几个主要因素，可作为网络拓扑控制算法的评价指标。

1. 算法的分布式程度

一般情况下，在无线多跳网络中，不设置认证中心，节点只能依据自身从网络中收集的信息作出决策。另外，任何一种涉及节点间同步的通信协议都有建立通信的开销。显然，如果节点了解全局的拓扑和网络中所有节点的电量，就能作出最优的决策；如果不计同步消息的开销，得到的是最优的性能。但是，如果所有的节点都要了解全局信息，那么同步消息产生的开销要多于数据消息。节点依据本地信息作出决策，得到的虽然是次优解，但考虑到系统的开销，因此采取分布式而非集中式算法是较好的方案。

2. 覆盖度

如何实现最优覆盖是网络拓扑管理的关键内容，直接关系到传感器监测物理空间的效果，覆盖度的定义见 2.2 节。

3. 节点连通度

节点连通度又称节点度数，指一跳到达节点的邻居节点个数。降低节点度数，可以减少信道竞争和干扰，同时减少节点转发消息的数量和路由计算的复杂度，但当节点度数小于 6 时会影响网络的覆盖度和连通性。

4. 连通性

连通性是任何拓扑控制算法都必须保证的一个性质。传感器网络一般是大规模的，所以传感器节点感知到的数据一般要以多跳的方式传送到网关节点，这就要求拓扑控制必须保证网络的连通性。如果至少要去掉 k 个传感器节点才能使网络不连通，就称网络是 k-连通的，或者称网络的连通度为 k。拓扑控制一般要保证网络是连通(1-连通)的。功率控制和睡眠调度都必须保证网络的连通性，这是拓扑控制的基本要求。

5. 网络寿命

一般将网络寿命定义为直到死亡节点的百分比低于某个阈值时的持续时间。也可以通过对网络的服务质量的度量来定义网络寿命。可以认为网络只有在满足一定的覆盖质量、连通质量、某个或某些其他服务质量时才是存活的。功率控制和睡眠调度是延长网络寿命的十分有效的技术。

6. 吞吐能力

设目标区域是一个凸区域,每个节点的吞吐率为 λ(单位为 bit/s),在理想情况下,则有

$$\lambda \leqslant \frac{16AW}{\pi\Delta^2 L}\frac{1}{nr} \tag{3-2}$$

式中,A 为目标区域的面积;W 为节点的最高传输速率;π 为圆周率;Δ 为大于 0 的常数;L 为源节点到目的节点的平均距离;n 为节点数;r 为理想球状无线电发射模型的发射半径。

由此可以看出,通过功率控制减小发射半径和通过睡眠调度减小工作节点数量,在节省能量的同时,可以在一定程度上提高网络的吞吐能力。

7. 能量消耗

设计能量消耗最小化的网络协议是 WSN 成功应用的关键,节点能量消耗的计算可参考式(2-5)和式(3-1)。

8. 干扰和竞争

减小通信干扰、减少 MAC 层的竞争和延长网络寿命基本上是一致的。功率控制可以调节发射范围,睡眠调度可以调节工作节点的数量,这些都能改变一跳邻居节点的个数,即与它竞争信道的节点数。

9. 网络延时

当网络负载较高时,低发射功率带来的端到端延时较小,而在高负载情况下,低发射功率会带来的端到端延时较大。因为,当网络负载较低时,高发射功率减少了源节点到目的节点的跳数,所以降低了端到端的延时;当网络负载较高时,节点对信道的竞争是激烈的,高发射功率由于缓解了竞争而减小了网络延时。这是功率控制和网络延时之间的大致关系。

10. 拓扑性质

事实上,对于网络拓扑的优劣,很难直接根据拓扑控制的终极目标给出定量的度量。因此,在设计拓扑控制(特别是功率控制)方案时,往往退而追求良好的拓扑性质。除了连通性之外,对称性、平面性、稀疏性、节点度的有界性、可扩展性等,都是设计拓扑控制方案需要权衡的网络拓扑性质。

3.3 功率控制算法

3.3.1 相关研究

功率控制是在保证网络覆盖和连通的情况下，节点通过设置或者动态调整节点的发射功率，均衡节点的单跳可达邻居数目，降低节点的能量消耗。现在的方案都是近似解法，主要有基于节点一跳范围内的邻居节点数目的算法和基于邻近图的算法两种。

基于节点一跳范围内的邻居节点数目的功率控制调节拓扑结构的算法，假设网络中存在最优的节点数目，节点通过某种机制统计自己周围一跳范围内的节点数目，如果超出了最优值，就将节点的发射功率减小；反之，统计到的邻居节点数目小于最优值，节点将增大发射功率，以使周围的邻居节点增多。希腊佩特雷大学(University of Patras)的 Kirousis 等将其简化为发射范围分配问题[6]，简称 RA 问题，并详细讨论了该问题的计算复杂性。设 $N=\{u_1,\cdots,u_n\}$ 是 $d(d=1,2,3)$ 维空间中代表网络节点位置的点的集合，$r(u_i)$ 代表节点 u_i 的发射半径。RA 问题就是要在保证网络连通的前提下，使网络的发射功率(各节点的发射功率的总和)最小，也就是要最小化 $\sum_{u_i \in N}[r(u_i)]^\alpha$，其中，$\alpha$ 是大于 2 的常数。在一维情况下，RA 问题可以在多项式时间 $O(n^4)$ 内解决；然而在二维和三维情况下，RA 问题是 NP 难的。实际的功率控制问题比 RA 问题更为复杂。这个结论从理论上告诉人们，试图寻找功率控制问题的最优解是不现实的，应该从实际出发，寻找功率控制问题的实用解。针对这一问题，当前已提出了一些解决方案，其基本思想都是通过降低发射功率来延长网络寿命。

目前在功率控制方面，已经提出了 COMPOW[4] 等统一功率分配算法，LMN/LMA[3] 等基于节点度数的算法，CBTC[7] 基于方向的功率控制算法，RNG、DRNG 和 DLSS[8] 等基于临近图的近似算法，以及 XTC[9] 等追求简单实用的算法。功率控制算法存在着两个缺点：一是大多数基于功率调节的机制仅仅考虑如何在满足网络的连通性时，使得节点的能量消耗量最小。经过功率控制后的网络拓扑仍然是平面型的，并没有形成层次型的拓扑结构。二是功率控制后网络中每个节点的地位是一样的，所有节点都参加路由转发，因此比仅由少量骨干网节点构成的层次型拓扑控制结构消耗更多能量。

3.3.2 XTC 算法

XTC(eXemplary Topology Control)算法是微软亚洲研究院的 Wattenhofer 等提出

的。XTC 算法对传感器节点没有太高的要求，对部署环境也没有过强的假设，它提供了一个面向简单、实用的研究方向。XTC 代表了功率控制的发展趋势。

XTC 的基本思想是用距离，功率或接收信号的强度等，作为 RNG（Relative Neighborhood Graph）中节点链路质量的等级标准，对邻居节点进行排序，选取等级最高的邻居节点建立通信链路。XTC 算法可分为以下三个步骤。

（1）邻居排序。节点 u 对其所有的邻居计算一个反映链路质量等级的全序 $\propto_u$。在 $\propto_u$ 中，如果节点 w 在节点 v 的前面，则记为 $w\propto_u v$。节点 u 与 $\propto_u$ 中出现越早的节点之间的链路，其质量越好，如图 3-2 所示。

（2）信息交换。节点 u 向其邻居广播自己的序 $\propto_u$，同时接收邻居节点建立的序 $\propto$。

（3）链路选择。节点 u 按顺序遍历 $\propto_u$，先考虑好邻居，后考虑坏邻居。对于 u 的邻居 v，如果节点 u 没有更好的邻居 w，使得 $w\propto_u u$，那么 u 就和 v 建立一条通信链路。

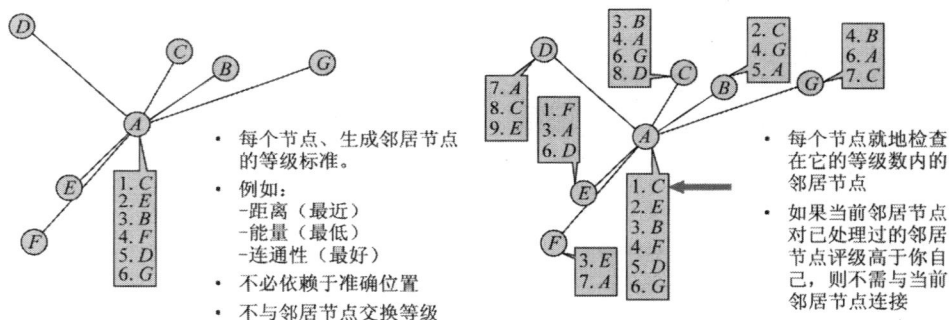

图 3-2　节点等级排序

XTC 不一定需要位置信息，对传感器节点没有太高的要求，适用于异构网络，也适用于三维空间。与其他大多数算法相比，XTC 简单实用。

功率控制通过降低节点的发射功率来延长网络寿命，但却没有考虑空闲侦听时的能量消耗和覆盖冗余。事实上，无线通信模块在空闲侦听时的能量消耗与收发状态时相当，覆盖冗余也造成了很大的能量浪费。所以，只有使节点进入睡眠状态，才能大幅度地降低网络的能量消耗。这对于节点密集型和事件驱动型的网络十分有效。

3.4　睡眠调度算法

3.4.1　相关研究

如果网络中的节点都具有相同的功能，扮演相同的角色，就称网络是非层次的或平面的，否则就称为是层次型的。层次型网络通常又称为基于簇的网络。

  非层次型睡眠调度的基本思想是：每个节点根据自己所能获得的信息，独立地控制自己在工作状态和睡眠状态之间的转换。它与层次型睡眠调度的主要区别在于：每个节点都不隶属于某个簇，因而不受簇头节点的控制和影响。

  层次型网络睡眠调度的基本思想是：由簇头节点组成骨干网络，则其他节点就可以(当然未必)进入睡眠状态。层次型网络睡眠调度的关键技术是分簇。

  在睡眠调度方面，研究人员提出了 TopDisc 成簇算法，GAF 虚拟地理网格分簇算法[10]，LEACH 算法[11]和 HEED[12]算法等自组织成簇算法，以及 WL 算法[13]、WAF 算法[14]等构造连通支配集的算法，但是这些算法往往考虑不够全面，只是针对网络拓扑的某一方面进行了优化设计。此外，影响较大的还有华盛顿大学的 Xing 等提出的 CCP 算法[15]和麻省理工学院的 Chen 等提出的 SPAN 算法[16,17]等。

3.4.2　CCP 算法

  CCP(Coverage Configuration Protocol)算法的基本思想是：在保证 k-覆盖和 k-连通的前提下，将睡眠节点数最大化。CCP 基于定理 2-4，认为当发射半径大于或等于感知半径的 $\sqrt{3}$ 倍时，如果一个网络 k-覆盖一个凸区域，那么这个网络必然是 k-连通的。这样，CCP 就可以通过保证覆盖度来保证连通度。如果一个节点的监测区域已被其他节点 k-覆盖，那么它就进入睡眠状态，否则进入工作状态。

  CCP 算法中，节点不必检查它的感知区域内的每一个点是否被其他节点 k-覆盖。Xing 等给出了一个凸区域 A 被一个节点的集合 k-覆盖的充分条件：

  (1)节点与节点之间以及节点与边界之间存在交点；

  (2)节点间的所有交点至少是被 k-覆盖的；

  (3)节点与边界之间的所有交点至少是被 k-覆盖的。

  其中，两个节点的交点是指两个节点的感知圆的交点，节点与边界的交点是指节点的感知圆与区域边缘的交点。Xing 等给出了通过少数点来判断一个节点的感知区域是否被其他节点 k-覆盖的算法。该算法的时间复杂度为 $O(N^3)$，其中，N 是发射距离 $\sqrt{3}$ 倍于感知半径内的节点数。

  CCP 算法中，节点有 3 个基本状态：工作状态、侦听状态和睡眠状态。由于每个节点都是根据局部信息独立进行调度的，所以有发生冲突的可能。例如，当一个工作节点死亡时，可能会有多个节点同时接替它的工作。为了避免这种冲突，CCP 算法引入了加入和退出两个过渡状态。初始时，CCP 算法的节点都处于工作状态。一个处于工作状态的节点如果收到一个 HELLO 消息，它就检查自己是否符合睡眠的条件，如果符合条件，就进入退出状态并启动退出计时器。在退出状态，如果计时器溢出，就广播一个 WITHDRAW 消息，进入睡眠状态，并启动睡眠计时器；如果在计时器溢出之前收到来自邻居节点的 WITHDRAW 或 HELLO 消息，就撤销计时器并返回活动状态。在睡眠状态，如果计时器溢出，就进入侦听状态，并启动侦听计时器。在侦听状态，如果计时器溢出，就返回睡眠状态，同时启动睡眠计时器；如果在计时器溢出之前收到 HELLO、WITHDRAW 或 JOIN 消息，就检查自己是否应该工作，如果是，就进入加入状态，同时启动加入计时器。在加入状态，如果计时器溢出，就进入工作状态并广播 JOIN 消息；在计时器溢出之前，如果收到 JOIN 消息并判断出没有工作的必要，那么该节点就进入睡眠状态。

CCP 算法能够将网络配置到指定的覆盖度与连通度，这种灵活性使网络能够根据不同的应用和环境进行自配置。但是，CCP 算法需要较为精确的位置信息，并且当发射半径小于感知半径的 $\sqrt{3}$ 倍时，CCP 算法不能保证网络的连通性。所以，Xing 等提出将 CCP 算法与 SPAN 算法相结合。

3.4.3　SPAN 算法

SPAN 算法的基本思想是：在不破坏网络原有连通性的前提下，根据节点的剩余能量、邻居个数、节点的效用等多种因素，自适应地决定是成为骨干节点还是进入睡眠状态。睡眠节点周期性地苏醒，以判断自己是否应该成为骨干节点；骨干节点周期性地判断自己是否应该退出。

骨干节点退出骨干网络的规则是：如果一个骨干节点的任意两个邻居能够直接通信或通过其他工作节点间接地通信，那么它就应该退出（进入睡眠状态）。为了保证公平性，一个骨干节点在工作一段时间之后，如果它的任意两个邻居可以通过其他邻居通信，即使这些邻居不是骨干节点，它也应该退出。为了避免网络的连通性遭到临时性的破坏，节点在宣布退出之后，允许路由协议在新的骨干节点选出之前继续使用原来的骨干节点。

睡眠节点加入骨干网络的规则是：如果一个睡眠节点的任意两个邻居不能直接通信或通过两个骨干节点间接通信，那么该节点就应该成为骨干节点。为了避免多个节点同时弥补一个空缺的骨干节点，SPAN 采用延时机制，节点在宣布成为骨干节点之前延时一段时间。在延时之后，如果该节点没有收到其他节点成为骨干节点的消息，它就宣布自己成为骨干节点；如果该节点收到其他节点成为骨干节点的消息，它就重新判断是否满足加入规则，宣布成为骨干节点，当且仅当它仍然满足加入规则。为了获得较为合理的延时机制，SPAN 算法按下面的公式计算延时 delay。

$$\text{delay} = \left[\left(1 - \frac{E_r}{E_m}\right) + (1 - U_i) + R\right] N_i T, \quad U_i = C_i / \left\lfloor \frac{N_i}{2} \right\rfloor \tag{3-3}$$

式中，E_r 是节点的剩余能量；E_m 是该节点的最大能量(电池充满时的能量)；U_i 称为节点 i 的效用；R 是区间[0,1]上的随机数；N_i 是节点 i 的邻居的个数；T 是一个小包在一个无线链路上的往返延时；C_i 是指在节点 i 成为骨干节点时增加的连通邻居对的个数。可见，SPAN 算法延时的计算考虑到多种因素。

SPAN 算法对传感器节点没有特殊的要求。但是，随着节点密度的增加，SPAN 算法的节能效果越来越差。这主要是因为 SPAN 算法采用了 IEEE 802.11 的节能特性，睡眠节点必须周期性地苏醒并侦听。这种方式的代价是相当大的。

3.4.4　HEED 算法

层次型网络拓扑控制通过分簇和计算连通支配集的方法，构造虚拟骨干网，使网络形成层次型拓扑结构。由于在这种结构中，节点可以根据自己在网络中的地位，调整自己的工作状态，使非骨干节点进入睡眠状态，因此比功率调节的方法节约能量更为有效。

HEED（AHybrid Energy-Efficient Distributed clustering approach）是普度大学的 Younis 和 Fahmy 提出了一种迭代的分簇算法。HEED 的基本思想是：通过定义簇内平均最小可达功率（Average Minimum Reachability Power，AMRP）指标来衡量簇内节点通信成本。HEED 算法首先根据节点的剩余能量来概率性地选择一些候选节点，然后将簇内平均可达能量 AMRP 作为衡量簇内通信成本的标准，以簇内通信代价的高低来竞争产生最终簇头。

Younis 和 Fahmy 认为，根据 AMRP 选择簇头优于根据距离选择簇头，因为它对所有的节点（包括簇头节点）提供统一的分簇机制，而不是像许多其他分簇算法那样在不包括自身的节点的集合中选择最近的簇头节点。Younis 给出了一个簇的 AMRP 平均可达能量可用公式计算。

$$AMRP(u) = \frac{\sum_{i=1}^{M} MinPwr_i}{M} \tag{3-4}$$

式中，AMRP 是指簇内所有 M 个节点到达簇头节点 u 所需的平均最小功率；M 为节点 u 的所有邻居节点数；$MinPwr_i$ 为第 i 个节点能够与簇头通信的射频最小的功率。由于假设传感器节点的发射功率是可以调节的，因此 AMRP 很好地评估了一个簇的簇内通信代价。

HEED 不依赖于网络的规模，通过 $O(1)$ 次迭代实现分簇。迭代每一步的时间要足够长，使得节点能够收到来自邻居节点的消息。HEED 分簇算法包括以下几个步骤。

（1）初始化阶段。每个节点计算在一跳范围内的邻居节点个数，以及自身的 AMRP 的值并广播 AMRP；计算自己成为临时簇头的初始概率 CH_p。

$$CH_p = \max\left(C_p \frac{E_r}{E_m}, p_{min}\right) \tag{3-5}$$

式中，C_p 是设定的簇头节点数占总节点数的初始值(如 5%)，事实上，它对最后的分簇结果没有直接的影响；E_r 是估计的剩余能量；E_m 是最大能量；p_{min} 是设定的最小概率(10^{-4})，其作用是保证算法在常数次迭代内完成。

(2)迭代阶段。在算法的每一次迭代中，如果节点发现在其邻居中已有临时簇头被选出，就选择代价最小的作为它的临时簇头；如果没有临时簇头被选出，就将 CH_p 乘以 2，并以新的 CH_p 概率推荐自己为临时簇头，如果推荐成功，它就广播自己成为临时簇头的消息。当 CH_p 的值达到 1 时，算法做最后一次迭代，被选举为簇头的节点在最后一次迭代中宣布自己成为簇头。

(3)簇头确认。在迭代结束后，如果临时簇头的邻居中没有其他的临时簇头或者它们的 AMRP 都比自身小，其他节点周围若没有发现簇头节点也宣布自身为最终的簇头节点，则该临时簇头宣布自身为最终的簇头。否则加入 AMRP 值最小的临时簇头。

HEED 算法综合地考虑了生存时间、可扩展性和负载均衡，对节点的分布和能力也没有特殊的要求。虽然 HEED 算法的执行并不依赖于同步，但是不同步却会严重影响分簇的质量。

3.5 层次型无线传感器网络拓扑控制

3.5.1 基本定义

WSN 节点担任着普通节点与路由器的双重职责。与传统层次结构的无线网络存在着显著不同，由于无中心控制，这种网络最初的结构是平面式的。平面式结构具有减少拥塞、消除瓶颈现象的优点，但在节点数目增多时路由开销很大，可扩展性较差，因此平面式结构不适合 WSN，使得构造层次型拓扑结构成为必要。

层次型的拓扑结构控制利用分簇机制让一些节点作为簇头节点，由簇头节点形成一个处理并转发数据的骨干网，其他非骨干网节点可以暂时关闭通信模块，进入休眠状态以节省能量。层次型的拓扑结构具有很多优点，例如，由簇头节点担负数据融合的任务，减少了数据通信量；分簇式的拓扑结构有利于分布式算法的应用，适合大规模部署的网络；由于大部分节点在相当长的时间内关闭通信模块，所以显著地延长整个网络的寿命等。因此，对于大规模无线多跳的自组织网络，如何求解其虚拟骨干网，形成层次型拓扑控制结构为 WSN 的重点研究内容。

定义 3-1：WSN 可以用二维平面上的单位圆图来建模，即利用无向图 $G=(V,E)$ 描述网络的拓扑结构。其中，$V \in R^2$ 是欧几里德平面上的传感器节点集，每个节点 s_i 表示一个传感器节点；$E \in V^2$ 是边的集合，每条边 $e=(s_i,s_j)\in E$ 且 $s_i,s_j \in V$；$R(s_i)$ 表示节点 s_i 的传输半径，欧氏距离 $d(s_i,s_j) \leqslant R(s_i)$。

定义 3-2：在图 $G=(V,E)$ 中，若找到一个 V 的一个子集 $S \subseteq V$，$S \neq \phi$，对于 $\forall s_i \in V\text{-}S$，$S$ 都至少与 $V\text{-}S$ 中的一个节点相邻，则称 S 是图 G 的支配集 DS（Dominating Set），DS 中的节点称为支配节点，不在该集中的节点称为被支配节点，即：一个图的支配集是这样的节点子集，图中的每个节点是都属于子集或至少是子集中一个节点的邻居节点。

如果由 S 诱导的子图 $G[S]$ 是连通的，则 S 是连通支配集（Connected Dominating Set，CDS），即连通支配集指可诱导连通子图的支配集。

CDS 可选作 WSN 的虚拟骨干网，因为 WSN 中的任一节点离 CDS 的节点都不大于一跳距离。只有骨干网节点担负网络的信息中继任务，当非骨干网节点没有数据需要传送时，可以关断它们的通信模式实现节能。构造骨干网的目的是为了减小骨干网规模，即骨干网节点数量。

如果不存在任何其他支配集，使 $|S'| < |S|$，则 S 称为最小连通支配集（Mininmum Connected Dominating Set，MCDS）。一个最小连通支配集要满足：

(1)每个节点是一个骨干网络节点或是一跳连接到一个骨干网节点；

(2)所有的骨干网节点是连通的。

事实上，计算一个平面图的最小连通支配集已被证明是一个 NP 难题[24]。

定义 3-3：顶点集 S 是图 $G=(V, E)$ 的独立集（Independent Set，IS），当且仅当 S 中任何两个顶点在 G 中是不相邻的。如果不存在任何其他独立集，使 $|S'| \geq |S|$，则 S 称为最大独立集（Max Independent Set，MIS）。图的独立集是它的顶点集的子集，子集中任何两节点不存在有一条边。图的最大子集是一个独立集，它不能再包含顶点集中的节点。因此，一个最大独立集 MIS 就是图的一个支配集（DS），这个得到 MIS 的 DS 可以是不联通的。

目前，构造传感器网络层次型拓扑控制结构主要有两种途径：分簇算法和求解连通支配集算法。

3.5.2　分簇算法

1. 分簇网络结构

分簇算法的基本思想是将网络中的地理位置相互邻近的节点划分为相连的区域，从而使网络形成范围小的，易于管理的逻辑结构。传感器网络的簇结构如图 3-3 所示。每一个分区称为一个簇，一个簇通常由一个簇头和若干个簇内成员节点组成，低一级网络的簇头是高一级网络中的簇内成员，由最高层的簇头与网关节点通信。在分簇的拓扑管理机制下，网络中的节点可以划分为簇头节点和成员节点两类。簇头是按照某种分簇算法或规则选举出的节点，用于管理或控制整个簇内成员节点，协调成员节点之间的工作，负责簇内信息的收集和数据的融合处理以及簇间转发。

簇内除簇头之外的其他节点称为簇成员。同时处于两个或两个以上簇的节点称为网关节点。属于不同的簇但彼此位于通信范围之内的节点称为网桥节点。

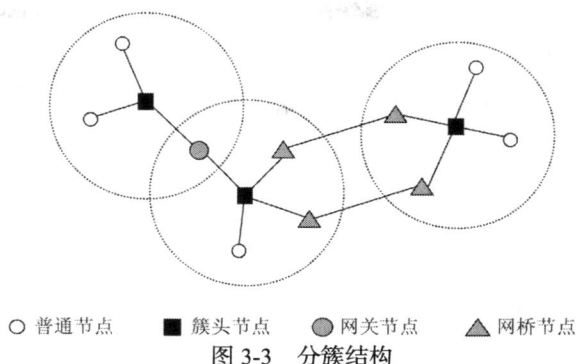

○ 普通节点　■ 簇头节点　● 网关节点　▲ 网桥节点

图 3-3　分簇结构

从集合论的观点对分簇网络结构的定义、性质和基本问题域进行符号描述如下。

定义 3-4：定义 H 为簇头节点（CH）集合，称为网络的支配集，记簇头为 h_i，$h_i \in H, H \subset V$。定义 $h(s_i)$ 为节点 s_i 的簇头，$\forall s_j \in \{V - H\}, \exists h_i \in H$，使得 $h(s_j) = h_i$。

定义 3-5：定义 h_i 的簇成员（CM）集合为 $M(h_i)$，$\bigcup_{\forall h_i \in H} M(h_i) = V - H$。对于 $S_j \in \{V - H\}$，如果 $d(s_j, h_i)$ 小于 s_j 到其他簇头的距离，则 $s_j \in M(h_i)$。

定义 3-6：定义 $C(h_i) = \{h_i, M(h_i)\}$ 为簇头 h_i 所在簇中所有节点的集合，$\bigcup_{\forall h_i \in H} C(h_i) = V$。

定义 3-7：如果 $C(h_i) \bigcap C(h_j) = \varnothing, i \neq j$，那么称簇 $C(h_i)$ 和 $C(h_j)$ 是非交叠簇，反之两者构成交叠簇。

定义 3-8：定义 $\text{hop}(s_i, s_j)$ 为节点 s_i 与 s_j 之间的跳数。对于 $s_j \in M(h_i)$，如果对于 $\forall s_j \in M(h_i), \text{hop}(s_j, s_i) \leqslant \text{hop}(s_i, h_i) = k$，则称该簇为 k 跳簇。当 $k=1$ 时，簇为一跳簇，即簇头与每一个簇成员都相邻。通常情况下，所指的簇都是一跳簇。

在上述定义的基础上，定义分簇算法的基本问题域如下。

定义 3-9：$\forall C(h_i), \exists h_i \in C(h_i)$ 且唯一，即对于任何一个簇，其簇头是唯一的。

定义 3-10：簇头之间负载平衡，即 $\frac{1}{K} - \delta \leqslant \frac{C(h_i)}{n} \leqslant \frac{1}{k} + \delta, \delta$ 是不平衡因子，依赖于簇头之间的实际负载能力差异。为了均匀耗费网络能量，则要努力使簇头之间的负载平衡，即 $\delta = 0$。

定义 3-11：簇的能量消耗总和最小，即 $E(h_i) = \sum_{s_i \in C(h_i)} f(s_i, h_i)$，函数 f 是簇头 h_i 与成员节点 s_i 之间的通信代价。

分簇的目的是要实现节点能量平衡，提高网络的容错能力，增加连通性并减少延时，最小化簇数量，从而延长网络寿命。

分簇算法的任务是根据系统要求按照某种规则将网络划分成可以相互通信并覆盖所有节点的多个簇，并在网络结构发生变化时更新簇结构以维护网络的正常功能。

2. LEACH 分簇算法

LEACH(Low-Energy Adaptive Clustering Hierarchy)算法[11]是一种最普通的 WSN 分簇算法。它的基本思想是通过随机循环地选择簇头节点，将整个网络的能量负载平均分配到每个传感器节点中，从而达到降低网络能源消耗、提高网络寿命的目的。与一般的基于平面型拓扑结构分簇算法相比，LEACH 可以使网络寿命延长 15%。

LEACH 算法在运行过程中不断地循环执行簇的重构过程，每个簇重构过程可以用轮回(Round)概念来描述。每个轮回可以分成两个阶段：簇的建立阶段和传输数据的稳定阶段。为了节省资源开销，稳定阶段的持续时间要大于建立阶段的持续时间。簇的建立过程可分成 4 步：簇头节点的选择、簇头节点的广播、簇头节点的建立和调度机制的生成。其簇结构形成的流程图如图 3-4 所示，图中 CH 表示簇头节点。

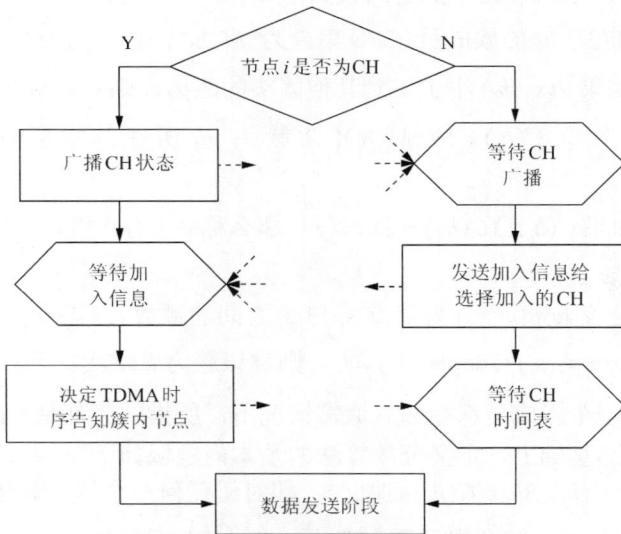

图 3-4　LEACH 簇结构形成的流程图

1) 簇的建立阶段

在簇形成之前，要先选举产生簇头节点。簇头的产生是簇形成的基础。目前的簇头选择算法一般基于以下一些准则：

(1) 节点的剩余能量；

(2) 簇头到网关节点的距离；

(3) 簇头的位置分布，包括簇头的连通度和覆盖度；

(4)簇内通信代价。

簇头节点的选择依据网络中所需要的簇头节点总数和迄今为止每个节点已成为簇头节点的次数来决定。具体的选择办法是：每个传感器节点随机选择[0,1]之间的一个值，与式(3-6)中的阈值 $T(s_i)$ 进行比较，如果选定的随机数值小于阈值，那么这个节点就成为簇头节点，否则为非簇头节点。

$$T(s_i) = \begin{cases} \dfrac{p_h}{1 - p_h(R_d \bmod(1/p_h))}, & \forall s_i \in G \\ 0, & \forall s_i \notin G \end{cases} \tag{3-6}$$

式中，G 为在已经运行的 R_d 轮中没有被选为工作节点的集合（其中 $0 \leqslant R_d \bmod(1/p_h) \leqslant ((1/p_h)-1)$）；$p_h$ 为事先设定的簇头节点的比例（实验表明，取 $p_h > 5\%$ 是比较合理的）；R_d 为协议运行的轮数；符号 mod 为求模运算符。当节点在某一轮中被选为簇头节点后，在其后若干轮中将不再参与簇头节点选取，即 $T(s_i) = 0$，直到协议运行完 $(1/p_h)$ 轮之后。这样可以保证所有节点都有机会成为簇头节点。

选定簇头节点后，通过广播告知整个网络。网络中的其他节点根据接收信息的信号强度决定加入的簇，并通知相应的簇头节点，完成簇的建立。最后，簇头节点采用时分复用(TDMA)方式为簇中每个节点分配向其传递数据的时间点。

簇头节点确定以后，利用非持续的 CSMAMAC 协议广播一个广告信息(ADV)告知网络中的其他节点。广播信息是一个很小的数据包，含有簇头节点的身份信息(ID)以及一个包头文件，用于识别该发布信息。非簇头节点根据所收到的各个簇头节点发送信号的强弱决定加入哪个簇，并发送一个关于加入的应答信息(Join-REQ)给它选择的簇头节点。

簇头节点作为一个本地控制中心协调该簇内的数据发送。每个簇的内部通信采用时分复用机制，这样既防止了数据包的冲突现象，又可以让节点在非传输时刻进入睡眠状态以节省能量。簇头节点在收到簇内节点发回来的应答信息后，决定各个节点的工作时隙并把时间表发给簇内节点。

2) 传送数据阶段

传送数据阶段根据已确认的 TDMA 策略，为簇内成员分配传送数据的时隙。每个节点在分配到的时隙内发送数据。簇头节点在一个轮回中要保持接收状态以接收非簇头节点发出的数据。当收到所有节点的数据后，进行数据融合和数据压缩，再把这个合成信号发送给网关节点。每隔一段时间整个网络重新进入簇形成阶段开始新一轮的簇头选举过程。

3) LEACH 协议的特点

(1)为了减少传送到网关节点的信息数量，簇头节点负责融合来自簇内不同源节点所产生的数据，并将融合后的数据发送到汇聚点。

(2) LEACH 采用基于 TDMA/CDMA 的 MAC 层机制来减少簇内和簇间的冲突。

(3) 由于数据采集是集中的和周期性的，因此该协议非常适合于要求连续监控的应用系统。

(4) 对于终端用户来说，由于它并不需要立即得到所有的数据，因此协议不需要周期性的传输数据，这样可以达到限制传感器节点能量消耗的目的。

(5) 在给定的时间间隔后，协议重新选举簇头节点，以保证 WSN 获取均衡的能量分布。

尽管 LEACH 能够提高网络寿命，但是协议所使用的假设条件仍存在着一些值得讨论的问题。

(1) 由于 LEACH 假定所有节点能够与网关节点直接通信，当簇头与网关节点间距离较远时直接发送数据包的能耗较大，簇头可能很快死亡，并且假定每个节点都具备支持不同 MAC 协议的计算能力，因此该协议不适合在大规模的 WSN 中应用。

(2) 协议没有说明簇头节点怎样分布才能保证整个网络的连通性。因此，很可能出现被选的簇头节点集中在网络某一区域的现象，这样就使得一些节点的周围没有任何簇头节点。

(3) 由于 LEACH 假定在最初的簇头选择回合中，所有的节点都携带相同的能量，并且每个成为簇头的节点都消耗大致相同的能量。因此，协议不适合节点能量不均衡的网络。

3. DCA 分簇算法

DCA 算法[18, 19]是基于权值的分簇算法。这种算法假设每个节点具有唯一的权值，并周期性地向其邻居节点广播其权值。这样，每个节点就可以将自己的权值与其直接邻居节点进行比较，如果发现自己为权值最大的节点，则自动成为簇头节点，否则，选择邻居节点中权值最大的节点作为簇头节点。基于权值的算法是分簇算法的一般化形式，节点规定不同的计算方式，可以得到不同的分簇算法。常见的权值与节点连通度、标识、剩余能量等因素紧密相关，还有一些算法考虑了节点的移动速度、链路稳定性以及簇成员限制等因素。经过 DCA 分簇算法后，网络分成若干个簇，得到的簇结构具有如下特性。

(1) $\forall C(h_i), \exists h_i \in C(h_i)$ 且唯一，即对于任意一个簇，其簇头唯一。

(2) $\forall s_i \in V$，有且仅有一个 $C(h_i), s_i \in C(h_i)$，即任意一个节点属于且仅属于一个簇。

(3) 两个相邻的簇之间没有重叠的节点，任意两个簇头节点都不是邻居节点。

(4) 相邻簇头节点间的距离在 3-Hop 以内。

显然，在分簇的拓扑结构中，簇头的集合是原拓扑图的独立子集。在图论中，图的最大独立集也是一个支配集，因此，可以通过互连部分簇头对的方法来得到连通支配集，即每个骨干节点利用本地信息通过单跳或多跳路径与附近的骨干节点相连来构造连通的骨干网。在分簇的拓扑结构中,簇头节点与簇内成员节点可以直接通信,而相邻簇间可通过网关节点或网桥节点进行通信,只要支配集中的每个簇头都向距离它 3-Hop 之内的其他簇头建立相应的链路。因此,簇头节点与网关节点可以构造出连通的虚拟骨干网。

图 3-5 的例子说明实现这种构造算法的方法。首先在原始的拓扑结构基础上实施分簇算法,网络被分为 6 个簇,网关节点分为两类:一类可以直接连接两个簇头节点,如网关 g_1,直接连接簇 1 和簇 3;另一类只有一端连接簇头节点,如网关 g_2,g_3。只有两个网关成对出现,才能连接簇 2 和簇 3,最后簇头节点与网关/网桥节点共同构成虚拟骨干网,使网络形成层次型拓扑结构。

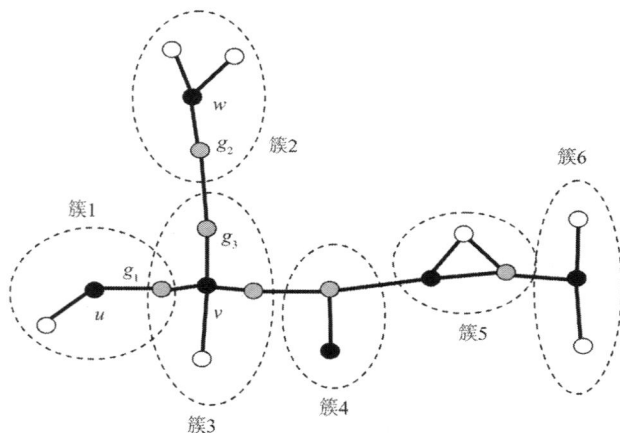

图 3-5　基于分簇的连通支配集构造

从上述分簇算法的执行过程可以发现,分簇算法大致包括簇头的产生,簇的形成和簇的路由 3 个阶段。簇头的产生是簇形成的基础,簇的路由即簇的数据传输依赖于簇的结构。它们是 WSN 分簇算法设计的关键技术,三者紧密相关,却也相对独立。在簇头产生之后,可以采取不同的分簇策略,同样的簇也可以采用不同的数据传输机制。所有的 WSN 分簇算法都是围绕如何选择簇头、如何成簇、如何传输数据来考虑设计的。

3.5.3　求解连通支配集算法

一个传感器网络的逻辑拓扑结构应该具有这样的特性,对于网络中的任意一个节点,要么属于骨干网,要么与骨干网中的节点相邻,受骨干网节点管辖。为了节约能量,应当考虑从网络中挑选尽可能少的功能较强的节点进入骨干网,其他节点进入睡眠状态。求网络的虚拟骨干问题可以转化为对一个无向图构造其连通支配集的问题。对大部分图来说,求解 MCDS 是一个 NP-C 问题,目前主要采用启发式算法计算近似的 MCDS。

1. MCDS 算法

MCDS 算法[14]是一个构造连通支配集的启发式策略。该算法的基本原理是：初始时，网络中所有节点标记为白色。在网络中选择节点度最大的一个节点，从该节点出发，选择邻居节点集中白色节点数目最多的一个或多个节点，标记为黑色，其邻居节点标记为灰色。再扫描所有灰色节点及其白色的邻居节点，迭代标记过程，直至所有节点被标记为黑色或灰色。所有黑色节点组成连通支配集，灰色节点为被支配节点。MCDS 算法可以得到规模较小的连通支配集，但该算法是一个集中式算法，集中式算法要求每个节点具有整个网络的拓扑信息，因此不适合移动无线网络拓扑动态多变的特点，可扩展性较差。

2. WL 算法

维克多利亚大学的 Wu 和 Li 提出了一个完全依靠节点本地信息的分布式连通支配集构造算法[15]，其思想在于如果去掉一个节点而不影响其邻节点的连通性，则该节点对于连通支配集而言，是一个冗余的节点。不同于构造一个支配集再加入节点使其连通的作法，该算法首先构造一个冗余的连通支配集，然后删除冗余节点缩小连通支配集的规模。算法分为三个步骤和两个优化规则。

(1)初始状态时，所有节点标记为普通节点。

(2)每个节点通过广播两次 Hello 信令，与 1-Hop 邻居节点交换各自的邻节点集信息，从而获得 2-Hop 邻居节点信息。

(3)对任意一个节点，如果它有两个不连通的邻居节点，则标记自己为骨干网节点。

通过以上步骤构造的连通支配集中存在着大量冗余节点，算法中提出了两个优化规则进一步减小连通支配集的规模。首先，为得到的连通支配集中每个节点随机分配一个 ID 号。

优化规则 1：对任意一个骨干网节点，如果被另一个邻节点覆盖，则标记为普通节点。详细表示如下，如果得到的支配集 G' 中，节点 u、v 满足条件：$N(u) \subseteq N(v)$ and $ID(u) < ID(v)$，则称节点 u 被节点 v 覆盖，节点 u 从支配集中去掉，标记为普通节点。

优化规则 2：假设 $u,v,w \in G', v,w \in N(u)$，如果节点 u、v、w 满足条件：$N(u) \subseteq N(v) \bigcup N(w)$ and $ID(u) = \min\{ID(u), ID(v), ID(w)\}$，则称节点 u 被节点 v、w 覆盖，节点 u 从支配集中去掉，标记为普通节点。

在传感器网络中，一个节点可能不被两个邻节点构成的集合覆盖，但能被多个邻节点构成的集合覆盖，因此可增加优化规则。

优化规则 3：如果节点 u 可以被支配集中 k 个 ID 大于 $ID(u)$ 的邻居节点构成的集合覆盖，则该节点可以从支配集中去掉。

使用优化规则 3 可以进一步改善支配集的近似系数和计算复杂度。

WL 算法最主要的优点就是实现简单，骨干网的维护仅需要节点的本地信息，非常适用于节点大规模移动的场合。不足之处是算法的标记和优化阶段是互相独立的，很难保证连续性。

3. WAF 算法

WAF 算法基于 UDG 模型的假设，每个节点都有一个唯一的 ID 作为标志。在算法的第一阶段，首先利用分布式簇头选举算法选出一个簇头节点，构造以簇头节点为根的生成树。然后从根节点出发执行标记过程，根据节点的等级 rank(level, ID) 标记节点，等级最低的节点被标记为黑色，并向其邻居节点广播 dominator 消息，其他标记为灰色，迭代此过程，直到所有叶子节点都被标记。MIS 由所有黑色节点组成。算法的第二阶段是由根节点出发，通过广播 invite 消息，将 MIS 中的黑色节点及在黑色节点与已建立的树之间起连接作用的灰色节点加入到连通支配集中。该算法的时间复杂度为 $O(n)$，消息复杂度为 $O(n\log(n))$。

3.6　能量高效的虚拟骨干网构造算法

传统的无线网络通过把网络基础设施组织成一个层次结构获得了良好的执行效率和可扩展性。WSN 也可以通过构造虚拟骨干网来获得良好的节能效果和路由执行效率。只有骨干节点处于活跃状态时，才负责转发各节点之间的数据。非骨干节点仅负责发送自己产生的监测数据，当没有数据发送时就进入休眠状态，这样就在保持网络正常连通的条件下减少了转发节点的数目和数据传输总量，降低拥塞和干扰的发生概率，从而节约了网络能量。通过选择合适的通信半径，由骨干节点组成的虚拟骨干网还可以提供高质量的网络连通性覆盖。

基于虚拟骨干网可以设计出高效的路由协议[20,21]，其主要优点是可以把整个网络的路由搜索空间减小到一个由虚拟骨干节点组成的较小子网内，只有支配节点需要主动维护网络的路由信息，非骨干节点不参与路由过程，从而减少路由更新的开销。

构造虚拟骨干网的一种良好选择是连通支配集 CDS，因为网络中的任意节点与支配节点之间最多存在一跳距离。基于 CDS 的节能路由方法能否获得良好的效率，直接依赖于 CDS 的规模以及生成、维护 CDS 的开销。通常希望在不损失网络功能、可靠性和效率的同时获得尽可能小的 CDS。然而，在任意的连通网络中搜索最小连通支配集 MCDS 已经被证明是 NP 完全问题[22]。因此，只能使用启发式算法求解连通支配集。

3.6.1　问题背景

在 WSN 拓扑结构上构造虚拟骨干网，形成层次型的拓扑控制，具有便于网络管理、减小路由开销、延长网络生命周期的优势。构造虚拟骨干网主要有两个途径：分簇和计算连通支配集。分簇式的拓扑结构有利于分布式算法的应用，适合大规模部署的网络。但是，目前提出的分簇算法，大都存在以下缺点。

(1)传感器网络中所有簇头节点直接与网关节点进行通信，在网络规模较大，部分簇头距离网关节点较远情况下，由于节点发送信息的能耗与发送距离成指数(二次方以上)关系，所以距离远的簇头寿命短。

(2)由于簇头消耗的能量远大于其他传感器节点，簇头节点的能量会被很快耗尽，所以只有频繁地更换簇头来维持网络连接，加重了网络的负担。

(3)多数分簇算法中，簇成员都必须与簇头直接通信，这样既限制了簇的规模，又加重了簇头负担，更加快了簇头节点的死亡。因此，担任簇头的传感器节点的能量受限问题容易成为网络性能的瓶颈。在网络中构造连通支配集，数据通过骨干网进行多跳传输到达网关节点，靠近网关节点的骨干节点因承担流量过大而首先耗尽能量，造成网络分区并破坏网络的连通性，使得网络使用寿命严重下降。

针对以上问题，能量高效的虚拟骨干网构造算法(EVBC 算法)的设计目标如下。

(1)采用"组合权值的随机选举"方法，让能量充足的传感器节点担任簇头，避免低能量的节点因担任簇头而过早死亡的问题，从而延长网络的寿命。

(2)在分簇的基础上，构造连通支配集，簇内任意节点采集的数据可以通过多跳通信到达簇头节点，在簇头进行数据融合，减少通信量。

(3)簇头之间及时完成网络虚拟骨干网的构造，使算法具有较快的收敛性。

3.6.2　系统假设

假设 N 个传感器节点随机均匀分布在一个 $M \times N$ 的面积区域，构成的网络具有如下性质[23]。

(1)节点和网关部署于监测区域后处于准静态，即处于静止状态或是运动相对较慢，它们与网关节点之间靠无线链路进行通信。

(2)传感器节点具有相同的初始资源和能量，地位平等。传感器节点的能量是有限的，每传输一个数据包，节点就减少一部分能量，能量消耗的计算可参考 2.2 节和式(3-1)。

(3)传感器节点具有相同的发射功率，它们之间不存在单向链路。异类节点发射功率不同，可能存在单向链路。节点的无线发射功率强度可以根据接收端距离在一定范围内进行调整。

(4)节点的无线射频芯片支持多信道通信，如 TI CC2420 和 Atmel AT86RF230 芯片在 ISM 频段上最多可使用 16 个信道，NordicnRF240X 系列芯片可使用 100 个以上的信道。

(5)每一个传感器节点都有唯一的身份标识。

（6）每个传感器节点均采用全向天线。

（7）节点时间保持同步。

（8）网关节点远离传感器节点且固定。

3.6.3　算法模型及符号描述

图 3-6 是能量高效的基于虚拟骨干网的 WSN 系统结构。

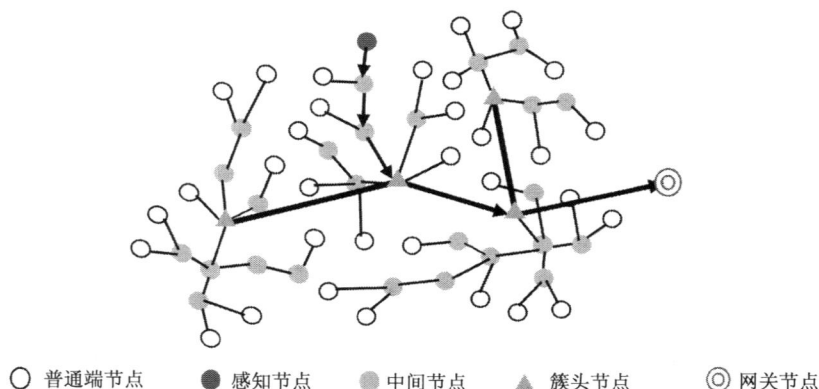

○ 普通端节点　● 感知节点　● 中间节点　▲ 簇头节点　◎ 网关节点

图 3-6　基于虚拟骨干网的 WSN 系统结构

网络中，传感器节点划分为若干簇，由能力较强、能量充足的节点担任簇头节点，负责管理簇内成员节点和数据传送。簇内成员节点负责采集监测区域内数据。簇头节点是网关节点的服务代理，当网关节点发出任务查询命令，由各个簇头节点向每个簇内成员节点转发查询命令。簇内成员节点接收到来自簇头的查询命令，将采集的数据通过簇内骨干网转发给簇头，由簇头节点对采集的数据进行簇级的数据融合。簇头节点可以进行长距离通信，经过处理的监测数据，由簇头节点传输给网关节点，在网关节点进行系统级的数据融合，从而得到整个监测区域的情况[24]。

在 3.5.1 节中从集合论的观点描述了网络分簇组织结构问题的定义、性质和基本问题域，在此沿用这种描述方法并进一步扩展，对虚拟骨干网结构进行符号描述，再给出定义如下所述。

定义 3-12：定义 $N(s_i) = \left\{ s_j \middle| d(s_i, s_j) \leqslant R(s_i), s_j \in C(h(s_j)), i \neq j \right\}$ 为节点 s_i 的邻居节点的集合。

定义 3-13：在任意一个簇 $C(h_i)$ 中，存在一个节点集合 $D(h_i)$，使得 $\forall s_k = \left\{ C(h_i) - D(h_i) \right\}$，$\exists s_j \in D(h_i)$，使 $s_j \in N(S_k)$，则 $D(h_i)$ 定义为 $C(h_i)$ 的支配集。

定义 3-14：定义 VB 为骨干节点集合，$VB = \bigcup_{\forall hi \in H} D(h_i)$。

定义 3-15：定义 $G'_{hi} = G[D(h_i)]$ 为由 $D(h_i)$ 诱导的子图，G'_{hi} 是连通图。

在上述定义的基础上，定义 EVBC 算法得到的骨干网的基本问题域如下。

定义 3-16：$\forall C(h_i),\exists h_i \in C(h_i)$ 且唯一，即对于任何一个簇，其簇头唯一。

定义 3-17：$\forall s_j$，有且仅有一个 $C(h_i)$，使 $s_j \in C(h_i)$，即任何一个节点属于且仅属于一个簇。

定义 3-18：$\forall s_i \in \{V - H\}$，$\mathrm{hop}(s_i, h(s_i)) \geqslant 1$。

定义 3-19：$\forall h_i, \exists D(h_i)$，使 $h_i \in D(h_i)$。

3.6.4 骨干节点选举方法

1. 随机选举方法

在第 2 章中已讨论，随机分布的概率模型假设每个传感器节点能监控整个区域的概率为 p，若要保证以 P 为概率来可靠地监控面积为 A 的区域，则随机抛撒的传感器节点的总数 n 与节点的覆盖概率 p 之间的数学关系为

$$n \geqslant \frac{\lg(1-P)}{\lg(1-p)} \tag{3-7}$$

从式 (3-7) 可以求得随机部署的网络在已知监测区域大小和节点感知范围情况下，最少需要部署 n 个传感器节点才能满足期望的区域覆盖率。

由 2.5.3 节可知，传感器网络节点的最优覆盖是图 2-17 的部署形式，若以簇头为中心，理想的簇头节点数 n_h 是网络节点总数 n 与邻居节点数 $n_\mathrm{b}+1$ 的比值，即

$$n_\mathrm{h} \leqslant \frac{n}{n_\mathrm{b}+1} \tag{3-8}$$

节点成为候选簇头节点的概率为

$$p_\mathrm{h} = \frac{n_\mathrm{h}}{n} \leqslant \frac{1}{n_\mathrm{b}+1} \tag{3-9}$$

一般取 $n_\mathrm{b}=6 \sim 18$，可使簇头数与节点总数的比率达到 5%～14%。

采用 LEACH 协议选举簇头的方法见 3.5 节。

2. 组合权值选举方法

拓扑控制的大多数算法都是假设网络中的节点具有相同性质，实际上无线自组织传感器网络中的各节点的状况不同，节点的剩余能量大小，连通度等因素对骨干

网节点的选择起着至关重要的作用，在此称为权重因子。为了更好地协调管理网络中所有节点，从而保持骨干网的相对稳固性，采用基于权重因子的骨干网节点选举机制可以确保大部分合适的节点担任骨干网节点的角色。

在直接构造连通支配集的算法中，大部分算法只考虑单一的权值，例如 WL 算法只选择 ID 作为权值。在实际应用中，为了得到更好的总体性能，最大限度地发挥骨干网的优势，骨干网节点的选举应考虑多种因素，并根据实际需要和应用环境做出合理的折中。为此可以将多个权值因子组合构造一个组合权值计算方法，使每个权重因子发挥的作用更加均衡。这种组合权重因子计算方法，可在保证节点连通度的条件下，选择剩余能量尽可能高的节点成为簇头节点。权值计算公式为

$$W(s_i) = a \frac{E_{\text{res}}(s_i)}{E_{\text{max}}} + (1-a) \frac{n_{\text{deg}}(s_i)}{n_{\text{group}}} \tag{3-10}$$

式中，s_i 代表网络中的一个节点；$W(s)$ 代表节点 s_i 的权值；$E_{\text{res}}(s_i)$ 是节点 s_i 的剩余能量；E_{max} 是节点的初始能量；$n_{\text{deg}}(s_i)$ 是节点 s_i 的连通度；n_{group} 是每个簇群的平均节点数。

$\alpha \in [0,1]$ 是权重系数，当 $\alpha=0$ 时，节点的权值只与节点连通度有关；$\alpha=1$ 时，节点的权值仅与节点剩余能量有关。α 的最佳取值以网络应用是侧重于网络的连通度还是侧重于网络寿命从大取值。也可根据仿真实验的结果来确定 α 的取值，并保存至节点的参数表中，这样就成为节点的本地信息。α 值一旦确定，直到网络死亡都保持不变。

3. 组合权值的随机选举方法

事实上，不管是随机选举机制还是权值因子选举方法，仍然各有利弊。随机选举机制体现了网络本身具有的随机性和簇头节点分布的均匀性，权值因子选举方法突出了节点度数和节点能量对网络寿命的影响。因此，设计一种能体现随机选举机制和权值因子选举方法优点的"组合权值的随机选举"方法。即依据式(3-6)，节点被选举为簇头的阈值 $T(s_i)$ 的计算公式设计为

$$\text{TW}(s_i) = T(s_i)W(s_i) = \begin{cases} \dfrac{p_h W(s_i)}{1-p_h[R_d \bmod(1/p_h)]}, & \forall s_i \in G \\ 0, & \forall s_i \notin G \end{cases} \tag{3-11}$$

这种方法实际上是降低了权值大的节点的被选为簇头节点的阈值，从而增加了权值大的节点被选为簇头节点的可能性。基于"组合权值的随机选举"方法，实验证明比使用随机选举方法和组合权值因子设计骨干网选举机制时，网络寿命可以显

著延长。

3.6.5　EVBC 算法描述及实现

EVBC（Energy-efficient Virtual Backbone Construction）算法分为四个阶段：首先，分簇算法主要负责将网络拓扑划分为若干簇，由能量受限小的数据传送节点担任簇头节点，其他普通节点按照欧氏距离最短原则选择簇头，加入簇头所在的簇。其次，调整簇头的发射半径，减轻簇头的负担。然后，在每个簇内应用连通支配集算法，以簇头为端节点构造连通支配集。最后对网关节点和所有的簇头节点，应用连通支配集算法构造以网关节点为端节点的连通支配集[25]。

1. 分簇算法

分簇算法的具体步骤如下。

(1)声明簇头。在初始阶段，首先网关节点基于式(3-7)和式(3-8)确定网络的簇头节点数，并随机认定簇头节点，然后这些节点向网络中各数据采集节点以洪泛的方式广播一个请求帧(Request)，其中包括它的 ID 和位置信息(在该算法中，假定每个节点的位置已通过其他方法获得)，声明成为簇头节点。在声明成为簇头的节点中，存有一张拓扑结构表，用来记录与节点相关的拓扑结构，包括节点的位置、簇头的位置列表、网络中簇头的个数、节点与簇头的距离、节点所属簇头的 ID、簇成员的 ID 列表等。各数据采集节点接收到声明簇头信息并将其存储在拓扑结构表中。以后的簇头就在簇内按照"组合权值的随机选举"方法竞争产生。

(2)簇的形成。其他节点收到请求帧后利用位置信息计算其与该簇头间的距离，并与自己的拓扑结构表中的距离进行比较，如果小于拓扑结构表中的距离，则将该簇头替换成为自己的新簇头。在节点收到请求帧的同时，记录下接收到的帧的个数，当其与网络中的簇头数相等时，节点向簇头发送一个确认帧(Answer)，其中包括它的 ID 和位置等信息，并停止接收请求帧。簇头收到确认帧后将其对应的节点列为它的簇成员，并将它的位置和 ID 保存在成员列表中。经过一段时间 T，簇头停止广播，每一个传感器节点都加入到一个簇中。

2. 簇头节点的功率控制

簇头节点可以较大的传输距离直接与簇内的所有节点进行通信。但是，如果直接与所有节点进行通信，会给自身造成较重的负担，造成簇头节点与成员节点的相异性，会产生部分非对称链路。因此，在簇结构形成后，对簇头节点进行功率控制，消除非对称链路，使网络达到双向连通。我们用符号表示，如果 $\exists(h_i, s_j)$，且 $\overrightarrow{\exists}(s_j, h_i)$，则进行操作 $\text{delete}(h_i, s_j)$。

定理 3-1：删除非对称链路后，图 G'_{hi} 的连通性保持不变。

证明： 已知图 G'_{hi} 是图 G 的连通子图，则 $\forall s_j \in C(h_i), h_i \leftrightarrow s_j$，即 h_i 与 s_j 之间 互相可达。假设 $d(h_i, s_j) < R(h_i)$ and $d(h_i, s_j) > R(s_j)$，则在 s_j 与 h_i 之间存在一条有向 路径 $l = s_j \rightarrow s_l \rightarrow \cdots \rightarrow s_k \rightarrow h_i$。由于成员节点的同质性，$s_i \rightarrow s_j \Leftrightarrow \rightarrow s_j \rightarrow s_i$，所 以 $s_k \rightarrow s_l \rightarrow \cdots \rightarrow s_j$。由于 $R(h_i) \geqslant R(s_k), s_k \rightarrow h_i \Rightarrow h_i \rightarrow s_k$。因此，可得到 $h_i \rightarrow s_k \rightarrow s_l \rightarrow \cdots \rightarrow s_j$。即使删除有向边 (h_i, s_j)，也不影响 h_i 与 s_j 之间的双向连 通性。证毕！

簇头节点调整发射半径的具体步骤为：当网络形成簇结构后，各簇头节点 以最大发射功率向簇内成员节点发送一个请求帧，接收到该请求帧的成员节点 向簇头发送一个确认帧，其中包括该节点与簇头的距离信息，簇头比较所有接 收到的距离信息，将簇头节点的发射半径调整到可双向连通的最远簇内成员节 点的距离。

3. 构造簇内连通支配集

网络应用分簇算法后，得到若干规模较大的簇，簇内成员节点到簇头之间的距 离是 k-Hop。簇的数目越少，规模越大，通信开销就会随之减少。但是，在 k-cluster 中必须解决簇内通信的路由问题，也就是在簇内选出尽可能少的能量较高的若干节 点担任骨干节点，构造连通的骨干网，将感知数据直接或间接地转发到数据采集节 点进行数据的融合。这个问题可以抽象为求解无向图的最小连通支配集问题。算法 的具体步骤如下。

(1) 构造邻居节点集的方法。在每个簇中，所有的簇成员节点采用广播的方式构 造邻节点记录。簇内成员节点广播 Hello 信令，其中包括自身以及所在簇的簇头的 ID，每个成员节点收到广播信息后将消息中的簇头 ID 与自己所属的簇头 ID 相比较， 若相同，则将发送节点加到自己的邻节点列表中。这样节点 s_i 得到它的邻居节点集 $N(s_i)$。

(2) 初始状态时，所有节点的颜色标记为 white，状态为 non-active。

(3) 从簇节点开始，节点按照以下规则确定自身的状态。

规则 1： 簇头节点为 leader 节点，颜色标记为 black，直接成为支配节点。

规则 2： 一个颜色为 white 的节点，如果它的邻节点中有一个成为支配节点，则 该节点颜色标记为 grey，成为被支配节点。

规则 3： 一个状态为 non-active 的 white 节点，如果它的邻节点中有一个成为被 支配节点，则该节点的状态转换为 active，颜色保持不变。

规则 4： 一个 white 节点，如果状态为 active，则按式 (3-10) 计算权重，并用式 (3-11) 计算它的选举得分值，比较该节点与其所有状态为 active 的邻居节点的选举 得分值，若最小，则该节点变为支配节点，颜色标记为 black。颜色为 grey 且选举 得分值高的父节点也将变成支配节点。

规则 5： 当图中不存在 white 节点时，所有作为叶子节点的 black 节点颜色变为

grey。

构造连通支配集的伪代码如下：

```
Input: subgraph G'hi induced by cluster C(hi), G'hi=G[C(hi)]
Output: connected dominating set D(hi)
Begin
1: ∀si ∈ C(hi), rank[si]=0, color[si]=white;
2: leader=hi, rank[leader]=0, color[leader]=black;
3: while
   ∀si ∈ M(hi)
   if(color(si)=white and ∃sj ∈ N(si), color(sj)=black)
   then
     color(si)=grey, rank(si)=rank(sj);
       else if
         (color(si)=white and ∃sj ∈ N(si), color(sj)=grey)
           then
                  color(si)=red, rank(si)=rank(sj);
             else if
               (color(si)=red and ¬∃sj ∈ N(si), T(sj)<T(si))
         then
       color(si)=black, rank(si)=rank(si)+1;
   end if
   until ¬∃si ∈ C(si), LET color(si)=white;
4: ∀si ∈ C(hi)
   if color(si)=black then
       find a node sj, Sj ∈ N(Si), e(Si,Sj) ∈ E, rank(si)=rank(sj),
   LET color(sj)=black;
5: if si is a leaf node then
     color(si)=grey
6: add all black nodes to set D(hi).
End
```

经过上述步骤，所有颜色为 black 的节点组成了连通支配集，每个簇内形成了以簇头节点为端节点的虚拟骨干网结构。

4. 构造簇头连通支配集

仿簇内构造最小连通支配集的方法构造以网关节点为端节点的最小连通支配集，构成第二层网络，实现簇头间的连通和信息路由。

3.6.6　EVBC 算法的路由生成方法

在所构造的虚拟骨干网拓扑结构的基础上，传感器网络的路由可分为以下 3 个步骤。

（1）如果发送者不是骨干网节点，将数据包发送到相邻的骨干网节点。

（2）骨干网节点作为新的源节点，将数据包沿骨干网转发。

（3）数据包最终到达自身为骨干网节点的目标节点（簇头节点或网关节点），或是与目标节点相邻的骨干网节点，再由骨干网节点直接发送给目标节点。

3.6.7　算法性能仿真测试与分析

1. 算法性能分析

（1）EVBC 算法是分布式处理算法，每个节点只需了解自身传输半径内邻居节点的状态，并不需要了解整个网络的拓扑结构。算法简单，占用硬件资源少，从而有效节省传感器节点能量。

（2）由于 EVBC 算法是分布式算法，算法的复杂度包括时间复杂度和消息复杂度。设网内数据传送节点个数为 T，数据采集节点个数为 N，网内节点的最大节点度为 Δ，在每一个网络中，T 是预先固定的常数。算法的消息复杂度为 $O(n)$。算法的时间复杂度为 $O(n\Delta)$。

2. 算法仿真测试

测试场景通过以下方法产生：根据给定的有效通信半 R_c，在 200×200 单位的正方形区域内随机抛撒数目为 $N<500$ 的节点，其中设 10 个簇头节点，节点数以步长为 100 的幅度增加。

图 3-7 是原始的网络拓扑，可以明显看出，没有实施拓扑控制策略的网络拓扑，节点部署密集，每个节点都以大功率进行通信，会加剧节点之间的干扰，减低通信效率，并造成节点能量的浪费。图 3-8 是节点数为 500 时，4-Hop 簇内网络的拓扑结构，图中，放射线的始点代表簇头节点，放射线的终点代表簇内骨干网节点。经过数据融合后由簇头节点发送给网关节点，通信量得到有效减少。图 3-9 是节点数为 500 时，

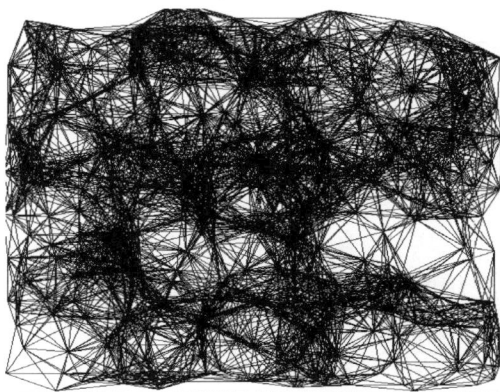

图 3-7　$N=500$，原始网络拓扑结构

通过 EVBC 算法得到的骨干网的拓扑结构图。基于 EVBC 的算法，使网络中形成链路稀疏的层次型的拓扑结构，能量受限节点的路由被局限在图 3-8 所示的 4-Hop 簇内，经过数据融合后由簇头节点组成的骨干网转发给网关节点，通信量得到有效减少。

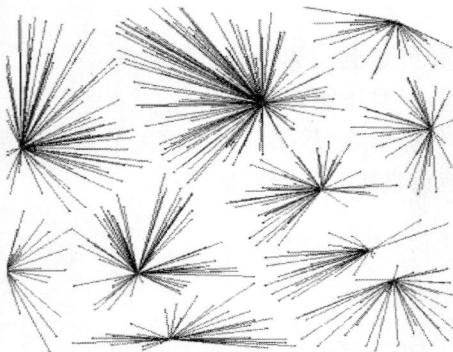

图 3-8　N=500，网络的 4-Hop 分簇

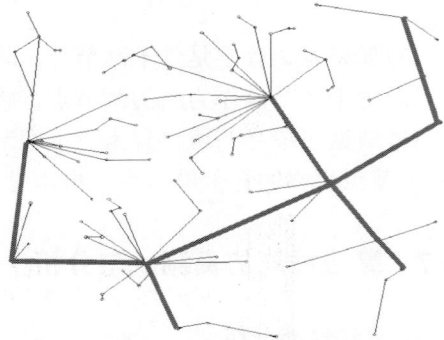

图 3-9　N=500，EVBC 算法得到的骨干网

　　表 3-1 中比较了两种典型的骨干网构造算法 DCA、WAF 与 EVBC 的性能，可以看出，DCA 算法生成的骨干网规模偏大，因此网络的生命周期很短。而 WAF 生成的骨干网规模比 EVBC 算法生成的骨干网规模低，这是因为网络被划分为若干个区域，导致一些原本由骨干网节点连通的区域断裂，这些区域需要寻找新的节点担任骨干网节点以保持原来的连通性，使得骨干网规模增大。但是，由于 EVBC 算法选举功能较强的节点担任簇头节点，簇内形成连通支配集优化簇内结构，网络中能量受限节点的负担均衡，从而使网络的生命周期较之 WAF 算法可延长 55%以上。

表 3-1　不同网络情况下的算法性能比较

算法	节点数 N=200		节点数 N=500	
	骨干网大小	轮数	骨干网大小	轮数
DCA	72.3	170	101.5	220.2
WAF	32.8	226.7	39.64	636.3
EVBC	53.8	576.8	87.5	983.6

　　基于分簇结构的骨干网构造算法，在将网络划分为若干多跳簇结构的基础上，在簇内实施连通支配集构造算法优化簇内结构，形成层次型的网络拓扑结构。实验结果表明，该算法能够生成保证簇内连通性的、稀疏的网络拓扑结构，可以明显优化网络的拓扑结构，采用组合权值的随机选举算法引入了能量较强的节点担任簇头，可以克服簇头节点过早死亡的问题，有效延长网络寿命，降低通信干扰，并为路由提供基础。

参 考 文 献

[1] 张学, 陆桑璐, 陈贵海, 等. WSN 的拓扑控制. 软件学报, 2007, 18(4): 943-954.

[2] Santi P. Topology control in wireless Ad hoc and sensor networks. ACM Computing Surveys,

2005, 37（2）: 164-194.

[3]　Kubisch M, Karl H, Wolisz A, et al. Distributed algorithms for transmission power control in wireless sensor networks. IEEE WCNC 2003, New Orleans, Louisiana, 2003, 9: 16-20.

[4]　Narayanasw amy S, Kaw A V, Sreeni vas R S, et al. Power control in Ad hoc networks: theory, architecture, algorithm and implementation of the COMPOW protocol. Proc of European Wireless Conference. Florence, 2002: 156-162.

[5]　Kawadia V. Protocols and architecture for wireless Ad hoc networks. University of Illinois at Urbana Champaign, 2004.

[6]　Kirousis L M, Kranakis E, Krizanc D, et al. Power consumption in packet radio networks. Theoretical Computer Science, 2000, 43（1-2）: 289-305.

[7]　Li L, Halpern J Y, Bahl P, et al. Analysis of a cone-based distributed topology control algorithm for wireless multi-hop networks. Proc ACM Symp on Principles of Distributed Computing（PODC）, Newport, RI, 2001, 8: 264-273.

[8]　Li N, Hou J C. Topology control in heterogeneous wireless networks. Proc13" Joint Conf IEEE Computer and Communications Societies（INFOCOM）, 2004, 8（11）: 78-167.

[9]　Wattenhofer R, Zollinger A. XTC: A practical topology control algorithm for ad-hoc networks. Panda DK, Duato J, Stunkel C, eds. Proc of the Int'l Parallel and Distributed Processing Symp.（IPDPS）New Mexico: IEEE Press, 2004. 216-223.

[10]　Xu Y, Heidemann J, EstriD D. Geography-informed energy conservation for Ad hoc routing. Proc 7" Annual Int '1 Conf Mobile Computing and Networking（MobiCOM）, Rome, Italy, 2001, 18（8）: 70-84.

[11]　Heinzelman W R, Chandrakasan A, Balakrishnan H. An application -specific protocol architecture for wireless microsensor networks. IEEE Transactions on Wireless Communications, 2002, 1（4）: 660-670.

[12]　Younis O, Fahmy S. Distributed clustering in ad-hoc sensor networks: a hybrid, energy-efficient approach. Proc. 13" Joint Conf on IEEE Computer and Communications Societies, 2004, 3（12）: 44-52.

[13]　Wu J, Li H. On calculating connected dominating set for efficient routing in Ad hoc wireless networks. Proc of the 3rd International Workshop on Discrete Algorithms and Methods for Mobile Computing and Communications, 1999: 7-14.

[14]　Alzoubi K M, Wan P J, Frieder O. New distributed algorithm for connected dominating set in wireleess Ad hoc networks. Proc of the 35th Hawaii International Conference on System Sciences. Hawaii, 2002: 3881-3887.

[15]　Xing G L, Wang X R, Zhang Y F, et al. Integrated coverage and connectivity configuration for energy conservation in sensor networks. ACM Trans on Sensor Networks, 2005, 1（1）: 36-72.

[16]　Chen B, Jamieson K, Balakrishnan H, et al. SPAN: an energy efficient coordination algorithm for topology maintenance in Ad hoc wireless networks. ACM Wireless Networks, 2002, 8（5）: 481-494.

[17] Abbasi A A, Younis M. A survey on clustering algorithms for wireless sensor networks. Computer Communications, 30, (2007): 2826-2841.

[18] Chatterjee M, Das S K, Turgut D. An on-demand weighted clustering algorithm (WCA) for Ad hoc networks. Proc of the IEEE Globecom 2000. San Francisco, 2000: 1697-1701.

[19] Kozat U C, Kondylis G, Ryu B, et al. Virtual dynamic backbone for mobile Ad hoc networks. Proc of the IEEE International Conference on Communications (ICC 2001). Helsinki, 2001: 250-255.

[20] Shaikot S H, Sarangan V. Energy aware routing in high capacity overlays in wireless sensor networks. Proc of the IEEE/ACS Int'l Conf on Computer Systems and Applications (AICCSA 2008), 2008: 276-283.

[21] Acharya T, Chattopadhyay S, Roy R. Multiple disjoint power aware minimum connected dominating sets for efficient routing in wireless Ad hoc network. Proc of the Int'l Conf on Information and Communication Technology (ICICT 2007), 2007: 336-340.

[22] Chvatal V. A greedy heuristic for the set-covering problem. Mathematics of Operations Research, 1979, 4(3): 233-235.

[23] 方维维, 钱德沛, 褚天舒. 分簇 WSN 可靠高效的数据传输方案. 西安交通大学学报, 2009, 43(8): 28-32.

[24] Younis M, Youssef M, Arisha K. Energy-aware management in cluster-based sensor networks. The International Journal on Computer Networks, 2003, 43(5): 649-668.

[25] 赵仕俊, 陈琳, 李晓东. 能量高效的传感器网络虚拟骨干网构造算法. 计算机应用, 2007, 127(8): 1839-1841, 1845.

第4章 节点定位

4.1 概述

WSN 的研究和应用，依赖于整个系统对节点的准确位置信息的获取，位置的精度直接影响着网络的性能和优化手段的好坏。在 WSN 应用中，传感器节点所采集到的信息必须结合其在测量坐标系内的位置信息才具有实用价值。在如战场侦察、生态环境监测、地震、洪水、火灾等现场的监控等实际应用中，都需要知道传感器节点的位置信息，从而准确地获知信息来源。此外，WSN 节点自身的定位还可以在外部目标的定位和跟踪以及提高路由效率等方面发挥作用[1]。因此，实现节点定位对 WSN 具有重要的意义。

GPS 是一种理想的定位方法，但是，由于传感器节点在大小、功耗及制造成本上的限制，用 GPS 接收器为节点定位并不具有完全可行性，而且传感器网络很可能处于卫星信号不能覆盖的地方，因此还必须针对 WSN 传感器节点的计算、存储和通信等能力有限的特点设计有效的不依赖 GPS 的低功耗定位算法。

传感器节点的定位面临着以下挑战[2]：

(1)大小限制和制造成本排除了在节点使用复杂硬件的可能；

(2)节点的高密度分布需要精确的定位；

(3)传感器节点的传输范围，限制了节点和信标节点(Beacon Node)的直接交流；

(4)能量限制的要求。

4.1.1 定位研究的主要问题

现有的定位算法根据是否需要采用绝对的距离和角度信息来进行位置估算，可分为测距定位和非测距定位。不论使用那种定位方法，节点在定位过程中都有误差的累积，同时节点定位的通信消耗也很大。因此，节点定位研究主要考虑 3 个方面的问题。

1. 减少累积误差

节点在定位时，都是在几个已知节点位置信息的基础上，通过一定的算法推算其他节点的位置信息，如图 4-1 所示，黑色的为已知位置的节点，灰色的为推算出位置的节点，白色的为未知位置的节点。A、B、C 三点为已知位置信息的节点，利用这三点根据角度或者距离的关系可以推出 D 点的位置信息。

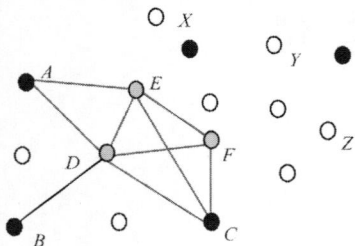

图 4-1   点位置的推算

然后利用 A、D、C 可以推出 E、F 点的位置信息，然后依次推出 X、Y、Z 的位置信息。在推算节点位置的过程中，第二次的推算包含了第一次推算的误差，这样依次下去，误差会越来越大，影响定位的精度。因此，可以设计以累积误差最小为目标的优化算法对定位进行优化。目前的定位研究，均是以累积误差最小为目标的。

2. 降低定位的能量消耗

在一些定位方法中，节点对位置的确定是通过对多跳通信跳数和距离的估计，或者根据节点接收的能量，或者两种通信方式的时间差来计算节点位置信息的，这样就必然有大量的能量浪费。因为在 WSN 中，通信对能量的消耗占很大比重。为了延长网络寿命，可以考虑通信能量的消耗和定位精度之间的平衡关系。因此，问题可以抽象成为以误差最小和通信能量最小为目标的多目标优化问题。这一问题，Savvides[3] 在文中对分布式和集中式两种算法中的计算成本、定位精度、通信代价和算法的收敛时间进行了比较。此外，也需要充分考虑计算复杂性的问题。

3. 最少已知位置信息的节点数目

目前的定位方法都是假定有几个节点拥有准确的位置信息，或者在应用过程中配置一些有 GPS 的传感器节点。在 WSN 应用中，节点一般是大范围、大规模、高密度地布置在监测区域，节点的数目巨大。具有位置信息节点的最小数目以及所占节点总数也是研究定位过程中比较关注的问题。一般说来，只要有 3 个已知位置信息的节点就可以进行全局定位，但精确的定位精度和已知位置信息节点数目之间的关系以及二者平衡的优化算法又成为新的问题。

4.1.2   定位算法性能评价

定位算法的性能直接影响其可用性，如何评价其优劣仍需要深入研究。从定性角度分析，通常有效的定位算法应具有自组织性（不依靠全局的基础设施）、健壮性（能容忍节点故障和测距误差）和高效节能（要求较少的计算代价，特别是较小的通信开销）的特点。对节点定位算法的定量评价指标有以下几种。

(1) 平均距离误差。假设某节点 i 有 N 个邻居节点，i 与邻居节点 j 的实际距

离为 d_{ij}，定位计算后求得的估计距离为 $\hat{d}_{ij}$，误差为 $\hat{e}_{ij}=(\hat{d}_{ij}-d_{ij})/d_{ij}$，则平均距离误差为

$$\overline{e}_{ij}=\frac{1}{N}\sum_{i\text{与}j\text{相邻}}\hat{e}_{ij} \tag{4-1}$$

(2)平均定位误差。假设某节点 i 的估计坐标与真实坐标在二维空间情况下的距离差值为 Δd_i，则 N 个未知节点的网络平均定位误差为

$$\Delta\overline{d}=\frac{1}{N}\sum_{i=1}^{N}\Delta d_i \tag{4-2}$$

(3)信标节点比率。信标节点比率是网络中信标节点个数占节点总数的比率。人工部署信标节点的方式不仅受网络部署环境的限制，还严重制约了网络和应用的可扩展性。使用 GPS 定位，信标节点的费用会比普通节点高两个数量级。因此，信标节点比率也是评价定位系统和算法性能的重要指标之一。

(4)全局能量比率。假设网络中任意两节点 i, j 间的实际距离为 d_{ij}，全网定位后计算求得的距离为 $\hat{d}_{ij}$，误差为 $\hat{e}_{ij}=(\hat{d}_{ij}-d_{ij})/d_{ij}$，全局能量比率(GER)定义为

$$\text{GER}=\frac{\sum_{i,j;i<j}\hat{e}_{ij}^2}{n(n-1)/2} \tag{4-3}$$

式中，n 为节点数。该指标从整个网络的角度考虑到了节点至邻居节点和非邻居节点之间的距离信息，既体现了边长误差，又反映了网络的结构布局。

(5)通信代价。统计每个节点用于定位所发送的消息包数目，以此作为网络定位的通信代价。WSN 希望通信代价最小化以降低节点功耗。

(6)容错性和自适应性。算法需要有很强的容错性和自适应性，能够通过自动调整或重构纠正错误、适应环境、减小各种误差的影响，提高定位精度。

上述几种性能指标是定位算法设计和实现的优化目标。现有的定位算法中，一些算法在特定条件下，某些性能指标可能优于其他算法，而在其他方面也可能处于劣势，所以在整体性能上仍有待提高。

4.2　相关研究

国内外学者已提出了很多传感器节点定位方法。从 1992 年 AT&T Laboratories Cambridge 开发出室内定位系统 Active Badge 至今，WSN 节点定位系统和算法的研究大致经过了两个主要阶段：第一阶段主要是基于基础设施的定位系统，这些定位

系统是基于外部基础设施的定位技术，因此对硬件的要求较高，实现定位的成本也较高；第二阶段主要是无需基础设施的定位技术，是目前 WSN 领域的研究热点。

大多数定位算法中未知节点（需要确定自身位置的节点）都是利用少量信标节点（位置已知的节点，通过人工部署或 GPS 系统来确定自身位置）的位置信息以及到信标节点的距离信息或与信标节点的连通信息，按照某种定位机制来估算自身位置。根据定位所采用的方法可将定位算法分为以下几类。

1. 测距定位算法

测距定位算法需要测量或估计节点间的实际距离，然后利用三边测量法、三角测量法或多边测量法来计算节点位置。测距定位算法通过两个步骤来得到较准确的节点位置信息：首先是距离或角度的获取，然后是估算位置信息。前者通过一些测距（包括测角度）方法进行，后者则采用一些数学上的估计方法来计算。常用的测量节点间距离的方法包括以下 4 类。

(1) 接收信号强度监测器（Received Signal Strength Indicator，RSSI）。RSSI 技术依据无线信号在传播时的强度变化确定两个节点间的距离。使用 RSSI 技术虽然符合低功率、低成本的要求，但可能会产生±50%的测距误差。

(2) 到达角度（Angle of Arrival，AOA）。使用 AOA 技术不仅能确定节点的坐标，还能提供节点的方位信息，但 AOA 技术易受外界环境的影响且需要额外硬件，在硬件尺寸和功耗上不适合大规模的 WSN。

(3) 到达时间（Time of Arrival，TOA）。TOA 技术利用信号传播时间测定源节点与接收节点间的距离。使用 TOA 技术需要保持节点间精确的时钟同步，因此对传感器节点的硬件和功耗提出较高要求。

(4) 到达时间差（Time Difference of Arrival，TDOA）。TDOA 技术通过比较两种传播速度不同的信号的到达时间差来确定两个节点间的距离。TDOA 技术的测距误差小、精度高，但同样对硬件的要求高，成本和能耗使得该技术对低能耗的传感器网络提出了挑战。

通过使用 RSSI、AOA、TOA 或 TDOA 技术测量节点间的距离来估计未知节点位置的方法定位精度较高，但对节点的硬件提出很高的要求，定位过程中消耗的能量也较多，因此不适合大规模 WSN 的应用。目前常用的方法是利用跳段距离估计节点间距离。普遍使用的是 2001 年 Nicolescu 的 APS 算法[4]中使用的 DV-Distance 方法。DV-Distance 方法使用 RSSI 技术测量相邻节点间的距离，然后利用类似距离矢量路由的方法传播并累计邻居节点间的距离，最终累计得到非邻居节点间的距离。

2. 非测距定位算法

非测距定位算法不需要测量节点间的实际距离，仅利用网络的连通性信息来计算节点的位置。因此，该类算法不受测距误差的影响。非测距定位算用于确定可接收的准确度较差的位置信息，主要有质心定位法，DV-Hop 定位法和近似三角形内点法 APIT。

1) 质心定位算法

质心定位算法是南加州大学 Nirupama Bulusu 等提出的一种基于网络连通性的室外定位算法。该算法核心思想是：未知节点以所有在其通信范围内的信标节点的几何质心作为自己的估计位置，如图 4-2 所示。传感器节点 N_k 与 4 个信标节点 A_1、A_2、A_3、A_4 处于通信范围，节点 N_k 则定位自身的位置为 4 个信标节点 A_1、A_2、A_3、A_4 所组成的多边形的质心。

质心定位算法具体过程如下。

(1) 信标节点 A_i 周期性向邻居节点广播一个信标消息，消息中包含自身 ID 和位置信息。

图 4-2 质心定位算法示意

(2) 未知节点 N_k 在侦听时间内接收到来自信标节点的信标消息，并得出一个连通机制，定义为

$$CM_{k,A_t} = \frac{N_{recv}(A_i, t)}{N_{sent}(A_i, t)} \tag{4-4}$$

式中，CM_{k,A_t} 为未知节点接收信标节点消息的阈值；$N_{recv}(A_i, t)$，$N_{sent}(A_i, t)$ 分别为在间隔时间 t 内未知节点接收到的信标节点 A_i 信标消息数和信标节点 A_i 发送的信标消息数。

(3) 当未知节点接收来自信标节点 A_i 的信标消息数量超过某一预设阈值（如 CM_{k,A_t} > 90%）或接收消息达到一定时间后，该节点 N_k 就确定自身的位置为这些信标节点所组成的多边形的质心。坐标为

$$(X_k, Y_k) = \left(\frac{X_{A_{i1}} + \cdots + X_{A_{ij}}}{j}, \frac{Y_{A_{i1}} + \cdots + Y_{A_{ij}}}{j} \right) \tag{4-5}$$

式中，j 为超过阈值的高连通性的信标节点数；$X_{A_{ij}}$，$Y_{A_{ij}}$ 分别为信标节点的横坐标和纵坐标。

该算法实现简单，完全基于网络连通性，无需信标节点和未知节点之间的协调，但需要较高的信标节点密度。仿真实验表明，大约有 90% 未知节点定位精度小于信标节点间距的 1/3。

2) 近似三角形内点算法 (Approximate Point-in-Triangulation，APIT)

APIT 算法是利用面积 (三角形) 的方法来实现定位的[5]。在 APIT 算法中，一个未知节点从它所有能够与之通信的信标节点中任选 3 个节点，测试它自身是否在这 3 个信标节点所组成的三角形中；然后再选择另外 3 个信标节点，进行相同的测试，

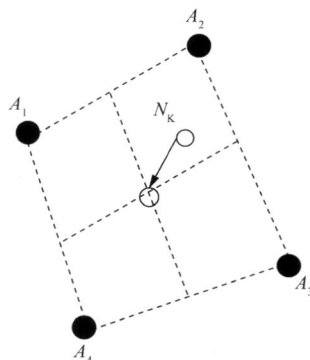

直到穷尽所有的组合或者达到所需定位精度；最后未知节点将包含自己的所有三角形的相交区域的质心作为自己的估计位置，如图 4-3 所示。

APIT 算法中最关键步骤是测试未知节点是否在三个邻居信标节点所组成的三角形内部，这一测试的理论基础是文献[5]中作者提出的三角形内点 PIT（Perfect Point-In-Triangulation Test Theory）测试，原理为：假如存在一个方向，沿着这个方向 M 点会同时远离或接近 A、B、C，若远离则 M 位于△ABC 外；否则，M 位于△ABC 内，如图 4-4 所示。

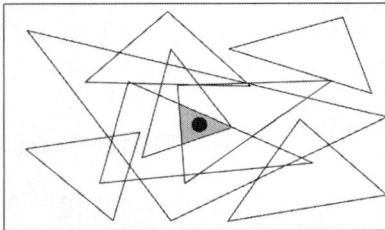

图 4-3 APIT 定位算法示意

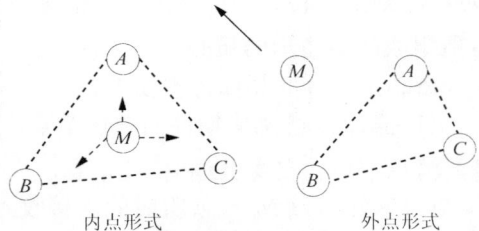

内点形式　　　　　外点形式

图 4-4 PIT 原理示意

对于 3 个给定的信标节点 $A(a_x,a_y)$、$B(b_x,b_y)$、$C(c_x,c_y)$，PIT 确定未知节点 M 是否在△ABC 内。APIT 算法中的测试过程则是使用不同的信标节点组合重复 PIT 测试。

APIT 算法中，未知节点与信标节点需直接通信，因此要求较高的信标节点密度。另外，当节点 M 比较靠近△ABC 的一条边，或者 M 周围的邻居节点分布不均匀时，APIT 的判断可能会发生错误，实验表明，当未知节点密度较大时，APIT 判断发生错误的概率较小（最坏情况下为 14%），平均定位误差小于 40%。

3）DV-Hop 定位算法

2001 年 Nicolescu 提出 DV-Hop 算法[4]，它是利用网络中平均每跳距离来估计节点之间的距离，然后利用类似距离矢量路由的方法传播并累计邻居节点间的距离，最终累计得到非邻居节点间的距离。DV-Hop 算法中未知节点仅从最近的信标节点 i 接收平均每跳距离 Hopsize，其他信标节点的消息被忽略，因此得到的消息不全面。2006 年 Huang 提出 Weighted DV-Hop 算法[6]，即未知节点不是仅接收最邻近信标节点 i 的 Hopsize，而是接收所有信标节点的 Hopsize。为了体现最邻近信标节点的 Hopsize 影响最大，为每个 Hopsize 赋一个权值，该权值是到信标节点跳数的倒数。2008 年 Chen 对 DV-Hop 算法从两方面进行改进[7]，一是利用信标节点间的距离修正 DV-Hop 算法中的 Hopsize；二是利用双曲线方法求解未知节点的坐标，而不是使用 DV-Hop 中的三边或多边方法。DV-Hop 定位算法中有两次洪泛过程，为了减少通信量，2007 年 Yang 提出 HCRL 算法[8]，该算法在定位过程中仅需一次洪泛过程。实验表明 HCRL 算法不仅通信量小，而且定位精度较高。DV-Hop 算法的详细论述见 4.4.1 节。

非测距定位算法虽然定位精度不高，但它在成本、功耗、硬件限制等因素导致某些问题在无法使用测距技术的情况下是一种很好的选择，并且这类算法不受测距误差的影响。实验证明，粗精度定位对于大多数应用已足够。例如，当定位误差小于节点无线射程的 40%时，定位误差对路由性能和目标追踪精确度的影响不大。

3. 混合式定位算法

现有的大多数定位算法中，未知节点都使用相同的定位技术来估计自身位置。然而，每种方法都有利弊，不存在适合任何情况的定位算法。近两年有学者提出混合式定位算法。其方法是将两种以上的定位算法混合使用，达到扬长避短之目的。混合式定位算法的精度要高于单一使用某一种定位算法的精度，但算法复杂度也会相应增大，不适合低功耗的传感器节点。

4. 优化定位算法

从本质上说，定位问题是一个基于不同距离或路径测量值的优化问题，而且已被证明是一个 NP 难问题[9]。为了能够在多项式时间内解决定位问题，现有的大部分工作致力于利用不同的启发式方法或数学方法来提高定位估计的精度，但效果都不理想。目前遗传算法（Genetic Algorithm，GA）、模拟退火算法（Simulated Annealing，SA）、进化策略（Evolution Strategies，ES）、差分进化算法（Differential Evolution，DE）等优化算法已成功解决了许多复杂的优化问题。因此，有些国内外学者提出利用这些优化算法来改善 WSN 中节点定位算法的性能。

在国外，2003 年 Duckett 将定位和映射问题定义为全局优化问题，并利用 GA来解决[10]。2005 年，Kannan 等提出基于 SA 的定位算法 SAL[11]，SA 的主要特征是可以尽量避免陷入局部最优解，但 SAL 的运行时间非常长，实时性很差，无法应用于拓扑变化频繁的网络中。2005 年，Terwilliger 等提出基于 ES 的定位算法 LESS[12]，LESS 算法的运行时间较短，但它对网络的连通度有较高要求。2006 年，Tam 和 Cheng等提出利用 MGA（Micro-Genetic Algorithm）改进 APS 定位算法[13]。由于不需要其他先验假设或定位方法的知识，该方法通用性好，但该方法需要先利用 APS 进行粗略定位，然后再利用 MGA 进行定位优化，这增加了网络的计算量。2008 年，Chehri，Fortier 等提出基于 DE 的定位算法 RCDE，该算法复杂度较低，但在测距误差大、节点无线射程较小或信标节点比率较低时，算法得到的定位精度较低[14]。

在国内，2006 年黄仑提出了基于 GA 的节点定位算法[15]。通过优化初始种群、自适应调整适应度的选择操作以及加入误差修正算子等方法克服简单遗传算法（SGA）局部搜索能力不强的缺点，提高定位算法的性能。2007 年刘利姣分析了 SGA的基本原理并将其应用在 WSN 的定位中[16]。文中采用实数编码、轮盘赌算法和最优保存策略相结合的选择算子、算术交叉算子等措施来改进 SGA，提高算法的定位精度。2008 年，张清国提出基于 GA 的定位算法 GAL[17]，使用基于下降的单顶点邻居变异操作（Single-vertex-neighborhood mutation operator）和基于下降的算术交叉操作（Descend-based arithmetic crossover operator）。该算法的实验表明：GAL 定位算法优于 Kannan A A 的 SAL 定位算法。

4.3 节点定位原理

4.3.1 基本概念及定义

节点定位是 WSN 配置和运行的一个关键问题。所谓定位，是指一组未知位置坐标的网络节点，通过估计至邻居节点的距离或邻居节点的数目，利用节点间交换的信息，确定每个节点位置的机制。

在某区域部署 n 个传感器节点，存在某种机制，使得各节点通过通信和感知找到自身的邻居节点，并估计出至它们的距离，或识别出邻居节点的数目。每一对邻居关系对应网络图 G 的边 $e = (i, j)$，设 r_{ij} 为节点 i、j 间的测量距离，d_{ij} 为真实距离。定位的目的在于给定所有邻居节点对之间的距离测量值 r_{ij} 的基础上，计算出每个节点的坐标 P_i，使其与测距结果相一致，即对于 $\forall e \in G$，使得 $\left\| P_j - P_i \right\| = d_{ij}$。在节点定位问题研究中需要用到以下概念。

定义 4-1：未知节点　WSN 中需要定位的节点称为未知节点。

定义 4-2：信标节点（Beacon node）　通过人工部署或 GPS 系统已知位置，并协助未知节点定位的节点称为信标节点（也称为锚节点）。

定义 4-3：邻居节点　在节点通信半径内，可直接相互通信的节点。

定义 4-4：测距　两个相互通信的节点通过测量估计彼此之间的距离。

4.3.2 定位计算方法

一旦未知节点估计出到其他邻居节点的距离并满足节点计算条件，就可利用估计距离来计算出未知节点的位置。目前已知的结合距离的定位计算技术包括：三角测量法、三边测量法、最大似然估计法（也称多边测量法）。

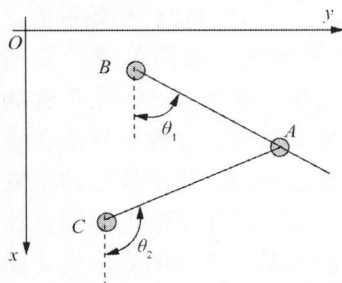

图 4-5　三角测量定位原理

1. 三角测量法

三角测量法即根据三角形的几何关系进行位置估算。这种方法可通过两种方式来实现：第一种方式是"点在三角形中"的测试，即任意选取三个信标节点组成三角形，以测试未知节点是否落在该三角形内。根据测试结果的交集，大致确定未知节点的位置。第二种方式是结合角度测量，即通过方向性天线，利用 AOA 测量的角度值来定位。在二维平面中，利用两个或更多 AOA 测量值，按照 AOA 定位算法确定多条方位线（未知节点接收器天线或天线阵列测出信标节点发射电波的入射角，由此构成一根从未知节点到信标节点的径向连线，称为方位线）的交点，即可计算出未知节点的估计位置，如图 4-5 所示。

假设节点 A 为未知节点，坐标为 (x_0, y_0)，B、C 为信标节点，坐标分别为 $(x_1, y_1),(x_2, y_2)$，测得两信标节点发出信号的到达角度分别为 θ_1 和 θ_2，则有

$$\tan(\theta_i) = \frac{x_0 - x_i}{y_0 - y_i}, \qquad i = 1, 2 \tag{4-6}$$

通过求解上述非线性方程，则可得到未知节点的位置 (x_0, y_0)。

确定二维坐标需要一个距离和角度值；确定三维坐标位置则需两个角度、一个距离和方位角。

2. 三边测量法

当一个节点到至少 3 个信标节点的估计距离已知，则可使用此方法。这个简单的方法是利用以 3 个信标节点为中心的圆交点作为未知节点的位置，如图 4-6 所示。虽然这种方法简单，但由于 WSN 节点的硬件和能耗限制，通常节点间测距误差较大，因此经常出现 3 个圆无法交于一点的情况。如果这 3 个圆不能交于一点，该方法就不可行，这时就需要使用最大似然估计定位法来处理这个距离误差。

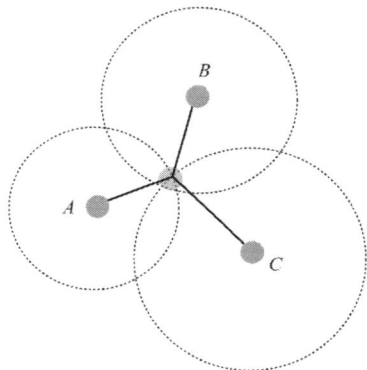

3. 最大似然估计法

最大似然估计法即寻找一个使测量距离与估计距离之间存在最小差异的点，并以该点作为未知节点的位置。如图 4-7 所示，节点 A_1、A_2、A_3 是信标节点，X 为未知节点，其估计位置通过最小化测量值间的误差和残余项来获得。具体实现过程如下。

图 4-6 三边测量定位原理

假设 3 个信标节点 A_1、A_2、A_3 的坐标分别为 (x_1, y_1)、(x_2, y_2)、(x_3, y_3)，未知节点 X 的坐标是 (x_0, y_0)，该节点到三个信标节点的距离分别为 ρ_1、ρ_2、ρ_3。为了计算节点 X 的位置，定义了一个最大似然估计函数 f 并选择这个函数的一个局部最小值。设

$$\begin{cases} f_1 = \rho_1 - \hat{\rho}_1 \\ f_2 = \rho_2 - \hat{\rho}_2 \\ f_3 = \rho_3 - \hat{\rho}_3 \end{cases} \tag{4-7}$$

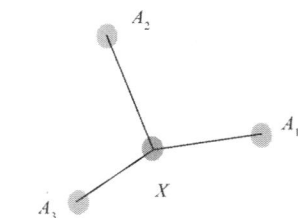

图 4-7 最大似然估计定位原理

式中，$\rho_i = \sqrt{(x_i - x_0)^2 + (y_i - y_0)^2}$ 为信标节点 i 与未知节点 x 的测量距离；而 $\hat{\rho}_i = \sqrt{(x_i - \hat{x}_0)^2 + (y_i - \hat{y}_0)^2}$ 为信标节点 i 与未知节点 x 的估算距离。求未知节点 x 坐标 (x_0, y_0)，使 $\sum_{i=1}^{3} f_i$ 之和最小，即

$$F(x_0, y_0) = \min(f_1 + f_2 + f_3) \tag{4-8}$$

在图 4-7 中，根据二维空间距离计算公式，可得出信标节点与未知节点的距离为

$$\begin{cases} \rho_1 = \sqrt{(x_1 - x_0)^2 + (y_1 - y_0)^2} \\ \rho_2 = \sqrt{(x_2 - x_0)^2 + (y_2 - y_0)^2} \\ \rho_3 = \sqrt{(x_3 - x_0)^2 + (y_3 - y_0)^2} \end{cases} \tag{4-9}$$

式中，(x_0, y_0) 是未知量。这是非线性方程组，可以采用线性化方法来求解。如果近似知道节点的估计位置，可以将其真实位置 (x_0, y_0) 和近似位置 $(\hat{x}_0, \hat{y}_0)$ 之间的偏离用位移 $(\Delta x_0, \Delta y_0)$ 来标记。将式(4-9)按泰勒级数近似展开，则可将位置偏移 $(\Delta x_0, \Delta y_0)$ 表示为已知坐标和距离测量值的线性函数。

测量距离可表示为

$$\rho_i = \sqrt{(x_i - x_0)^2 + (y_i - y_0)^2} = f(x_0, y_0); \qquad i = 1, 2, 3 \tag{4-10}$$

近似(估计)距离可表示为

$$\hat{\rho}_i = \sqrt{(x_i - \hat{x}_0)^2 + (y_i - \hat{y}_0)^2} = f(\hat{x}_0, \hat{y}_0); \qquad i = 1, 2, 3 \tag{4-11}$$

如上所述，节点的真实位置由近似分量和增量两个部分组成，即

$$\begin{cases} x_0 = \hat{x}_0 + \Delta x_0 \\ y_0 = \hat{y}_0 + \Delta y_0 \end{cases} \tag{4-12}$$

因此有

$$f(x_0, y_0) = f(\hat{x}_0 + \Delta x_0, \hat{y}_0 + \Delta y_0) \tag{4-13}$$

式(4-13)右边函数用泰勒级数展开成

$$f(\hat{x}_0 + \Delta x_0, \hat{y}_0 + \Delta y_0) \approx f(\hat{x}_0, \hat{y}_0) + \frac{\partial f(\hat{x}_0, \hat{y}_0)}{\partial \hat{x}_0} \Delta x_0 + \frac{\partial f(\hat{x}_0, \hat{y}_0)}{\partial \hat{y}_0} \Delta y_0 \tag{4-14}$$

为了消除非线性，展开式(4-14)中截去了一阶偏导数之后的各项。偏导数计算为

$$\begin{cases} \dfrac{\partial f(\hat{x}_0, \hat{y}_0)}{\partial \hat{x}_0} = -\dfrac{x_i - \hat{x}_0}{\hat{r}_i}; & i = 1,2,3 \\[3mm] \dfrac{\partial f(\hat{x}_0, \hat{y}_0)}{\partial \hat{y}_0} = -\dfrac{y_i - \hat{y}_0}{\hat{r}_i}; & i = 1,2,3 \end{cases} \tag{4-15}$$

式中，$\hat{r}_i = \sqrt{(x_i - \hat{x}_0)^2 + (y_i - \hat{y}_0)^2}$。将式(4-12)～式(4-15)代入式(4-11)可以得到

$$\rho_i = \hat{\rho}_i - \frac{x_i - \hat{x}_0}{\hat{r}_i} \Delta x - \frac{y_i - \hat{y}_0}{\hat{r}_i} \Delta y \tag{4-16}$$

这样就完成了对公式(4-11)相对于未知数$(\Delta x_0, \Delta y_0)$的线性化。将上述表达式重排，使已知量在左边，未知量在右边，可得到

$$\hat{\rho}_i - \rho_i = \frac{x_i - \hat{x}_0}{\hat{r}_i} \Delta x + \frac{y_i - \hat{y}_0}{\hat{r}_i} \Delta y \tag{4-17}$$

为表达方便，引进下述新变量以简化公式(4-17)，即

$$\begin{cases} \Delta \rho_i = \hat{\rho}_i - \rho_i \\[2mm] a_{xi} = \dfrac{x_i - \hat{x}_0}{\hat{r}_i} \\[3mm] a_{yi} = \dfrac{y_i - \hat{y}_0}{\hat{r}_i} \end{cases} \tag{4-18}$$

这样，公式(4-17)可以表示为

$$\Delta \rho_i = a_{xi} \Delta x_0 + a_{yi} \Delta y_0 \tag{4-19}$$

要在二维空间中确定一个点的坐标，必须有至少三个信标节点。在传感器网络中，节点之间的连通很多，大多数节点都可以直接或间接的获得三个以上信标节点的不精确距离。因此可以得到一个方程组，即

$$\begin{cases} \Delta \rho_1 = -a_{x1} \Delta x_0 + a_{y1} \Delta y_0 \\ \Delta \rho_2 = -a_{x2} \Delta x_0 + a_{y2} \Delta y_0 \\ \quad\quad\vdots \\ \Delta \rho_N = -a_{xN} \Delta x_0 + a_{yN} \Delta y_0 \end{cases} \tag{4-20}$$

当 $N>3$ 时，式(4-20)就是过定义方程组。而 WSN 内的距离测量由于存在距离误差，正好可以利用这样的冗余获得更高的精确度。在二维空间内定位一个被五个或更多的已知位置节点包围的节点时，所获得定位位置与实际位置的平均偏差小于发射距离的 5%。

上述过定义方程组(4-20)可以使用最小二乘法来求解，具体步骤如下。

对于

$$f(\Delta x_0, \Delta y_0) = \sum_{i=1}^{N} \left[\Delta \rho_i - (a_{xi} \Delta x_0 + a_{yi} \Delta y_0) \right]^2 \tag{4-21}$$

为了求得函数 $f(\Delta x_0, \Delta y_0)$ 取得最小值时的 $\Delta x_0, \Delta y_0$，对函数求导，即

$$\frac{\partial f(\Delta x_0, \Delta y_0)}{\partial \Delta x_0} = 2 \sum_{i=1}^{N} a_{xi} [\Delta \rho_i - (a_{xi} \Delta x_0 + a_{yi} \Delta y_0)] \tag{4-22}$$

$$\frac{\partial f(\Delta x_0, \Delta y_0)}{\partial \Delta y_0} = 2 \sum_{i=1}^{N} a_{yi} [\Delta \rho_i - (a_{xi} \Delta x_0 + a_{yi} \Delta y_0)] \tag{4-23}$$

令式(4-22)、式(4-23)等于 0，经过整理可得

$$\begin{cases} \sum_{i=1}^{N} a_{xi} \Delta \rho_i = \Delta x_0 \sum_{i=1}^{N} a_{xi}^2 + \Delta y_0 \sum_{i=1}^{N} a_{xi} a_{yi} \\ \sum_{i=1}^{N} a_{yi} \Delta \rho_i = \Delta y_0 \sum_{i=1}^{N} a_{yi}^2 + \Delta x_0 \sum_{i=1}^{N} a_{xi} a_{yi} \end{cases} \tag{4-24}$$

由此，可以得到

$$\begin{cases} \Delta x_0 = \dfrac{\displaystyle\sum_{i=1}^{N} a_{xi} \Delta \rho_i \sum_{i=1}^{N} a_{xi}^2 \sum_{i=1}^{N} a_{yi} \Delta \rho_i \sum_{i=1}^{N} a_{xi} a_{yi}}{\displaystyle\sum_{i=1}^{N} a_{xi}^2 \sum_{i=1}^{N} a_{yi}^2 - \left(\sum_{i=1}^{N} a_{xi} a_{yi} \right)^2} \\[4ex] \Delta y_0 = \dfrac{\displaystyle\sum_{i=1}^{N} a_{yi} \Delta \rho_i \sum_{i=1}^{N} a_{xi}^2 - \sum_{i=1}^{N} a_{xi} \Delta \rho_i \sum_{i=1}^{N} a_{xi} a_{yi}}{\displaystyle\sum_{i=1}^{N} a_{xi}^2 \sum_{i=1}^{N} a_{yi}^2 - \left(\sum_{i=1}^{N} a_{xi} a_{yi} \right)^2} \end{cases} \tag{4-25}$$

用式(4-25)就可以求出估计节点位置与实际位置的大概偏差，如果精度不满足要求，可以将校正后的坐标代替估计坐标，进行进一步的校正，直到 Δx_0、Δy_0 小于规定的阈值结束。

以上过程仅描述了各个信标节点权值相等的情况，在实际应用中，可以采用加权最小二乘法，即根据每个距离测量值的精度，在最小二乘法中采用不同的权值，以提高精度。理论已证明，当权值取值合理时，可使定位误差显著减小。

4.4 ADV-Hop 定位算法研究

4.4.1 DV-Hop 算法描述

Niculescu 和 Nath 利用距离矢量路由和 GPS 定位的思想提出了一系列分布式定位算法，合称为 APS（Ad-Hoc Positioning System）算法[4]。共包括 5 种算法：DV-Distance、Euclidian、DV-Coordinate、DV-Bearing 和 DV-Radial。

DV-Hop 算法为基于信标的非测距定位算法，DV-Hop 算法实现步骤如下。

（1）信标节点 A_i 在全网中广播信标消息，消息中包含此信标节点的位置信息和一个初始值为 0 的表示跳数的参数。

（2）未知节点 N_i 根据从信标节点接收的消息更新跳数值，在它接收到的某一信标节点的所有消息中保存具有最小跳数值的消息，丢弃具有较大跳数值的消息。通过这一机制，网络中所有节点都获得了到每一信标节点的最小跳数值。如图 4-8 所示，节点 N_j 只保存到信标节点 A_1、A_2、A_3 的最小跳数值，分别为 3、2、1。

（3）当信标节点 A_i 获得到其他信标节点的距离后，则计算一个校正值 C_i（即网络平均每跳距离）广播至网络中。校正值采用可控洪泛法在网络中广播，即一个节点仅接收获得的第一个校正值，而丢弃所有后来者，这样就确保了绝大多数节点从最近的信标节点接收校正值。校正值的计算公式为

$$C_i = \frac{\sum \sqrt{(x_i - x_j)^2 + (y_i - y_j)^2}}{\sum h_{ij}} \tag{4-26}$$

式中，(x_i, y_i) 为信标节点 A_i 坐标；(x_j, y_j) 为其他信标节点的坐标；h_{ij} 为信标节点 A_i 间与其他信标节点间的跳数。如图 4-8 所示，如果 $\overline{A_1A_2}$、$\overline{A_2A_3}$、$\overline{A_3A_1}$ 的距离分别为 30m、40m、50m，那么信标节点 A_3 的校正值 $C_3 = \frac{50+40}{4+3} = 12.9\text{m/hop}$。

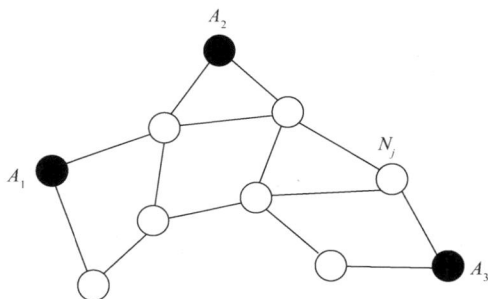

图 4-8 DV-Hop 定位原理

(4)用最小二乘法求解非线性系统的方程为

$$\begin{bmatrix} \Delta\rho_1 \\ \Delta\rho_2 \\ \Delta\rho_3 \\ \vdots \\ \Delta\rho_n \end{bmatrix} = \begin{bmatrix} \hat{1}_{1x} & \hat{1}_{1y} \\ \hat{1}_{2x} & \hat{1}_{2y} \\ \hat{1}_{3x} & \hat{1}_{3y} \\ \vdots & \vdots \\ \hat{1}_{nx} & \hat{1}_{ny} \end{bmatrix} \begin{bmatrix} \Delta x \\ \Delta y \end{bmatrix} \tag{4-27}$$

式中，$\Delta\rho_i = \hat{\rho}_i - \rho_i$，$\rho_i$、$\hat{\rho}_i$ 分别为信标节点与未知节点间的实际距离和估计距离；$\hat{1}_{ix}$ 为 $\hat{\rho}_i$ 在 x 方向上的单位矢量；Δx、Δy 是节点 N_j 估计位置的偏移量。图 4-8 中，未知节点 N_j 和信标节点 A_1、A_2、A_3 间的估计距离分别为 $\hat{\rho}_1 = 3 \times 12.9 = 38.7$m，$\hat{\rho}_2 = 2 \times 12.9 = 25.8$m, $\hat{\rho}_3 = 1 \times 12.9 = 12.9$m。

DV-Hop 算法中使用到两种重要的路由协议：洪泛协议和距离矢量路由协议。

1. 洪泛协议

洪泛协议是最简单的路由协议，此协议中没有任何路由算法。节点向它的所有邻居节点广播所收到的数据，直到数据到达目的节点或达到数据包的最大跳数。洪泛协议的缺点是容易引起信息重叠，造成网络拥塞。

2. 距离矢量路由协议

距离矢量路由协议是简单路径的分布式路由算法。每个节点维护一张到网络中已知位置节点的距离估计和下一跳的路由表。节点周期性地向邻居节点广播自己的路由表，同时节点根据接收到的邻居节点的路由广播来更新自己的路由表。每个节点只记录到目的节点的跳数和通向目的节点的下一跳。节点接收到数据后，根据数据包头部的目的地址来查找路由表，并将其转发到下一跳所指定的节点。

DV-Hop 算法的优点在于它比较简单，节点不需任何附加硬件支持。在待定位节点通信范围内的信标节点数量不多时，采用该算法可以获得与通信范围外多个信标节点的估计距离，利用大量的信息获得该节点的位置。在网络连通度为 8，信标节点比例为 5%的情况下，算法的定位误差大约是节点射频通信距离的 1/3。但是通过研究发现，这种算法节点间通信量过大，不可定位节点影响了平均定位误差，因此值得改进。

4.4.2　DV-Hop 算法改进思路

在研究 DV-Hop 算法的过程中发现其优点是无需任何附加硬件支持，无需节点具有测距能力而直接利用网络中部分信标节点的信息，通过节点间的信息交换和协作及多边测量技术即可实现未知节点的定位，其算法实现简单、易扩展，在健壮性和适应性方面亦具有较大的优势。但同时也存在以下不足之处：

(1)算法中，由于一些无法定位节点的参与导致平均定位误差较大；

（2）信标节点在获得平均每跳距离的计算过程中，由于全网广播，造成节点之间通信量过大；

（3）定位精度依赖于信标节点的个数，当信标节点个数非常少时定位误差将会非常大，定位节点的覆盖率偏低。

基于以上方面，在吸取了其他算法优点的前提下对 DV-Hop 算法改进，提出 ADV-Hop 算法。

4.4.3 ADV-Hop 算法要旨

ADV-Hop 算法要旨包括：

（1）建立对无法定位的节点排除的方案，降低无法定位的节点对平均定位误差的影响；

（2）通过利用有效的条件限制簇头节点转发的信息来减少节点间的通信量，从而降低算法的通信开销；

（3）增加定位优化阶段，对已定位的节点升级为信标节点，利用升级的信标节点迭代定位，从而将定位节点的范围逐步扩展到整个网络，以提高节点定位的覆盖率[18]。

1. 确定无法定位的节点

通过对网络中节点定位特点的分析，发现无法定位的节点除了不可达的节点外，另外还包括以下两种情形。

（1）邻居节点个数少于 3 或一跳邻居节点内只有一个节点可以定位。

如图 4-9 所示，节点 A 是可以确定位置的节点，节点 B 的一跳邻居节点内只有 A 这个节点可以定位，那么节点 B 就是无法定位的节点。因为 B 节点可以在图中的 B_1、B_2 等位置任意存在，所以不能确定其位置。

一跳邻居节点只有两个节点可以定位，那么这个节点的位置也是无法确定的。如图 4-10 所示，节点 A、C 是可以确定位置的节点，节点 B 的一跳邻居内只有 A、C 这两个节点可以定位，那么节点 B 的位置也可以在 B_1 位置，这样节点 B 的位置不唯一，所以也属于无法定位的节点。

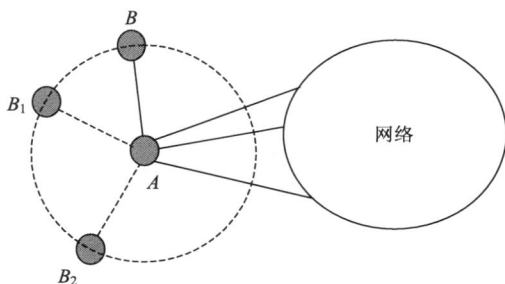

图 4-9　邻居节点个数为 1

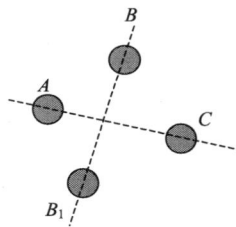

图 4-10　邻居节点个数为 2

（2）无信标节点群。

一个节点群，如果该群通过一个可以确定位置的节点与网络相连接，而群内没有信标节点，那么这个群可以围绕着这个节点旋转，群内所有的节点都是无法定位的[19,20]。如图 4-11 所示，节点群通过节点 A 与网络连接，节点群可以以节点 A 为中心旋转，这样的节点群也是无法定位的。

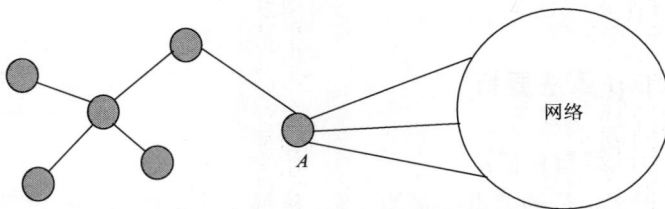

图 4-11　节点群与一个定位节点连接

在 DV-Hop 算法中，洪泛广播使得网络中所有的可达节点都会收到每个信标节点的位置信息，这样就无法判断出这些无法定位的节点，从而不仅增加了节点间的通信量而且导致了平均定位误差偏大，所以在洪泛广播时，需把这些无法定位的节点排除。

2. 消息转发

在 DV-Hop 算法中，消息由于采用洪泛广播，且广播是全向的，所以在广播消息的过程中必将导致两种不利情况发生：一是一个信标节点发出的广播信息可能会多次到达同一个节点，这个节点就会收到多余的广播信息；二是网络中所有的可达节点都会收到每个信标节点的位置信息，这样将无法确认不可定位的节点。

针对第一种情况的解决方案为：当未知节点接收到一个相同 ID_i 信标节点的信息时，便要与原来信息中的跳数值 $Hops_i$ 进行比较，如果新的跳数小于原表中的跳数，就用新的跳数更新表中的跳数信息，意味着找到了一条更短的到达该信标节点的路径。如果新的跳数大于原表中的跳数，就丢弃该信息，也不再进行转发。

针对第二种情况的解决方案为：只有当信息中的跳数小于簇头节点先前广播的信息的最小跳数值时，节点才会把该信息转发给其邻居节点，否则丢弃。

当这两种情况都满足时，节点才会接收并转发消息。

3. 节点升级

在很多算法中，为了提高定位节点的覆盖率，将已定位的节点升级为信标节点，利用升级的信标节点迭代定位以将定位节点的范围逐步扩展到整个网络，但是这种迭代的方法引入了累积误差。为了抑制这种累积误差的影响，一些算法在定位阶段使用了验证过程。如在 Hop-Euclidean 算法的定位阶段，未知节点执行定位计算后，使用自身的估算位置与已知的信标节点信息作验证计算，只有符合验证条件的未知节点才接收该位置估算并升级为信标节点，进入下一轮循环。使用这种验证的过程可以在一定范围内避免将较大的位置误差或错误带入下一轮定位过程，但是并不能完全抑制误差累积的影响。

为进一步抑制定位误差累积的影响，可引入加权最小二乘法估计的方法，即根据每个信标节点的位置精度，对于升级为信标节点的节点赋予一个合理的权值，该权值用于形成加权矩阵，在下一轮定位计算过程中，使用加权最小二乘算法进行节点位置计算。加权最小二乘法估计可按下式来求解。

$$\hat{X}_{\mathrm{WLS}} = (A^{\mathrm{T}}WA)^{-1}A^{\mathrm{T}}Wb \qquad (4\text{-}28)$$

式中

$$A = -2 \times \begin{bmatrix} (x_1 - x_k) & (y_1 - y_k) \\ (x_2 - x_k) & (y_2 - y_k) \\ \vdots & \vdots \\ (x_{k-1} - x_k) & (y_{k-1} - y_k) \end{bmatrix}$$

$$\hat{X}_{\mathrm{WLS}} = \begin{bmatrix} X \\ Y \end{bmatrix}$$

$$b = \begin{bmatrix} r_1^2 - r_k^2 - x_1^2 + x_k^2 - y_1^2 + y_k^2 \\ r_2^2 - r_k^2 - x_2^2 + x_k^2 - y_2^2 + y_k^2 \\ \vdots \\ r_{k-1}^2 - r_k^2 - x_{k-1}^2 + x_k^2 - y_{k-1}^2 + y_k^2 \end{bmatrix}$$

式中，W 是加权矩阵，为保证 $\hat{X}_{\mathrm{WLS}}$ 是无偏估计或最小方差无偏估计。在实际应用中，加权系数需预先设定，通过合理的权值取值，可以达到较小的定位误差。

基于以上的思想，采用以下方法将已定位的节点升级为信标节点。

(1)在初始阶段后即已定位且与 3 个或 3 个以上信标节点是邻居的节点直接升级为信标节点。

(2)若节点的邻居节点中信标节点数小于 3 个，但二跳内包含 3 个或 3 个以上信标节点，则升级为信标节点。

4.4.4　ADV-Hop 算法的实现

根据 WSN 的特点和 ADV-Hop 算法所关注的重点，在 2.2.1 节的基础上对要进行节点定位的 WSN 补充如下假设。

(1)WSN 节点部署在二维平面区域上，这样未知节点定位时仅需 3 个信标节点的位置和距离信息；如果是在三维空间的条件下进行节点定位，则需要 4 个。

(2)只有一些传感器节点通过配备 GPS 接收器或人工部署已经实现定位成为信

标节点，其余节点均具有相同的处理能力。

（3）节点拥有两种不同的标记：beacon、single，分别用来表示信标节点和无法定位的节点。

（4）传感器节点具有一定的存储量，能够把定位需要的节点链表信息存储起来，并具有维护节点链表的能力。节点链表数据结构如下：

```
                              //信标点链表数据结构
struct beacon_list{
    nsaddr_t nodeid;          //信标节点 ID
    node_position position;   //信标节点位置
    u_int16_t hop;            //相隔跳数
    double distance;          //信标节点间距离
    via_src* via_node;        //中间节点链表
    beacon_list* next;        //指向下一个信标节点
};
//中间节点链表结构
struct via_src{
    nsaddr_t nodeid;          //中间节点 ID
    via_src* next;            //指向下一个中间节点
};
//邻居节点链表数据结构
struct neighbor_list{
nsaddr_t nideid;          //邻居节点的 ID
int state;                //邻居节点的状态
neighbor_list* next;      //指向下一个邻居节点
};
```

1. 定位阶段

在这一阶段中，除利用 DV-Hop 算法本身的距离矢量交换协议和两次洪泛外，增加了无法定位节点的确认和簇头节点转发信息的限制条件操作，这样使得网络中所有节点以最佳的方式获得了距信标节点的跳数。具体实现如下。

首先，每个信标节点洪泛广播一个信标消息。该信标消息格式为：{ID_i,postions, nodeld$_i$,hops$_i$}，其中包含了该信标节点的标识 ID_i，自身位置 postions，簇头节点的标识 nodeld$_i$（初始为空）和初始值为 0 的跳数 hops$_i$ 信息。

节点接收到该消息时，作如下处理。

（1）先判断信标节点信息表中是否存在相同 ID_i 的信标节点标识，若存在，则执行（2），否则执行（3）。

（2）判断跳数是否小于已存在的跳数，若小于则执行（4），否则丢弃该数据包。

(3)判断该消息的簇头节点 ID 域是否为空，若为空，则表示发送该消息的信标节点与自身相邻，则该节点就将自身 ID 写入信标消息的簇头节点 ID 字段，将跳值加 1，信标节点数加 1，并广播这个新的消息给它的邻居节点；如果簇头节点 ID 域不为空，则执行(4)。

(4)判断该消息中的跳数值是否小于簇头节点以前转发过的消息跳数，若小于，则更新信标节点信息表，并广播新的消息给它的邻居节点；若大于，则丢弃该数据包。节点处理消息的伪代码如下：

```
When 接收到一个信标节点的信标消息
   If 新的信标节点  then
      If 簇头节点 ID 域为空  then
                 簇头节点 ID＝接收消息节点的 ID
                 存储到该信标节点的跳数
              跳数＝跳数＋1
              信标节点数＝信标节点数+1
              广播这个新消息
         Else
LOOP1：If 跳数值小于簇头节点以前转发过的消息跳数  then
                 更新信标节点 ID 为该消息中信标节点的 ID
                 更新跳数
                 广播这个新消息
           Else
                 丢弃该数据包
            End if
        End if
     Else
        IF 跳数小于已存在的跳数  then
                 Goto LOOP1
          Else
                 丢弃该数据包
        End if
     End if
```

其次，经过广播过程后，信标节点也获得其他信标节点的坐标及跳数信息，而且网络中可定位节点都已经得到信标节点的坐标和跳数信息。这样，当信标节点信息表中信标节点个数大于或等于 2 时，即可用(4-26)式计算出信标节点 i 到其他信标节点 j 的平均每跳距离。

最后，每个信标节点采用可控洪泛法在网络中广播其计算出的每跳平均距离，数据包的格式为：$\{ID_i,c_i\}$，c_i 是该信标节点到所有其他信标节点的平均每跳距离。可控洪泛法，表示未知节点仅接收获得的第一个校正值，而丢弃所有后来者，这个策略确保了绝大多数节点从最近的信标节点接收校正值。当接收到校正值后并且未知节点信息表中信标节点数大于或等于 3 时，未知节点根据跳数使用下式计算与信息表中的信标节点的距离，即

$$d_{ij} = h_{j,A_i} c_i \qquad (4\text{-}29)$$

式中，d_{ij}、h_{j,A_i} 分别为未知节点 j 到所能接收到信标消息的信标节点 A_i 的距离和跳数。

当未知节点获得 3 个或 3 个以上信标节点距离后即可利用最小二乘法计算，估计自身的位置。

2. 优化阶段

在定位阶段满足升级条件的节点升级为信标节点，并设置其 beacon 标记为真，这些节点也开始发送信标消息，即再次开始运行第二阶段，将定位节点的范围不断扩大，从而协助剩余的未知节点实现定位。当所有的节点标记均为真时，则完成定位过程，退出定位算法。

4.4.5 算法仿真实验分析

1. 仿真实验方法

(1)仿真前，根据信标节点密度和网络平均连通度在 200×200 单位的正方形区域随机部署节点，节点通信距离设为 10 个单位。

(2)节点部署依 2.3.4 节的讨论服从均匀分布，信标节点的生成也服从均匀分布。

(3)每次实验都选择不同的随机数种子。

(4)在每种条件下各仿真 20 次，最后对仿真结果进行统计，取平均值作为最后结果。

2. 仿真结果分析

分别对 DV-Hop 算法和 ADV-Hop 算法进行仿真，比较两种算法的通信开销、平均定位误差和网络覆盖率。

1)通信开销

在仿真区域随机部署一定数量的节点，任意选择 30 个为信标节点。在不同的节点数下，与 DV-Hop 算法比较在网络中所引起的总的节点文件包数量。如图 4-12 所示，随着节点数的增加，两种算法的节点文件包数量都呈现递增的趋势，但在相同节点数时，ADV-Hop 算法文件包数量大约为 DV-Hop 算法文件包数量的 30%。因此，在同等条件下，ADV-Hop 算法在通信开销上比 DV-Hop 算法要低。

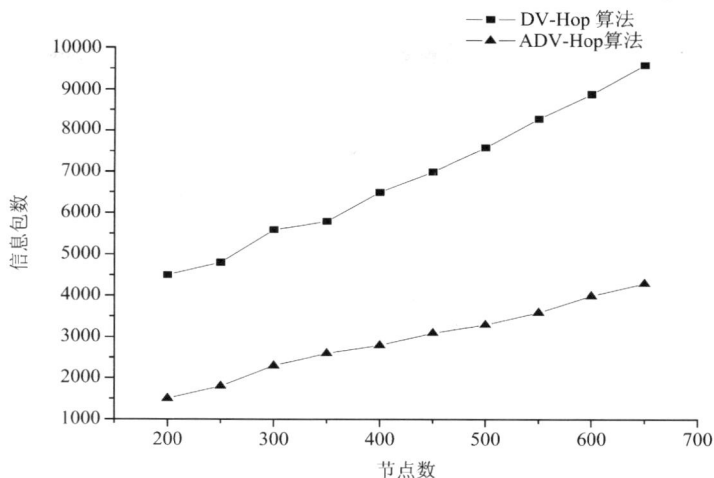

图 4-12 文件包数量随节点数的变化

2) 平均定位误差

两种算法在网络中的平均定位误差, 如图 4-13 所示, 随着节点数的增加, 两种算法的平均定位误差都呈现递减趋势。在相同条件下, ADV-Hop 算法平均定位误差要小于 DV-Hop 算法 10%左右。因为在 ADV-Hop 算法中, 无法定位节点不会参与定位计算, 从而降低了对平均定位误差的影响。

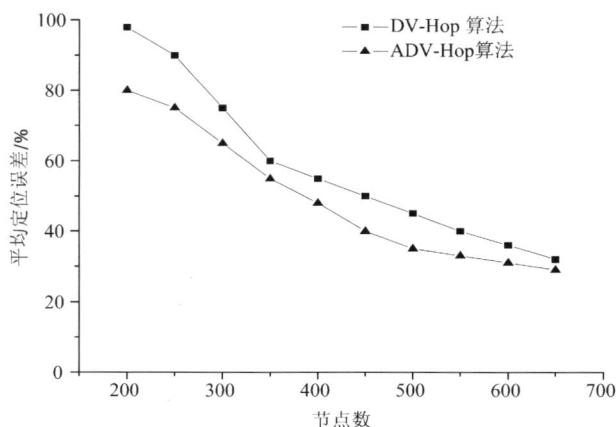

图 4-13 平均定位误差随节点数的变化

3) 网络覆盖率

比较两个算法在网络中可获得的覆盖率, 如图 4-14 所示, 随着节点数的增加, 两种算法的覆盖率都呈现递增趋势。在相同条件下, ADV-Hop 算法比 DV-Hop 算法获得的覆盖率要高。因为引入了已定位节点升级为信标节点, 使可定位的节点数增加, 所以有效地提高了网络覆盖率。

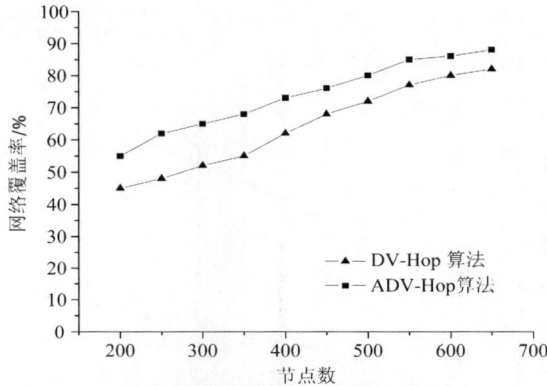

图 4-14　覆盖率随节点数的变化

4.5　GSAL 定位算法研究

总的来说，ADV-Hop 定位算法的精度还不够高，若要实现 WSN 节点的高精度定位，必须研究高精度的节点定位算法。定位问题本质上是一个基于不同距离或路径测量值的优化问题。全局优化问题的求解技术大体分为确定性方法和随机性方法。确定性方法基于确定性的搜索策略，在满足特定的限制条件下，利用优化问题的导数、梯度等数学性质进行求解。对于工程领域的全局优化问题，由于优化函数的复杂性和大规模性，确定性方法求解比较困难。而随机性方法对优化问题对应的函数形式不做任何假设，因此，随机性方法成为全局优化问题求解的重要方法。

遗传算法 GA 和模拟退火算法 SA 是目前解决全局优化问题的有效算法。GA 有较强的全局搜索性能，但它容易产生早熟收敛的问题，且在进化后期搜索效率较低；而 SA 具有摆脱局部最优解的能力，但它的优化速度慢。

本节首先介绍 GA 的原理，然后针对 GA 早熟收敛的问题，将 SA 的思想引入 GA 实现对 GA 的改进，最后将改进后的算法应用于 WSN 的定位问题，提出一种高精度的 WSN 节点定位算法——GSAL 定位算法。

4.5.1　基于 GA 的定位算法及其局限

1. 遗传算法原理

GA 是模仿自然界的生物进化机制而发展起来的随机全局搜索和优化方法，其本质是一种高效、并行、全局搜索的方法。GA 能在搜索过程中自动获取和积累有关搜索空间的知识，并自适应地控制搜索过程以求得最优解。

GA 首先将问题的每个可能解以某种形式进行编码，编码后的解称为"染色体"。随机选取 N 个染色体构成初始种群 P_0，再根据预定的适应度函数对每个染体计算适应度值。首先选择适应度值高的染色体，然后通过遗传算子对这些染色体进行概率性的交叉和变异操作，产生的更适应环境的染色体构成新的种群。这样一代代不断繁殖、进化，最后收敛到一个最适应环境的个体上，求得问题的最优解。

GA 包含参数编码、初始群体的设定、适应度值函数的设计、遗传算子的设计和控制参数的设定 5 个基本要素，构成了 GA 的核心内容。

1) 参数编码

编码就是把一个问题的可行解从其解空间转换到 GA 所能处理的搜索空间的方法。编码的策略或方法对遗传操作，尤其是对交叉操作的功能有很大影响。针对函数优化问题的编码技术主要有二进制编码、十进制编码、实数编码等。实数编码将问题的解用实数来表示，它解决了二进制和十进制编码对算法精度和存储量的影响，同时便于在优化中引入问题的相关信息。

2) 初始群体的生成

GA 是群体型操作，必须为它准备一个由若干初始解组成的初始群体 P_0。P_0 中每个个体都是随机产生的。一般来讲，初始群体的设定可采取如下的策略：首先根据问题的固有知识，确定最优解在整个问题空间中的分布范围，然后在此分布范围内设定初始群体 P_0。

3) 适应度函数的设计

GA 在进化搜索中基本上不用外部信息，仅以适用度函数为依据，适应度函数用来描述每个个体的适应程度。引进适应度函数的目的在于根据个体的适应度值对个体进行评估，定出优劣程度。对适应度函数的唯一要求是针对输入参数可以计算出能加以比较的非负结果。适应度函数本质上就是优化目标函数的某种表示形式。

用 GA 求解优化问题时，是依靠适应度函数值的大小来区分每个个体的优劣的。适应度值大的个体将有更多的机会繁衍下一代，通常取高于群体平均适应度值的个体做交叉，而低于平均适应度值的个体做变异，从而一代一代地提高群体的平均适应度值和最优个体的性能。可见，适应度函数在 GA 中起着决定性作用。适应度函数也称评价函数，是根据目标函数确定的用于区分群体中个体好坏的标准，总是非负的，任何情况下都希望它的值越大越好。适应度函数的设计主要应满足以下条件：

(1) 规范性。适应度函数最好定义为 $\mathrm{Fit}(f(x))$：$[\min f(x), \max f(x)] \rightarrow [0,1]$，并且其值域不宜只局限于 $[0,1]$ 的一个很小的子区间内。同时，端点性能最好满足 $\mathrm{Fit}(\min f(x)) = 1$，$\mathrm{Fit}(\max f(x)) = 0$。不过，由于 $\min f(x)$ 和 $\max f(x)$ 通常是未知的，所以对后两者一般不能强求。

(2) 单值、连续、非负、最大化。适应度函数 $\mathrm{Fit}(f(x))$ 应该是实函数，并且单值、连续，但不要求可导。不过，$\mathrm{Fit}(f(x))$ 的曲线在重要部位，特别在最优解附近一般不宜太陡也不宜过于平缓。适应度函数不需要满足连续可微等条件，唯一要求是针对输入可计算出能加以比较的非负结果。

(3) 合理性和一致性。是指适应度函数曲线上，各点的适应度值应与解的优劣成

点距离最近的 3 个信标节点用于定位估计。APS(Near-3)算法的缺点是选择的 3 个最邻近信标节点可能会存在共线的情况，导致未知节点不能使用三边定位法进行定位。$\mathrm{MGA}^*_{\mathrm{LOC}}$ 改进的第二个方面是将改进后的 MGA 作为定位算法的后期优化。MGA 的目标是最小化适应度函数。

适应度函数定义为

$$\mathrm{fitness}(x', y') = \sum_{i=1}^{3} (\sqrt{(x'-x_i)^2 - (y'-y_i)^2} - \mathrm{pdist}_i)^2 \tag{4-33}$$

式中，(x', y') 为未知节点当前的位置估计值；(x_i, y_i) 为离未知节点最近的三个信标节点的坐标；Pdsiat_i 为信标节点 i 相对于未知节点的距离，采用 DV-Distance 方式计算节点间距离。

MGA 使用了基于下降的变异和交叉操作，没有使用选择机制。

图 4-16(a) 表明了基于下降的变异操作原理：假设未知节点的当前坐标估计值为 (x_i', y_i')，前一次坐标估计值为 $(x_i', y_i')^{\mathrm{old}}$，连接点 (x_i', y_i') 和点 $(x_i', y_i')^{\mathrm{old}}$ 的线段设为 l。首先，函数 rand() 产生一个范围为 $0\sim1$ 的随机数 p，如果 $p>0.5$，则变异算子随机生成 l 上一点 $(x_i^{\gamma}, y_i^{\gamma})$。如果函数 fitness( ) 在点 $(x_i^{\gamma}, y_i^{\gamma})$ 的函数值小于其在当前坐标估计值 (x_i', y_i') 处的函数值，则 $(x_i^{\gamma}, y_i^{\gamma})$ 代替 (x_i', y_i') 成为新的坐标估计值（即染色体变异）；否则，当前的染色体不变。因此，该变异算子在后续各代中概率性的改进种群。

图 4-16(b) 表明了基于下降的交叉操作原理：首先，整个种群中的染色体根据它们的适应度值进行降序排列，然后对顺序取出的每对染色体 (x_i', y_i') 和 (x_{i+1}', y_{i+1}') 进行交叉操作。首先，函数 rand( ) 产生一个范围为 $0\sim1$ 的随机数 p，对于每对染色体 (x_i', y_i') 和 (x_{i+1}', y_{i+1}')，如果 $p>0.5$，则交叉算子将它们的中点 $((x_i', x_{i+1}')/2, (y_i', y_{i+1}')/2)$ 作为交叉点。如果适应度函数 fitness( ) 在 $((x_i', x_{i+1}')/2, (y_i', y_{i+1}')/2)$ 的函数值小于在 (x_{i+1}', y_{i+1}') 处的函数值，则交叉点 $((x_i', x_{i+1}')/2, (y_i', y_{i+1}')/2)$ 代替 (x_{i+1}', y_{i+1}') 成为新的坐标估计值；否则，(x_{i+1}', y_{i+1}') 不变。

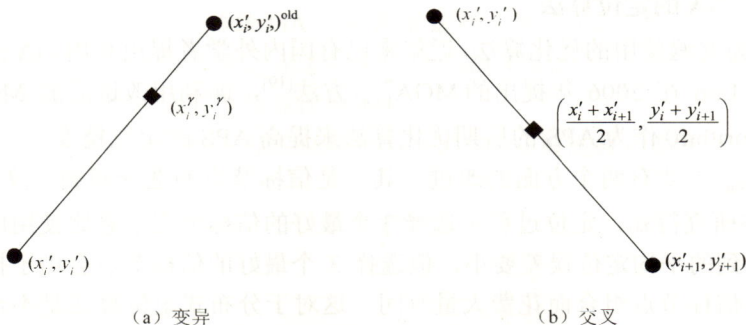

(a) 变异　　　　　　　　　　(b) 交叉

图 4-16　基于下降的遗传算子

用 MGA 改进 APS 定位算法的伪代码如下：

```
(1)从 APS 定位算法计算得到的最好的定位估计值集合 Best-Values 中选择 PZ 个
个体构成初始种群 Population，每个个体为二维向量，PZ 个个体构成了 PZ×2 的矩阵。
(2)repeat
    for 种群 Population 中每个个体 CS
        由基于下降的变异算子得到子代个体 offspring1
      if(fitness(cs)>fitness(offspring1))
          用 offspring1 代替 CS
        由基于下降的交叉算子得到子代个体 offspring2
      if(fitness(cs)>fitness(offspring2))
          用 offspring2 代替 CS
    end for
    until(种群 Population 中的三个个体收敛于同一个解或者达到迭代次数)
```

　　由于不需要其他先验假设或定位方法的知识，该方法通用性好，MGA 算法也可以作为其他定位算法的后期优化来提高定位精度。仿真结果表明，用 MGA 作为 APS 的后期优化能显著降低平均定位误差。算法的缺点是该算法需要先利用 APS 进行粗略定位，然后再利用 MGA 进行定位优化，这增加了网络的计算量。

3. 遗传算法的局限性

　　GA 能从概率意义上以随机方式寻求到全局最优解，但它在实际应用中会产生一些问题。最主要的问题是早熟收敛、局部寻优能力差等。这些问题产生的主要原因是：GA 强调的是两代之间的进化关系，其交叉可能会丢失最优解，因而局部搜索能力较弱。

4.5.2　基于 SA 的定位算法及其局限

1. 模拟退火算法原理

　　SA 是局部搜索算法的扩展，它的出发点是基于固体物质的退火过程与一般组合优化问题之间的相似性[22]。SA 在对空间进行搜索时采取了一种"平衡"的策略，即在搜索时既向"优化"方向搜索，又按一定的概率向"劣化"方向搜索。这可以使算法有能力跳出局部极小区域，从而得到全局最优解或渐进全局最优解。

　　模拟退火算法来源于固体退火原理，将固体加温至充分高，再让其缓慢冷却，加温时，固体内部粒子随温升变为无序状，内能增大，而缓慢冷却时粒子渐趋有序，在每个温度点都达到平衡态，最后在常温时达到基态，内能减为最小。根据 Metropolis 准则，粒子在温度 T 时趋于平衡的概率为 $p = \exp(-\Delta E / kT)$，其中 E 为温度 T 时的内能，ΔE 为其改变量，k 为 Boltzmann 常数。用固体退火模拟组合优化问题，将内能 E 模拟为目标函数值 f，温度 T 演化成控制参数 t，即得到解组合优化问题的模拟退火算法：由初始解 i 和控制参数初值 t 开始，对当前解重复"产生新解→计算目标函数差→接受或舍弃"的迭代，并逐步衰减 t 值，算法终止时的当前解即为所得近似最优解，这是基于蒙特卡罗迭代求解法的一种启发式随机搜索过程。退火过程由冷却进度表(Cooling Schedule)控制，包括控制参数的初值 t 及其衰减因子 Δt、每个 t 值时的迭代次数 L 和停止条件 S。

2. 模拟退火算法描述

(1) 设置初始温度 $T=T_0$，随机产生一个初始解 x_0，$x_i=x_0$。

(2) 设置循环计数器初值 $k=0$，并设 $100 \leqslant T \leqslant 500$。

(3) 对 x_i 作一随机扰动 Δd，得到 x_j，计算目标函数值的增量 $\Delta=f(x_j)-f(x_i)$。

(4) 根据 Metropolis 接受准则，如果 $\Delta \leqslant 0$，则接受 x_j 为当前最优点；反之，则以概率 $P=\exp(-\Delta/T)$ 接受 x_j 为当前最优点。

(5) 如果 $k<k_{\max}$，则 $k=k+1$，并转向步骤(3)；否则，转到步骤(6)。

(6) 如果未达到冷却状态，则令 $T=\alpha \times T$，其中 $0 \leqslant \alpha \leqslant 1$ 为降温系数，并转向步骤(2)；否则，当前最优解为所求解，计算结束。

运用 SA 求解问题的流程图如图 4-17 所示。

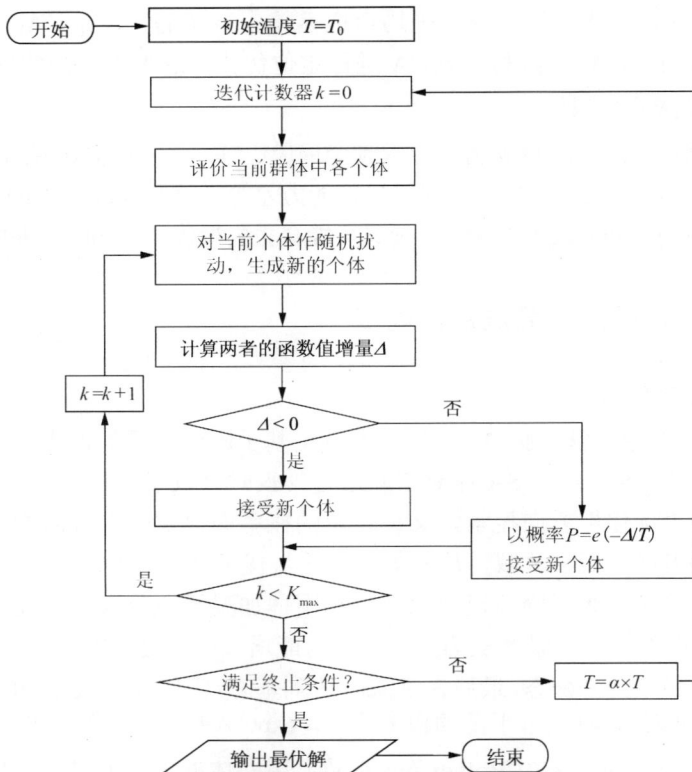

图 4-17 模拟退火算法流程图

3. 基于 SA 的定位算法

SA 常用来解决最优化问题，它是基于 Monte Carlo 迭代法的一种启发式随机搜索过程，按照 Metropolis 接受准则判断是否接受新状态。SA 在迭代过程中不仅接受使适应度函数值"变好"的状态，还能以一定的概率接受使适应度函数值"变差"的状态。因此，SA 可以有效地克服局部最优现象。

2005 年 Kannan 提出基于 SA 的定位算法 SAL[11]。SAL 中假设每个节点有能力测量它们与邻居节点的距离。适应度函数 CF 代表定位估计的好坏，并利用 SA 最小化 CF 求得未知节点的估计位置。SAL 中的适应度函数 CF 定义为

$$CF = \sum_{i=1}^{N} \sum_{j \in N_i} (\hat{d}_{ij} - d_{ij})^2 \tag{4-34}$$

式中，N 是未知节点的个数；N_i 是未知节点 i 的邻居节点；$\hat{d}_{ij}$ 是未知节点 i 与其邻居节点 j 间的估计距离，即

$$\hat{d}_{ij} = \sqrt{(\hat{x}_i - \hat{x}_j)^2 + (\hat{y}_i - \hat{y}_j)^2} \tag{4-35}$$

式中，$(\hat{x}_i, \hat{y}_i)$ 为未知节点 i 的估计位置；$(\hat{x}_j, \hat{y}_j)$ 为未知节点 i 的邻居节点 j 的估计位置。d_{ij} 为未知节点 i 与其邻居节点 j 间的测量距离，为说明测量距离时的不确定性，测距误差采用高斯误差函数表示，即

$$d_{ij} = \sqrt{(x_i - x_j)^2 + (y_i - y_j)^2} \times (1.0 + \text{GNoise( )} \times \text{Noise Fcator}) \tag{4-36}$$

式中，Noise Factor 是 10%的噪声因子；GNoise( )是均值为 0，标准差为 1 的高斯误差函数。

未知节点的当前坐标估计值$(\hat{x}_{old}, \hat{y}_{old})$增加一个随机增量$(\Delta d)_{new} = \beta(\Delta d)_{old}$（$\Delta d$ 被初始化为节点的无线射程 R_c，$\beta < 1$ 为衰减因子）得到新的坐标估计值$(\hat{x}_{new}, \hat{y}_{new})$。如果适应度函数值的增量 $\Delta CF = CF_{new} - CF_{old} \leqslant 0$，则接受$(\hat{x}_{new}, \hat{y}_{new})$作为新的估计坐标；否则，计算接受概率 $P(\Delta CF) = \exp(-\Delta CE / T)$，同时在区间[0,1]内随机均匀地产生一个值 g。若 $P(\Delta CF) > g$，则仍接受$(\hat{x}_{new}, \hat{y}_{new})$作为新的坐标估计值；若 $P(\Delta CF) \leqslant g$，则保持原坐标估计值$(\hat{x}_{old}, \hat{y}_{old})$不变。显然，概率 $P(\Delta CF) = \exp(-\Delta CF / T)$ 且 $P(\Delta CF) > 0$ 是 T 的单调增加函数。若概率 P 一定，则当 T 较大时，ΔCF 也较大；当 T 较小时，ΔCF 也较小。这样有利于算法初始阶段在较大范围内搜索未知节点的估计坐标。随着算法的进行，T 逐渐减小，算法的搜索范围也变小，使得新的坐标估计值能够稳定在全局最优解附近。当算法终止时，就能得到接近全局最优的坐标估计值。

SAL 算法的执行过程如下。

(1)初始化网络中节点的坐标值。信标节点的坐标为自身的已知坐标；未知节点的坐标在网络的部署区域内随机产生，得到未知节点的估计坐标集合。

(2)设置算法中参数的取值。为避免陷入局部最优解，初始温度应充分大，以至于接收劣质解的可能性为 80% 左右。

(3)随机选择一个未知节点，根据下式得到该节点的新坐标。

$$\begin{cases} x_{\text{new}} = x_{\text{old}} + \lambda \cos \alpha \\ y_{\text{new}} = y_{\text{old}} + \lambda \sin \alpha \end{cases} \tag{4-37}$$

式中，λ 为常数且 $0 < \lambda < 1$；α 是随机变量，为新估计坐标扰动的方向，在 $[0,2\pi)$ 服从均匀分布；$(x_{\text{old}}, y_{\text{old}})$ 和 $(x_{\text{new}}, y_{\text{new}})$ 分别为节点 i 在扰动前后的估计坐标。

(4)根据公式(4-34)，分别计算新估计坐标和当前估计坐标的适应度函数 CF_{new} 和 CF_{old}，得到两者的差值 $\Delta \text{CF} = \text{CF}_{\text{new}} - \text{CF}_{\text{old}}$。

(5)根据新解的 Metropolis 接受规则，决定是否接受新的估计坐标 $(x_{\text{new}}, y_{\text{new}})$。如果不接受 $(x_{\text{new}}, y_{\text{new}})$，那么保持未知节点的估计坐标集合不变；如果接受 $(x_{\text{new}}, y_{\text{new}})$，那么更新估计坐标集合中发生扰动的未知节点的估计坐标。

(6)重复步骤(3)至(5)满 pqN 次之后，采用等比例方式进行降温，即 $T_{\text{new}} = \alpha T_{\text{old}}, (0 < \alpha < 1)$，再重复步骤(3)至(5)。其中，$p$ 为某个温度下每个未知节点发生扰动的次数；q 为某个温度下发生扰动的未知节点在未知节点总数 N 中所占的比率。因此，某个温度下，发生扰动的未知节点个数为 qN。

(7)当满足算法的终止条件时，算法终止。此时的解即为网络中所有未知节点的估计坐标构成的集合。算法的终止准则有两个：一个是温度达到了预定的最终温度，另一个是 ΔCF 小于一个预定值。

SAL 的定位误差

$$\Delta \bar{d} = \frac{1}{n-m} \times \frac{\sum_{i=m+1}^{n} (x_i - \hat{x}_i)^2 + (y_i - \hat{y}_i)^2}{r^2} \times 100\% \tag{4-38}$$

式中，n 与 m 分别为节点总个数和信标节点总个数；(x_i, y_i) 与 $(\hat{x}_i, \hat{y}_i)$ 分别为未知节点 i 的实际坐标和估计坐标。

实验表明，当噪声因子为 0 时，SAL 定位准确率为 100%；当连通度大于或等于 17 时，不管信标节点所占比率为多大，平均定位误差都小于 0.3%。SAL 的优点是：定位精度较高，不需特殊的硬件支持；仅利用邻居节点之间的距离，因此每个节点不向其他节点传播距离误差；SAL 容易转化为分布式算法。SAL 的主要缺点是：适应度函数中利用未知节点的邻居节点信息，但这些邻居节点中可能有尚未精确定位的未知节点，因此其位置信息带有较大的误差，不利于未知节点的定位估计。

4. 模拟退火算法的局限性

SA 的局限性主要是它对已试探的空间区域所知不多，不能利用已试探过的区域引导搜索，且很难判断空间中哪些区域有更多机会得到最优解，因此优化速度较慢。

4.5.3　基于模拟退火思想的遗传算法

1. 算法思想

基于优化算法的定位算法求解过程本质上是最小化节点的定位误差函数，由于这类定位算法可获得较高的定位精度，且不依赖于所采用的定位方法，因此在研究 SA 和 GA 原理的基础上，利用 SA 的思想改进 GA，得到基于模拟退火思想的遗传算法 GSA，将改进的 GSA 用于 WSN 的定位得到一种可获得较高定位精度的定位算法——GSAL 定位算法。

利用 SA 的思想改进 GA，改进后的算法称为 GSA（Genetic and Simulated Annealing），GSA 通过变异与选择不断改善解群体，并行搜索解空间，从而有可能更迅速地找到全局最优解。GSA 算法的基本思想是：由于 GA 的选择策略中引入 SA 的 Metropolis 准则，以保持种群"有用的多样性"，这样可以避免种群收敛于某一局部区域或者在各个局部区域之间产生"随机跳舞"，导致收敛性差的弊病，易于向全局极小值快速收敛。具体来说：在染色体 i 的邻域中随机产生新个体 j，i 和 j 竞争进入下一代种群采用 Metropolis 接受准则：令染色体 i 和 j 对应的函数的值分别为 f_i 和 f_j，若 $\Delta = f_j - f_i < 0$，则直接将染色体 j 复制到下一代种群；否则，产生 $[0,1]$ 之间的随机数 r，如果 $r < \exp(-\Delta/T)$，则同样把染色体 j 复制到下一代种群。否则，把染色体 i 复制到下一代种群。基于 Metropolis 判别准则的复制策略，在接受优质解的同时，也会有限度的接受劣质解，保证了种群的多样性，进一步避免了算法陷入局部最优解的可能性。

理论证明，遗传算法中若保留每一代的最优个体，则能有效防止"早熟收敛"，且算法将以概率 $p=1$ 收敛到全局最优解[23]。因此，我们提出在 GSA 中使用最优保存策略。

2. 算法描述

GSA 算法求解过程如下。

（1）确定评价函数和相应的收敛准则，并由此评价解的质量。

（2）初始化进化代数计数器 $k\leftarrow0$，给定初始退火温度 T_0。

（3）确定编码方式及群体规模为 M 的初始群体 $P(t)$ 的产生机制，随机给出种群 $P(t)$ 初值。

（4）评价当前群体 $P(t)$ 的适应度。根据目标函数求出各个个体的适应度值 $f_i(i=1,2,3,\cdots,M)$。若满足停止规则，则停止计算；否则，执行步骤（5）。

（5）对群体 $P(t)$ 中每一个染色体 $i \in P(t)$，在其领域内随机选择一个状态 j，采用

SA 的 Metropolis 接受准则决定接受或拒绝新状态 j。该阶段迭代 M 次得到新种群 newpop。Metropolis 接受机制：若染色体 i 和 j 所对应的评价函数值分别为 $f(i)$ 和 $f(j)$，则接受 j 的概率为

$$P = \begin{cases} 1, & f(j) \leqslant f(i) \\ \exp\left(-\dfrac{f(j)-f(i)}{T_k}\right), & f(j) > f(i) \end{cases} \tag{4-39}$$

式中，T_k 为温度。

(6) 执行交叉算子。对种群 newpop 按照交叉概率 P_c 执行交叉操作，得到新种群 crosspop。

(7) 对种群 crosspop 按照变异概率 p_m 执行保优变异算子，即保留最优个体，而对其他个体进行变异，得到种群 mutpop。

(8) 评价变异结果，判断终止条件是否满足。若不满足终止条件，则更新进化代数计数器 $k \leftarrow k+1$，并按照降温函数 $T_{k+1} = \alpha \times T_k$ 进行降温，然后转到第 (5) 步；循环操作，直至收敛准则满足。若终止条件满足，则输出计算结果，算法结束。

4.5.4 GSAL 定位算法实现

将基于模拟退火思想的遗传算法应用于 WSN 节点定位的算法称之为 GSAL 定位算法[24, 25]。

1. GSAL 定位算法的数学模型

假设二维空间的网络中含有 M 个信标节点，N 个未知节点。使用向量 $\boldsymbol{\theta} = [Z_1, Z_2, \cdots, Z_{M+N}]$ 代表传感器节点的初始坐标，其中 $\boldsymbol{Z}_i = [x_i, y_i]^T$。M 个信标节点位于 $(x_1, y_1), (x_2, y_2), \cdots, (x_M, y_M)$，其中 $x_i, y_i \{i=1, 2, \cdots, M\}$ 为第 i 个信标节点的横坐标和纵坐标，i 为该节点在网络中的唯一标识符。定位问题就是给定以上 M 个信标节点的坐标，求与它们有通信约束关系的 N 个未知节点的坐标 $\boldsymbol{\theta} = [\theta_x, \theta_y]$，其中 $\theta_x = [x_{M+1}, x_{M+2}, \cdots, x_N], \theta_y = [y_{M+1}, y_{M+2}, \cdots, y_N]$。

对于每一个未知节点，设其坐标为 (x, y)，M 个信标节点的坐标为 $(x_i, y_i)\{i=1, 2, \cdots, M\}$，测得信标节点与未知节点的距离分别为 $d_1, d_2, \cdots, d_M$，则求未知节点的位置就是求解下面的方程。

$$\begin{cases} d_1 = \sqrt{(x-x_1)^2 + (y-y_1)^2} \\ d_2 = \sqrt{(x-x_2)^2 + (y-y_2)^2} \\ \qquad\qquad \vdots \\ d_M = \sqrt{(x-x_M)^2 + (y-y_M)^2} \end{cases} \tag{4-40}$$

由于环境或硬件因素，实际应用中的测量值总是存在误差，因此定位运算的实质就是使

$$f(x,y) = \sum_{i=1}^{M} \left(\sqrt{(x-x_i)^2 + (y-y_i)^2} - d_i \right)^2 \tag{4-41}$$

的值最小，也即求该式的极小值点。

2. 遗传算子及其控制参数

1）适应度函数

定义 GSA 的适应度函数为

$$\text{fitness}(z) = \sum_{i=1}^{M=3} \alpha_i^2 f_i^2(z) \tag{4-42}$$

式中，$M = 3, i = 1,2,3$ 为到未知节点跳数最小的三个信标节点；α_i 为一个权值，它反映了未知节点到信标节点 i 的距离测量精度，α_i 与未知节点到信标节点 i 的最小跳数成反比关系。信标节点到未知节点的跳数越大，则 α_i 越小。因此，测距误差大的信标节点对未知节点定位估计结果的影响就越小。$z = (x_i, y_i)$ 是未知节点的估计位置，$f_i(z) = d_i - \sqrt{(x_i - \hat{x})^2 + (y_i - \hat{y})^2}$，其中，$d_i$ 为信标节点 i 与未知节点之间的测量距离，$\sqrt{(x_i - \hat{x})^2 + (y_i - \hat{y})^2}$ 为信标节点 i 与未知节点之间的计算距离。

文献[19]证明：选择与未知节点距离最近的 3 个信标节点进行定位估计，不仅能够得到较高的定位精度，而且算法简单，网络中的通信量较小。因此，选择 $M = 3$。

2）染色体的编码及群体的设计

由于 WSN 节点数目较多，计算量大，二进制编码不能直接反映所求问题的结构特征，所以采用实数编码，即染色体为变量的真实值，这也便于与 SA 思想的结合，改善算法的计算复杂度，提高运算效率。将问题假定在二维空间，染色体是二维的，分别表示节点的横坐标和纵坐标，如：对于个体 $s = (v_1, v_2)$，v_1 为横坐标，v_2 为纵坐标。

综合考虑 GA 的性能和计算量，经过实验，执行定位算法时群体大小为 50 时取得较好的计算性能。

3）选择算子

对群体 $P(t)$ 中每一个染色体 $i = P(t)$，在其邻域中随机选择一个状态 j，采用 SA 的 Metropolis 接受准则决定接受或拒绝新状态 j。Metropolis 接受准则见式 (4-39)。

4) 交叉算子

采用不同的交叉算子对 GA 的性能影响较大，而对 GSA 的性能影响较小。由于算术交叉算子简单可行，因此采用式(4-43)所示的算术交叉算子。

随机选取的两个染色体 s_i、s_j 按以下方式进行交叉操作。

$$\begin{cases} s_i' = \lambda s_i + (1-\lambda)s_j \\ s_j' = (1-\lambda)s_i + \lambda s_j \end{cases} \tag{4-43}$$

式中，$s_i = (v_1^i, v_2^i)$ 和 $s_j = (v_1^j, v_2^j)$ 分别为决策变量的第 i、j 组取值编码，$\lambda \in (0,1)$。

5) 变异算子

变异算子采用保优、均匀变异，即保留最优个体，其他个体按变异概率 P_m 以基因取值范围上的均匀分布的随机数替换某一基因，即

$$v_i' = \begin{cases} r_i, & y_i \leqslant P_m \\ v_i, & y_i > P_m \end{cases}, \qquad i \in \{1,2\} \tag{4-44}$$

式中，v_i, v_i' 分别为变异前、后第 i 个基因的值；r_i 为在第 i 个基因取值范围内的均匀随机变量；y_i 为对应每一个基因产生的均匀随机变量，$y_i \in [0,1]$。

3. 模拟退火参数的确定

1) 邻域结构

个体 $s = (v_1, v_2)$ 在邻域内随机选取个体 $s' = (v_1', v_2')$ 的方式如下。

$$\begin{cases} v_1' = v_1 + \lambda \cos\theta \\ v_2' = v_2 + \lambda \sin\theta \end{cases} \tag{4-45}$$

式中，θ 是范围在 $[0, 2\pi]$ 的均匀分布随机变量。为了细化算法的搜索范围，当 SA 的参数 T 逐渐减小时，λ 也逐渐减小。

2) 温度参数的控制

在确定 T_0 时，用基于 Metropolis 准则的初始接受概率可以很方便地确定一个较为合适的 T_0。具体方法如下：随机生成初始群体，若群体中个体的最大适应值和最小适应值分别为 f_{max} 与 f_{min}，P_0 为初始接受概率，令 $e^{-(f_{max}-f_{min})/T_0} = P_0$，则

$$T_0 = \frac{-(f_{max} - f_{min})}{\ln(P_0)} \tag{4-46}$$

降温机制采用等比例下降的降温方式，即

$$T_{k+1} = \alpha T_k \tag{4-47}$$

式中，$K = 1,2,\cdots$，α 为降温系数且 $0 < \alpha < 1$。

在实际计算中，$P_0=0.85$，$\alpha=0.95$ 时，GSA 达到最好的性能。

3）算法的内循环终止规则

内循环终止规则也称 Metropolis 抽样稳定准则，用于决定在每个温度下产生候选解的数目。在 SA 算法理论中，收敛性条件要求在每个温度下产生候选解数目趋于无穷大，这在实际应用中显然是无法实现的。GSAL 算法采用基于不改变规则的控制法[26]，即如果相邻 K 代最好解的改善程度下降到一定程度 ε 时，则进行降温，即

$$f_i^* - f_{i-K}^* < \varepsilon \qquad (4\text{-}48)$$

4）算法的外循环终止规则

常见的终止规则是给定一个最大的遗传代数 $G_{\max}$，让算法的迭代次数达到 $G_{\max}$ 时停止，这种方式无法反映算法的实际进展情况，即在线性能。GSAL 算法的终止准则除了设置一个允许的最大遗传代数 $G_{\max}$ 外，也采用式(4-48)中基于不改变规则的控制法。

4.5.5　GSAL 算法仿真分析

1. 仿真的网络环境

节点部署区域为 200×200 单位正方形区域，网络节点总数为 $N<500$，节点均匀性随机部署。其中，信标节点比率 $\lambda=3\%\sim10\%$，每个节点具有相同的无线射程 $R_c=20$ 单位。

2. 算法参数的确定

参数的取值目前尚无理论依据，主要通过经验和仿真测试得到。参照 GSA 算法、RCDE 算法和 GAL 算法，GSAL 算法中各个参数的设置如下：种群大小 $M=50$，交叉概率 $P_c=0.9$，变异概率 $P_m=0.07$，SA 中的初始温度 $T_0=(f_{\min}-\bar{f})/\ln(P_0)$，其中初始接受概率 $P_0=0.85$，$\bar{f}$ 和 $f_{\min}$ 分别为群体的平均适应度值和最小适应度值。降温系数 $\alpha=0.95$。采用 ADV-Hop 定位算法计算节点初始坐标值。

RCDE 算法中迭代次数 Iter=100，缩放比例因子 $F_c=0.8$。

3. 实验结果分析

1）平均定位误差与信标节点比率的关系

为了考察不同信标节点比率下 GSAL、GAL 和 RCDE 算法的定位误差，仅改变网络环境中的信标节点比率，其他参数不变。为了验证算法性能，以测距误差因子 Noise Factor 分别为 0 和 10% 进行仿真实验。仿真实验结果如图 4-18 所示。当 Noise Factor 为 10%，信标节点比率为 5% 时，GSAL 算法可将定位误差降低到 2%。

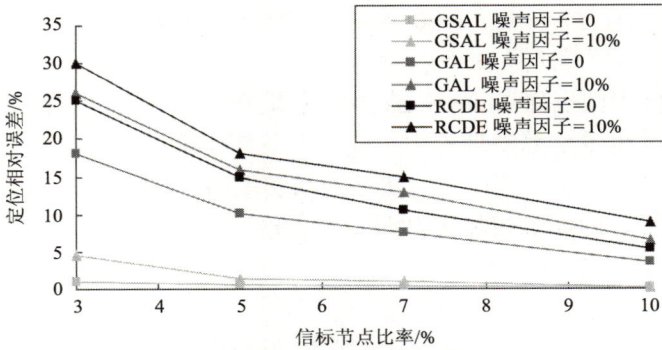

图 4-18　平均定位误差与信标节点比率的关系

由图 4-18 可知，不论 Noise Factor 为 0 或 10%，随着信标节点比率的增加，3 种定位算法 GSAL、GAL 和 RCDE 的平均定位误差都将逐渐减小，GSAL 的平均定位误差是较小的。

2) 平均定位误差与网络连通度的关系

为了考察不同网络连通度下 GSAL、GAL 和 RCDE 算法的定位误差，仅改变网络环境中的网络连通度，其他参数不变。在仿真中通过改变节点的无线射程 R_c 来改变网络连通度。表 4-1 说明了节点无线射程 R_c 和网络连通度的关系。表 4-1 中数据是由 30 次随机实验得到的。

表 4-1　节点的无线射程与网络连通度的关系

节点无线射程 R_c	10	20	30	40	50	60	70
网络连通度最小值	8	11	14	17	21	24	27
网络连通度平均值	9.06	11.65	14.73	18.24	22.3	25.6	28.85
网络连通度最大值	10	13	16	20	24	27	30

根据不同的网络连通度，仿真得到相应的定位误差，仿真实验结果如图 4-19 所示。

由图 4-19 可知，不论 Noise Factor 为 0 或 10%，随着网络连通度的增加，3 种定位算法 GSAL、GAL 和 RCDE 的平均定位误差都将减小。相同条件下，平均定位误差最小的是 GSAL。

由上述仿真实验结果还可以看出，3 种定位算法 GSAL、GAL 和 RCDE 在其他条件不变，单独改变测距误差因子的条件下，Noise Factor 小的定位精度要高。作为一种基于距离的定位算法，这是可以预料的。由实验可知，GSAL 在 Noise Factor 为 0% 和 10% 时，定位误差曲线的变化范围很小，GSAL 即使在测距误差为 10% 时，仍能得到较好的定位精度。因此，GSAL 对测距误差的影响不太敏感，适宜应用在基于 RSSI 测距的场合。因此，该定位算法具有一定的容错性。

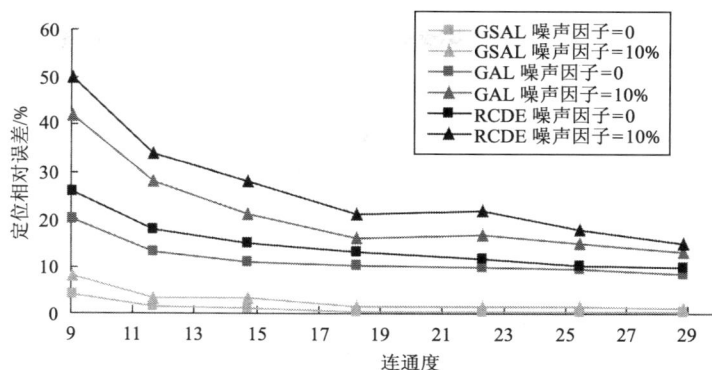

图 4-19 平均定位误差与网络连通度的关系

参 考 文 献

[1] Capkun S, Hamdi M, Hubaux J P. GPS-free positioning in mobile Ad hoc network. Proc of the 34th Annual Hawaii International Conference on System Science. Maui, Hawaii: IEEE Computer Society, 2001, 1: 3481-3490.

[2] Nasipuri A, Li K. A directiouality based location discovery scheme for wireless sensor networks. WSNA' 02. Atlanta, Georgia, 2002, 9: 105-111.

[3] Savvides A, Han C, Trivastava M B. Dynanmic fine grained localization in Ad hoc networks of sensors. ACM SIGMOBILE 7/10. rome, 2001: 166-179.

[4] Nicolescu D, Nath B. Ad hoc positioning systems(APS). Proc of the 2001 IEEE Global Telecommunications Conference. IEEE Communications Society, 2001: 2926-2931.

[5] He T, Huang G, Abdelzaher T. Range-free localization schemes in large scale sensor networks. Proc of the 9th Annual International Conference on Mobile Computing and Networking (Mobicom). San Diego, California: ACM Press, 2003, 9: 81-95.

[6] Huang Q, Selvakennedy S. A Range-free localization algorithm for wireless sensor networks. IEEE the 63rd Vehicular Technology Conference(VTC2006), 2006, 1: 349-353.

[7] Chen H Y, Sezaki K R, Deng P, et al. An improved DV-Hop localization algorithm with reduced node location error for wireless sensor networks. Journal of IEICE TRANSACTIONS on Fundamentals of Electronics, Communications and Computer Sciences, 2008, VE91-A(8): 2232-2236.

[8] Yang S W, Yi J Y, Cha H J. HCRL: A hop count-ratio based localization in wireless sensor networks sensor. Proc of the 4th Annual IEEE Communications Society Conference on Sensor, Mesh and Ad hoc Communications and Networks. Seoul, Korea: IEEE Publish House, 2007: 31-40.

[9] Aspnes J, Goldenberg D, Yang Y R, On the computational complexity of sensor network localization. Proc of 1st International Workshop on Algorithmic Aspects of Wireless Sensor

Networks. ACM Transactions on Sensor Networks, 2004.

[10] Duckett T. A genetic algorithm for simultaneous localization and mapping. Proc of the 2003 IEEE International Conference on Robotics & Automation. Taipei, 2003: 434-439.

[11] Kannan A A, Mao G Q, Vucetic B. Simulated annealing based localization in wireless sensor network. Proc of the 30th IEEE Conference on Local Computer Networks, New York, 2005: 513-514.

[12] Terwilliger M, Gupta A, Khokhar A, et al. Localization using evolution strategies in sensor networks. The 2005 IEEE Congress on Evolutionary Computation, 2005: 322-327.

[13] Tam V, Cheng K Y, Lui K S. Using Micro-genetic algorithms to improve localization in wireless sensor networks. Journal of Communications, 2006.

[14] Chehri A, Fortier P, Tardif P M. Geo-location with wireless sensor networks using non-linear optimization. International Journal of Computer Science and Network Security(IJCSNS), 2008, 8(1): 145-154.

[15] 黄仓. WSN 定位算法研究. 上海: 上海交通大学出版社, 2006.

[16] 刘利姣. WSN 节点自定位研究. 武汉: 华中师范大学出版社, 2007.

[17] Zhang Q G, Wang J H, Jin C. Genetic algorithm based wireless sensor network localization. The 4th International Conference on Natural Computation, 2008: 608-613.

[18] Zhao S J, Xu X L, Sun M L, et al. Research on ADV-Hop localization algorithm in wireless sensor networks. Proc of SPIE, Bellingham, WA, 2008: (7127 712703)1-7.

[19] Tam V, Cheng K Y, Lui K S. Improving APS with beacon selection in anisotropic sensor networks. Joint International Conference on Autonomic and Autonomous Systems and International Conference on Networking and Services(ICAS-ICNS 2005), 2005: 49-49.

[20] 马祖长, 孙怡宁. WSN 节点的定位算法. 计算机工程, 2004, 4(7): 13-15.

[21] Schaffer J D, Carnana R A, Eshelman L J. A study of control parameters affecting online performance of genetic algorithm for function optimization. Proc of the 3rd International Conference on Genetic Algorithms. Morgan Kaufmann Publishers, 1989: 51-60.

[22] Rutenbar R. Simulated annealing algorithms: an overview. IEEE Circuits and Devices Magazine, 1989, 5(1): 19-26.

[23] 陈志翔, 殷树言, 卢振洋. 基于遗传模拟退火算法的弧焊机器人系统协调路径规划. 机械工程学报, 2005, 41(2).

[24] Zhao S J, Sun M L, Zhang Z H. GASA-Hop localization algorithm for wireless sensor networks. 2009 RIT International Conference on Communications and Mobile Computing(CMC 2009). Kunming, 2009, 1, 2: 152-156.

[25] 赵仕俊, 孙美玲, 唐懿芳. 基于遗传模拟退火算法的无线传感器网络定位算法. 计算机应用与软件, 2009, 26(10): 189-192.

[26] 黄席樾, 蒋卓强. 基于遗传模拟退火算法的静态路径规划研究. 重庆工学院学报, 2007, 21(6): 244-250.

第 5 章 目 标 跟 踪

5.1 概述

目标定位跟踪研究一直是一个热点问题,从 1937 年第一部跟踪雷达站 SCR 的诞生到 1964 年多目标跟踪问题的提出,以至目前基于 WSN 的目标定位跟踪问题研究,比较成熟的目标跟踪技术有两种:一种是基于 GPS 定位技术的跟踪,另一种是基于雷达的定位跟踪。前一种是利用 GPS 定位技术对跟踪目标进行的一种实时跟踪。但是,由于 GPS 定位受遮挡物影响较大,不能实现对室内目标的跟踪,且这种跟踪技术需要被跟踪目标配有 GPS 定位系统,成本较高。这些条件都限制了基于 GPS 定位技术的发展。基于雷达的定位方法成本大、功耗高、抗干扰能力差,且雷达体积庞大,这些特点使雷达目标跟踪技术的发展受到局限。

WSN 节点自身具有体积小、价格低、采用无线通信方式的特点,以及传感器网络具有部署灵活、自组织性、鲁棒性、隐蔽性等特点,使得 WSN 非常适合于移动目标的跟踪[1, 2]。目前用于目标跟踪的传感器节点有二进制传感器节点和多功能传感器节点。虽然多功能传感器节点的功能强大,但因成本高昂,能量消耗大,系统冗余性差,算法复杂等许多缺点而不能大规模使用。这就使得二进制传感器网络(Binary Wireless Sensor Network,BWSN)逐渐成为一种新的和具有巨大应用前景的目标定位跟踪平台。BWSN 的优点如下:

(1)部署代价低,体积小,能耗低,传感器节点操作和数据通信简单;

(2)节点感知能力要求低,使得目标跟踪系统简单且具有鲁棒性;

(3)节点通信要求小;

(4)网络模型简单,便于跟踪算法的设计。

5.1.1 目标跟踪过程

目标跟踪过程中,探测到目标的传感器节点交换侦测数据,确定目标的位置和运动轨迹,预测目标的运动方向,并通过一定的网络自组织机制使目标运动方向上的节点及时动态地加入或撤出跟踪节点队伍。目标跟踪的一般过程如下。

1. 检测阶段

WSN 中那些处于检测状态的节点周期性地检测目标是否出现。如果移动目标进入传感器节点的感知范围，节点就会广播出目标消息，节点的 ID、节点自身的位置等消息。

2. 定位阶段

执行定位算法的节点选取要尽量离目标近一些，这样可以节省通信能耗。定位节点对接收到的采样数据进行处理、计算，得到目标的估计位置。根据连续时间内产生的两个估计位置信息可以进一步估算出目标的运动速度和运动方向等信息。定位阶段另一个任务是对目标的运动轨迹进行拟合，跟踪目标的运动记录越多，即采样频率越大，对目标轨迹的预测及拟合越准确，但是计算代价和通信代价会随之上升。

3. 通告阶段

在定位阶段得到目标的运动轨迹之后，由执行定位算法的节点将目标预测轨迹周围的处于休眠状态的传感器节点激活，让它们加入到跟踪过程中来；同时，通过多跳传输的方式将目标定位结果发送给网关节点。

5.1.2　目标跟踪关键技术

WSN 的目标跟踪需要解决以下几个关键技术问题。

1. 目标的侦测

WSN 根据采样节点的感知信号判断目标的有无。目前，对于目标的侦测，主要分为主动侦测和被动侦测。主动侦测指目标所发出的信号类型是已知的，传感器节点根据目标信号的特性以明确的侦测手段进行侦测；被动侦测指节点不知道目标的具体特征，只能通过目标具有的普遍特征，如红外线、声波、电磁波等来对其进行侦测。

由单个节点来确定目标出现的方式易实现，但是虚警率大。目前出现了一些基于多个节点信息的目标判决融合机制[3]，大大减小了虚警率。但是这些提供目标信息的节点之间需要相互通信来交换信息，增加了通信能耗。所以，为了减小虚警率的同时，尽量降低通信开销，通常将这两种方法结合使用。首先由单个节点对可能出现的目标进行侦测，然后通过判决融合机制进一步对目标是否出现进行判定。

2. 节点的自组织和路由

WSN 目标跟踪需要多个节点进行协同感知，并对采样数据进行数据融合处理，提取有用信息。传感器网络是一个对等式网络，它没有严格的控制中心，所有节点地位平等。这样，在目标跟踪过程中就必须考虑局部节点的自组织及路由问题，可采用以下几种方式。

(1)静态局部集中式。静态局部集中式是一种层次型网络结构，在传感器网络部署阶段，按照一定的机制对传感器节点进行分簇并选举出簇头节点，簇内普通节点将采样到的数据传送给簇头节点，簇头节点负责对数据进行处理，然后通过簇头间的路由传送到网关节点[4, 5]。

(2)动态局部集中式。在上一种方法的基础上,发展了动态局部集中式方法。这种方法是在目标跟踪过程中通过一定的准则动态地产生簇头;在目标离开本簇侦测范围后,产生新的簇头,原来的簇头回到普通侦测状态,这是目前比较流行的方法。设计算法时,在参与跟踪的节点数量、簇头的选取等方面需要认真考虑,以达到降低通信开销,延长网络寿命的目的。

(3)单点式。在目标跟踪过程中,始终只有一个动态节点充当簇头节点在跟踪目标[6]。簇头节点负责测量值的获取及目标位置的估计、更新。随着目标的移动,当前时刻的簇头节点从它的邻居节点中选取信息量最大的节点成为下一时刻的簇头节点,并将自身设置为空闲状态。该方法能有效地减少通信开销,但是由于其只利用了信息量最大的节点,所以跟踪精度不高。

(4)序贯式。序贯式算法的主要思路是先将多个优化目标进行重要性排序,根据排序来确定满足的优先级,然后再针对优先级从高到低的顺序来进行多次的单目标计算。每次计算时将优先级较高的优化计算结果作为优先级较低的优化计算的刚性约束,最后得到一个趋优化解。但是,需要重点考虑代码传输带来的通信开销。

3. 节点的协同信息感知

目标移动过程中,会被多个节点感知到,如何利用这些节点的信息进行协同感知,是传感器网络目标跟踪所要解决的关键问题之一。节点的协同跟踪需要解决的主要问题是跟踪节点的选取,初始簇头的选取及簇头的顺次移交。在跟踪节点的选取上,要尽量选择离目标较近的节点参与跟踪,这样可以最大化有效数据量;在初始簇头及序贯簇头的选取上,要遵循的原则是尽量选取离目标较近的且剩余能量较大的节点充当簇头,因为簇头的合理选取不仅可以使信息收益最大化,保证跟踪任务的精度要求[7],而且还能减小跟踪过程中的通信开销,平衡网络节点能耗。

4. 目标定位

WSN 目标跟踪的目的之一就是对目标进行定位,可以把跟踪目标当成一个移动的节点。固定节点的定位方法在第 4 章已有详细讨论。

5.2 二进制传感器分类与跟踪算法评价

5.2.1 二进制传感器分类与通信模型

1. 二进制传感器分类

二进制传感器用到的是传感器中最基础、最简单的功能。它将感知到的任何信号,如红外信号、声音信号和电磁信号等均表示为 1bit 信息。按这 1bit 所表达含义的不同，可以将二进制传感器节点分为两种类型[8]：

（1）二进制近似传感器。对于这类传感器来说，当被监测的目标位于传感器节点的感知范围内时，它会提供 1bit 信息；当被监测目标不在传感器节点感知范围内，或者说，传感器节点感知不到目标时，它会提供 0bit 信息；

（2）二进制正/负传感器。这类传感器所提供的 1bit 信息表示目标正在接近感知它的传感器节点，此时，传感器节点为正传感器节点；而 0bit 信息则表示目标正在远离该传感器节点，此时，传感器节点被称为负传感器节点。0、1bit 是被监测目标到当前感知节点的欧几里得距离矢量关于时间导数的符号。

目前，较为流行的二进制传感器模型是二进制近似传感器，该模型可用公式表达如下：

$$S_i(T_a) = \begin{cases} 1, & d(s_i, T_a) \leqslant R_s(i) \\ 0, & 其他 \end{cases} \tag{5-1}$$

式中，$S_i(T_a)$ 为传感器节点检测到目标的可能性；$d(s_i, T_a)$ 为节点 S_i 和目标 T_a 之间的距离；$R_s(i)$ 是传感器节点的感知范围。二进制近似传感器除了能给出目标是否在其感知范围的 0、1bit 信息外，不能提供其他任何有用信息。

2. 节点通信模型和检测模型

二进制传感器节点的通信模型和检测模型如图 5-1 所示。通信半径为 R_c，感知半径为 R_s。一般来说，传感器节点的感知半径与目标类型及目标信号源的发射强度有关。比如，传感器可能无法区分一个距其较近但信号强度较小的目标，与一个距其较远但信号强度较大的目标。即使是同一种目标，感知距离也与传感器自身的灵敏度、校准等有关。所以，这个模型是一个理想的假设。

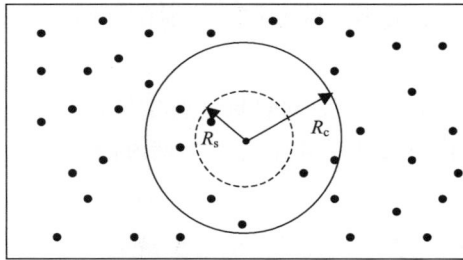

图 5-1　二进制传感器节点通信模型和检测模型

在感知范围内，即如图 5-1 所示的小圆范围内，目标能被传感器节点所感知到。当目标移出这个范围后，节点将无法感知到目标。但是，在利用 RSS（Radio Signal Strength）信号进行目标定位的情况下，节点通过其通信设备接收来自目标的 RSS 信号，并进一步对目标进行定位。通信距离通常大于感知距离。一个节点只要在另一个节点的通信范围内，即图 5-1 中的大圆覆盖的范围内，都可以相互通信，互相交换信息。

WSN 目标跟踪按照跟踪对象数量的不同，可分为单目标跟踪和多目标跟踪。多目标跟踪以单目标跟踪为基础,所以目前对目标跟踪的研究主要集中于单目标跟踪。

5.2.2 目标跟踪算法的评价指标

1. 定位精度

定位精度即目标定位的误差。它是传感器性能优劣的首要标准。t 时刻定位误差为

$$e(t) = \sqrt{(\hat{x}(t) - x(t))^2 + (\hat{y}(t) - y(t))^2} \qquad (5-2)$$

式中,$(\hat{x}(t), \hat{y}(t))$ 为估计的目标位置;$(x(t), y(t))$ 为目标的真实位置。在具体的跟踪过程中,无法获取目标在每个时刻的位置,只能通过设置一定的采样周期,在采样点处对目标位置进行估计,因此,还可以根据 n 个采样点值对定位误差进行离散性分析,获取一段时间 T 内的平均误差,可由下式表示。

$$E = \frac{\sum_{i=1}^{n} \sqrt{(\hat{x}(i) - x(i))^2 + (\hat{y}(i) - y(i))^2}}{n} \qquad (5-3)$$

式中,$(\hat{x}(i), \hat{y}(i))$ 为第 i 个采样时刻目标的估计位置;$(x(i), y(i))$ 为第 i 个采样时刻目标的真实位置。

2. 定位时间

定位时间包括一个系统的安装时间,配置时间及定位所需时间。定位所需时间也可以称为定位延时,延时越大,定位精度越差。

3. 定位能力

定位能力包含两方面:一方面是指算法的适应条件,另一方面是指算法能同时定位的最大目标个数。

4. 参与定位的节点数量

参与定位的节点数量增多将直接导致网络能耗的增大及网络寿命的降低。在定位算法设计时,要求能保证一定的定位精度的情况下,尽量减少参与定位的节点数量。

5. 节点密度

网络节点密度增大不仅意味着网络部署费用的增加,而且会因为节点间的通信冲突带来丢包、通信拥塞等一系列问题。节点密度的合理设置,是定位精度及高能效的保证。

6. 能耗

能耗是 WSN 设计和实现的最大影响因素之一。在保证定位精度的前提下,与能耗

密切相关的定位所需的计算量、通信开销、存储开销、时间复杂度是一组关键性指标。

5.3 目标定位跟踪算法

目标跟踪方法的研究主要有两个方面：一方面是定位跟踪算法，另一方面是网络自组织算法。定位跟踪算法实现的是目标位置的精确估计及轨迹的准确拟合，网络自组织算法实现的是节点的协同跟踪，信息的有效获取和传输，以及能量的高效利用。二进制 WSN 目标定位跟踪算法的研究可分为 5 类。

5.3.1 质心算法

质心算法的基本思想是在同一采样时刻，有多个传感器节点探测到目标，以这些节点的几何中心位置作为该采样时刻的目标位置估计。具体过程为：每个采样时刻，感知到目标消息的传感器节点将采样数据发送给网关节点。当网关节点接到来自不同采样节点的信息数量超过某一个阈值 k 或接收一定时间后，将这些采样节点所组成多边形的质心作为目标的估计位置，即

$$\begin{cases} \hat{x} = \dfrac{\sum\limits_{i=1}^{n} x_i}{n} \\[2em] \hat{y} = \dfrac{\sum\limits_{i=1}^{n} y_i}{n} \end{cases} ; \quad i = 1, 2, 3, \cdots, n \tag{5-4}$$

式中，(x_i, y_i) 为感知到目标的采样节点坐标。

将各确定的质心(目标的估计位置)按时间顺序依次连接起来，即得到目标的运动轨迹。

质心算法对目标的定位过程仅需要探测到目标的采样节点位置坐标信息，算法比较简单，计算量小，容易实现。但该算法的定位精度与传感器节点的密度以及分布有很大关系。传感器节点密度越大，分布越均匀，目标的定位精度越高。

在利用质心算法对目标位置进行估计的过程中，会出现这样的情况，当采样间隔较小时，上一采样时刻某些参与定位计算的节点在这一采样时刻依然存在，即某些传感器节点在两个采样时刻同时感知到目标，这样势必导致计算能耗及通信能耗的增大，所以，为了降低质心算法中这些"旧信息"的重复传输及计算，提出递推的质心算法。该算法在计算当前采样时刻的目标位置估计时，只处理新增采样节点带来的"新信息"，而重复的部分采用上一采样时刻的处理结果。

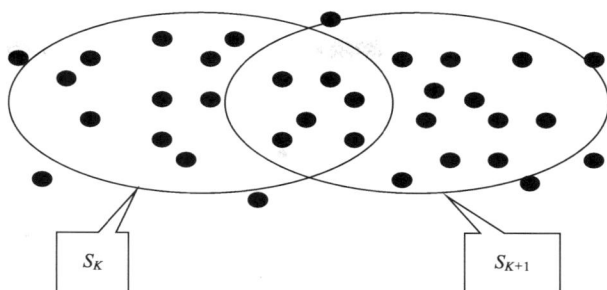

图 5-2 相邻采样时刻感知到目标的传感器节点集合

如图 5-2 所示，算法用$|S_K|$表示 t_K 时刻感知到目标的传感器节点数量，用$|S_{K+1}|$表示 t_{K+1} 时刻感知到目标的传感器节点数量。用集合 $S_{K+1}-S_K$ 表示 t_{K+1} 时刻感知到目标的节点中"新信息"提供的传感器节点集合。集合 S_K-S_{K+1} 表示在 t_K 时刻感知到目标而在 t_{K+1} 时刻没有感知到目标的传感器节点集合。用集合 $S_K-(S_K-S_{K+1})$ 表示相邻两个采样时刻均探测到目标的传感器节点集合。为了导出递推质心算法的公式，定义了 t_K 时刻目标的位置估计为

$$f(S_K) = Z_K = \left(\frac{\sum_{i=1}^{|S_K|} x_{Ki}}{|S_K|}, \quad \frac{\sum_{i=1}^{|S_K|} y_{Ki}}{|S_K|} \right) \tag{5-5}$$

递推质心算法公式推导的前提是相邻采样时刻有相同的信息被采集，即存在这样的节点在相邻采样时刻同时感知到目标，由于

$$\begin{cases} S_{K+1} = [S_{K+1}-(S_{K+1}-S_K)]+(S_{K+1}-S_K) = [S_K-(S_K-S_{K+1})]+(S_{K+1}-S_K), & S_{K+1} \bigcap S_K \neq \varnothing \\ S_{K+1}-S_K = S_{K+1}, & S_{K+1} \bigcap S_K = \varnothing \\ S_K-S_{K+1} = S_K, & S_{K+1} \bigcap S_K = \varnothing \end{cases} \tag{5-6}$$

从而，得出 t_{K+1} 时刻的目标位置估计为

$$Z_{K+1} = f(S_{K+1}) = \left(\frac{\sum_{i=1}^{|S_{K+1}|} x_{K+1i}}{|S_{K+1}|}, \quad \frac{\sum_{i=1}^{|S_{K+1}|} y_{K+1i}}{|S_{K+1}|} \right)$$

$$= \frac{|S_K|}{|S_{K+1}|} Z_K + \frac{1}{|S_{K+1}|} \Big[|S_{K+1}-S_K| f(S_{K+1}-S_K) - |S_K-S_{K+1}| f(S_K-S_{K+1}) \Big] \tag{5-7}$$

　　递推质心定位算法能得到与质心算法相同的定位效果，该算法以增加一定计算量的方式得到通信开销的节省，总的效果是节省了网络能耗。同时得出结论：感知到目标的传感器节点数越多，定位效果越好。

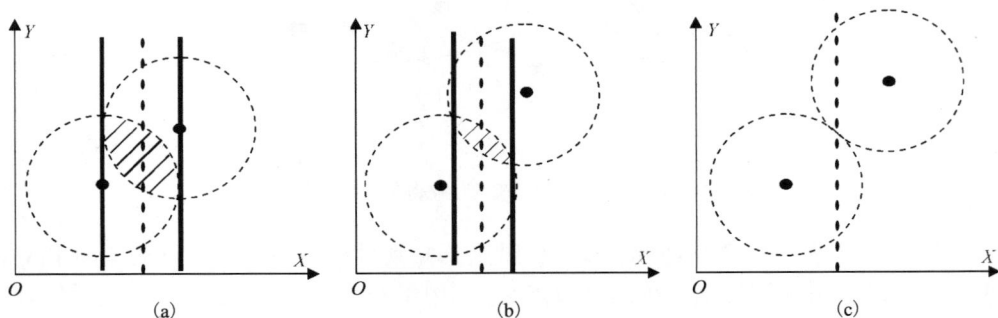

图 5-3　同时感知到目标的两个节点对目标横坐标的定位特点

　　对于目标轨迹的确定，采用不需要先验统计信息的序贯最小二乘拟合方法，非常适合于先验统计信息缺乏及节点资源有限的二进制传感器网络。

　　文献[9]提出改进的质心算法，以对目标横坐标的确定为例，如图 5-3 所示，虚线圆表示节点的感知范围，图 5-3(a) 及 (b) 表示两个同时感知到目标的节点覆盖区域有重叠的情况，阴影区域表示的是目标横坐标所在的区域范围，虚竖线表示目标横坐标的位置估计。由图中可以看出，两个传感器节点横坐标距离越大，用其重叠区域的中点来作为目标横坐标的估计误差越小。图 5-3(c) 表示两节点相切时的情况。当两个节点相切时，阴影区域的面积为 0，这时，目标横坐标就是两节点横坐标的中点，此时误差为 0。同理，可以得到目标纵坐标的位置估计。改进的质心算法用公式表达如下：

$$\begin{cases} \hat{x} = \dfrac{2\displaystyle\sum_{i=1}^{n} x_i / n + \min_{\{i=1,2,\cdots,n\}} x_i + \max_{\{i=1,2,\cdots,n\}|} x_i}{4} \\[3mm] \hat{y} = \dfrac{2\displaystyle\sum_{i=1}^{n} y_i / n + \min_{\{i=1,2,\cdots,n\}} y_i + \max_{\{i=1,2,\cdots,n\}|} y_i}{4} \end{cases} \tag{5-8}$$

式中，(x_i, y_i) 为感知到目标的节点的坐标；n 为感知到目标的节点个数；$(\hat{x}, \hat{y})$ 为目标位置的最终估计值。可以看出，当 $n<3$ 时，本算法和质心算法的计算公式是一样的。

　　改进的质心算法相比于质心定位算法具有更高的定位精度，该算法不需要传感器网络的时钟同步，也不需要节点记录目标在其感知范围的持续时间及节点对目标的探测次数，节省了部分通信及存储开销。

目标轨迹的确定是利用线性最小二乘原理分别对不同时刻估计出目标位置的横坐标和纵坐标进行线性拟合，这样不仅得到了目标的滤波轨迹，也获得了对目标运动方向及运动速度的估计。

5.3.2　加权算法

1. 基于感知次数的加权

该算法在递推质心算法的基础上，利用采样节点感知到目标的次数作为权值，对目标位置进行估计。算法认为，目标在匀速直线运动情况下，如果某一个传感器节点感知到目标的次数越多，则目标经过该传感器节点感知范围的时间越长，从而说明目标的运动轨迹距该节点越近，因此赋予该节点的权值越大。

t_K 时刻采样节点 $(x_{K,i}, y_{K,i})$ 权值计算公式为

$$w_{K,i} = \frac{n_{K,i}}{\sum\limits_{i=1}^{|S_K|} n_{K,i}} \tag{5-9}$$

式中，$n_{K,i}$ 表示采样节点 $(x_{K,i}, y_{K,i})$ 在 t_K 时刻感知到目标的总次数。加入加权因子之后，式(5-5)变为

$$f(S_K) = Z_K = (\sum_{i=1}^{|S_K|} w_{K,i} x_{K,i}, \sum_{i=1}^{|S_K|} w_{K,i} y_{K,i}) = \sum_{i=1}^{|S_K|} w_{K,i}(x_{K,i}, y_{K,i}) \tag{5-10}$$

又有

$$\begin{cases} (x_{K,i}, y_{K,i}) \in S_K \bigcap S_{K+1}, & n_{K+1,i} = n_{K,i} + 1 \\ (x_{K,i}, y_{K,i}) \in S_{K+1} - S_K, & n_{K+1,i} = 1 \end{cases} \tag{5-11}$$

综上得到递推加权质心算法的公式为

$$Z_{K+1} = \frac{\sum\limits_{i=1}^{|S_K|} n_{K,i}}{\sum\limits_{i=1}^{|S_{K+1}|} n_{K+1,i}} Z_K - \frac{\sum\limits_{i=1}^{|S_K - S_{K+1}|} n_{K,i}}{\sum\limits_{i=1}^{|S_{K+1}|} n_{K+1,i}} f(S_K - S_{K+1}) + \frac{|S_{K+1}|}{\sum\limits_{i=1}^{|S_{K+1}|} n_{K+1,i}} f(S_{K+1}) \tag{5-12}$$

式中，Z_{K+1} 为新的目标位置估计值。

该算法的优点是利用质心算法的递推形式，减少了目标定位的计算、存储和通信量；算法将节点感知到的目标次数作为权值，定位精度有所提高，且不需要节点间的时钟同步，节约了硬件资源。

2. 基于感知时间的加权

Kirill Mechitov 等首次提出了二进制传感器网络协同跟踪算法(Cooperative Tracking with Binary-Detection Sensor Networks，CTBD)[10]。算法的基本思想是：做匀速直线运动的目标，采样节点的感知持续时间与目标通过该节点感知范围的路径呈正比例关系，而与该节点到目标路径的垂直距离呈反比例的关系。也就是说，离目标路径越近的节点，目标在它们范围内停留的时间会越长。所以，为了提高精度，感知节点的权值应该与目标在节点探测范围内停留的时间呈一定的比例。如图 5-4 所示，R_s 是传感器节点的感知半径，d 是匀速直线运动目标穿过节点感知区域的轨迹长度，r 是传感器节点与目标轨迹的垂直距离。

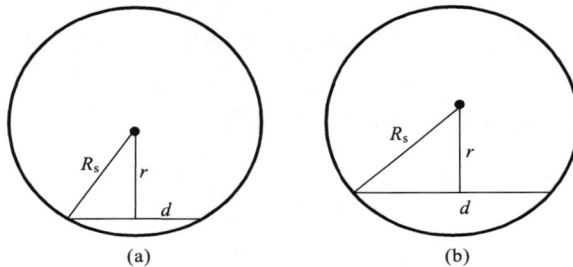

图 5-4　匀速直线运动目标穿过节点感知区域图示

CTBD 协同跟踪算法的步骤如下：

(1)每个感知到目标的传感器节点记录目标在其感知范围内的持续时间；

(2)邻居节点交换自己记录的感知持续时间和它们各自的位置信息；

(3)每个采样点，计算各个采样节点位置的加权平均，就是目标位置的估计值；

(4)用线性拟合算法确定目标的最终路径。

CTBD 算法共给出 3 种基于感知时间的权值计算方法。

(1)等权值加权机制。此方法就是在计算目标位置估计时对所有感知到目标的节点赋予相同的权值，有效地将目标位置的估计值放到了多边形的中心，采样节点就是多边形的端点。

(2)比例权值机制。这种方法分配给传感器的权值是与传感器到目标路径的垂直估计距离 d 呈反比例的。网络中的每个节点除了感知目标外，还要记录感知目标的持续时间。这种加权机制要求网络中节点必须严格时钟同步。权值计算公式为

$$w_i = \frac{1}{d} = \frac{1}{\sqrt{R_s^2 - 0.25\left(v\left(t_i - 1/f\right)\right)^2}} \tag{5-13}$$

式中，R_s 为传感器节点的感知半径；v 为估计的目标速度；t_i 为传感器探测到目标的

持续时间；f 为采样频率；$v(t_i - 1/f)$ 是通过传感器感知范围内的目标轨迹的长度；d 是传感器节点到目标轨迹的垂直距离。

式 (5-13) 中，当距离 d 为零时，一个无穷大的权值被赋予这个传感器节点。这样，这个节点的坐标值就是目标的位置估计。这种加权机制比等权值机制表现要好，当估计值稳定之后，该机制估计出来的位置误差要比等权值机制减少几个数量级。但是，它受被跟踪目标的估计速度的影响较大。

(3) 启发式加权机制。

启发式加权的权值公式为

$$w_i = \ln(1 + t_i) \tag{5-14}$$

式中，t_i 为传感器探测到目标的持续时间。该机制偏爱离目标真实路径较近的节点，降低了远离目标路径传感器节点带来的误差。启发式加权方式的好处在于不依赖于目标的速度估计，降低了邻居节点间的通信量。

3. 基于距离信息的加权

利用传感器节点接收到的目标 RSS 值作为距离判断的指示，在质心算法的基础上，引入距离权值。此权值的大小与采样节点到目标的距离呈反比例[11]。距离加权机制中，二进制传感器节点根据接收到的目标 RSS 值作出输出信息的判断。第 i 个采样时刻，二进制采样节点 j 接收的目标 RSS 功率值为

$$P_{ij} = P_0 - 10\alpha \lg\left(\frac{|S_j - T_i|}{d_0}\right) + v_{ij} \tag{5-15}$$

式中，P_0 为参考距离 d_0 处的 RSS 功率值；α 为路径长度与路径损耗的比例因子；$|S_j - T_i|$ 为第 i 个采样时刻第 j 个采样节点与目标之间的距离；v_{ij} 为一个均值为 0 的高斯随机变量。

第 i 个采样时刻，所有接收到目标 RSS 的节点根据式 (5-16) 依据其接收到目标信号的载波功率 P_{ij} 确定输出信息比特。其中 I_{ij} 是第 i 个采样时刻第 j 个采样节点输出的二进制比特信息，γ 为判定设置的功率阈值。

$$I_{ij} = \begin{cases} 1, & P_{ij} \geqslant \gamma \\ 0, & P_{ij} < \gamma \end{cases} \tag{5-16}$$

感知权值的计算同节点输出二进制比特信息的判定是同时进行的，距离权值 d_{ij} 就是所要求的采样节点与目标之间的距离估计值。

$$d_{ij} = d_0 \times 10^{\frac{p_0 - p_{ij}}{10\alpha}} \tag{5-17}$$

有了这个值之后，将距离权值函数带入质心算法公式中，得到目标位置计算公式为

$$
\begin{cases}
\widehat{tx}_i = \dfrac{\sum\limits_{j=1}^{N} f(d_{ij})x_k}{\sum\limits_{j=1}^{N} f(d_{ij})} \\[4mm]
\widehat{ty}_i = \dfrac{\sum\limits_{j=1}^{N} f(d_{ij})x_y}{\sum\limits_{j=1}^{N} f(d_{ij})}
\end{cases}
\tag{5-18}
$$

式中，$f(d_{ij}) = d_{ij}^{-1}$ 为距离加权函数，表示采样时刻 i 共有 N 个节点感知到目标，其中第 j 个采样节点的距离权值。用基于距离的加权质心算法计算得到 $(\widehat{tx}_i, \widehat{ty}_i)$ 就是目标位置的估计值。

5.3.3 线性拟合算法

文献[8,10,12]提出使用分段线性拟合方法来估计匀速直线运动目标的轨迹 $y = ax + b$。分段线性拟合方法最主要的任务是求出 a 与 b 的值，一般采用最小二乘法。利用最小二乘法求解拟合直线参数的本质就是要使得残差平方和最小，即

$$
Q = \sum_{i=1}^{n} (y_i - a - bx_i)^2
\tag{5-19}
$$

式中，(x_i, y_i) 是感知到目标的传感器节点的位置坐标。上式分别对参数 a、b 求偏导，即

$$
\frac{\partial Q}{\partial a} = -2\sum_{i=1}^{n} (y_i - a - bx_i)
\tag{5-20}
$$

$$
\frac{\partial Q}{\partial b} = -2\sum_{i=1}^{n} (y_i - a - bx_i)
\tag{5-21}
$$

分别令式(5-20)和式(5-21)等于 0，则可求出拟合参数 a 与 b 的值。

$$
a = \sum_{i=1}^{n} w_i y_i / n - b\sum_{i=1}^{n} w_i x_i / n
\tag{5-22}
$$

$$b = \frac{\sum_{i=1}^{n}\left(w_i x_i - \sum_{i=1}^{n} w_i x_i / n\right)\left(w_i y_i - \sum_{i=1}^{n} w_i y_i / n\right)}{\sum_{i=1}^{n}\left(w_i x_i - \sum_{i=1}^{n} w_i x_i / n\right)^2} \tag{5-23}$$

式中，$\sum_{i=1}^{n} w_i = 1$。

该方法是二进制无线传感器目标跟踪方法中最简单的轨迹估计方法，但是该算法对感知到目标的传感器节点数量有一定的要求，算法的精度受输入数据量的影响较大。

5.3.4　解析算法

解析算法是一种对目标轨迹进行解算的纯数学方法。该方法是为了解决线性拟合算法中对输入传感器节点数量过度依赖的缺点提出来的。解析算法的基本思想是在目标做匀速直线运动的前提下，利用采样节点的位置信息和目标穿过采样节点感知区域边界的时间信息对目标的速度及运动轨迹等信息进行解算。在目标通过两个采样节点的情况下，给出较为精确的目标运动参数（目标运动速度，目标轨迹的斜率及截距）的 4 个候选解，之后采用一定的解的判定方法，在目标通过 3 个以上的传感器节点之后，判定并选出最优解。下面分别介绍解析算法 4 个候选解的解算方法及候选解的选优方法。

匀速直线运动目标在通过两个传感器感知区域的时候，可能有两种状态[13]：一种是从两个传感器节点的一侧通过，另一种是从两个传感器节点之间通过，分别如图 5-5(a)、(b)所示。

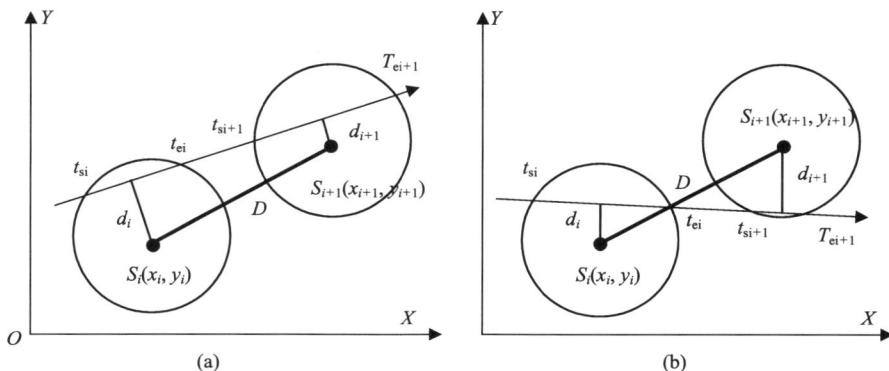

图 5-5　匀速直线运动目标通过两个传感器时的可能情况

设目标运动速度为 v，传感器感知半径为 R_s，根据图 5-5 中所标参数的数学关系，分别可以得到以下两个方程组：

$$\begin{cases} d_i^2 = R_s^2 - \left(\dfrac{v(t_{ei} - t_{si})}{2}\right)^2 \\ D^2 = (x_{i+1} - x_i)^2 + (y_{i+1} - y_i)^2 \\ \left[v\left(t_{ei+1} - t_{si} - \dfrac{t_{ei} - t_{si}}{2} - \dfrac{t_{ei+1} - t_{si+1}}{2}\right)\right]^2 = D^2 - (d_{i+1} - d_i)^2 \end{cases} \tag{5-24}$$

$$\begin{cases} d_i^2 = R_s^2 - \left(\dfrac{v(t_{ei} - t_{si})}{2}\right)^2 \\ D^2 = (x_{i+1} - x_i)^2 + (y_{i+1} - y_i)^2 \\ \left[v\left(t_{ei+1} - t_{si} - \dfrac{t_{ei} - t_{si}}{2} - \dfrac{t_{ei+1} - t_{si+1}}{2}\right)\right]^2 = D^2 - (d_{i+1} + d_i)^2 \end{cases} \tag{5-25}$$

方程组(5-24)对应图 5-5(a)图的情况，方程组(5-25)对应的是图 5-5(b)的情况。现对方程组(5-24)进行解算，通过迭代计算可以得到速度值 v，将 v 带入方程组的前两个公式中，可以求出 d_i 及 d_{i+1} 的值，则 D 的值很容易知道。这样根据下面两个方程就可以方便地求出目标运动轨迹的斜率 a。

$$\begin{cases} \Delta\theta = \arctan\left(\dfrac{|d_{i+1} - d_i|}{D}\right) \\ a = \tan\left(\arctan\left(\dfrac{y_{i+1} - y_i}{x_{i+1} - x_i} \pm \Delta\theta\right)\right) \end{cases} \tag{5-26}$$

截距 b 是利用点到直线的距离公式得到的。

$$\begin{cases} d_i = \dfrac{|ax_i + b - y_i|}{\sqrt{a^2 + 1}} \\ d_{i+1} = \dfrac{|ax_{i+1} + b - y_{i+1}|}{\sqrt{a^2 + 1}} \end{cases} \tag{5-27}$$

因为方程组(5-24)是一个三元二次方程组，所以最多有四组解。候选解的判定及选优方法有最小时间偏差法和基于时间外推的方法。

1. 最小时间偏差法

基本思想是对四组可能的解计算时间偏差 Δt_i，选择 Δt_i 最小的那组作为目标运动速度及轨迹参数的最终解。Δt_i 的计算公式为

$$\Delta t_i = \sum_{j=1}^{n} \left[\left| \frac{\sqrt{(x_{sj}-x_0)^2+(y_{sj}-y_0)^2}}{v_i} - t_{sj} \right| + \left| \frac{\sqrt{(x_{ej}-x_0)^2+(y_{ej}-y_0)^2}}{v_i} - t_{ej} \right| \right]$$

$$+ \sum_{j=1}^{n} \left| \frac{\sqrt{(x_{ej}-x_{sj})^2+(y_{ej}-y_{sj})^2}}{v_i} - (t_{ej}-t_{sj}) \right| + \sum_{j=1}^{n-1} \left| \frac{\sqrt{(x_{sj}-x_{ej})^2+(y_{sj}-y_{ej})^2}}{v_i} - (t_{sj+1}-t_{ej}) \right|$$

$$(5-28)$$

式中，n 是目标通过传感器节点的数量；(x_0, y_0) 是目标与传感器网络边界的交点。其他参数如图 5-6 所示。

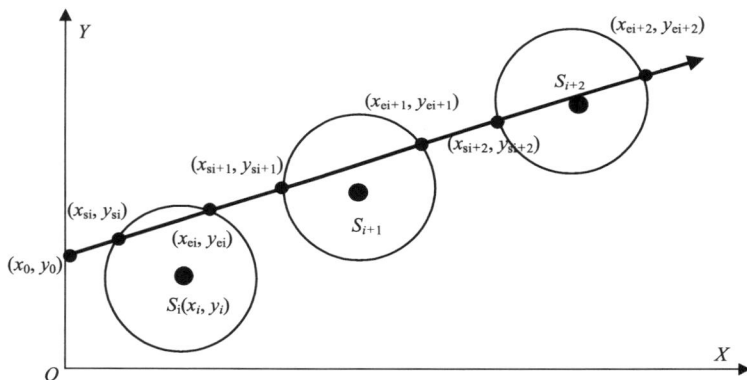

图 5-6 最小时间偏差法图示

仿真结果表明解析算法的计算精度与目标速度及传感器采样频率大小密切相关，目标速度越大，采样频率越高，算法的计算精度越高。当候选解差别较小时，基于最小时间偏差的解的判定方法依旧不能判断出最终解。

2. 基于时间外推的方法

该方法是一种时间递进的最终解的判定方法。算法的基本思想是：通过预测采样节点发现目标的时间来进行解的判定和选优工作，对前推的时间与网络实际记录的时间进行比较，从上述四组可能解中确定目标运动参数[14]。下面给出该方法的步骤。

(1) 由已解算出的解预测目标进入采样节点 S_{i+2} 的感知范围的时间 t_{pe}；

(2) 记录目标进入该采样点感知范围边界的真实时间 t_{si+2}；

(3) 计算第一步外推的时间差：$\Delta t_1 = |t_{pe} - t_{si+2}|$；

(4) 重复前三步，依次计算第二次及第三次的外推时间差 Δt_2、Δt_3；

(5) 计算 $\Delta t = (\Delta t_1 + \Delta t_2 + \Delta t_3)/3$；

(6) 分别对其他三组解重复前五步计算，最终可得到四个不同的 Δt 值；

(7) 选择 Δt 最小的一组解作为最终解。

解析算法是针对线性拟合算法过分依赖输入传感器节点信息数量的缺点而提出的一种目标运动参数解算方法，该方法优点是在目标经过 3 个以上传感器节点时即可给出最终解的判定，消除了对传感器节点数量的依赖，同时具有比线性拟合算法更高的计算精度。缺点是计算量大，计算精度受节点采样频率影响较大。

5.3.5　粒子滤波算法

粒子滤波算法是 WSN 目标跟踪算法中一种比较典型的方法，是一种基于贝叶斯原理用蒙特卡罗仿真实现的递归贝叶斯滤波器。虽然粒子滤波算法计算量大，复杂度高，但是该方法不受系统线性化误差及高斯噪声假定的限制，具有较高的跟踪精度，所以一直是 WSN 目标跟踪领域研究的热点问题。

目前，二进制 WSN 粒子滤波算法主要集中在两个方面：一是集中式粒子滤波方法[15]，二是分布式粒子滤波方法[16]。集中式粒子滤波方法中，采样节点将采样数据全部传送给网关节点，由网关节点执行粒子滤波方法对采样数据进行处理，进而实现对目标的跟踪。这种方法的好处是跟踪精度高，但是所有感知到目标信息的节点都将数据传送给网关节点进行处理，一方面带来大量的通信开销及跟踪延时，另一方面对大量采样数据的处理会造成过高的计算能耗。针对集中式粒子滤波方法的不足，近几年研究人员提出了分布式粒子滤波算法。分布式粒子滤波方法在本地传感器节点上执行，省去了大量采样节点向网关节点报告数据的通信开销，进一步节省能量。

质心算法是最简单的二进制 WSN 目标定位方法。对质心算法的研究方面，有一系列的算法：递推的质心算法，改进的质心算法等。质心算法总体上定位精度不高，受传感器节点密度及分布情况影响较大：传感器节点密度越大，分布越均匀，目标的定位精度越高。加权算法是在质心算法的基础上提出的一系列加权算法：基于感知次数、感知时间及距离信息的加权算法。其中基于感知次数的加权及基于感知时间的加权方式均是在目标做匀速直线运动的情况下提出的目标定位方式。而基于距离信息的加权可以适用于任何运动形式目标的定位。

线性拟合算法是最简单的目标轨迹估计方法，但是该方法对输入节点数量要求较高。解析算法解决了线性拟合算法存在的问题，在目标经过3～4个传感器后就能给出精确的跟踪结果，但是该算法是一种纯数学方法，计算比较复杂，算法跟踪精度受目标速度及传感器采样频率影响较大。粒子滤波算法的计算量非常大，所以不太适用于存储及处理能力较差的二进制节点。

5.4　动态成簇算法

5.4.1　动态成簇算法简介

　　动态成簇算法(Dynamic Clustering)是一种典型的 WSN 自组织算法。动态成簇算法是在 WSN 目标跟踪系统中，只有处于目标附近的节点是对定位跟踪有贡献的节点，其余节点可以处于低功耗状态等待目标的出现；随着目标的移动，目标周围的节点按照簇(Cluster)的方式被组织起来对目标实现动态跟踪。每个采样时刻，网络中仅存在一个跟踪簇，跟踪簇随着目标的移动而动态的调整，包括新簇头(Cluster Head，CH)的选举，老成员的退出及新成员(Cluster Member，CM)的加入等。单目标动态簇跟踪情况如图 5-7 所示，R_c 是 CH 节点的通信半径。

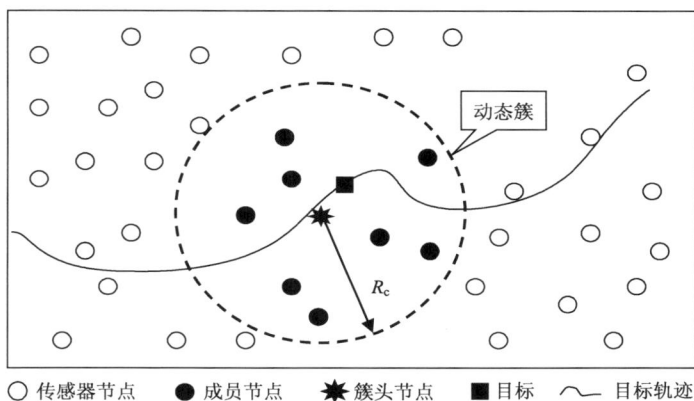

○ 传感器节点　● 成员节点　★ 簇头节点　■ 目标　〜 目标轨迹

图 5-7　跟踪簇示意图

　　面向目标跟踪的动态成簇算法研究，重点考虑的问题是：

　　(1)网络部署。网络部署包括网络初始化时节点的部署(即节点分布)，以及节点状态设置。由于等待目标出现的时间是不确定的，所以等待阶段节点状态的设置在很大程度上影响目标跟踪系统的能量利用率。

　　(2)节点的激活方案。在目标跟踪应用中，只有目标周围的少数节点能感知到目标信息，网络中的其他节点不需要时刻都处于工作状态，所以对于节点激活方案的设计要求在能保证跟踪精度的前提下，尽可能少地激活网内节点。

　　(3)CH 选举及 CM 加入。CH 选举方案的设计要求尽可能选举离目标最近的节点成为 CH，这样可以减少簇内通信开销，节省能量。

　　(4)CH 移交方法。随着目标的移动，当前 CH 离目标距离越来越远，成员节点收到目标的信号越来越弱，这就需要取消当前簇，构建新的跟踪簇来实现动态跟踪目标的目的。CH 移交机制的设置是整个成簇算法设计的核心。

5.4.2 网络部署方案

1. 网络节点分布

对于网络的部署，目前主要存在以下几种部署方案：随机部署、节点服从均匀分布、基于覆盖模型的部署，这在第 2 章中有详细介绍。

2. 节点状态设置

为了能及时发现目标并能节省网络能耗，网络初始化时节点状态设置方式主要讨论节点周期休眠方式[9,17]和边界节点活动方式[18,19]。

边界节点指处于边界上或离边界距离较近的节点。对边界节点状态的设置是：完全保持在感知状态去探测所有进入感知区域的目标。其他非边界的节点设置为休眠状态，等待被唤醒。当目标移动进入感知区域，侵入边界的时候，它会被边界节点发现。目标被边界节点发现后，在目标轨迹周边的节点就开始实施一系列的"感知-激活-预测-通信-感知"任务。

在网络部署后，选择部分或全部传感器节点，为其设置一个定时器，使节点周期性处于休眠状态或活动状态。这样，在每一个采样时刻，网络中总会有部分节点处于活动状态来发现目标。典型的节点周期休眠方式主要有以下两种。

1) 部分节点周期休眠

在文献[17]中，作者将网内节点的工作状态设置为四种：发现、睡眠、侦听及跟踪。节点划分为 3 类：发现节点、普通节点和影响节点。在目标出现之前，网络中仅有前两种节点存在，影响节点是在目标出现后，由发现节点及普通节点转换而来，对影响节点的设置就是使其一直处于跟踪状态对目标进行跟踪。网络初始化时，设置发现节点周期性处于发现和睡眠状态，其中，处于发现状态的时间为 T_{wake}，处于睡眠状态的时间为 T_{sleep}，占空比 $\gamma = T_{\text{wake}} / \left(T_{\text{wake}} + T_{\text{sleep}} \right)$。普通节点也设置为周期工作节点，它周期地处于睡眠和侦听状态，处于睡眠状态的时间要远远大于处于侦听状态的时间。普通节点在侦听状态只开启无线通信模块，其目的就是检测外部有无"唤醒"消息。对于发现节点的选择算法文献[17]中给予了详细的说明。

2) 全部节点周期休眠

将网络节点划分为 4 类：普通节点、过度节点、定位节点及协作节点。网络初始化时，将网内所有节点设置为普通节点。普通节点是一个周期工作的节点，它的工作过程为：首先在集合 $[0, T_{\text{ss}})$ 内选择随机休眠时间，休眠结束后处于工作状态，时间为 T。此工作状态被划分为 3 个阶段：感知-侦听-休眠，持续时间分别为 T_{sen}、$T_{\text{n\_idle}}$ 和 $T_{\text{n\_sleep}}$。感知的目的是为了侦测目标的出现，侦听的目的是为了接收查询数据包。

这种设置方法省去了节点选择算法的设计，而且在某种程度上增大了目标发现概率。

5.4.3　节点激活方式

当目标出现后，选择合适的休眠节点唤醒方式，可以在保证跟踪精度的同时，减小网络能耗。常见的节点唤醒方式有以下几种。

(1)全唤醒模式。它是在目标被部分节点发现之后，激活网内所有节点对目标进行感知与跟踪。这种模式是以网络能量的巨大消耗为代价得到高精度的目标跟踪。该模式在面向目标跟踪的动态成簇算法中不可用。

(2)随机唤醒模式。该模式以概率 P 随机唤醒网内节点。

(3)由预测机制选择唤醒模式。该模式是一种基于跟踪任务需要的节点激活方式[20]。它通过上一采样时刻的目标估计信息预测下一时刻目标的状态(位置及速度等信息)，进而唤醒下一采样时刻对定位跟踪精度收益较大的节点。这种方法是目前比较流行的方法，它可以在较小的能量消耗前提下获得较高的信息收益。但是，使用该模式的跟踪算法的定位跟踪精度依赖于预测算法的精度及目标的运动方式。

(4)任务循环唤醒模式。该模式是选择网内部分节点周期性地醒来去协助其他节点工作[17]。在周期性节点激活算法中，节点处于休眠状态的时间较短，大量时间处于检测模式对目标进行跟踪。

5.4.4　簇头选举及成员选择方法

CH 的选举算法主要有 3 种：基于节点接收到的目标 RSS(Radio Signal Strength) 信号的 CH 选举机制，基于令牌传递方式的簇头 CH 机制，以及基于节点接收到的目标信号功率和节点剩余电量的簇头 CH 机制。下面先对前两种机制简要说明。后一种机制也是 CH 移交机制中一种典型的方法，在下一节说明。

1. 基于 RSS 的 CH 选举机制

基于 RSS 的 CH 选举机制的 CH 选举过程是：每个接收到目标信号的节点，启动一个与 RSS 值成反比的选举定时器，进入候选状态。定时器最先到时的节点将成为 CH，成为 CH 的节点周期性的发出"招募"信息。那些在选举定时器到时前收到 CH 发来的"招募"消息的候选节点，设置自身状态为 CM，同时中止自己的选举定时器。正常情况下，离目标最近的节点将成为 CH。该种 CH 选举机制是目前最流行的 CH 选举方法之一。

文献[9]提出了一种基于节点角色分配的目标跟踪协议，该协议本质上也是一种动态成簇算法。CH 选举机制类似于 RSS 选举机制。该算法对网内节点划分为普通节点、过渡节点、定位节点和协作节点。在网络初始化阶段全网节点都是普通节点，它周期性地醒来去侦测目标或侦听查询包。过渡节点可以认为是 CH 候选节点，定位节点即为 CH，而协作节点即是 CM，它是收到 CH 发来的"招募"消息的候选节点。

CH 的选举过程为：首先，某些周期工作的普通节点在 T_{sen} 阶段感知到目标，则转变成过渡节点；接着，过渡节点开启定时器(可认为是选举定时器)T_{tran}，在定时器到时前，未收到查询包，即网络中无 CH 存在，则该过渡节点转换为定位节点(如果收到查询包，则过渡节点转变成协作节点，即成为 CM 参与跟踪)；最后，由该定位节点进行组簇及成员招募。从 CH 选举过程可以看出，首先感知到目标的普通节点最先成为过渡节点开启定时器 T_{tran}，定时器最先开启，也会最先到时，所以最后成为定位节点的概率最大，也即离目标最近的节点最有可能成为 CH。

2. 基于令牌传递方式的 CH 选举机制

基于令牌传递方式的 CH 选举机制的基本思想是：在 WSN 中设置一个组网令牌，该令牌由网关节点(Base Station，BS)管理和发放。所有感知到目标的节点都会成为候选节点参与该令牌的竞争。节点感知到目标后，通过远距离多跳传输的方式向网关节点申请该令牌，申请消息最先到达的节点成为 CH 节点，由它发起组簇任务。该选举机制规定：所有采样时刻，网络中的令牌数不大于 1，也就是说网络中动态簇的个数始终为 1 个。可以看出，该机制选举的 CH 是所有感知到目标节点中离 BS 最近的那个。该机制的好处是 CH 选举失败的概率小。但是，所有感知到目标消息的节点都要向网关节点发送令牌申请消息，会导致大量的能量开销。在算法设计时，尽量避免大量节点到网关节点的远距离通信。

动态簇成员节点的选择方法一般是：选择在 CH 通信范围内的节点成为成员节点参与跟踪，这样 CH 和 CM 之间距离落在有效通信区域的可能性最大。

5.4.5 簇头移交方法

随着目标的移动，当前 CH 离目标的距离越来越远，有些 CM 接收到的目标信号越来越弱甚至接收不到目标信号，有些 CM 却离目标越来越近。在这种情况下，就要启动 CH 移交机制，选择离目标较近的节点成为新的 CH，重新组建新簇，剔除某些老成员，招募一些新成员来完成对目标的跟踪。CH 移交机制分为两个步骤：一是 CH 移交的触发，二是新 CH 的选择。下面分别介绍几种典型的 CH 移交机制。

1. 基于 RSS 的 CH 移交机制

CH 选择的原则就是尽量选择离目标最近的节点成为 CH。因为目标是移动的，所以离目标最近的节点时刻都在改变。但是，不能时刻触发 CH 移交机制，否则会导致 CH 更换频繁，造成算法的不稳定。针对这些问题，可以利用参数设置的方式来触发 CH 的移交方式。在 CH 上运行着一个轻量级的数据库，保存并管理 CH 及

CM 的 RSS 信号强度、剩余电量、检测到的目标信息等，CH 移交机制由当前 CH 节点触发，移交过程如图 5-8 所示，其中，Topnum 即为移交参数，它代表 CH 接收到的目标 RSS 信息在数据库中的排名。

2. 基于距离的 CH 移交机制

该机制选择新 CH 的原则也是让尽量靠近目标的节点成为 CH。D_{CH} 为 CH 到目标的欧式距离，R_c 是节点的通信半径，设置簇头移交因子 $e = 0.3 \sim 0.5$，D_{CM} 是成员节点到目标的距离。基于距离的 CH 移交机制如图 5-9 所示。

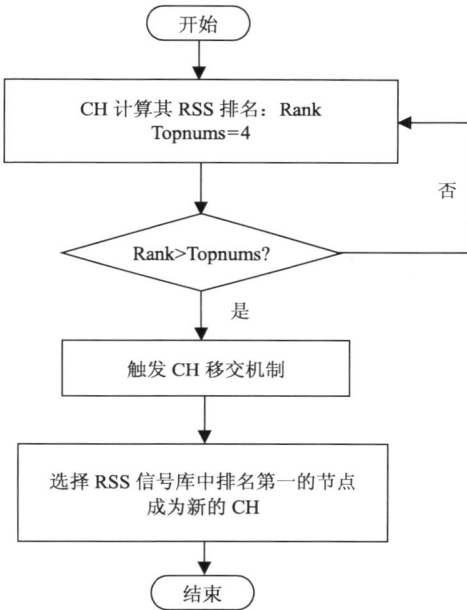

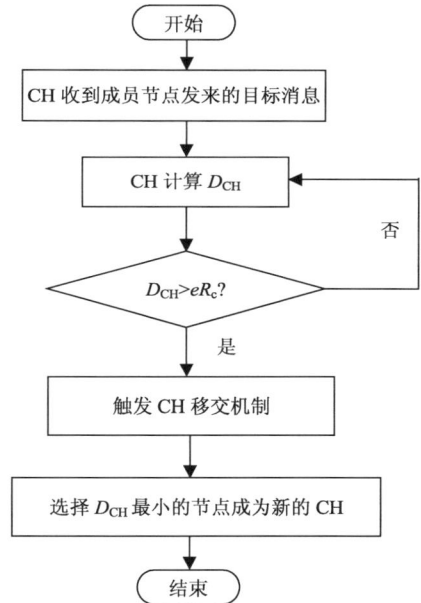

图 5-8　基于 RSS 的 CH 移交流程　　　　图 5-9　基于距离的 CH 移交流程

3. 基于节点感应信息及节点剩余电量的 CH 移交机制

目标声音信号强度随距离呈指数衰减，关系式表示为

$$e_i(t) = sd_i^{-\alpha}(t) + n_i \tag{5-29}$$

式中，$e_i(t)$ 为节点 i 在采样时刻 t 接收到的目标信号强度；s 为目标信号源的强度；$\alpha \approx 2$ 为目标声音信号强度随距离的衰减指数；$d_i(t)$ 为采样时刻 t 节点 i 与目标之间的距离；n_i 为测量噪声，一般用高斯白噪声近似表示。节点的检测阈值设为 e_0。

在基于节点感应信息及节点剩余电量的 CH 移交机制中，为每一个 CM 节点设置一个 CH 竞选延时时间（Back-off Time，BOT）为

$$\tau_i = f_1\left(1 - \frac{p_i}{p_{\max}}\right)f_2\left(\frac{e_0}{e_i}\right)\tau_{\max} \tag{5-30}$$

式中，p_i 为节点 CM_i 的剩余电量，$p_{\max}$ 是它的上限值，$p_i / p_{\max} \leqslant 1$，$e_0 / e_i \leqslant 1$；$\tau_{\max}$ 为系统允许的最长组簇时间。可以让 $f_j(x) = x^{\beta_j}, (j = 1,2)$，设置 $w = \beta_1 / \beta_2$ 来控制节点电量和节点测量在 BOT 中所占的比重，可以看出 w 越大，节点电量在 BOT 中所占权重越大；w 越小，节点接收到的目标信号测量值在 CH 竞选中所占权重越大。

在采样时刻 t，节点 CM_i 发现目标，开始启动延时时间 τ_i，如果在定时器终止前，未收到其他节点发来的 CH 当选信息，则该节点成为 CH。

从上述可以得出该机制的 CH 选举原则：尽量选择离目标较近且剩余电量较多的节点成为 CH。该机制不仅避免了由于 CH 电量过低导致的组簇失败，而且平衡了网络节点能耗，使电量较低的且离目标较近的节点不至因为担任 CH 而过早失效。

4. 基于预测的 CH 移交机制

文献[20]给出基于预测的 CH 移交机制的基本思想是：随着目标的移动，当满足 CH 移交的临界条件时，CH 节点利用当前采样时刻的目标状态值预测下一采样时刻的目标位置，然后利用已知的全局坐标信息，根据一定的原则，选举新的 CH 节点。

5.5 面向单目标跟踪的 BWSN 异步动态成簇算法

WSN 利用动态簇来跟踪目标是一种行之有效的信息获取和降低网络跟踪能耗的方法。对于二进制节点，由于其结构简单，在节省硬件能耗和通信带宽方面有较大的优势，但是它无法给出距离、角度这些信息，只能根据接收到目标信号强度的大小给出目标是否在其感知范围的 0 或 1 比特这种二进制信息。针对二进制传感器网络的这一特点，设计一种基于射频信号强度 RSS 和节点剩余电量(Remaining Power，RP)的异步动态成簇算法(Asynchronous Dynamic Clusters，ADC)[21]。RSS 与距离之间虽没有精确的关系式表示，但是对于同一个目标节点来说，节点接收的 RSS 值越大，表明离此目标距离越近；进一步考虑节点的 RP 大小，可以平衡网内节点能耗进而起到延长网络寿命的作用；因为单位信息的通信能耗比计算能耗要高出 2~3 个数量级，算法对节点时钟同步的要求会大大增加跟踪系统的通信能耗，而 ADC 算法不要求节点间的严格时钟同步，可以进一步节省网络能耗。

5.5.1 问题描述

设传感器节点的通信半径为 R_C，感知半径为 R_s，目标节点的 RF 传输半径为 R_T，并且满足: $R_T \leqslant R_C / 2$。

　　传感器网络的移动单目标动态簇跟踪示意图如图 5-10 所示。N 个传感器节点被随机播撒在监测区域内，当前簇为 C_i，簇头节点为 CH_i。随着目标的移动，簇头节点发生顺次移交：CH_{i+1}，CH_{i+2}，…；目标附近节点动态参与跟踪簇及退出跟踪簇，跟踪簇也依次动态变化：C_{i+1}，C_{i+2}，…，直至目标移出监测范围。

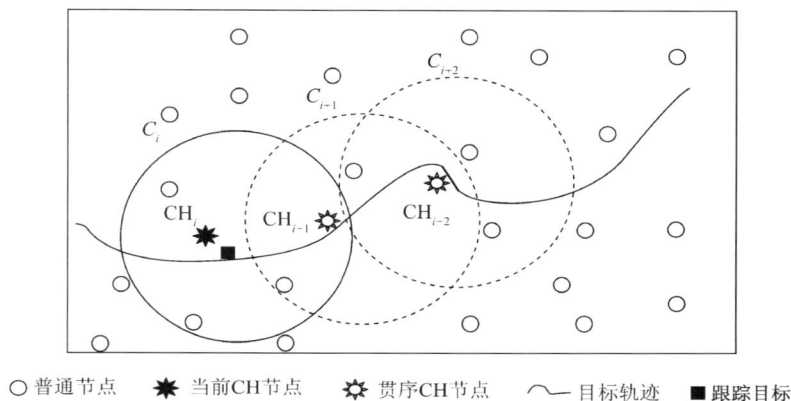

图 5-10　动态簇跟踪过程示意图

　　网内节点被划分为两类：周期休眠节点和休眠节点。节点工作状态有：休眠、侦听、检测、跟踪。

　　要实现上述 BWSN 异步动态簇目标跟踪存在以下问题。首先，等待目标出现过程中，网络节点状态如何合理设置，保证节省网络能量的同时及时发现目标，当目标进入监测范围后，按照怎样的方式激活目标周围节点为下一步的跟踪簇构建做准备；其次，节点准备就绪后，选择何种机制来进行 CH 的选举及成员节点的招募，随着目标的移动，如何对其进行动态调整；再次，为了节省网络能耗及硬件成本，网内节点的本地时钟为异步，那么如何精确地对跟踪时间进行异步配准。

5.5.2　目标发现及节点激活

1. 目标发现

　　网络节点随机部署完成后，选择部分节点周期性处于检测和休眠状态，使其他节点完全休眠。这些周期工作的节点处于检测状态的时间为 T_{wake}，处于休眠状态的时间为 T_{sleep}，占空比 $\gamma = T_{\text{wake}} / (T_{\text{wake}} + T_{\text{sleep}})$。这样，在整个监测区域内，在每个采样时刻总会有一些节点处于检测状态来发现目标。

2. 节点激活

当目标出现在监测区域并被周期休眠的节点发现之后，此节点就会发出"唤醒"信号给它一跳以内的邻居节点去唤醒它们使之处于检测状态。

对于以接收"唤醒"信号来激活一跳以内休眠节点的方式来说，可能会存在以下两种异常情况：一方面，如果网内节点分布过于密集，所有的邻居节点都被激活可能造成检测节点密度太大，不仅导致能量上的浪费，而且会造成通信干扰，接收数据冲突或者严重的丢包现象；另一方面，如果网内节点分布稀疏，只激活一跳以内的节点可能导致检测范围太小，达不到精确定位及跟踪的目的。因此当节点密度大时，可以将处于休眠状态节点的无线触发器也按一定周期开与关，使节点周期性地处于休眠和侦听状态，达到概率唤醒节点的作用，避免上述情况的发生，占空比设置与网内节点密度成负相关；当节点密度小时，可以适当增大节点的检测半径及激活范围，增大的比例与节点密度成负相关。

5.5.3　动态跟踪簇构建及调整

1. CH 的选举及成员招募

在 5.5.2 节中已经将目标附近用于组建簇的潜在节点全部激活，下面启动基于 RSS-RP 的 CH 选举机制。

被激活且目标在其感知范围内的节点，启动一个与接收到的 RSS 值成反比的选举定时器，同时设置自身状态为 CH。定时器最先到时的节点成为 CH，广播出一个"跟踪时间标定 $T_{跟踪}$"通告，并记录本地时间。其余收到通告的节点终止自己的定时器成为成员节点。其他被激活且收到时间标定通告的节点也成为成员节点参与跟踪。在此过程中，可能会产生多个簇头节点并存的异常现象，原因是可能存在几个定时器同时到时或由于丢包造成节点未收到"跟踪时间标定"通告。

多个簇头节点并存会导致整个跟踪算法的紊乱。针对以上两种情况，采用如下措施：节点在广播"跟踪时间标定通告"消息中捎带上本节点的 RP 以及本节点接收到的 RSS，这样收到此消息的节点就可以根据 RSS 来判断自身的状态，然后再在 RSS 相同的节点中选择 RP 较大的节点作为簇头，其余节点则主动退出 CH 状态，成为成员节点。每个成员节点启动一个跟踪定时器，让 $T_{跟踪} = 2T_{目标}$，$T_{目标}$ 为跟踪目标的时间，每次接收到目标信号将其重置。

2. CH 数据处理

在 CH 上，运行着一个轻量级的数据库，负责管理和维护一张动态簇成员节点状态表[22]。目标移动过程中，本簇中会有新成员的加入，也会有老成员的剔除。表的每条记录包括 CH、CM 的 ID，CM 状态（SCM）及状态每次更改的 CH 本地时间，还有每个 CM 接收到的目标 RSS 及该 CM 的 RP。N 代表网内节点，CH_i 数据处理过程的伪代码如下：

```
for j=1: k
  if CH_i receives message① from N_j
      CH_i changes S_Nj=1, records T_CHi&N_j's ID, renews RSS&RP;
    else CH_i receives message② from N_j
      CH_i changes S_Nj =0 and records T_CHi& N_j's ID, renews RSS&RP;
      if i>N_yq
        CH_i does target location estimation;
      end
    else CH_i receives message③ from N_j
        CH_i deletes N_j;
  end
end
%{ message① & ②include N_j's ID, RSS&RP, sending triggered by
0/1bit.
message③ includes N_j's ID, sending triggered by T_跟踪 > 2T_目标 · N
includes CM and other nodes.
N_yq is decided by the target location algorithm.}
```

3. CH 的移交及新成员的加入

随着跟踪目标的移动，簇头节点离目标的距离越来越远，接收到的目标信号强度越来越弱，这种情况下，启动基于 RSS-RP 的 CH 改选机制。此机制设计的目的是让离目标较近的节点成为 CH，并且可以平衡网络节点能量，使能量剩余较少的节点不至因为担任簇头消耗能量过多而提前死亡。

在算法设计中，设置一个参数 NR 来控制簇头节点移交频率，同时触发 CH 的改选。这样，不至于因为网络中过于频繁的 CH 移交导致系统不稳定。CH 选择机制及移交过程由图 5-11 描述。n 是 CH_i(当前 CH)成员节点个数(包括 CH_i 在内)，RP_j 是节点 $j(j=1,2,3,\cdots,n)$ 的 RP 值，$RP_{average}$ 由 CH_i 负责计算。

$$RP_{average} = \frac{\sum_{j=1}^{n} RP_j}{n} \tag{5-31}$$

CH 移交由 CH 的 RSS 值在信号库中的排名所触发，新的 CH 选举原则是：在 CH 信号库中 RSS 值排名前三的节点中选择 RP 最大的节点成为新的 CH，但是该节点的 RP 值必须大于 $RP_{average}$；如果 RSS 排名前三的节点 RP 均小于 $RP_{average}$，则直接选择信号库中 RSS 排名第一的节点成为新的 CH。

在此过程中可能会发生以下两种异常情况。

(1)由于新节点激活(接收到目标信号的周期休眠节点及被周期休眠节点唤醒的休眠节点)重新触发 CH 的选举过程，不仅会带来通信量增加造成的能量消耗，也会导致目标跟踪的暂时中断。解决办法为：这些被激活的新节点发出一个"CH 请求"消息，此时网络中存在的 CH 会回复一个"应答"消息，收到此消息的节点就会跳过 CH 选举阶段直接进入成员状态，其余节点直接进入休眠状态。

（2）丢包导致 CH 移交失败。解决办法为：CH_i 周期广播出"CH 移交"消息，同时设定一个应答定时器，在此定时器到时前还未收到"目标跟踪时间标定"通告，直接触发新一轮的 CH 选举机制。

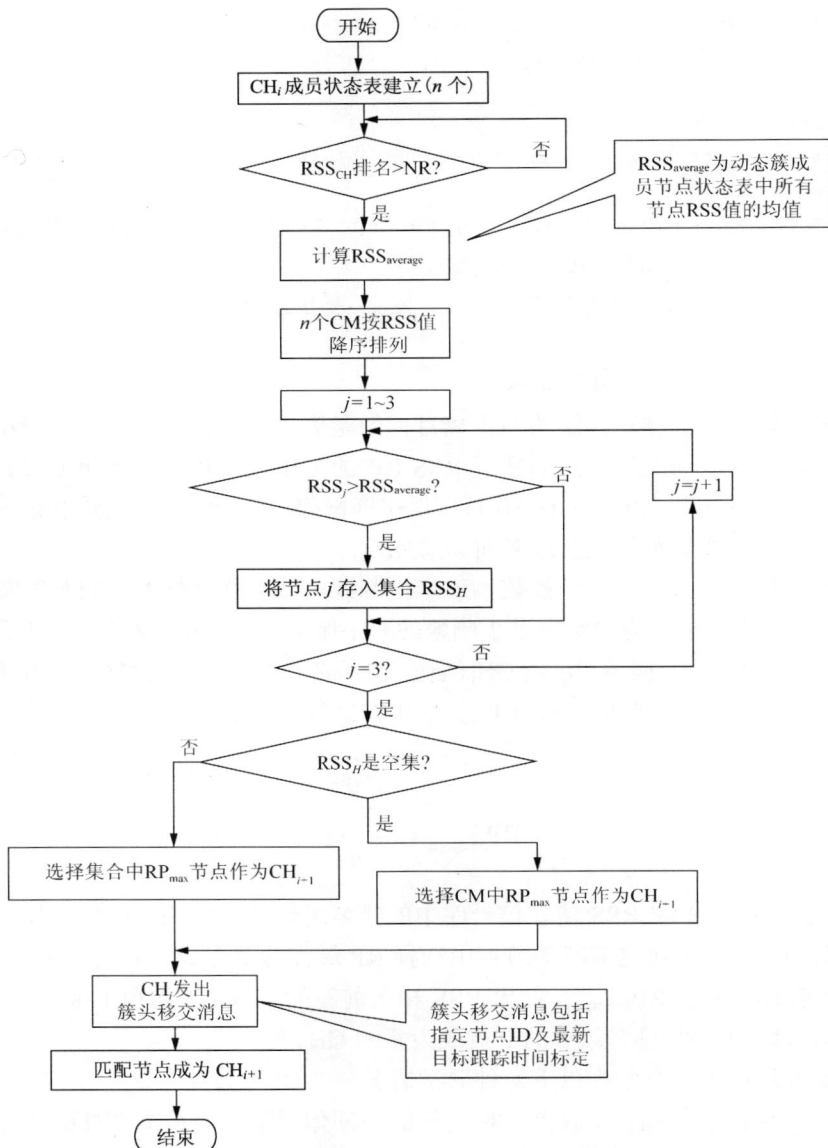

图 5-11　CH 移交过程流程图

5.5.4　异步跟踪时间的标定、传递及计算

在簇组建及调整过程中，通过发送"跟踪时间标定"及"CH 移交"消息来进行异步时间的配准。根据上述过程得出簇内部跟踪时间计算方法如图 5-12 所示，虚线圆所示为 CH_i 的通信范围，每个节点工作在自己的本地时间上，无线电信号的传播时间可以忽略不计，CH_i 用它的本地时间差 $t_{i3} - t_{i1}$、$t_{i4} - t_{i2}$ 来计算轨迹 AC、BD 经历的时间。簇内跟踪目标花费的总时间 t_i 为：CH_i 记录的第一个探测到目标进入的节点及最后一个探测到目标离开的节点的本地时间差。

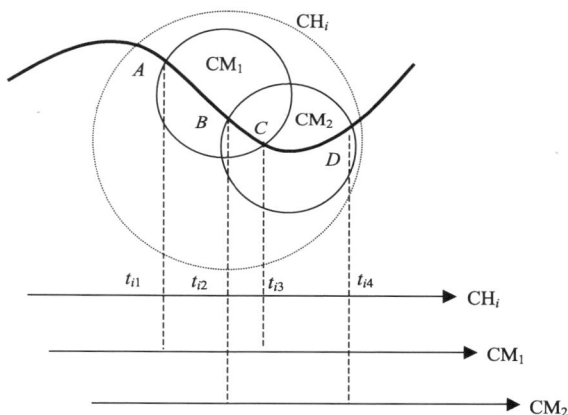

图 5-12　簇内部异步跟踪时间配准

簇间跟踪时间传递的具体计算过程为

$$\begin{cases} T_0 = P_0 + t_0 \\ T_i = T_{i-1} + t_i, \quad i = 1, 2, 3, \cdots \end{cases} \tag{5-32}$$

式中，P_0 是跟踪的起始时间；t_i 是第 i 个跟踪簇进行目标跟踪花费的总时间；T_i 是第 i 个跟踪簇记录的从开始跟踪到现在的目标跟踪时间的总和。假设，初始化完成后，CH_0 与网关节点的时间差为 D。目标跟踪时间配准计算为

$$T_r = T_i + D \tag{5-33}$$

式中，T_r 就是最终的目标跟踪绝对时间。此时间由网关节点负责计算。

5.5.5　ADC 算法的仿真实验及分析

实验采用 MATLAB7.1 仿真软件，对一个 200×200 单位的区域进行模拟仿真。设置仿真时间 t=200s，采样周期是 1s，网关节点的位置是(50,175)。仿真参数设置

如表 5-1 所列。

表 5-1 ADC 算法仿真参数

参数	取值	参 数 描 述
N	150	监控区域节点个数
R_c	30	传感器节点通信半径
R_s	15	传感器节点感知半径
Eelec	50nJ/bit	发送/接收 1bit 数据消耗的能量
ε_{amp}	100pJ/bit	信号放大器的功率放大系数
k	2000	每次发送数据包大小(单位:bit)

为了简化仿真,做如下假设。

(1)实验初始时刻,节点能量服从$(0, 2)$上的随机分布。

(2)节点每次发送数据包大小一致,均为 2000bit。

(3)$t = 1$时刻发现目标。

(4)传感器节点通信能耗采用自由空间模型,发送/接收 $k$bit 数据消耗的能量为

$$\begin{cases} E_{T(k,d)} = E_{elec}k + \varepsilon_{amp}kd^2 \\ E_{R(k)} = E_{elec}k \end{cases} \tag{5-34}$$

式中,d 为通信节点之间的距离,做量纲无因次化。周期休眠节点与休眠节点的个数比设置为 3:2,周期休眠节点占空比设为 0.5,节点处于休眠状态所消耗的能量为 0.03mW。

目标信号强度 RSS 的计算采用文献[23]中的所使用的声音衰减模型,用关系式表示为

$$e_i(t) = sd_i^{-\alpha}(t) + n_i \tag{5-35}$$

式中,$e_i(t)$ 就是节点 i 在采样时刻 t 接收到的目标信号强度;设置目标信号源的强度 $s = 100$,目标 RSS 随距离的衰减指数 $\alpha = 2$;$d_i(t)$ 是采样时刻 t 节点 i 与目标之间的距离;n_i 是测量噪声,用高斯白噪声近似表示。

1. ADC 算法实现

以目标做匀速直线运动、曲线运动和折线运动的情形进行仿真,曲线运动方程为

$$\begin{cases} x(t) = t \\ y(t) = \dfrac{t^2}{300} \end{cases} \tag{5-36}$$

设置 CH 转化参数 NR=5，200s 仿真时间内，共形成 9 个动态簇，也就是说 CH 共转换了 8 次，在采样点 t=1、25、57、73、92、114、125、151、189，每个动态簇形成情况如图 5-13 所示。

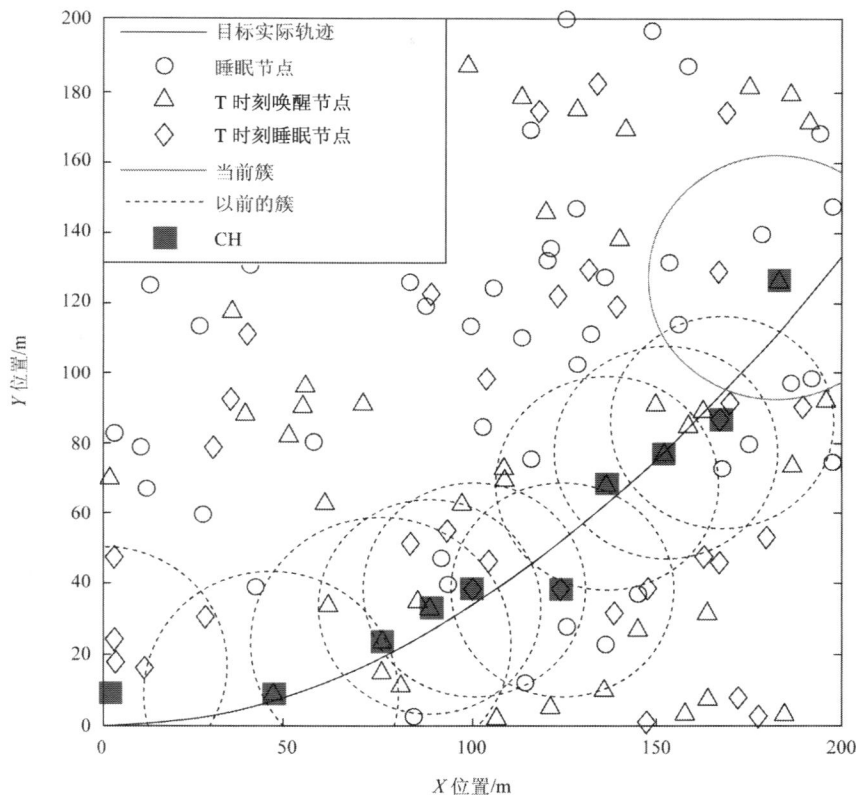

图 5-13　目标做曲线运动动态簇情况图

2. 定位误差

对 5.3 节中介绍的质心算法（Centroid Algorithm，CA），改进的质心算法（Improved Centroid Algorithm，ICA）及基于距离的加权算法（Distance Weighted Centroid Algorithm，DWCA）分别进行仿真实验，观察在加入 ADC 算法前后，各个算法定位效果的变化情况。

在网内节点个数 N=150，CH 转换参数 NR=5 的情况下，分别对 CA、ICA、DWCA、ADC-CA、ADC-ICA、ADC-DWCA 算法进行仿真，目标做曲线运动的瞬时定位误差如图 5-14 所示。DWAC 算法的瞬时定位误差曲线上出现了两个峰值，而在图 5-14（d）中可以看出，ADC-DWCA 算法的峰值也消失了，说明 ADC 算法可以消除节点分布不均匀情况对定位算法瞬时误差的影响。

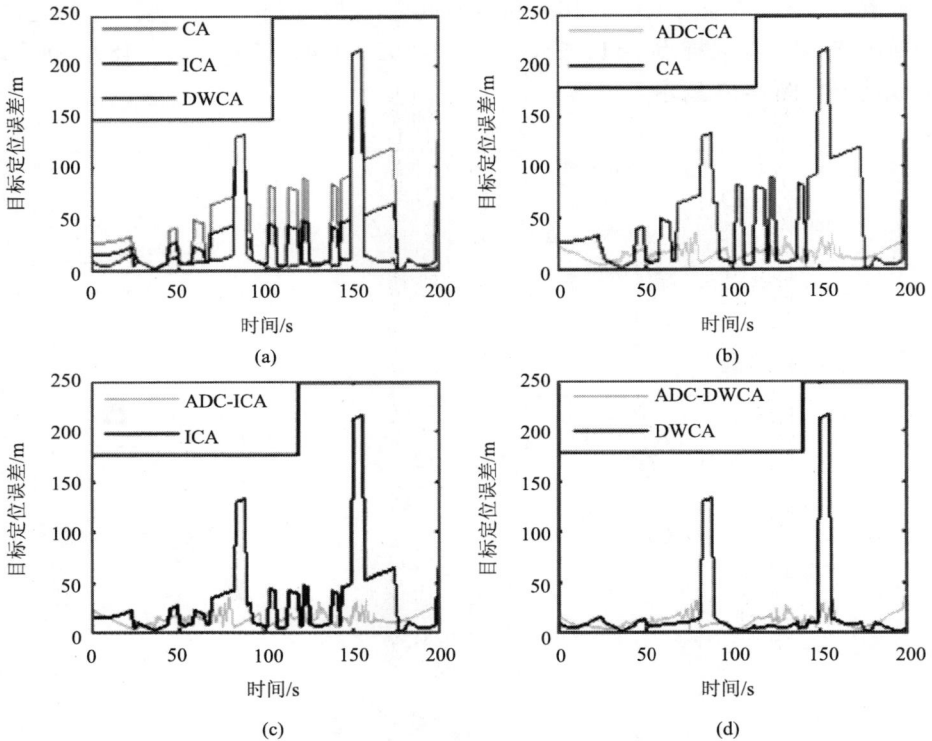

图 5-14 对曲线运动目标定位的瞬时误差

参 考 文 献

[1] Liu J, Cheung P, Zhao F, et al. A dual-space approach to tracking and sensor management in wireless sensor networks. Palo Alto Research Center Technical Report 2002, 3: 2002-10077. Proc of 1st ACM Int'1 Workshop on Wireless Sensor Network and Application. Atlanta, 2003: 131-139.

[2] Mechitov K, Sundresh S, Kwon Y, et al. Cooperative tracking with binary detection sensor networks. Proc of the 1st International Conference on Embedded Networked Sensor Systems. New York: ACM Press, 2003: 332-333.

[3] Duarte M, Hu Y H. Distance based decision fusion in distributed wireless sensor networks. Telecomm Systems, 2004, 26: 339-350.

[4] Oh S, Schenato I, Sastry S. A Hierarchical multiple-target tracking algorithm for sensor networks. Proc of the International Conference on Robotics and Automation. Barcelona, 2005.

[5] Chen W P, Hou J C, Sha L. Dynamic clustering for acoustic target tracking in wireless sensor networks. The IEEE International Conference on Network Protocols(ICNP03). Atlanta, 2003.

[6] Liu J, Reich J, Zhao F. Collaborative in Network Processing for Target Tracking. Journal on Applied Signal Processing(50941—0635), 2003, 3, 43(4): 378-391.

[7] Wang B, Baras J S. Integrated modeling and simulation framework for wireless sensor networks

enabling technologies: infrastructure for collaborative enterprises (WETICE). 2012 IEEE 21st International Workshop on. 25-27 June 2012, Toulouse, 2012,6: 268-273.

[8] 宋超凡, 董慧颖. 基于传感器网络的分段线性拟合跟踪算法研究. 沈阳理工大学学报, 2007, 26(2).

[9] 罗浩, 刘忠等. 一种新的二进制检测传感器网络定位跟踪方法. 海军工程大学学报. 2010, 22(3): 41-46.

[10] Mechitov K, Sundresh S, Kwon Y, et al. Cooperative tracking with binary detection sensor networks. Proc of the 1st Int Conf on Embedded Networked Sensor Systems. New York, 2003: 332-333.

[11] Sun X Y, Li J D, et al. Distance-based target tracking algorithm in binary sensor network. Journal on Communications, 2008, 31(12): 140-146.

[12] Kim W, Mechitov K, Choi J Y, et al. On target tracking with binary proximity sensors. Proc of the 4th Int Conf on Information Processing in Sensor Networks. Los Angeles, 2005: 301-308.

[13] 周德超, 吴小平等. 二进制 WSN 目标定位解析算法初步研究. 海军工程大学学报, 2007, 19(5): 10-13.

[14] 张晓锋, 周德超. 基于时间外推的目标跟踪解析算法及其改进. 指挥控制与仿真, 2008, 30(5): 55-57.

[15] Djuric P M, Vemula M, Bugallo M F. Target tracking by particle filtering in binary sensor networks. IEEE Transactions on Signal Processing, 2008, 56(6): 2229-2238.

[16] 周红波, 邢昌风等. 基于粒子滤波的二元 WSN 分布式目标跟踪研究. 传感技术学报, 2010, 23(2): 274-278.

[17] 任倩倩, 李建中, 高宏等. 传感器网络中一种基于两阶段睡眠调度的目标跟踪协议. 计算机学报, 2009, 32(10): 1972-1979.

[18] 邓克波, 刘中. 基于 WSN 动态簇的目标跟踪. 兵工学报, 2008, 21(11): 1900-1904.

[19] Yang H, Sikdar B. A protocol for tracking mobile targets using sensor networks. Proc of 1st IEEE Workshop on Sensor Network Protocols and Applications. Alaska, 2003, 5: 71-81.

[20] Lee I S, Fu Z, Yang W C, et al. An efficient dynamic clustering algorithm for object tracking in wireless sensor networks. Complex Systems and Applications-Modeling, Control and Simulations, 2007, 14(S2): 1484-1488.

[21] Zhao S J, Liu S J, Feng Y. Study on self-organization method for single target tracking in binary wireless sensor networks. 2012 International Conference on Modeling, Identification and Control(ICMIC 2012).

[22] Shen X, Li H, Zhao J, et al. Nemo track: a RF-based robot tracking system in wireless sensor networks(Demo). Proc of EWSN 2006. Zurich, 2006, 2.

[23] Li D, Hu Y H. Energy based collaborative source localization using acoustic micro-sensor array. Journal EUROSIP Applied Signal Processing, 2003, (4): 321-337.

第6章 网络协议

6.1 概述

6.1.1 计算机网络协议

在信息科学中，协议是用来描述进程之间信息交换数据时的规则术语。

在计算机网络中，网络协议定义为计算机网络中进行数据交换而建立的规则、标准或约定的集合。网络协议是网络上所有设备(网络服务器、计算机及交换机、路由器、防火墙等)之间通信规则的集合，它定义了通信时信息必须采用的格式和这些格式的意义。一个网络协议至少包括三要素：用来规定信息格式的语法，用来说明通信双方应当怎么做的语义和详细说明事件的先后顺序的时序。

大多数网络都采用分层的体系结构，每一层都建立在它的下层之上，向它的上一层提供一定的服务，而把如何实现这一服务的细节对上一层加以屏蔽。一台设备上的第 n 层与另一台设备上的第 n 层进行通信的规则就是第 n 层协议。在网络的各层中存在着许多协议，接收方和发送方同层的协议必须一致，否则一方将无法识别另一方发出的信息。网络协议使网络上各种设备能够相互交换信息。常见的协议有：访问 Internet 的 TCP/IP 协议、局域网中用得的比较多的 IPX/SPX 协议和 NetBEUI 协议等。

TCP/IP 是 Transmission Control Protocol/Internet Protocol 的简写，中文译名为"传输控制协议/互联网络协议"。TCP/IP 是一种网络通信协议，它规范了网络上的所有通信设备，尤其是一个主机与另一个主机之间的数据往来格式以及传送方式。TCP/IP 是 Internet 的基础协议，也是一种计算机数据打包和寻址的标准方法。在数据传送中，可以形象地理解为有两个信封，TCP 和 IP 就像是信封，要传递的信息被划分成若干段，每一段塞入一个 TCP 信封，并在该信封面上记录有分段号的信息，再将 TCP 信封塞入 IP 大信封，发送上网。在接收端，一个 TCP 软件包收集信封，抽出数据，按发送前的顺序还原，并加以校验，若发现差错，TCP 将会要求重发。因此，TCP/IP 在 Internet 中几乎可以无差错地传送数据。对普通用户来说，并不需要了解网络协议的整个结构，仅需了解 IP 的地址格式，即可与世界各地进行网络通信。

由于网络节点之间联系的复杂性，在制定协议时，通常把复杂成分分解成一些简单成分，然后再将它们复合起来。最常用的复合技术就是层次方式，网络协议的层次结构如下：

(1)结构中的每一层都规定有明确的服务及接口标准；

(2)把用户的应用程序作为最高层；

(3)除了最高层外，中间的每一层都向上一层提供服务，同时又是下一层的用户；

(4)把物理通信线路作为最低层，它使用从最高层传送来的参数，是提供服务的基础。

为了使不同计算机厂家生产的计算机能够相互通信，以便在更大的范围内建立计算机网络，国际标准化组织(ISO)在1978 年提出了"开放系统互联参考模型"，即著名的OSI/RM(Open System Interconnection/Reference Model)模型，如图 6-1 所示。

其中第 4 层完成数据传送服务，上面 3 层面向用户。对于每一层，至少制定两项标准：服务定义和协议规范。前者给出了该层所提供的服务的准确定义，后者详细描述了该协议的动作和各种有关规程，以保证提供服务。

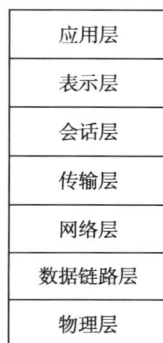

| 应用层 |
| 表示层 |
| 会话层 |
| 传输层 |
| 网络层 |
| 数据链路层 |
| 物理层 |

图 6-1　OSI/RM 模型

6.1.2　WSN 协议

WSN 是集微机电系统、低功耗高集成度数字电子组件、嵌入式计算、无线通信和分布式数据信息处理等技术于一体的新兴技术。由于传感器节点要求体积小，采用电池供电，因此客观上造成了单个节点处理和存储能力有限、通信范围有限、能量有限等诸多问题，其中尤以能量问题最为关键。众多的路由，MAC 等协议软件均以节能作为首要目标。

WSN 的体系结构与传统的计算机与通信网络不同，研究人员参照 OSI(Open System Interconnect)协议模型，提出了多个 WSN 协议体系结构框架，大部分框架都是由文献[1]提出的 5 层协议栈细化改进而来的。WSN 体系结构如图 1-3 所示。网络协议(Network Protocol)研究的重点是网络层路由协议和数据链路层协议。网络层的路由协议决定监测信息的传输路径；数据链路层的信道访问控制(MAC)用来构建底层的基础结构，控制传感器节点的通信过程和工作模式。

6.2　网络层路由协议

网络层主要负责网内从源节点到目标节点的数据分组路由并把数据可靠传送到

网关节点，通过数据融合和拥塞控制提高数据传输效率。传感器网络的路由协议不同于传统的路由协议，传感器节点没有像 Internet 那样的 IP 地址，因此基于 IP 的路由协议不适用于传感器网络。传感器网络协议应能满足如能量有限、通信带宽、存储容量和计算能力等网络资源的限制，其目的是延长网络寿命。同时，协议应具有可扩展性，易于管理多节点间的通信，协议还应该解决有效性、公平性、容错和安全方面的问题[2]。

　　WSN 路由协议按照最终形成的拓扑结构，主要可以划分为平面型路由协议、长链型路由协议和层次型路由协议，协议的分类如图 6-2 所示。

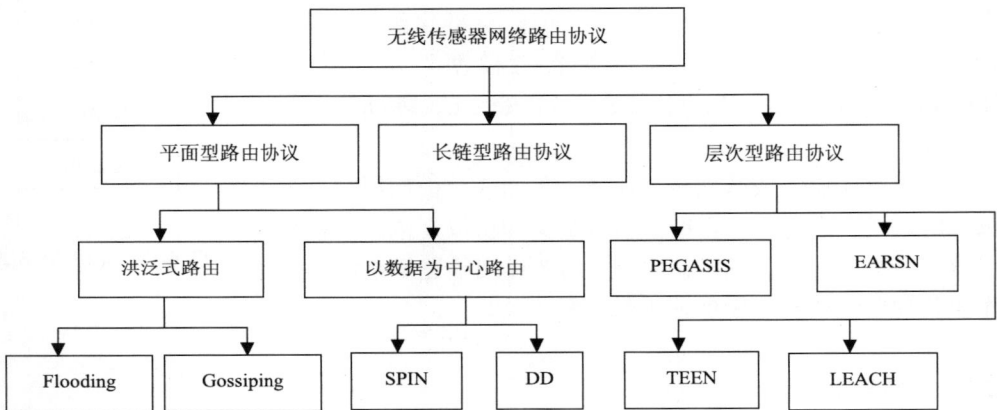

图 6-2　WSN 路由协议分类

　　在平面型路由协议中，所有节点的地位是平等的，原则上不存在瓶颈问题。其缺点是可扩充性差，维护动态变化的路由需要大量的控制信息。在分层结构的网络中，簇成员的功能比较简单，不需要维护复杂的路由信息。这大大减少了网络中路由控制信息的数量，具有很好的可扩充性，其缺点是簇头节点可能会成为网络的瓶颈。

　　由于 WSN 具有很强的具体应用背景，一个传感器网络通常是为某个具体的应用场合设计的。因此，很难采用通用的路由协议。和传统的以地址为中心的路由协议不一样，WSN 的路由协议是以数据为中心的，没有一个全局的标识，一般是基于属性的寻址方式，通常采用按需的被动式路由方式。常见的以数据为中心的路由协议有 SPIN(Sensor Protocol for Information via Negotiation)[3]、DD(Directed Diffusions)[4]、GHT(Geographic Hash Table)[5]。另外一类常见的路由协议是基于分簇的层次化路由协议，有 LEACH (Low Energy Adaptive Clustering Hierarch)[6]，TEEN(Threshold Sensitive Energy Efficient Sensor Network Protocol)[7]等。

6.2.1 路由算法评价指标

开发良好的路由协议是建立 WSN 的首要问题，同时也是 WSN 主要的研究热点和难点。传统的距离向量和链路状态路由协议并不适用于拓扑结构高度动态变化的 WSN。理想的 WSN 的路由协议应该具有以下性能：分布式运行、无环路、按需运行、考虑安全性、高效地利用电池能量、支持单向链路、维护多条路由。WSN 中路由算法的设计目标是：能够建立能源有效性路径，提高路由的容错能力，形成可靠数据转发机制，延长最大网络生命周期。评价一个 WSN 路由算法的性能，一般包含以下 4 个指标。

(1)网络生命周期。指网络从开始正常运行到第一个节点由于能量耗尽而失效所经历的时间。也可参考 3.2.3 节的定义。

(2)传输延时。是指从网关节点发出数据请求到接收返回数据的时间。

(3)路径容错性。指传感节点容易因为能源耗尽或环境干扰而失效，部分传感节点的失效不应影响整个网络的任务。

(4)可扩展性。指针对特定的应用场合，网络中可能需要成百上千个传感节点，路由设计应能满足大量节点协作，适合于不同规模的 WSN。

基于上面的评价指标，设计一个理想的 WSN 的路由协议应当满足以下 8 个方面的要求。

(1)提供节能策略。WSN 路由协议都是以节能为目标，通过采用数据描述机制、基于数据描述的协商机制、数据融合技术、本地化算法等各种方式减少通信能耗。同时，为了延长整个网络的生命周期和出现网络分割的时间，路由协议如 LEACH、TEEN 等将转发负载平均分配到各个节点来保证节点的电池耗费相对公平。

(2)以数据为中心。在传感器网络的很多应用中，用户需要的是与任务(Interest Things)相关区域内传感器所产生的数据，而并非单个节点产生的数据。因此，WSN 内每个传感器节点不需要传统网络中所需要的全局唯一的标识或地址。以数据为中心的路由协议要求采用基于属性的命名机制，如 SPIN 协议利用元数据(Meta-data)描述器描述信息，DD 协议采用属性/值对的方式命名数据。传感器节点通过命名机制来描述数据，并通过向所有节点发送对某个命名数据的"兴趣"(Interest)完成数据收集。由于以数据为中心的路由协议关心的不是单个节点产生的数据，因此，某个节点的故障并不会影响整个协议的运行，从而提高了网络的健壮性。

(3)支持数据融合。WSN 中的每个传感器以不同精度感知目标环境中相同的特征，因此，以数据为中心的路由协议在数据采集和传递过程中会产生大量冗余和重叠的信息。数据聚合技术利用抑制(消除重复)、最小、最大和平均计算等操作将来自不同源点的相似数据结合起来，通过数据的简化实现传输数量的减少，从而达到节约能源的目的。在一些网络体系结构中的数据融合，节点不仅能实现数据的简化，还可以针对特定的应用环境，将多个传感器节点所产生的数据按照数据的特点综合成有意义的信息，从而提高了感知信息的准确性，同时增强了系统的鲁棒性。

（4）基于节点定位。节点定位是指确定每个传感器节点在 WSN 系统中的相对位置或绝对地理坐标。在许多情况下，WSN 路由协议需要传感器节点的位置信息来估算节点间的距离和传输数据所消耗的能量以便达到路由决策的目的。另外，通过节点定位，WSN 系统可以智能地选择一些特定的节点来完成任务，这种工作模式可以大大降低整个系统的能量消耗，提高系统的生存时间。

（5）健壮性。健壮性是路由协议应具备的基本特征。在 WSN 中，由于能量限制、环境干扰和频繁变化的拓扑结构，传感器节点会经常损坏。路由协议具有健壮性（或称容错性）可以保证部分传感器节点的损坏不会影响到全局任务。

（6）可扩展性。一般情况下，WSN 包含成百上千个节点。在一些特殊应用中，WSN 的规模可以达到数万个节点。随着传感器节点数量的增加，WSN 的存活时间和处理能力也相应增强。WSN 路由协议的可扩展性可以有效地融合新增节点，使它们参与到全局的应用中。

（7）安全性。路由协议是通过广播多跳的方式实现数据交换，攻击者对这些没有受到保护的路由信息可进行各种形式的攻击。传统 Ad-hoc 网络的安全通信大多基于公钥密码，但公钥密码的通信开销较大，不适合在资源受限的 WSN 中使用。另外，由于 WSN 本身在安全方面的弱点和应用环境的多样性，使得在设计它的安全机制时面临很多困难。

（8）QoS 支持。自组网中的 QoS 支持问题是考虑如何动态地配置网络资源使数据传输效率更高的问题。与传统 Ad-hoc 网络不同的是，WSN 不仅要考虑到如何在拓扑结构和信道状态频繁变化的环境中实现 QoS，还要对如何在降低能耗和 QoS 间达到平衡等问题进行深入的研究。

从上述分析可看出，如何提供有效的节能策略是 WSN 路由协议要解决的主要问题。以数据为中心和支持数据融合是绝大多数 WSN 应用的基本要求，可扩展性和健壮性则是路由协议应满足的基本特征。在解决主要问题和满足基本特征的基础上，能提供扩展特性的路由协议将有良好的发展前景。

6.2.2　长链型路由协议

对于智能交通、地下巷道、长输管线、区域界线、输电线等的 WSN 监测，其监测区域的宽度与长度相比很小，忽略区域宽度几乎不影响监测质量。同时，这类监测区域上传感器节点主要是沿线部署的，监测区域为如图 6-3 所示直线和曲线的连续线，可视为一维区域上的 WSN，其拓扑结构为长链型。长链型 WSN 空间跨度大，大量传感器节点规则或随机部署后通过无线自组织的方式组建成网络。

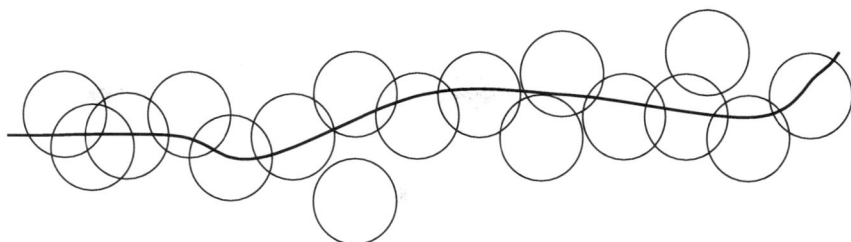

图 6-3 一维区域上的节点随机覆盖

1. 路由问题的形式化描述

针对长链型 WSN 系统对数据传输的实时性和可靠性要求高的特点，WSN 在以深度多跳的方式从源节点到网关节点传送数据的过程中，把网络带宽、延时、跳数、链路质量度、收包率等参数作为传输路径上的 QoS 约束 C，找到多约束最优传输路径。在讨论基于 QoS 的长链型路由模型时，WSN 被抽象为无向赋权图 $G(V, E)$。其中：V 为顶点集，E 是图的边的集合，e_{ij} 是节点 i 到节点 j 的边。将每条路径赋予相应的 QoS 度量参数，参数的操作包括最小性、可乘性和可加性。基于 QoS 的 WSN 长链型路由问题是从图 G 中寻找满足 QoS 约束 C 并且从源节点 S 到目的节点 D 的可行路径 $P=S \to \cdots \to e_{ij} \to \cdots \to D$ 中消耗的网络资源最少的路径。

在长链型 WSNQoS 路由优化的研究中设定路径的 QoS 度量参数如下。

（1）带宽。

$$\text{bandWidth}(P) = \min\{\text{bandWidth}(e), e \in E(P)\} \tag{6-1}$$

（2）延时。

$$\text{delay}(P) = \sum \text{delay}(e) \tag{6-2}$$

（3）跳数。

$$\begin{aligned} \text{hop}(P) &= \sum \text{hop}(e) \\ \text{hop}(e) &= \begin{cases} 1, & e \in P \\ 0, & e \notin P \end{cases} \end{aligned} \tag{6-3}$$

（4）链路收包率（Packet Reception Rate，PRR）。

$$\text{PRR}(P) = \pi \text{PRR}(e) \tag{6-4}$$

式中，$\text{PRR}=L_r/L_s$，L_r 为成功接收到的数据包个数；L_s 为链路发送的总数据包数。

(5) 网络资源消耗函数。

$$resource(P) = \frac{delay(P) \times hop(P)}{sandWidth(P) \times PRR(P)} \tag{6-5}$$

根据长链型 WSN 的特点，QoS 路由优化的目标是选择满足如下条件且使得资源消耗最小的路径 P：

① bandWidth$(P) \geqslant B$；

② delay$(P) \leqslant D$；

③ PRR$(P) \geqslant R$；

④ 以上 3 个条件均满足后使得 resource(P) 最小。

其中，B 为带宽约束；D 为延时约束；R 为链路包接收成功率约束；resource(P) 为消耗的 WSN 资源。

上述条件表示在满足超过最小带宽，小于允许的最大延时以及大于最低数据包接收成功率的 QoS 约束下，寻求资源消耗最小的路径。基于 QoS 的 WSN 长链型路由优化时设置每条链路由(bandWidth，delay，PRR)表示，得到的最优 QoS 路由满足约束条件且网络资源消耗最小，即选出的路径具有最小的时间延时和最高的数据包接收成功率，从而满足了长链型 WSN 实时性和可靠性的要求。

2. 求解长链型 WSN 路由优化的自适应蚁群算法

自适应蚁群算法是求解长链型 WSN 的最优 QoS 路径的较好方法[8]。蚁群算法中的信息素挥发因子 ρ 的大小直接关系到蚁群算法的全局搜索能力与收敛速度。自适应蚁群算法通过动态更新信息素挥发因子，可以有效地避免算法陷入局部最优的可能和停滞现象的出现，并且在保证收敛速度的前提下提高了解的全局性。在蚁群算法中若信息素挥发因子 ρ 较大，当解的信息素浓度增加时以前搜索的解被选择的可能性非常大，影响算法的全局搜索能力。虽然减小 ρ 的值可以在一定程度上提高算法的全局搜索能力，但又会降低算法的收敛速度。根据自适应蚁群算法的基本思想采用动态更新信息素因子 ρ 的值，避免由于挥发因子过大或过小影响算法的全局搜索能力及收敛速度。首先给 ρ 一个初始值 $\rho(t_0)$，当算法求得的最优解在 N(N 为常数) 次循环内没有明显改进时，则认为最优解疑似陷入局部极小值，ρ 采用式(6-6)进行自适应调整。

$$\rho(t) = \begin{cases} \mu\rho(t-1), & \mu\rho(t-1) \geqslant \rho_{\min} \\ \rho_{\min} \end{cases} \tag{6-6}$$

式中，μ 为挥发约束系数，$0 < \mu < 1$；$\rho_{\min}$ 为最小值，可以防止 ρ 过小降低算法的收敛速度。

长链型 WSNQoS 路由优化问题的自适应蚁群算法的求解过程流程如图 6-4

所示。

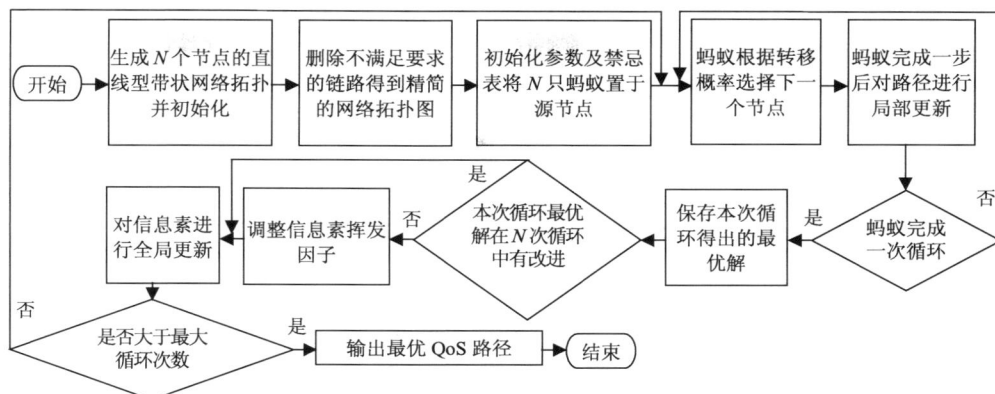

图 6-4　自适应蚁群算法流程

6.2.3　平面型路由协议

在平面型路由协议中，逻辑视图是平面结构，所有网络节点的地位是平等的，不存在等级和层次差异。它们通过相互之间的局部操作和信息反馈来生成路由。在这类协议中，网关节点向监测区域的源节点发出查询命令，监测区域内的源节点收到查询命令后，向网关节点发送监测数据。平面型路由的优点是简单、易扩展，无须进行任何结构维护工作，所有网络节点的地位平等，不易产生瓶颈效应，因此具有较好的健壮性。平面型路由的最大缺点在于网络中无管理节点，缺乏对通信资源的优化管理，自组织协同工作算法复杂，对网络动态变化的反应速度较慢等。

1. 洪泛式路由

洪泛式路由是一种传统的路由算法[9]。它不要求维护网络的拓扑结构，也无需进行路由计算，适合节点数较少且变动性较少的环境。在洪泛式协议中，接收到消息的节点以广播形式转发数据分组给所有的邻节点，这个过程重复执行，直到目标节点接收到数据分组，或者达到为该数据分组所设定的最大跳数，或者所有节点都拥有此数据副本为止。洪泛算法(Flooding)、闲聊算法(Gossiping)和覆盖优先洪泛(Priority Covering Flooding，PCF)算法是典型的洪泛式路由算法。

传统洪泛模型实现过程如图 6-5 所示，其中 S 代表源节点(Source node)，D 代表目的节点(Destination node)，A、B、C、E、F、G、H 分别代表各个节点。如果源节点 S 要向目的节点 D 发送报文，需要查找一条由源节点到

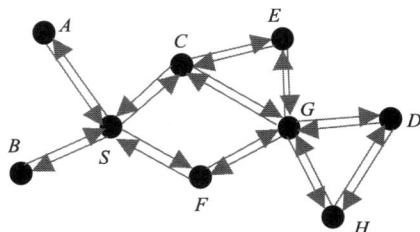

图 6-5　传统洪泛式路由实现过程

目的节点的路径。S 将路由请求发送给其所有的邻节点 A、B、C 和 F。当 C 和 F 收到该路由请求后，同样将报文转发给其所有的邻节点，则 G 会收到分别来自于节点 C 和 F 发送过来的同一报文，在此模型中，G 将转发先到的报文给其所有的邻节点，后到的内容相同的报文将被丢弃。以上就是传统洪泛模型的实现过程。

洪泛算法有消息"内爆"（节点几乎同时从邻节点收到多份相同数据）、交叠（节点先后收到监控同一区域的多个节点发送的几乎相同的数据）、资源利用盲目（节点不考虑自身资源限制，在任何情况下都转发数据）的固有缺陷。

闲聊算法是洪泛算法的改进版，克服了洪泛算法的缺陷。为节约能量，闲聊算法使用随机性原则，节点随机选取一个相邻节点转发它接收到的数据分组，而不是采用广播形式。尽管这种方法避免了消息"内爆"现象，但是仍然无法解决部分重叠现象和盲目使用资源问题，同时经常产生数据重发现象，可能增加端到端的数据平均传输延时。

覆盖优先洪泛 PCF 算法是一种新的应用于 WSN 的洪泛传播算法。该算法采用覆盖优先策略为相邻节点分配不同的转发优先权，实现洪泛包快速覆盖整个网络；采用节点转发抑制策略和动态延时转发机制，尽可能抑制冗余包和减少冲突重传。算法能很好地解决高能效和低延时的一致性问题，且健壮性高、控制开销低、实现简单[10]。

PCF 算法主要从两个方面来解决洪泛过程中的能量消耗和网络洪泛延时问题：一是尽可能快地使洪泛包覆盖全网；二是尽可能多地抑制冗余洪泛包、减少信道冲突概率。前者主要采用覆盖优先策略来实现；后者通过节点转发抑制策略和动态延时转发机制来取得最佳效果。

1）覆盖优先策略

覆盖优先是指当一个节点收到洪泛包时，由该节点根据邻居节点覆盖新区域范围的大小指定它们的转发优先权。在节点的邻居节点中确定优先转发机制，目的是尽可能使那些潜在的具有覆盖新区域范围大的邻居节点能优先转发。当一个节点收到一个洪泛包，那么这个节点的邻居节点就会分成两类：一类是处于相邻覆盖状态下的节点，用集合 T 表示；另一类就是未被相邻覆盖的节点，用集合 T' 表示。

对节点 $S[n]$（n 是节点的 ID）的邻居节点的转发优先权的分配，是以集合 $T'[n]$ 中具有最高优先转发权的节点为参考标准，根据邻居节点到节点 $S[n]$ 的距离以及是否被相邻覆盖来确定。

首先在集合 $T'[n]$ 中找到优先权最高的节点 $S[k]$（$S[k] \in T'(n)$），计算节点 $S[k]$ 到节点 $S[n]$ 的距离 D_{opt}。

$$D_{opt} = \max \left\{ \text{dist}(S[i], S[n]) \big| S[i] \in T'[n] \right\} \tag{6-7}$$

式中，$\text{dist}(S[i], S[n])$ 表示节点 $S[i]$ 到节点 $S[n]$ 的距离，然后根据邻居节点 $S[i]$ 到节点

$S[n]$的距离分配节点的优先转发权。

$$W(S[i]) = \begin{cases} 1 - \dfrac{\text{dist}(S[i], S[n])}{D_{\text{opt}}}, & S[i] \in T'[n] \\[3mm] \max\left\{ W(S[i]), 1 - \dfrac{\text{dist}(S[i], S[n])}{D_{\text{opt}}} \right\}, & S[i] \in T[n] \end{cases} \tag{6-8}$$

式中，$W(S[i])$的值越小，表示转发优先权越高。

2) 节点转发抑制策略

节点的转发抑制策略包括两个部分：一是设定节点的转发权，即节点对同一个洪泛包(指来自同一个源节点且具有同一标识的洪泛包)有且仅有一次转发权。一旦节点失去了对该洪泛包的转发权(如已经转发了该洪泛包或转发权被抑制)，则节点对此后收到相同的洪泛包不再处理，而是直接丢弃。二是抑制节点的转发权，即节点在收到一个洪泛包时，如果这个节点的所有邻居节点已经被覆盖(即收到该洪泛包)，则该节点对该种洪泛包的转发权被抑制(失去对该洪泛包的转发权)。因此，如果能尽可能多地抑制这类节点，必将大大提高网络的能量有效性。

3) 动态延时机制

动态延时机制结合节点的转发优先权对转发节点进行动态延时转发，主要解决如下 3 个问题。

(1)通过对相邻节点设置不同的转发延时，尽可能降低物理信道的冲突概率，减少消息重传概率。

(2)通过延时转发，有利于节点在延时转发过程中能收集更多节点转发过来的洪泛包，通过相邻覆盖，确定节点的邻居节点的覆盖状态，再根据节点转发抑制策略，尽可能多地抑制节点的转发权，从而达到抑制冗余包的目的。

(3)通过对节点动态配置转发延时，实现节点转发优先权的分配。

例如，设节点 $S[i]$坐标(x_i, y_i)是节点 $S[n]$坐标(x_n, y_n)的一个邻居节点，当节点 $S[i]$收到来自节点 $S[n]$的洪泛后，节点首先根据转发抑制策略确定是否具有对该洪泛包进行转发的权限，若没有，则丢弃该包；否则，节点 $S[i]$按下述方法计算转发该洪泛包的延时。

若首次收到该洪泛包，则转发延时为

$$\begin{aligned} T_{\text{delay}}(S[i]) &= T_{\text{max\_delay}} \times W(S[i]) \\ &= T_{\text{max\_delay}} \times \left(1 - \frac{\text{dist}(S[i], S[n])}{D_{\text{opt}}} \right) \end{aligned} \tag{6-9}$$

否则　　　$T_{\text{delay}}(S[i]) = \max\left\{T_{\text{current\_delay}}(S[i]), T_{\text{max\_delay}} \times W(S[i]\right\}$

$$= \max\left\{T_{\text{current\_delay}}(S[i]), T_{\text{max\_delay}} \times \left(1 - \frac{\text{dist}(S[i], S[n])}{D_{\text{opt}}}\right)\right\} \quad (6\text{-}10)$$

式中，　$\text{dist}(S[i], S[n]) = \sqrt{(x_n - x_i)^2 + (y_n - y_i)^2}$；$T_{\text{max\_delay}}(S[i])$表示节点转发该洪泛包的最大延时；$T_{\text{current\_delay}}(S[i])$是节点 $S[i]$ 在收到节点 $S[n]$ 的洪泛包时当前还剩余的转发延时。

2. 以数据为中心的路由

以数据为中心的路由，提出对 WSN 中的数据用特定的描述方式来命名，采用查询驱动数据传输模式将所有的数据通信都限制在局部范围内。这种方式的通信不再依赖于特定的节点，而是依赖于网络中的数据，从而减少了网络中传送的大量冗余数据，降低了不必要的开销，从而延长网络生命周期。其中，典型的路由算法有：通过协商的信息路由算法(Sensor Protocols For Information Via Negotiation，SPIN)、定向扩散路由算法(Directed Diffusion，DD)。

1) 通过协商的信息路由算法(SPIN)

SPIN 是一组基于协商并且具有能量自适应功能的信息传播协议[11]。这是第一个基于数据的路由协议。该协议以抽象的元数据对数据进行命名，命名方式没有统一标准。节点产生或收到数据后，为避免盲目传播，用包含元数据的 ADV 消息向邻节点通告，需要数据的邻节点用 REQ 消息提出请求，数据通过 DATA 消息发送到请求节点。协议的优点是：小 ADV 消息减轻了内爆问题。通过数据命名解决了交叠问题。节点根据自身资源和应用信息决定是否进行 ADV 通告，避免了资源利用盲目性问题。与 Flooding 和 Gossiping 协议相比，有效地节约了能量。其缺点是：当产生或收到数据的节点的所有邻节点都不需要该数据时，将导致数据不能继续转发，以致较远节点无法得到数据。当网络中大多节点都是潜在网关节点时，问题并不严重，但当网关节点较少时，则是一个很严重的问题；当某网关节点对任何数据都需要时，其周围节点的能量容易耗尽；虽然减轻了数据内爆，但在较大规模网络中，ADV 内爆仍然存在。图 6-6 表示了 SPIN 协议的路由建立与数据传输。

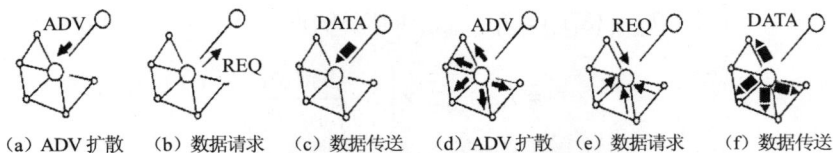

(a) ADV 扩散　　(b) 数据请求　　(c) 数据传送　　(d) ADV 扩散　　(e) 数据请求　　(f) 数据传送

图 6-6　SPIN 协议的路由建立与数据传输

2）定向扩散路由（DD）

DD 算法[12]是以数据为中心的路由算法发展过程中的一个里程碑，是以数据为中心的路由算法中的典范。这是一个重要的基于数据的、查询驱动的路由协议。该协议用属性/值对命名数据。为建立路由，网关节点 Flooding 包含属性列表、上报间隔、持续时间、地理区域等信息的查询请求 Interest（该过程本质上是设置一个监测任务）。沿途节点按需对各 Interest 进行缓存与合并，并根据 Interest 计算、创建包含数据上报率、下一跳等信息的梯度（Gradient），从而建立多条指向网关节点的路径。Interest 中的地理区域内节点则按要求启动监测任务，并周期性地上报数据，途中各节点可对数据进行缓存与聚合。网关节点可在数据传输过程中通过对某条路径发送上报间隔更小或更大的 Interest，以增强或减弱数据上报率。该协议采用多路径，健壮性好；使用数据聚合能减少数据通信量；网关节点根据实际情况采取增强或减弱方式能有效利用能量；使用查询驱动机制按需建立路由，避免了保存全网信息，但不适合环境监测等应用。而且，Gradient 的建立开销很大，不适合多网关节点网络。数据聚合过程采用时钟同步技术，会带来较大开销和延时。图 6-7 所示为 DD 协议的路由建立过程。

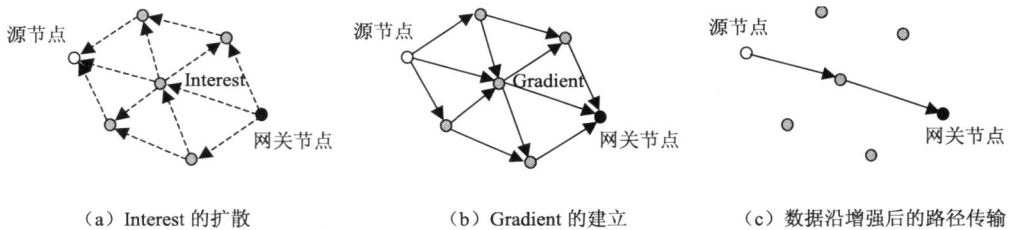

（a）Interest 的扩散　　　　（b）Gradient 的建立　　　　（c）数据沿增强后的路径传输

图 6-7　DD 协议的路由建立过程

3）高度适应性的能量高效多路径路由（HREEMR）

HREEMR（Highly Resilient，Energy-Efficient Multipath Routing）[13]与前一种协议的不同之处在于它利用多路径技术实现了能源有效的故障恢复，解决了 DD 为提高协议的健壮性，采用周期低速率扩散数据而带来的能源浪费问题。它采用与 DD 相同的本地化算法建立源节点和网关节点间的最优路径 p，为了保障 p 发生失效时协议仍能正常运行，构建多条与 p 不相交的冗余路径，一旦发生失效现象，即可启用冗余路径进行通信。

6.2.4　层次型路由协议

层次型路由的基本思想是将网络节点划分为簇，簇内节点将数据发往"簇头"节点，通过簇头节点进行必要的数据融合，再将数据发送出去，从而减少了网络传输的数据量。所谓簇，就是具有某种关联的网络节点集合。每个簇由一个簇头（Cluster

Head，CH)和多个簇内成员(Cluster Member，CM)组成，低一级网络的簇头是高一级网络中的簇内成员，由最高层的簇头与网关节点(Base Station or Sink，BS)通信，如图 6-8 所示。这类算法将整个网络划分为相连的区域。

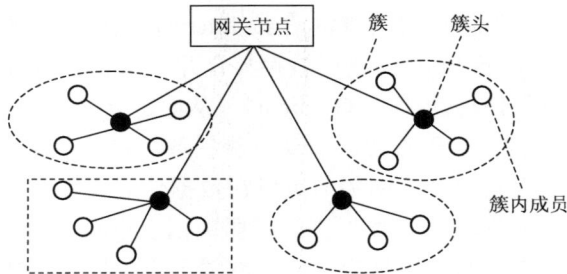

图 6-8　分簇路由协议拓扑结构

　　在分簇的拓扑管理机制下，网络中的节点可以划分为簇头节点和成员节点两类。在每个簇内，根据一定的机制选取某个节点作为簇头，用于管理或控制整个簇内成员节点，协调成员节点之间的工作，负责簇内信息的收集和数据的融合处理以及簇间转发。分簇路由机制具有以下几个优点[14]。

　　(1)成员节点大部分时间可以关闭通信模块，由簇头构成一个更上一层的连通网络来负责数据的长距离路由转发。这样既保证了原有覆盖范围内的数据通信，也在很大程度上节省了网络能量。

　　(2)簇头融合了成员节点的数据之后再进行转发，减少了数据通信量，从而节省了网络能量。

　　(3)成员节点的功能比较简单，无须维护复杂的路由信息，这大大减少了网络中路由控制信息的数量，减少了通信量。

　　(4)分簇拓扑结构便于管理，有利于分布式算法的应用，可以对系统变化作出快速反应，具有较好的可扩展性，适合大规模网络。

　　(5)与平面路由相比，更容易克服传感器节点移动带来的问题。

　　典型的层次型路由算法有：低能耗自适应层次型分簇路由协议(Low Energy Adaptive Clustering Hierarchy，LEACH)算法和阈值敏感的高效能耗传感器网络路由协议(Threshold Sensitive Energy Efficient Sensor Network Protocol，TEEN)算法。

1. LEACH 算法

　　LEACH 基于层次型分簇结构，全称是"低能耗自适应层次型分簇路由协议"。它的基本思想是通过随机循环地选择簇头节点将整个网络的能量负载平均分配到每个传感器节点中，从而达到降低网络能源消耗、提高网络整体生存时间的目的。LEACH 算法的实现方法在 3.5.2 节中有详细介绍。

2. TEEN 算法

节能的阈值敏感路由 TEEN[14]被设计为适用于响应型应用环境下的网络路由算法。该算法通过合理的设置硬阈值和软阈值，仅仅传输用户感兴趣的信息，从而可以有效地降低系统的通信流量以降低系统的功耗。TEEN 是第一个响应型传感器网络协议，TEEN 有效地减少了发送数据流，降低了能量消耗，适合主动型传感器网络。

TEEN 协议的分簇方式与 LEACH 协议相同。不同的是在簇的建立过程中，随着簇头节点的选定，簇头除了通过 TDMA 方法实现数据的调度，还向全网节点通告硬阈值和软阈值来过滤数据发送。通过设置硬阈值和软阈值两个参数，TEEN 能够大大地减少数据传送的次数，从而达到比 LEACH 算法更节能的目的。

如图 6-9 所示，在节点第 1 次监测到数据超过硬阈值时，节点向簇头上报数据，并将当前监测数据保存为监测值（Sensed Value，SV）。此后只有在监测到的数据比硬阈值大且与 SV 之差的绝对值不小于软阈值时，节点才向簇头上报数据，并将当前监测数据保存为 SV。该协议通过利用软、硬阈值减少了数据传输量。

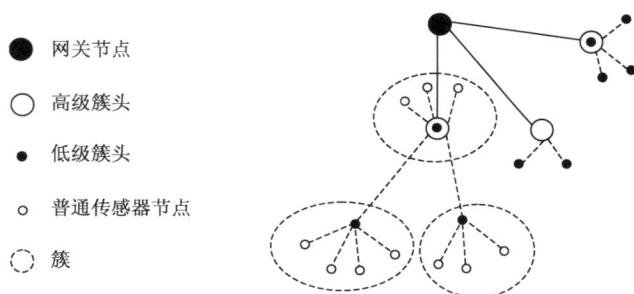

图 6-9　TEEN 协议中由聚簇构成的层次结构

TEEN 协议的优点是适用于实时应用系统，可以对突发事件作出快速反应。它的缺点是不适用于需要持续采集数据的应用环境。

3. PEGASIS 协议

PEGASIS 协议[15]是在 LEACH 协议基础上建立的协议。仍然采用动态选举簇头的思想，但为避免频繁选举簇头的通信开销，采用无通信量的簇头选举方法，且网络中所有节点只形成一个簇，称为链。链中每个节点向邻节点发送和接收数据，并且只有一个节点作为簇头向网关节点（Sink）传输数据。采集到的数据以点到点的方式传送、融合，并最终被送到 Sink。协议的优点是减小了 LEACH 在簇重构过程中所产生的开销，并且通过数据融合降低了收发过程的次数，从而降低了能量的消耗。缺点是链中远距离的节点会引起过多的数据延时，而且簇头节点的唯一性使得簇头会成为瓶颈。

4. EARSN 协议

EARSN(Energy-Aware Routing for Cluster-based Sensor Network)是基于三层体系结构的路由协议[16]。该协议要求网络运行前由终端用户 sink 将传感器节点划分成簇，并通知每个簇头节点的 ID 标识和簇内所分配节点的位置信息。传感器节点可以以活动方式和备用的低能源方式这两种方式运行，并以下面这四种方式之一存在：感知、转发、感知并转发、休眠。与前述层次型路由协议不同的是，该协议的簇头不受能量的限制。它作为网络的中心管理者，可以监控节点的能量变化，决定并维护传感器的四种状态。算法依据两个节点间的能量消耗、延时最优化等性能指标计算路径适应度函数。簇头节点利用适应度函数作为链路成本，选择最小成本的路径作为节点与其通信的最优路径。

6.2.5　其他路由协议

GPSR 协议[17]是一个典型的基于位置的路由协议。使用 GPSR 协议，网络节点都知道自身地理位置并被统一编址，各节点利用贪婪算法尽量沿直线转发数据。产生或收到数据的节点向以欧氏距离计算最靠近目的节点的邻节点转发数据，但由于数据会到达没有比该节点更接近目的点的区域(称为空洞)，导致数据无法传输，当出现这种情况时，空洞周围的节点能够探测到，并利用右手法则沿空洞周围传输来解决问题。该协议避免了在节点中建立、维护、存储路由表，只依赖直接邻节点进行路由选择，几乎是一个无状态的协议。协议使用接近于最短欧氏距离的路由，数据传输延时小，并能保证只要网络连通性不被破坏，一定能够发现可达路由。其缺点是当网络中网关节点和源节点分别集中在两个区域时，由于通信量不平衡易导致部分节点失效，从而破坏网络连通性。而且，需要 GPS 定位系统或其他定位方法协助计算节点位置信息。

GEAR[18]也是一种基于位置的协议，通过学习能量的使用情况调整路由，以达到有效利用能量的目的。SPEED[19]也是一种基于位置的协议，主要目的是提供拥塞控制和软实时保证。

ACQUIRE[20]、TAG[21]将 WSN 视为分布式数据库，将路由与查询相结合。还有的协议是将路由与拓扑控制相结合，如 GAF[22]、SPAN[23]。

各种路由协议相互之间是有联系的，如 LEACH、PEGASIS 和 PEGASIS 的设计是基于同一思想的，后两种协议都是前者添加了一些新的特点而成的。WSN 是基于应用特定性的，因此很难说一种协议比另一种协议更好。评价一个 WSN 路由设计是否成功，可以用以 6.2.1 节的指标作为衡量标准。

由于 WSN 资源有限且与应用高度相关，研究人员采用多种策略来设计路由协议。其中好的协议具有以下特点：针对能量高度受限的特点，高效利用能量几乎是设计的第一策略；针对包头开销大、通信耗能、节点有合作关系、数据有相关性、节点能量有限等特点,采用数据聚合、过滤等技术;针对流量特征、通信耗能等特点,采用通信量负载平衡技术;针对节点少移动的特点,不维护其移动性;针对网络相对封闭、不提供计算等特点,只在网关节点考虑与其他网络互联;针对网络节点不常编址的特点,采用基于数据或基于位置的通信机制;针对节点易失效的特点,采用多路径机制。通过对当前的各种路由协议进行分析与总结,可以看出将来 WSN 路由协议采用的某些研究策略与发展趋势如下[24]。

(1)减少通信量以节约能量。由于 WSN 中数据通信最为耗能,因此应在协议中尽量减少数据通信量。例如,可在数据查询或者数据上报中采用某种过滤机制,抑制节点上传不必要的数据;采用数据融合机制,在数据传输到网关节点前就完成可能的数据计算。

(2)保持通信量负载平衡。通过更加灵活地使用路由策略让各个节点分担数据传输,平衡节点的剩余能量,提高整个网络的生存时间。例如,可在层次路由中采用动态簇头;在路由选择中采用随机路由而非稳定路由。在路径选择中考虑节点的剩余能量。

(3)路由协议应具有容错性。由于 WSN 节点容易发生故障,因此应尽量利用节点易获得的网络信息计算路由,以确保在路由出现故障时能够尽快得到恢复;并可采用多路径传输来提高数据传输的可靠性。

(4)路由协议应具有安全机制。由于 WSN 的固有特性,其路由协议极易受到安全威胁,尤其是在军事应用中。目前的路由协议很少考虑安全问题,因此在一些应用中必须考虑设计具有安全机制的路由协议。

(5)WSN 路由协议将继续向基于数据、基于位置的方向发展。这是由 WSN 一般不统一编址和以数据、位置为中心的特点决定的。

6.3 数据链路层 MAC 协议

6.3.1 关于 MAC 协议

数据链路层负责数据成帧、帧检测、信道访问和错误控制。数据链路层的设计目标是保证通信网络中点对点和点对多点的连通可靠性,保证源节点发出的信息可以完整、无误地到达目标节点。数据链路层主要研究信道访问和错误控制问题。

一个 MAC 协议提供有不同的功能,取决于网络、设备能力和上层需求。但有几个功能是大多数 MAC 协议都具有的。一般说来,MAC 协议应有的功能包括以下 5 种[25]。

(1)协议框架。定义框架格式,为设备之间的数据通信完成数据封装和开封。

(2)信道访问。控制哪个设备在什么时间加入通信。信道访问成为无线 MAC 的主要功能,是由于信息广播容易因冲突引起数据毁坏。

(3)可靠性。保证设备之间数据的成功传送。通常大多数是通过确认信息 ACK(Acknowledgement)完成，且在必要时重传。

(4)流量控制。通过超载容许缓冲器防止协议结构破坏。

(5)错误控制。使用错误检验和纠错码来控制出现在被传送到上层协议结构中的错误总量。

目前，大多数已实现的 WSN 的 MAC 要完成多个任务，包括正时、发送数据、发送确认信息等。无论如何，这是所有的 MAC 协议的基本功能。功能重叠导致 MAC 协议代码量增大，因而也增加了错误。此外，要扩展基本功能还必须分别在每个 MAC 协议中去实现[26]。

在无线 Ad hoc 网络中，MAC 协议主要为 IEEE 802.11 标准中的 CSMA/ CA 协议和 HiperLan/2 协议。对于 Ad hoc 网络，IEEE 802.11 标准采用分布式的 DCF(Distributed Coordination Function)接入模式，MAC 层协议为 CSMA/ CA，节点间的数据传输过程为 RTS/CTS+数据+确认。HiperLan/2 是由欧洲标准化组织 ETSI 开发的高速无线接入项目的一部分，能够携带多媒体数据和支持服务质量保证。IEEE 802.11 和 HiperLan/2 兼容，但扩展性更好，而且有实际产品问世，如 Lucent WaveLAN IEEE 802.11 PC 卡，因此，目前对 Ad hoc 网络的研究常常是采用 IEEE 802.11 标准。

传感器网络 MAC 协议的大多数研究都集中在信道访问技术方面，因为收发器要消耗大量的能量，MAC 协议能最直接的控制能量的利用。有限的能源是传感器网络 MAC 协议设计的主要约束，因此，已提出的各种 MAC 协议主要集中在与无线介质相联系的减少能量损失问题上。其他的设计约束还有如：公平性、等待时间和吞吐量。在以下几个方面传感器网络的 MAC 协议设计区别于其他网络的 MAC 协议[25]。

(1)传感器网络通过关断不在工作状态的硬件实现节能。同时，每一个传感器节点都必须与它的邻居节点以某种方式协调来保证两个设备处于激活状态并参与通信。传感器网络 MAC 协议通常承担这种协调功能。

(2)传感器网络出现的信息流通不同于已经出现的其他网络的通信形式。例如，环境监测是典型的传感器网络应用，它是通过周期性监测一个特定环境特征的传感器节点发送数据到中心站用于数据分析。这些传感器节点设备以小的有效载荷周期性的独立产生通信量。其数据特性(较强的周期生成和高的空间相关性)和协议负载对有效载荷量的影响，两者对传感器网络来说都不同于其他网络。

(3)节点可利用的有限资源使得普通 MAC 协议技术不能直接应用 WSN。许多无线 MAC 协议为了接收或传送而处于激活状态要不断地侦听无线信道。无论如何，收发器不断的感知信道将迅速耗尽传感器节点能源、缩短网络寿命到不可接收的水平。

(4)资源有效也使在传统网络中有用的一些普通功能在传感器网络中的实现复杂化。安全性功能难以实现就是因为传感器节点的存储和计算资源有限。安全性成为许多传感器网络应用的关键问题，如监视与目标跟踪，终端用户可能希望隐藏采集的信息甚至是传感器网络的存在。

(5)同步也成为传感器网络的一个问题,因为低成本设备的要求经常采用低精度的硬件。基于某种形式的时钟同步功能的协议要考虑在传感器网络的整个生命周期都有影响的时钟漂移问题。

(6)可扩展性对网络设计者来说是一个未来问题。传感器网络可能有成千上万个节点工作,因此,集中式协议有一个明显的缺点是隐含有与信息分布的过度关联。分布式算法实际上是一种次优算法,比集中式算法更适合于这一功能和传感器网络平台。当能量耗尽时,传感器节点就变得无用,不能加入到应用操作中。协议必须适应这一变化而没有耗费到不必要的极限。自适应的 MAC 协议也要求对传感器节点的移动性和"灰色区域"的影响更容易做出反应。

(7)传感器网络的应用需求和特征出现了很大变化,甚至远多于其他网络。研究人员可能必须开发许多的传感器网络协议以适应一些特殊的应用和部署。加于传感器节点的严格约束也迫使协议要限制共性以改进某些性能指标。

6.3.2 IEEE 802.11 和 IEEE 802.15.4 介绍

1. CSMA、CSMA/CD 和 CSMA/CA

最简单的信道访问控制方式是载波检测(侦听)多路访问(Carrier Sense Multiple Access,CSMA),它检测其他站的活动情况,据此调整自己的行为,分为以下 3 类。

(1)1-持续 CSMA(1-persistent CSMA):线路忙时,继续侦听;不忙时,立即发送;提高信道利用率,增大冲突。

(2)非持续 CSMA:线路忙时,等待一段时间,再侦听;不忙时,立即发送;减少冲突,信道利用率降低。

(3)p-持续 CSMA:线路忙时,继续侦听;不忙时,根据 p 概率进行发送,另外的 1-p 概率为继续侦听(p 是一个指定概率值);有效平衡,但复杂。

CSMA/CD(Carrier Sense Multiple Access/Collision Detect),即载波监听多路访问/冲突检测方法。CSMA/CD 是一种竞争型的信道访问控制协议。它起源于美国夏威夷大学开发的 ALOHA 网所采用的竞争型协议,并进行了改进,使之具有比 ALOHA 协议更高的信道利用率。CSMA/CD 采用 IEEE 802.3 标准。

CSMA/CD 应用在 OSI 的第二层数据链路层。它的工作原理是:发送数据前先侦听信道是否空闲,若空闲则立即发送数据。在发送数据时,边发送边继续侦听,若侦听到冲突,则立即停止发送数据。然后,等待一段随机时间,再重新尝试。

CSMA/CD 控制方式的优点是:原理比较简单,技术上易实现,网络中各工作站处于平等地位,不需集中控制,不提供优先级控制。但在网络负载增大时,发送时间增长,发送效率急剧下降。

在无线网中由于有隐藏节点(即每个节点不知道也不可能知道整个网络的实时情况),因此无法进行"冲突检测",所以具有"冲突避免"的载波侦听多路访问

(CSMA with Collision Avoidance，CSMA/CA)应运而生。它是利用 RTS/CTS(即类似 TCP 的握手协议的应答策略来保证在传输中节点不会再接受请求，从而避免了无线网中的冲突。CSMA/CA 采用 IEEE 802.11 无线局域网标准。

CSMA/CA 协议的工作流程有两种方式。

(1)送出数据前，监听信道状态，等没有站点使用信道，维持一段时间，再等待一段随机的时间后依然没有站点使用，才送出数据。由于每个设备采用的随机时间不同，所以可以减少冲突的机会。

(2)送出数据前，先送一段小小的请求发送(Request to Send，RTS)报文给目标端，等待目标端回应结束发送(Clear to Send，CTS)报文后，才开始传送。利用 RTS-CTS 握手程序，确保接下来传送资料时，不会发生冲突。同时由于 RTS-CTS 封包都很小，让传送的无效开销变小。

CSMA/CA 通过这两种方式来提供无线的共享访问，这种显式的 ACK 机制在处理无线问题时非常有效。然而不管是对于 IEEE 802.11 还是 IEEE 802.3 来说，这种方式都增加了额外的负担，所以 IEEE 802.11 网络和类似的 Ethernet 网相比较在性能上稍逊一筹。

2. IEEE 802.11

IEEE 802.11 是一套适合在无线局域网络环境下工作的通信协议，最重要的内容是访问信道控制(MAC)和物理层(PHY)协议。IEEE 802.11 的参考模式主要分成两部分：第一部分是适用于所有无线网络系统的 MAC 规范以及与物理层无关的 MAC 协议，第二部分是和访问信道相关的 PHY 规范。IEEE 802.11 所支持的每一种传输信号频宽，都有不同的 PHY 规范，如 915MHz 频宽、2.4GHz 和 5.2GHz 频宽以及红外线频宽等。此外，功率的管理和时限性的服务等也包括在 IEEE 802.11 的定义范围内。IEEE 802.11 无线局域网络的主要特性如下。

(1)多重传输速率。IEEE 802.11 可以让工作站使用不同的传输速率在网络上通信，如 0.5Mbit/s、1Mbit/s 或 2Mbit/s。

(2)传输介质为无线电。

(3)基本通信协议为具有冲突避免的载波感知多路访问 CSMA/CA。如果同时有两个或两个以上的工作站传送文件包将造成冲突，发生冲突的数据包视为无效被丢弃。IEEE 802.11 所采用的 CSMA/CA 协议虽然可避免大部分不必要的冲突，但仍无法完全排除冲突现象，因此只适合传送非即时性的文件。

(4)提供两种传送服务。其一是分布式协调功能(Distributed Coordination Function，DCF)，使用 CSMA/CA，适合传输非即时文件；其二是工作站协调功能(Point Coordination Function，PCF)，由工作站协调者(Point Coordinator)控制并以查询的方式安排工作站传送文件包的时机和顺序。由于工作站传送的时间可事先计划，因此可提供保证延时服务。非即时传送使用的频宽不保证公平分配。使用 DCF，部分由于工作站利用 CSMA/CA 通信协定来互相竞争传送文件包的机会，并没有轮流传送的特性，因此每个工作站实际使用的频宽可能不同。

（5）提供认证（Authentication）及资料保密（Privacy）功能。无线电是一种开放性的介质，很容易被干扰或窃听。认证是确认对方的身份，免得在不知情的状况下因为与陌生人通信而泄露重要的信息。保密是利用加密（Encryption）及解密（Decryption）技术来保护传送的信息，使得窃听者即使窃听到信息也无法得知其内容。

（6）不太适合多媒体信息传输。虽然网络提供保证的传输延时服务，但目前最高的传送速率只有 2Mbit/s。此频宽尚不足以应付具有即时要求的多媒体信息。如果无线网络上同时存在许多个工作站，则每一个工作站平均分配到的频宽更少。

IEEE 802.11 为无线设备提供了两种工作模式：一种是有基础架构的无线局域网络模式（Infrastructure Wireless LAN）；另一种是无基础架构的无线局域网络 Ad hoc 模式（Ad hoc Wireless LAN）。

有基础架构的无线局域网络模式所谓的基础架构，通常指的是一个现存的有线网络分布式系统（Wired Distribution System），在这种网络架构中，存在有访问站（Access Points，AP），AP 使用站协调功能（Point Coordination Function，PCF），它的功能是要将一个或多个无线局域网络和现存的有线网络分布系统连接，以提供某个无线局域网络中的工作站，能和较远距离的另一个无线局域网络的工作站通信，另一方面也促使无线局域网络中的工作站能访问有线网络分布式系统中的资源。

无基础架构的无线局域网络主要是要提供不限量的用户，能即时架设起无线通信网络。在这种架构中，通常任意两个用户间都可直接通信，IEEE 802.11 所制定的架构允许"无基础架构的无线局域网络"和"有基础架构的无线局域网络"同时使用同一套基本访问协议。

无基础架构的无线局域网络中，设备相互间直接使用分布式的协调功能（Distributed Coordination Function，DCF）完成通信。PCF 扩展至 DCF，并且为无冲突传送和设备与访问站同步提供了一种机制。PCF 和 DCF 都使用类似于时隙式 CSMA/CA 信道访问机制，并且为了可靠性未使用确认信息。

IEEE 802.11 中的 DCF 工作类似于使用虚拟载波感知和确认信息的时隙式 CSMA/CA。当第一次试图发送一个信息时，设备感知信道，如果空闲一个时间周期，则发送这个信息。如果设备侦测信道处于激活状态，它就对当前传送推迟访问，并执行延时算法（Back-off Algorithm）。如果侦测到无线信道未激活达一个称为 DCF 中间间隙（DCF Inter-Frame Space，DIFS）的时间周期，使用 DCF 的设备就要考虑无线信道的闲置。一个 IEEE 802.11 设备是通过随机选择一个要等待的时隙数来执行延时算法，并把这个值储存在延时计数器中。对于每一个时隙若设备感知到信道没有激活，它就减少它的延时计数器值，当计数值为零时，就发送一个帧信息。如果设备在延时计数器值未到零时感知到信道处于激活状态，就暂停减少它的延时计数器值，推迟对当前发送的访问，并在信道闲置一个 DIFS 周期后，继续减数。当计数值为零时，就发送一个帧信息。成功接收到数据信息的设备在一个短中间帧空隙（Short Inter-Frame Space，SIFS）后以正在发送和确认方式响应。IEEE 802.11 定义的 SIFS 比 DIFS 更短，所以其他的设备不能物理感知一个空闲信道，就会由于越过控制信息传送而引起冲突。图 6-10 所示为从 IEEE 802.11 标准修改的，它表明当发送器依第一次载波感知侦测到信道处于激活时，一个信息的传送。

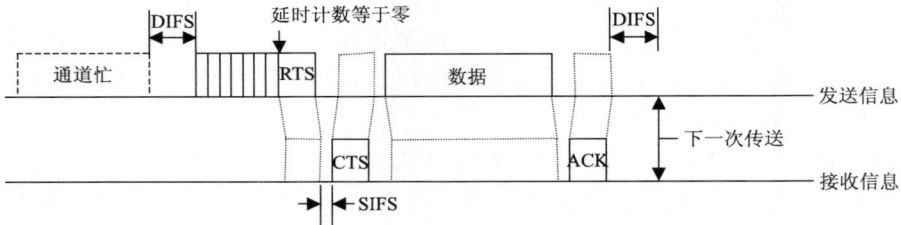

图 6-10　IEEE 802.11 DCF 延时算法和信息传送

由于实际应用目的差异，IEEE 802.11 并不完全适合传感器网络。设备工作在无线局域网的重要特征，如公平性、移动支持、高吞吐率、低等待时间，这些都是影响 IEEE 802.11 标准设计的重要因素，但这些特征在传感器网络中的优先权不如节能问题重。因为，IEEE 802.11 设备由于占很高百分比的时间都花费在侦听而不是接收信息，所以耗费了大量的能量。IEEE 802.11 只具有简单的能量管理能力，称为节能模式，就是要设备按照 PCF 操作。希望睡眠的设备通知访问站 AP 使用特殊的控制信息，当它们没有信息要传送或接收时进入到睡眠模式。每一个设备醒来接收来自于访问站 AP 的信标信息以确定是否在竞争避免期间和与访问站 AP 保持同步期间必须接收信息。IEEE 802.11 节能模式具有下列局限性：节能模式只能工作在基础架构内，因此，可扩展性是一个问题，并且 IEEE 802.11 也没有规定什么时候要睡眠多久。此外，IEEE 802.11 中的协议负载，在局域网中可以容忍，但在 WSN 中就变得很大，在那里，应用程序可能对每个信息只生成少许字节的数据。

3. IEEE 802.15.4

与 IEEE 802.11 标准相对照，IEEE 制定的 802.15.4 标准是针对低功率消耗和低数据传速率的小型设备。IEEE 802.15.4 标准提供传输速率为 20kbit/s，40kbit/s 和 250kbit/s，比 IEEE 802.11 的 1～54 Mbit/s 低得多。频带分别为 868 MHz、915MHz 和 2.45GHz。类似于 IEEE 802.11，IEEE 802.15.4 标准提供有集中式拓扑（又称为星型拓扑）和分布式拓扑（又称为点对点（对等式）拓扑）。无论如何，在每一个个人局域网 PAN 内，单一的设备作为 PAN 协调器来控制设备与网络的内部联系。在星型拓扑中，所有的通信和资源预约保留都是通过 PAN 协调器发生。在点对点拓扑中，设备独立工作，不需要通过 PAN 协调器通信，但所有的设备在加入网络前必须与 PAN 协调器联系在一起。IEEE 802.15.4 标准着重于星型拓扑，不具有未定义的点对点网络的许多选项和功能。

　　IEEE 802.15.4 网络中的设备信标使能模式,是为了同步和管理,或者在异步模式没有信标时 PAN 协调器周期性地广播一个信标。信标使能的 PAN 利用有信标提供的同步来完成时隙式信道访问,然而没有信标的 PAN 使用无时隙信道访问。IEEE 802.15.4 对 CSMA/CA 作了稍微修改就可访问无线信道。首先,设备在感知信道前完成了一个随机备值,如果设备没有检测到信道处于激活状态,就使用无时隙 CSMA/CA,然后立即发送帧。设备使用时隙式 CSMA/CA,等到下一个时隙,监测信道的再次有效性。如果一个时隙式 CSMA/CA 设备检测到信道在初始化设备值周期后的两个连续时隙不在激活态,则设备发送信息。任何时候,在竞争过程中设备都要检测信道激活状态。设备要执行一个延时算法,在后面的时间再开始这个过程。设备在放弃发送数据前,仅延时有限的次数。由于 IEEE 802.15.4 着重于能量受限的设备,PAN 协调器不初始化任何数据传送。图 6-11 表示数据传送是如何在 IEEE 802.15.4 内发生的。根据前面描述的信道访问机制,有数据发送的设备向 PAN 协调器发送数据。PAN 协调器根据成功的数据接收可以发送任意可选的确认信息。从 PAN 协调器到设备的数据传送使用了更多的信息,但接收器仍然要启动传送。设备首先要发送一个数据请求命令到 PAN 协调器说明数据传送可能发生。必要时,PAN 协调器可以发一个确认信息说明它已经成功接收到这个命令。然后,PAN 协调器就按照前面描述的信道访问请求机制传送数据信息。最后,可发一个确认信息让 PAN 协调器知道设备已经接收到数据。信标信息可包括具有挂起数据的设备地址,挂起数据是通知设备要开始一次数据交换的数据。没有信标的 PAN 操作需要设备去为数据查询 PAN 协调器。

　　随着 IEEE 802.15.4 着重于传感器网络应用时,有几个缺点在传感器网络应用中被暴露出来。首先,在点对点拓扑中,标准并没有清楚地定义设备的操作,只为星型拓扑定义了通信机制,在这里,设备能直接与 PAN 协调器通信。大多数的传感器网络都有很多设备分布在很大的地理区域,要所有的设备使用单一的 PAN 协调器。标准允许不同的 PAN 的内部操作,但没有详细讨论这种方法。ZigBee 联盟是一个工业联盟[27],该联盟定义了用于 IEEE 802.15.4 顶端的上层协议,为某些这类操作大概描述了一个标准,可以作为一个非正式的标准。尽管 IEEE 802.15.4 标准有上述缺点,但简单地提供一个标准也有助于传感器网络的发展和有关应用,如智能环境,普适计算。

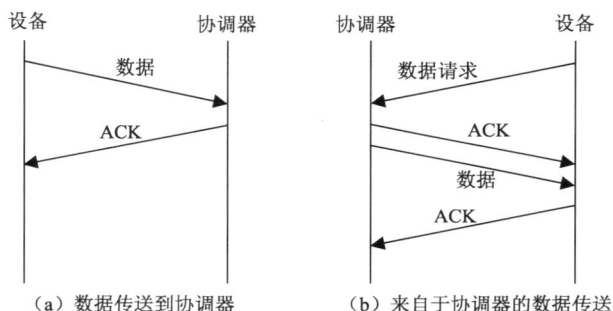

图 6-11　IEEE 802.15.4 数据传送

6.3.3　传感器网络 MAC 协议的差异和限制

1. 传感器网络 MAC 协议差异

如前所述，为其他网络提出的无线 MAC 协议不适宜于传感器网络有许多理由：传感器节点能源有限、传感器网络的多跳操作、不同的应用需求等。传统 MAC 协议期望的是高吞吐率、低等待时间和移动性管理而经常很少考虑节能问题。但是，传感器网络 MAC 协议必须以最小能耗提供最佳性能，这是因为每个传感器节点的有效能源是有限的。传感器网络 MAC 协议经常用性能特征作交换，如吞吐率和低等待时间，其目的是减少能耗以延长传感器节点寿命。减少能耗的最普通方法是在高能耗的激活状态和低能耗的睡眠状态之间自动转换。当睡眠时，传感器网络中的传感器节点不起作用，所以当不需要传感器节点起作用时就让它睡眠，能明显地延长节点寿命。为了把网络寿命延长到可接受水平，传感器节点唤醒时间的占空比在许多传感器网络应用中经常低于 1%。进一步的节能来自于传感器网络处于多跳形式的操作运算。在这里，传感器节点要为其他的节点向前传送信息到目标地。因为传感器网络是分布在一个很大的地理区域内，由于要正确接收一个信息需要的发送功率随距离呈几何性增加，典型的在 D^2 和 D^4 之间，所以 MAC 协议将要消耗太多的能量。传感器网络和传统的无线网络之间的应用也不同。传感器网络典型的应用包括环境监测、目标跟踪和感知。对适度的网络在正常工作时这两者消耗的能源小，但当事件发生时，能产生大量的通信量而消耗大量的能量。各种计划的传感器网络应用为协议设计者提出了挑战，因为每个应用都可能产生具有不同特征的信息量，对性能指标的要求有着戏剧性的差异。传感器网络内的信息与传统无线网络比较经常信息量很小。更小的信息量意味着来自信息源头的协议开支增加，MAC 协议不需要为传送典型信息保留长时间周期。

尽管传感器网络 MAC 协议和其他 MAC 协议之间有着本质差异，但也存在一些共同的问题和解决办法。有许多关于 Ad hoc 网络的研究成果可以用到传感器网络，这是由于它们都是作为能量受限的无线网络工作。无论如何，Ad hoc 网络着重于设备的移动性，而传感器网络通常被限制或不可移动。Ad hoc 网络设备特别具有更多的能源为它所用，就性能和资源来说，Ad hoc 网络处于无线局域网和传感器网络之间。无线网络中长期研究的问题，像隐蔽终端问题，在传感器网络中也存在。因此，协议设计者除了注意传感器网络的特殊问题外，还必须把握好这些问题。在因传感器网络中能量利用受到限制情况下，研究者还面临的挑战是解决本身就存在于传统网络中的问题。

2. 传感器网络 MAC 协议限制

在利用传感器节点的有限能源时，传感器网络 MAC 协议必须完成网络应用要求的功能。由于有限的能量利用，要做到对传感器节点操作给予严格的限制。应用和协议设计者必须明智地利用传感器节点的硬件资源，节约能量，延长网络寿命。传感器节点上有三个主要的硬件资源：发射器、处理器和传感器。工作期间，所有的 MAC 协议都要利用发送器和处理器，但是，根据协议设计和当前传感器节点的情况，它们工作在不同的水平上。此外为了正确操作，一个 MAC 协议设计可能需要配置传感器或设计额外的电路，如具有 GPS 全球定位系统的接收器。一个有用的 MAC 协议要为最小资源利用提供最高级的功能。目前，关于传感器网络 MAC 协议的大多数研究都集中在减少发送器的能耗上，因为发送器通常比其他硬件资源使用更多的能量。

设计者试图通过预防或限制冲突、串音、空闲收听和经常性开销来限制发送器能耗。传感器网络内因冲突引起的问题与其他无线网络是相同的。即性能限制和能源浪费。许多传感器网络的应用能够接受网络性能的稍许降低，因为它们有低的数据传输率要求和高的延时允许。因经常发生冲突而耗费能量将明显减少传感器节点的寿命。转发一个信息需要传感器节点让它的发送器以最高能级工作，与睡眠截然相反，耗费的能量是要转发的信息需要的最小能量的许多倍。对于不需要可靠链路层，因此也不需要可靠转发信息的传感器网络，冲突影响更小，但数据的丢失可能减少应用的精确性。几个传感器节点可以接收相同的发送，可能随着转发多次接收，尽管源端只准备发送给一个接收器。在这种情况下，不期望它听的接收器偷听了这个信息，接收和处理浪费了能源。MAC 协议可以限制但不能预防以某种形式发生的偷听。幸运的是，MAC 协议能够用偷听去推断有关无线信道的信息，如传感器节点可用性和连通状态，减少有效能量的损失。一旦它确定了信息是属于另一个节点，MAC 协议就可以提前结束接收这一信息，进入到睡眠状态以限制与偷听有关的能量损失。例如，如果信息格式包括了目标地址，随着信息的到达，发送和接收传感器节点就能够先获得这个信息数据，然后在传感器节点处理完这个信息后就能结束发送。

能量损失也发生在没有传感器节点发送信息，但临近的传感器节点试图要接收信息。在这种情况下，接收状态的传感器节点做的是空闲收听，浪费了在这期间发送器消耗的能量。在大多数的设计中，接收消耗的能量不如发送的多，但也是传感器节点的发送器处于睡眠状态耗能的许多倍。空闲收听可以解释为在某种情况下传感器节点能耗的主要部分。限制空闲收听的典型解决办法是如果传感器节点没有检测到信道上有任何活动，就用一个定时器来结束接收。注意空闲收听并不包括载波感知，这种载波感知是许多 MAC 协议为了正确操作所要求的。载波感知中，收发器要为 MAC 协议完成有效的工作，因此把载波感知看成为一种协议需求而不是能量浪费。MAC 协议需要的开支依赖于协议的设计和从增加的转换率到附加的信息通信范围。传感器网络 MAC 协议的典型开支包括同步信息、较长的连通信息和控制信息。协议开支服务于 MAC 协议的某些目的，也区分协议间的差别。例如，MAC 协议可以用同步信息把传感器节点组织在一起，或者让传感器节点根据接收的信号强度来估算距离。MAC 协议最通常的开支包括使用控制信息来解决隐秘的终端问题并保证可靠性。

　　MAC 协议设计者还必须考虑为传感器节点选择的收发器所能提供的功能。设计者通常考虑各种工作模式下的功率消耗，但其他特性也同等重要。大多数传感器网络的收发器，在接收模式下无论是接收的信息还是噪声，都消耗相同的能量。一个能用很低的功率收听信道信息的收发器，能够在正常花费在空闲收听方面节约大量的能量。然而低功率收听模式绝不可能像睡眠模式那样耗费很少的能量，如果正确的利用 MAC 协议，低功率收听模式对节能的影响较大。有多种节能态的收发器提供 MAC 协议灵活性的节省尽可能多的能量，一旦需要还可以快速响应。例如，大多数收发器都有一个睡眠状态，在这种状态下几乎所有的电路保持关断。睡眠状态要节约相当多的能量直到收发器转换到激活状态，睡眠期间收发器不做任何有用的工作。保持电路处于临界工作状态的近似睡眠状态的收发器让 MAC 协议也节省一些能量，但也允许它快速响应各种命令。MAC 协议设计者在构造协议防止违反协议时序时，也要考虑收发器状态转换次数。例如，一个协议试图要睡眠一个比状态转换时间更短的周期，协议可能误掉一次它在唤醒时期望发送的信息。类似的问题也出现在使用低精度的振荡器来减少传感器节点成本。有几个内在关联的因素影响传感器节点的发射半径。发射功率就是一个明显的例子：一般说来，具有高功率的收发器允许传感器节点以更多的能耗为代价实现更远距离的通信。一个发射器的有效调制方案对于一个给定的位误差率（Bit Error Rate，BER）也能影响发射范围。无论如何，已经有很多从很简单到很复杂的方法提出并使用。例如，简单的开关键控（On-Off Keying，OOK）和进制移相键控（Binary Phase Shift Keying，BPSK），复杂的直接序列扩频（Direct Sequence Spread Spectrum，DSSS）和超宽带（Ultra-Wide Band，UWB）。最后，收发器选择决定可能的有效位率，而调制方案、译码、协议开销降低了实际的可用数据率。

　　另一个 MAC 协议设计者关心的问题是，当与其他网络的无线设备比较时，传感器网络节点有限的计算资源和仅有的存储资源。很少有 MAC 协议设计者考虑正常工作时要求的处理能力，实际上一个复杂的 MAC 协议可能减少传感器节点花在睡眠状态的时间，或因为应用其他协议消耗有效处理时间和有限的处理能力。一个过于简单的 MAC 协议不可能相对于更复杂的 MAC 协议更加节能，复杂的 MAC 协议还能够适应信道条件、减少发送能耗。此外，复杂的 MAC 协议可以提供像分簇、拓扑估计这些其他协议要求的功能，这会比独立于 MAC 层的这些功能耗费的能量更少。MAC 协议设计者必须考虑它们的协议要求的处理资源，并保证它们提供的功能能够使传感器节点在应用层有效地完成任务。传感器节点有限的存储资源，它们的利用视乎要与处理器资源作许多权衡。一个维持复杂状态的 MAC 协议比起那些维持简单状态的 MAC 协议将占用更多的存储资源，但是跟踪传感器节点或信道信息可以让协议在其他方面节能，如减少冲突。传感器设计者利用好存储器就是为应用的数据收集、其他协议的控制结构和程序指令留出更多的存储空间。频繁的数据存储器访问使存储单元经常转换状态，增加了存储器电路能量消耗。传感器网络设计者要注重分布式算法而不是集中式算法。对于 MAC 协议，传统的资源分配和管理办法依靠的是集中式的全局信息，在传感器网络中不能很好地适应。此外，当传感器节点发送或前向传送控制信息，共享这些信息要耗费大量的能量。为了达到局部优化，协议设计者必须平衡在邻近的传感器节点之间共享这些信息与共享信息的成本之间的利弊。MAC 协议必须提供网络规模和传感器节点密度两者的可扩展性来支撑成千上万个传感器节点的传感器网络。

许多研究者已经认识到独特的工作环境和平台出现在传感器网络中，并为它们提出了许多特定的 MAC 协议。关于传感器网络 MAC 协议一般有两种分类：调度式协议(Scheduled Protocols)和非调度式协议(Unscheduled，or Random Protocols)。调度式传感器网络 MAC 协议试图把邻近的传感器节点组织起来，使它们的通信按一种顺序方法发生。最普通的调度方法是采用 TDMA 时分多址的方法组织传感器节点，在这里一个独立的传感器节点利用一个时隙。自组织的传感器节点以同步和状态分布为代价，提供减少冲突和信息重发的能力。非调度式协议试图通过允许传感器节点用最小复杂度工作以节省能量。

绝大多数的传感器网络 MAC 协议在限制能量方面都有些重叠。节省能量最普通而有效的方法是当节点不工作时收发器和处理器处于低功耗的睡眠状态。用这种方法，传感器节点消耗的能量很少，典型情况下，比处理器进入忙碌的循环和收发器进入空闲收听状态少几个数量级。有些传感器网络 MAC 协议可以按确定已知持续时间周期性睡眠，或者随机时间长度睡眠，时间长度取决于一个传感器节点如何与其他传感器节点相互作用。传感器节点的任务周期相当于传感器节点保持处于激活状态的这部分时间。维持高任务周期的传感器节点对信息交换和网络变化的响应更快，但它是以更高的速率消耗能量。一个低任务周期的 MAC 协议能够节省能量，但低激活水平限制了协议的复杂性、可能的网络容量和信息等待时间。MAC 协议经常把任务周期作为网络协议的一个参数。

6.3.4　非调度式 MAC 协议

非调度式 MAC 协议具有简单性的优点。它没有维持和共享状态，一个非调度式 MAC 协议消耗很少的处理资源，有更小的内存占有量，减少了传感器节点必须传送的大量信息。此外，使得已加入网络的传感器节点通过重新部署或移动，能够迅速的参与更多的任务。一般说来，因为传感器节点不能协调发送信息，非调度式 MAC 协议要经受更高的冲突率，空闲收听和串音干扰。为了减轻这些普通问题的影响，要求非调度式 MAC 协议使用一些复制技术，如信道感知和信道预约信息，这样可以补偿传感器节点的性能。非调度式 MAC 协议也允许传感器节点更容易适应通信条件的变化，因为信道预约能以一个较好的时间间隔出现，传感器节点能够适应因信道而起的竞争。非调度式 MAC 协议能够减少或消除资源分配延时。非调度式 MAC 协议公平性是一个问题，因为不像调度式 MAC 协议，它没有一种能够平衡信道利用的机制。

1. 多收发器的 MAC 协议

由于收发器每次使用要消耗太多的能量，在每个传感器节点上使用多信道收发器效果更糟。但是，有几种设计方法能减少传感器节点净耗能量。例如，在收发器之间通过分开传感器节点的通信需求使每个收发器以更低的任务周期工作。多收发器也能使传感器节点在分开的信道上同时进行通信，必要的话，将增加带宽或减少响应时间。这些益处要通过附加硬件需求才能实现。首先，收发器甚至是在睡眠时也不断消耗能量，因此增加收发器就增加了能量消耗，这个能耗是传感器节点不能依靠硬件来控制的。第二，多收发器系统必须拥有接收和处理来自多信道数据的计算能力。为此，多信道收发系统需要比单信道收发器更高性能的通信机制和处理器能力。最后，增加多信道收发器和更强大的处理器可以降低节点的总能耗，但是，要求传感器节点设计这样的能源，当节点的所有硬件同时一起工作时要能提供足够的能量。为了使多收发器 MAC 协议可行，协议和设备设计者必须克服出现独立利用收发器的能量损失，传感器节点复杂性和硬件成本提高带来的问题。

能量有效的信令多址访问协议（Power Aware MultiAccess with Signaling PAMAS）[28]，当初是为 Ad hoc 网络提出的，它试图通过利用两个收发器节约能量，一个用于数据信息，另一个用于控制信息。通过分离开信息传送设备能够防止大量的信息冲突，并能够节省大量因未分离开信息传送设备而产生的重传和串音消耗的能量。控制信道交换使用像 MACA 那样的 RTS 和 CTS 信息。图 6-12 表示的是 PAMAS 的数据传送。在 PAMAS 中，信息传送始于通过发送一个 RTS 信息的源端到控制信道的终端。通过检查数据和控制信道，终端决定它是否应发送一个 CTS。如果终端没有检测到数据信道上的活动，也没有听到新近的 RTS 或 CTS 信息，它就用 CTS 信息响应。没有及时收到 CTS 信息的源端将使用延时算法等待，一旦源端接收到 CTS 信息，它就发送数据信息到数据信道。终端一旦看到是接收数据，它就开始发一个忙音在控制信道上，以便邻近的节点知道它们不可能使用数据信道。PAMAS 把忙音作为两倍 RTS 或 CTS 信息长度的一个信息。而且在数据接收期间，终端将随时发送忙音，它接收 RTS 信息或检测控制信道上可能损坏 CTS 信息回答的噪声，防止进一步的信息发送。PAMAS 设备节能有两种情形：一种是设备没有数据传送且邻居设备开始发送给另一个设备；另一种是出现传感器节点有两个以上邻居节点进入通信。第一种情形节省能量，是因为设备不能接收一个具有讹误的数据信息，因此节点关断了收发器电源。第二种情形节省能量，是设备自身或它的接收邻居处于冲突则不会接收或发送信息。由于每一组数据信息都有发送持续时间，使得一个侦听开始信息的设备能够计算要睡眠的时间长度。如果设备意识到正在进行信息传送，它就必须确定要睡眠的时间长度。要做到这一点，设备要发送一个试探性的请求信息到控制信道上，请求信息发送是否在一个特殊的时间间隙结束。当前正在传送数据的任何邻居节点，都要以剩余发送持续时间回答控制信道。如果试探性设备收到了回答，它就知道要睡眠到包括回答的时间。试探性设备可能收到多个响应以致冲突，在这种情况下，设备必须在间隔期间执行一个对分搜索，直到它收到一个单一响应为止。由于一个成功的发送仍然可能与一个邻居设备并行发生，所以只有没有信息传送的设备需要使用这种试探处理，在这种情况下，设备发送一个表示是正常状态和邻居接收器的 RTS 信息，如果要发送信息的设备存在，就用忙音响应，这个忙音包括信息接收的剩余时间。无论怎样，设备都可能由于信息冲突接收到噪声，在这种情况下，设备就以轮询的方式对邻居收发器和接收器进行测验。然后设备就能够以它的邻居的最长发送或接收时间睡眠。

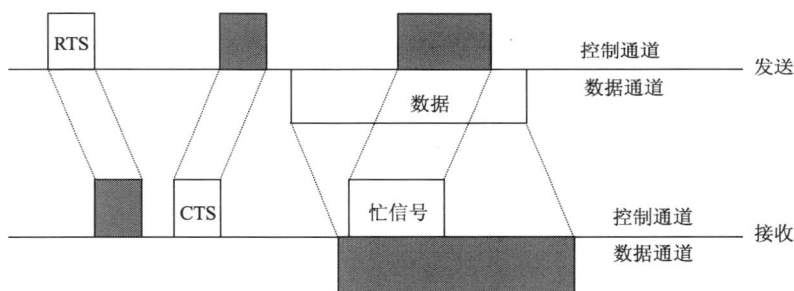

图 6-12 PAMAS 数据传送

PAMAS 最大的缺点是多路无线设备需求。包含在设备上的多路无线设备将增加能耗和传感器网络的设备成本。此外，对两个无线电存储访问增加 MAC 协议的复杂性。小的信息量存在于大多数传感器网络中也减少了数据和控制信息发送的优势。

2. 多路径 MAC 协议

信道访问的一种技术是把 MAC 协议简化到这样一种程度，以致它在延时后发送信息，排除控制信息，载波感知要移去涉及这些操作的信息。多路径 MAC 协议都不使用控制信息，而是沿多个不同路径传送信息。MAC 协议是在每次发送前，通过减少具有随机延时的冲突的概率来节省能量。用这种方法，接受向前传送信息的传感器节点并不都同时发送，从而增加了成功发送的概率。要路由一个信息，使用一种早期在网络层提出的概率性前向传送协议(the Probabilistic Forwarding Protocol，PFR)。

3. 以事件为中心的 MAC 协议

传感器网络具有多种应用需求和信息传送类型，因此，MAC 协议可以通过利用网络内部的独特性最大限度地节省能量。例如，对于目标监测传感器网络在大多时间的通信量很少，但当一个感兴趣的事件发生时，可能产生相当大量的数据。基于恒定信息通信量的假设进行操作的 MAC 协议，当传感器网络不监测目标时将浪费能量。此外，根据某些应用参数，如前向最大报告数或可接受的等待时间，节能可能来自于在向前传送信息时起主要作用的 MAC 协议。

4. 基于遇会的 MAC 协议

MAC 协议，特别是非调度式 MAC 协议，面临必须进行通信唤醒传感器节点的难题。在非调度式 MAC 协议中，传感器节点可能不知道它的邻居节点的睡眠计划，因此，它们必须以某种方式带着信息进行试探，直到邻居节点醒来。一旦正在通信的传感器节点相互之间适时遇会，它们就能够开始信息传送。基于遇会的 MAC 协议的节能仅来自同步化邻居节点，当恰如所需并且仅在整个发送期间。无论如何，通信模式支配着是否是遇会机制比频繁的调度传感器节点消耗的能量更少，非调度式 MAC 协议具有很少的、随机的信息产生模式。

上面讨论说明了非调度式 MAC 协议的简单性，是为了在传感器节点中最小化资源利用。无论如何，它们通常比调度式 MAC 协议提供的功能更少。因此，必须有另外的协议来完成必需的工作。为通信协调邻居传感器节点，就是调度式 MAC 协议隐含要解决的问题,而这在非调度式 MAC 协议中成为一个主要的功能。因为资源约束或只需要有限的功能的最终用户可以找到最好选项的非调度式 MAC 协议。

6.3.5 调度式 MAC 协议

调度式 MAC 协议是通过协调具有共同计划的传感器节点实现节能的目的。由于如频率和码分这样的多路访问将增加传感器节点成本和能量需求，已提出的大多数协议使用（Time Division Multiple Access，TDMA）时分多址的某些格式。时分多址是把时间分割成周期性的帧，每一个帧再分割成若干个时隙向基站（Base Station）发送信号，在满足定时和同步的条件下，基站可以分别在各时隙中接收到各移动终端的信号而不混扰。同时，基站发向多个移动终端的信号都按顺序安排在预定的时隙中传输，各移动终端只要在指定的时隙内接收，就能在合路的信号中把发给它的信号区分并接收下来。

通过制定一个工作机制，MAC 协议就可以弄清楚哪个传感器在任意时刻要利用的信道，这样就可以限制或消除冲突、空闲收听和串音。不参与信息通信的节点就可以进入睡眠模式直到它有工作要完成或需要接受一个信息。此外，MAC 协议能共享通信或状态信息，以便一些特殊的传感器节点能优化能耗。例如，具有重要的信息通信的节点，或者是那些大量积压的信息在时隙分配时可能需要特别优惠。通过共享传感器节点中的状态也可能简化信息管理，让传感器网络中存在一种更高级的公平性。

这些优势是以增加创建和维持一个调度计划的信息量为代价。节点的移动、重新部署和失效都使调度计划的维护复杂化。为了利用信道，进入网络的传感器节点必须等待直到它们知道可能加入调度计划中。此外，某些延时存在于传感器节点失效的时刻和邻居节点重新分配它的资源的时刻之间，这样有些资源可能出现未用并导致不必要的延时或丢包。在传感器节点出现不正确状况下，调度式MAC 协议还必须正常工作。MAC 状态的分段可能出现信道冲突的情况，调度式MAC 协议具有克服这个问题的优势。同步成为调度式 MAC 协议的重要问题。调度式 MAC 协议还必须减少增加的等待时间和有限吞吐量的影响。特殊情况下每一个传感器节点只能在一个很小的时间内访问无线信道。基于 TDMA 的 MAC 协议，传感器节点可能访问信道的时间很大程度上取决于时隙长度。典型的，在那个间隙只有一个传感器节点发送，这样任何未用的时间都成为浪费。减少时隙长度可以减少浪费，但也减少了不进行分段存储的最大信息长度。希望比当前能够掌控的保留时隙更高的速率传送信息的传感器节点必须与调度计划上的其他传感器节点协调已获得要进行访问的额外时隙。这样，每一个传感器节点都必须让信息排队直到它有一个信道发送信息。

1. 基于优先权的 MAC 协议

Bao 和 Garcia-Luna-Aceves[29]在根据一个随机函数导出的链接或传感器节点的优先权以信道访问为基础提出了一系列协议。传感器节点的标识和时隙数作为输入提供给随机函数，随机函数即可确定两跳内邻居节点的优先权值。协议利用了让具有最高优先权的节点访问的思想。例如，用节点的 Ids 作为节点对象的唯一标识，对于标识为 i 的传感器节点，时隙为 t 时的优先权为

$$p_k^t = \text{Rand}(i \oplus t) \oplus i \tag{6-11}$$

协议通过包括在数据信息中的邻居信息和每个传感器节点关于它的两跳邻居的维持信息来共享拓扑信息。

2. 基于通信量的 MAC 协议

因为 MAC 协议能够工作在宽泛的条件，适应网络条件的 MAC 协议在提供响应性能时要消耗一小部分能量。偶尔产生大量通信流量时，传感器网络要保证最好的工作状态，就要基于信息通信条件修改协议操作。因此，MAC 协议必须评估和共享邻居具有的通信信息，利用这些资源来维持当前的信息流态，纠正网络的不正常状态。

TRAMA(Traffic-Adaptive Medium Access)[30]协议试图要平衡调度式协议和非调度式协议的优点和不足，其方法是为较长的数据信息提供无竞争的调度时隙，

为小的、周期性的控制信息提供随机访问时隙。TRAMA 通过使用 3 个子协议来实现它的目标：共享拓扑信息的邻居协议(Neighbor Protocol，NP)；允许节点共享它们已经排列好的信息流通量队列的调度计划交换协议(Scheme Exchange Protocol，SEP)；以及适应性选举算法(Adaptive Election Algorithm，AEA)，它是要基于拓扑和信息流通条件，为数据传送选择要使用的时隙。TRAMA 内部框架由几个时隙组成，在这儿随机访问时隙出现在框架的开始，调度计划时隙出现在结尾，如图 6-13 所示。

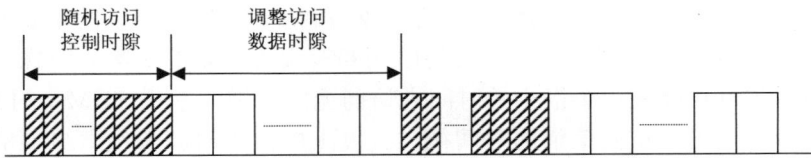

图 6-13　TRAMA 时序结构格式

3. 基于分簇的 MAC 协议

分簇的传感器网络具有几个优点：第一，局部共享信息在全局状态分布和贪婪算法之间找到了平衡，全局状态分布对于传感器网络的动态特性将消耗太多的能量，贪婪算法不依赖其他传感器网络节点而优化传感器节点性能。由于协议可以把一个簇看作为一个整体，分簇也让协议更容易规范化。第二，分簇能区分出局部信息通信与全局信息通信，实现节能数据融合和传感器节点任务组织要求局部信息通信，而信息前向传送需要信息通信跨越簇的界限。最后，分簇可以让传感器节点完成某些功能，如在全局范围内要消耗大量能量的局部范围内的同步。无论如何，这些优点是以协调信息成本开销为代价得到的。管理簇的那些传感器节点—簇头必须协调好簇内的传感器节点以保证减少平均能耗。协议经常轮换传感器节点中的簇头功能，达到平均分布由于管理操作引起的额外能耗。由于成簇和簇头分配算法必须适应于节点重新部署和节点失效，这种节点的动态性进一步复杂化了分簇协议。分簇协议设计者必须考虑如何经常性的改善簇，簇改善的范围，因改善簇而节能的可能性这几者之间的平衡。

1)LEACH 协议

LEACH 协议为数据采集传感器网络提供了一个带有成簇算法的 MAC 协议。为了节省能量,LEACH 把传感器节点分组成簇,簇内的一个特定传感器节点成为簇头,簇头协调簇内任务，前向传送簇内产生的数据。为了均衡整个网络的能耗，当目前簇头的有效能量资源低于簇内其他节点时，簇头角色就在簇内传感器节点中轮换。在每个簇内，传感器节点使用直接序列扩频 DSSS 通信以限制与其他簇的干扰。每个簇使用一个与邻居簇不发生干扰的扩频序列，簇头使用一个与网关节点通信的保留序列。LEACH 算法已在 3.5.2 节进行了详细介绍。

2) GANGS 协议

GANGS 协议也是把传感器节点分组成簇，但不像 LEACH 协议，GANGS 协议为簇内通信使用了一个非特定的竞争协议，簇头之间采用 TDMA 通信[31]。图 6-14 表示的是 GANGS 的通信机制。

GANGS 并不假设传感器节点能与网关节点通信，所以簇头必须使用一个单独的路由协议，在传感器网络中形成一个路由主干网。GANGS 分两步形成簇：第一步是簇头选择，第二步是把簇连接在一起。在第一阶段，每个传感器节点与它的邻居共享它的能量级别。任何一个具有更多能源的节点都可离开它的所有邻居节点，宣布自己为簇头并发送一个信息通告邻居节点，第二阶段，一个非簇头节点可以存在于三种情形之一：能接受单个簇头通告，能接受多个簇头通告，或不能接受任何簇头通告。如果传感器节点只接收一个簇头通告，它就加入这个簇。对于那些接受了多个簇头通告的传感器节点，就选择具有最高能量的簇头成为它的新簇头。当传感器节点没有接受到任何通告时，它就发送一个信息到具有最多能源的那个邻居请求簇头服务，那个邻居节点就成为新簇头。如果存在一个网络，重复这个过程就会形成一个簇头连通的分簇传感器网络。随着簇头任务的完成，因为增加了它的功能，它们最终会比其他邻居节点具有更低的能量。当这种情况出现，传感器节点就再进行一次分簇过程，以使整个传感器网络节点的能量均衡化。

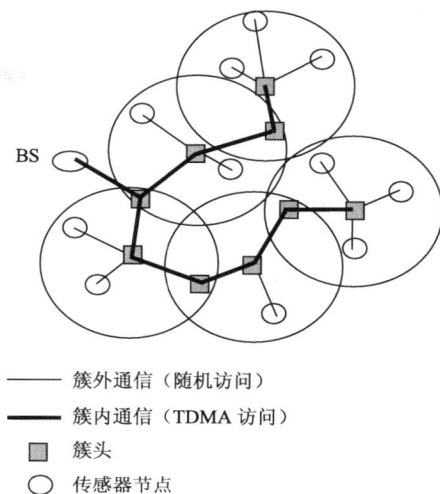

—— 簇外通信（随机访问）
—— 簇内通信（TDMA 访问）
■ 簇头
○ 传感器节点

图 6-14　GANGS 通信原理

为了分配时隙，簇头要完成一个分布式算法，其结果是每一个簇头都有一个内部发送的时隙并且知道每个邻居使用的时隙。每个簇头得到一个 1 和邻居数目之间的随机数，把这个数加 1 并发送给它的邻居。如果两个邻居簇头得到的是同样的数，它们就通过选一个未用过的数再试一次。如果无冲突发生，簇头就用所选择的时隙发送数据。簇头确定了 TDMA 调度计划后，它们就在簇内分发信息，以便其他的传感器节点为了发送它们的数据可以在帧的末尾使用未分配的时隙。GANGS 假定整个网络确定的帧长度大于簇头联通性期望的最大值。

GANGS 也有它的缺点，簇形成和重构消耗能量、花费时间。GANGS 中时隙的组织构架也引起能源浪费，这是因为不是所有的时隙都可得到利用。GANGS 协议为前向信息传送提供了一个无竞争的信息传送，而保留了簇内随机访问协议的灵活性和简易性。此外，对于正常工作，GANGS 要求的计算资源比 RAMA 少得多，在传感器节点上比 LEACH 的需求更少，这样就允许 GANGS 运行在更小更价廉的传感器节点上。

　　3) TDMA 协议

　　第三种分簇 MAC 协议是分组 TDMA[32]，它是通过把传感器节点分成能够同时进行通信的若干个组，从而限制冲突，提供最高通道利用率。分簇 MAC 协议，基于拓扑信息、周围的目标节点和对不同传感器节点组分配的 TDMA 时隙，通过把传感器节点组织成若干簇来实现，以便各组之间不发生冲突。每一次，在数据的调度时隙阶段，当有剩余发送的任何数据时，一个传感器节点子集就担当接收器的作用，通过当做接收器的传感器节点集的循环，所有的节点都能通信。分组的 TDMA 在几个方面使得它不同于其他协议。首先，分组 TDMA 组织起这些节点，以便来自不同组的通信不受干扰，但它不能定义一个特定信息的交换协议。传感器节点也必须使用一个传统的 MAC 协议来调处组中可能发送到目标站的那个发送器，以便分组 TDMA 可以为另一个 MAC 协议提供支持，或者将来的 MAC 协议可以合并某些功能。也就是说，分组的 TDMA 并不把传感器节点分组成严格意义上的簇群，反而是把周围的传感器节点组织起来，所以，常规意义上的簇群需用的协议不能对分组 TDMA 的业务操作施加影响。

　　(1) S-MAC 协议

　　传感器网络 S-MAC 协议[33]，分簇传感器节点是通过同步化邻居节点的睡眠调度来实现的。因此，S-MAC 形成的虚拟分簇而不是严格意义上的分簇。如果需要的话，当传感器节点在尽情睡眠时可以唤醒来进行通信。为了发送信息，传感器节点在处于时序周期的激活期间，使用 RTS/CTS 握手协议。

　　(2) TDMA MAC 协议

　　TDMA 为传感器网络 MAC 协议提供了一个诱人的解决方案，因为减少了冲突和空闲侦听，能够节省相当多的能量。有了基于 TDMA 的协议，可以清晰简单的调度信息流量。但是，为传感器网络设计 TDMA 协议时，会出现几个并发症。因为传感器节点不能在大规模上进行协调，缺乏引入大的负载能力，时隙分配成为难题。必须有同步化功能以便纠正由于某个传感器节点的时间漂移产生的时间错误。严谨的 TDMA 协议也应承受轻通信流量期间的信道利用率问题。

　　传感器网络的 TDMA MAC 的协议家族包括 EMACS[30]，LMAC[34]等，它们有许多相似点，但传感器节点相互作用不同。所有的协议都把每一个时隙分成服务与特殊目的若干段。传感器节点中的时隙分配方法完全相同，这个方法是通过传感器节点得到一个不由邻居传感器节点控制的随机时隙。在每个传感器得到任何时隙时，都要发送一个控制信息。用这种方法，传感器节点能够维持一种宽松的同步，并告知前向传送数据的邻居节点。图 6-15 表示的是 EMACS 和 LMAC 协议时隙的框架格式。

（a）EMACS 框架格式

（b）LMAC 框架格式

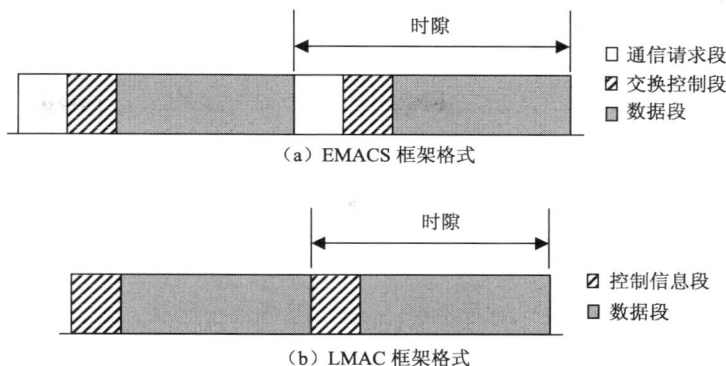

图 6-15 EMACS 和 LMAC 框架格式

为了启用一个时隙拥有权,网关节点通过发送一个控制信息实现一个时隙控制。邻居节点则是随机的获得自己拥有的时隙,并在它拥有的那个时隙期间开始传送信息。如果发生冲突,邻居节点就在它的时隙期间发送它们的控制信息中注明有冲突发生。时隙拥有权在互不干扰的范围内随重用时隙的传感器节点传播到整个网络。

传感器网络调度式 MAC 协议,大多数是通过减少冲突、限制空闲侦听并为其他的协议预备功能实现低能耗,但是,它们需要传感器节点要扩充能量来共享状态和维持同步。此外,对于传感器网络经受组织和重组织的程度和频度在很大程度上影响它的性能。无论如何,调度式 MAC 协议可以允许传感器节点保持长周期的睡眠时间,比起那些使用无调度式的协议来,由于传感器节点掌握有它的邻居节点某些信息,可以更轻松地前向传送信息。

6.3.6 未来展望

传感器网络的 MAC 协议领域未来的研究存在许多方向。当前的一个方向是研究 MAC 协议与其他层的结合,使用交叉层或联合层设计来增强性能。在协议层之间共享信息可以允许协议来协调和限制操作的资源需求。如与路由层、物理层和应用层共享 MAC 层资源。一个协同性的调度式 MAC 和主动性的路由层能够使用单一信息来共享传感器节点中的任何必要的状态,分发路由信息。把状态维持信息结合在一起,传感器节点能够减少处理控制信息消耗的总能量。IEEE 802.15.4 为这一性能提供了有限的方法。此外,为了根据比网络拓扑更多的信息来选择最好的信息路由,MAC 协议还可以与路由协议共享状态信息。而且,要考虑这样一个传感器网络,它要产生各种信息通信类型,有低等待时间和高可靠性的一些需求,网络能延时或终止信息。如果应用共享了一个信息中的数据描述说明,MAC 层就能够使用 ACKs,并且针对一个给定的成本,优先提供最好的受益。交叉层设计有许多优点,但同时有着有限的普适性和互操作性有限的缺点。一个需要通过另外的路由协议共享状态的 MAC 协议,除非用户选择了共享那些信息的路由协议,它是不能工作的。在传统的网络中,设备这种严格的能源和计算能力限制，交叉层设计的有益之处并不比互操作性更强。无论如何，在传感器网络中需要平衡与每一个应用有关的优势和独特需求使得交叉层设计非常诱人。

　　为了进一步节能，传感器网络的 MAC 协议还要适应网络拓扑和信息传送特性的变化。一个工作良好的 MAC 协议，当传感器网络信息传送流量轻时，而不能适应变化的信息传送形式，可能成为效率低下的。没有适应性的传感器节点可能比实际需要消耗更多的能量，并且降低了实用性或传感器网络的寿命。适应性通常包括复杂性，随着 MAC 协议的发展，它又带来了各种各样的问题，特别是如果 MAC 协议变化多样，问题变得更复杂。所有的复杂性都增加了传感器节点上处理器和存储器的资源需求，并且还增加了传感器成本。这种变化的程度也影响具有一定适应性的 MAC 协议的复杂性。一个具有许多可能设置和工作点的 MAC 协议能够比仅有几个选项的 MAC 协议能够工作得更有效。涉及整个传感器网络的工作寿命，拓扑将发生变化。传感器节点移动，能量消耗，传感器节点重部署和物理环境的改变，都会引起 MAC 协议去检测不同的传感器节点与它们的通信。当所有的传感器网络的MAC 协议都要适应这种变化时，估计它们这样做会影响协议的性能。节能方面的进一步改进可能是硬件的先进性。让 MAC 层具有控制低级别通信能力的一个收发器允许 MAC 协议去适应物理环境的变化。希望发送信息到邻近接收者的传感器节点能够减少用于传送信息的功率。如果通信的传感器能够协调并改变所使用的调制方案，MAC 协议可以进一步节省能量。类似于其他的节能思想，增加更复杂的硬件会适合更复杂的 MAC 协议，同时增加传感器节点的成本。一般说来，MAC 协议设计不考虑流量控制。由于传感器节点能量有限，MAC 协议可以采取措施以保证信息接受者有足够的存储器来存储预期的信息。这样能够减少缓冲溢出的信息丢失，通过限制网络中的瓶颈效应能够改进整个网络性能。提供这些功能将需要以某种方式与邻居共享传感器节点信息资源。信息共享的程度和范围，连同如何分发信息，都成为未来研究的可能性。

6.4　时钟同步

　　时钟同步技术是分布式系统的重要组成部分，为网络中节点的本地时钟提供一个统一的时间尺度。由于所有的硬件时钟都是不完美的，所以传感器节点的本地时钟彼此间存在一定偏差。对于需要协同工作的传感器节点来说，统一的时间尺度是必要的。时钟同步是 WSN 的一项重要支撑技术。传感器网络自身协议的运行及基于其上的应用，如：标记数据采集时间、基于 TDMA 调度机制的 MAC 协议、休眠唤醒节能机制、节点定位、数据融合等，都对网络中节点的时钟保持同步提出了新的需求[35]。

　　WSN 中节点众多，节点的能量、带宽、处理能力等相对受限，这就要求时钟同步算法必须具有扩展性好、低通信开销、低计算复杂度等特性。要达成整网时钟同步，时钟同步算法还必须提供多跳同步支持。不同应用对同步精度、同步保持时间的长短、同步区域的大小需求各不相同,如协同休眠等需要全网时钟同步精度一直保持毫秒级;而对于目标跟踪类应用只需要目标临近的局部节点保持微秒级同步精度。

6.4.1 传统时钟同步技术

目前广泛用于传统网络的同步技术主要有 GPS 和 NTP。GPS 可提供纳秒级同步精度,但其成本较高、能耗较大,且要求与卫星间具有直线可视路径,因此在建筑物内部、水下及恶劣环境中难以正常工作。Internet 的同步协议 NTP 采用 C/S 模式,通过双向分组交换获取时钟误差,使客户端与时间服务器达到同步。但 NTP 针对静态网络,协议复杂度和能耗较高,精度有限并要求具有网络基础设施,因而无法适用于动态拓扑、能量有限、精度要求高、无网络基础设施且只能使用轻量协议的传感器网络。

6.4.2 传感器网络时钟同步基本原理

传感器网络中节点的本地时钟是依靠传感器节点的硬件时钟,即一个特定频率(标称频率)的晶振和一个计数器组成,通过对自身晶振中断计数实现。晶振的频率误差和初始计时时刻不同,使得节点之间本地时钟不同步。如果能估算出本地时钟与物理时钟的关系或本地时钟之间的关系,就可以构造对应的逻辑时钟以达成同步。目前的逻辑时钟同步算法同步精度已达到 $1\mu s$,可以满足传感器网络中绝大部分应用的需求。如果需要纳秒级精度,则需要采用锁相环等硬件实现物理时钟同步,但此类应用很少。

1. 节点时钟模型

节点 i 的本地时钟可以表示为

$$c_i(t) = \frac{1}{f_0}\int_0^t f_i(\tau)\mathrm{d}\tau + c_i(t_0) \tag{6-12}$$

式中,t 为真实物理世界的时间(Real Time),即协调世界时 UTC;t_0 为开始计时的时刻;f_0 为晶振的标称频率;$f_i(\tau)$ 为 t 时刻晶振的实际频率;$c_i(t_0)$ 为计时开始时刻 t_0 的时钟读数,表示时钟的初始设定值。对于实际频率等于标称频率的理想时钟,其时钟为 1 且 1s 的持续期与 UTC 相同。

尽管节点时钟的晶振频率随时间变化,但在相对较短的一段时间内(几分钟或几十分钟)可以认为频率是稳定不变的,因此可用一个频率固定的晶振近似表示节点时钟的晶振。

积分式(6-12)可近似表示为

$$c_i(t) = a_i(t - t_0) + b_i \tag{6-13}$$

式中，$a_i = dc/dt = f_i/f_0$ 为相对频率，即实际频率与标称频率的比值，dc/dt 定义为时钟速率；有 $1-\rho \leqslant a_i \leqslant 1+\rho$，$\rho$ 为绝对频差上界，由晶振生产厂家标定，一般 ρ 多在 1～100ppm，即一秒钟内会偏移 1～100μs；$b_i = c_i(t_0)$ 为初始计时时刻的时钟值。

2. 节点逻辑时钟

任一节点 i 在物理时刻 t 的逻辑时钟读数可以表示为

$$Lc_i(t) = la_i c_i(t) + lb_i \tag{6-14}$$

式中，$c_i(t)$ 为当前本地时钟读数；la_i 为频率修正系数；lb_i 为初相位修正系数。

采用逻辑时钟的目的是对本地时钟进行一定的换算以达成同步。为了同步任意两个节点 i 和 j，构造逻辑时钟有两种途径：根据本地时钟与物理时钟等全局时间基准的关系进行变换。由式(6-13)反变换可得

$$t = \frac{1}{a_i}c_i(t) + \left(t_0 - \frac{b_i}{a_i}\right) \tag{6-15}$$

将 la_i，lb_i 设为对应的系数，即可将逻辑时钟调整到物理时间基准上。

另一种途径是根据两个节点本地时钟的关系进行对应换算。由式(6-13)可知，任意两个节点 i 和 j 本地时钟关系可表示为

$$c_j(t) = a_{ij}c_i(t) + b_{ij} \tag{6-16}$$

式中，$a_{ij} = \dfrac{a_j}{a_i}$，$b_{ij} = b_j - b_i \times \dfrac{a_j}{a_i}$ 将 la_i、lb_i 设为对应的 a_{ij}、b_{ij} 构造出一个逻辑时钟，即可以与节点 j 的时钟达成同步。

以上的两种方法都估计了频率修正系数和初相位修正系数，精度较高；对于低精度类应用，还可以简单地根据当前的本地时钟和物理时钟的差值或本地时钟两两之间的差值，进行修正。

3. 同步思想

定义时钟漂移(Clock Drift)ρ 为节点时钟速率 a_i 与理想时钟速率 l 的比值，即 $\rho_i = a_i/l$。时钟偏移(Clock Offset)定义为节点时钟与理想时钟在真实 t 时刻的时钟读数差值，用 $o(t) = c_i(t) - t$ 表示。利用式(6-13)比较两个节点的硬件时钟可以得到它们的相对关系为

$$c_1(t) = a_{12}c_2(t) + b_{12} \tag{6-17}$$

两节点时钟的相对漂移为

$$\rho_{12} = \frac{\rho_1}{\rho_2} = \frac{a_1}{a_2} = a_{12} \tag{6-18}$$

相对偏移为

$$o_{12}(t) = c_1(t) - c_2(t) \tag{6-19}$$

计时开始时的相对偏移为

$$o_{12}(t_0) = b_1 - b_2 = b_{12} \tag{6-20}$$

由此可看出两时钟同步的条件是相对漂移为 1，表示具有相同的运行速率；计时时刻相对偏移为 0，表示在该时刻具有相同的时钟值。

基于以上对于时钟漂移、时钟偏移两个参量和时钟相对关系的讨论，有两种同步思想：漂移补偿和偏移补偿。

对于偏移补偿，若两节点的时钟满足

$$\left| c_i(t) - c_k(t) \right| < \delta \tag{6-21}$$

则称节点 i、k 在 t 时刻时钟同步，其中 δ 是一个小正数，称为同步精度。

由相对偏移的定义式可知，通过直接调节本地时钟或构造同步逻辑时钟 $C_0(t)$ 对其中一个时钟进行偏移补偿，只要补偿后两节点时钟在 t 时刻的相对偏移 $O(t)$ 在同步要求的精度范围内，就认为实现了同步。

图 6-16 描述了偏移补偿的原理。可以看出，由于仅补偿了偏移，修正后的时钟 C_0（或逻辑时钟）在同步一次后由于自身漂移的存在仍会以原先的速率再次偏离同步时钟源 C_i 而产生误差，当误差超过精度范围时就需要进行再同步（Resynchronization），所以需要反复补偿才能维持同步精度。虽然该方法可以通过增加同步频率来提高精度，但同时也会大大增加节点的开销。

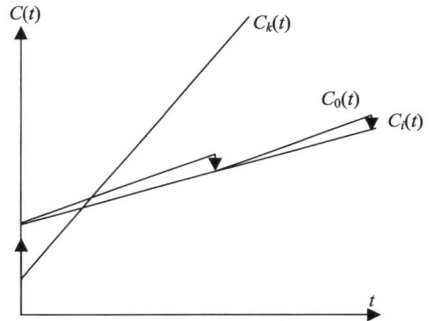

图 6-17 表示的漂移、偏移综合补偿原理，从中可以看出与偏移补偿过程的不同。在同步一次后，C_0 不再以原先的速率偏离 C_i，而是以一个非常接近 C_i 的速率继续运行，大大减小了时钟偏移增加的趋势。由于修正后的速率并不完全等于 C_i 的速率，因而一段时间后误差仍会超过精度范围，这时同样需要再同步。综合补偿法使再同步周期明显增长，延长了单次同步的有效时间，减少了通信开销。

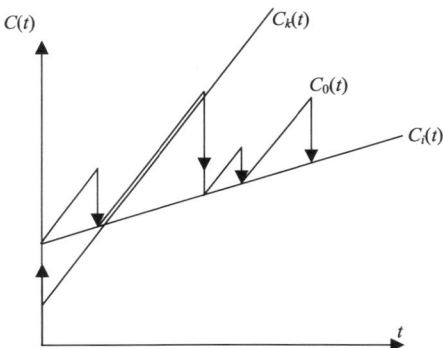

图 6-16　偏移补偿原理　　　　图 6-17　漂移、偏移综合补偿原理图

　　上面两种基本同步思想要求知道时钟的漂移和偏移，而传感器节点无法依靠自身获知这两个参量，须通过与时钟源节点交换同步分组获得时间标记，利用参数估计的方法将时间标记转换为漂移和偏移。因此这种基于分组交换的同步机制，其精度受到分组传输过程中产生的各种不确定性延时的影响。

　　正确地估算本地时钟与物理时钟或本地时钟之间的频率偏差和相位偏差，是构造逻辑时钟的关键。节点通过交互同步信令估算相应的参数，然而同步信令在网络上传输会产生不确定的延时，该延时的不确定性是影响同步精度的关键因素。时钟同步理论上的绝对精度上限为

$$\text{bound} \geqslant \frac{d_{\max} - d_{\min}}{1 - (1/n)} \tag{6-22}$$

式中，$d_{\max}$、$d_{\min}$ 和 n 分别为同步信息传输的最大延时、最小延时以及网络中的节点数目。正确估计同步信息的延时对提高同步精度意义重大。同步信息的延时如图 6-18 所示，为找出不确定性延时，将传输延时分为以下 6 个部分。

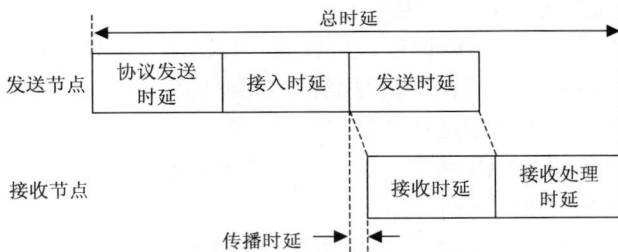

图 6-18　信息传送延时示意图

　　(1) 发送处理延时 (Send Time)：发送端构造同步分组所需时间，取决于操作系统调用开销和处理器当前负载，不确定延时。

　　(2) 信道访问延时 (Access Time)：分组等待无线信道空闲的时间，取决于当前网络流量，不确定延时。

　　(3) 传送延时 (Transmission Time)：分组按位传输至无线信道的时间，取决于分组长度和物理层发送速度，相对确定。

　　(4) 传播延时 (Propagation Time)：分组在无线信道上传输的时间。取决于节点间距离和障碍物的情况。通常在纳秒级，可忽略。

　　(5) 接收延时 (Reception Time)：接收节点的物理层按位接收分组并传递至 MAC 层的时间，与传送延时相对应并有重叠，相对确定。

　　(6) 接收处理延时 (Receive Time)：接收节点 MAC 层重做分组并传递至上层应用的时间。与发送处理延时相对应，不确定延时。

　　发送处理延时、媒体访问延时和接收处理延时为同步消息传输延时中的不确定

性因素，是影响同步精度的主要原因，在同步方案设计时应优先考虑进行补偿。

6.4.3 典型传感器网络时钟同步技术

传感器网络时钟同步技术有多种分类方法，其中最常用的一种是按照同步的双方在分组交换过程中的通信关系，主要分为两大类：基于接收端/接收端（Receiver/Receiver）的同步机制和基于发送端/接收端（Sender/Receiver）的同步机制。根据消息的传递次数后者又可分为单向和双向两种模式。

1. 基于发送端的同步机制

1）算法描述

一普通节点或网关节点充当时间基准点，发送包含当前时钟读数的同步信令，其他节点接收到该同步信令后，估算延时等参数调整自己的逻辑时钟值，以和基准点达成同步。节点在和基准点同步后作为新的基准点，一环环向外同步，直至覆盖整个网络。

2）代表性算法 DMTS[35]

DMTS 算法结合链路层打时间戳和延时估计等技术，消除了发送延时和接入延时的影响，算法简单，通信开销小。具体同步过程如下：MOTE 先发送前导码和同步码，而后才发送数据。链路层在发送前导码和同步码时，给同步信令包打上时间戳 T。接收节点收到前导码和同步码后，记录此时自己的本地时间 T_1，在开始处理接收到的数据包时，记录此时的本地时间 T_2。电磁波的传播延时忽略不计，则全部的延时为发送前导码和同步码的延时加上 T_2 和 T_1 的差，设前导码和同步码共有 n 位，发送一位所需时间为 τ，则接收节点的时钟调整为

$$T_r = T + n\tau + (T_2 - T_1) \tag{6-23}$$

DMTS 依靠分级实现多跳同步，信令包中附带节点的级别。基准节点的级别定为 0 级，其周围节点与基准节点同步后，级别定为 1 级，1 级节点再作为基准节点，向外发射同步信令包，以此类推，直到覆盖全网。为减少误差和避免回环，节点只向级别比自己低的节点同步。

但没有估计时钟的频率偏差，时钟保持同步的时间较短，也没有消除时钟计时精度对同步精度的影响。因此，其精度不高，不适用于定位等要求高精度同步的应用。

2. 基于接收端/接收端的交互同步机制

1）算法描述

第三方节点广播若干次同步信令，广播域内各节点利用本地时钟记录信令的到达时刻，然后各接收节点之间交互时间记录，而两两校准时钟。基于接收端/接收端

的同步机制利用无线通信的广播特性有效消除了发送端引起的不确定性传输延时，提高了同步精度。

2) 代表性算法 RBS[36]

RBS（Reference Broadcast Synchronization）算法利用了无线信道的广播特性，在单跳阶段参考节点向其广播域邻近节点发送一个参考信标分组，邻近节点记录分组到达时间将其作为参考点，然后两两交换记录，用记录时间的差值估算相对时钟偏移从而修正时钟实现同步。在多跳阶段，RBS 通过有效分簇划分广播域并选取公共节点以实现多个广播域间的同步。

3. 基于发送端/接收端交互的同步机制

1) 算法描述

类似于 NTP 算法，基于客户机/服务器架构。待同步节点向基准节点发送同步请求包，基准节点回馈包含当前时间的同步包。待同步节点估算延时并校准时钟。

2) 代表性算法 TPSN[37]

算法采用链路层打时间戳技术，避免了协议发送延时、接入延时和接收处理延时的影响，并通过构造分层网络实现多跳同步。TPSN 采用双向通信，可以把传送延时、传播延时和接收延时的影响降低 50%。其同步过程如下：待同步客户机 A 向同步服务器 B 发送同步请求并记录此时的本地时间 T_1，B 收到该包后记录本地时间 T_2，经过一段时间后发送同步回应包，附带此时时刻 T_3 以及 T_2，A 收到后记录本地时间 T_4。通过同步信令的交互，估算往返延时 d 和时间偏差 σ，可实现 $1\sim50$ms 精度计算机校时。

$$\begin{cases} d = \dfrac{(T_2 - T_1) + (T_4 - T_3)}{2} \\ \sigma = \dfrac{(T_2 - T_1) - (T_4 - T_3)}{2} \end{cases} \tag{6-24}$$

时钟同步是传感器网络重要支撑技术之一，其对于网络的运行和应用均有重要意义。现阶段传感器网络时钟同步技术尚不完善，单跳同步技术日趋成熟，而如何减小多跳同步中随跳数增加而累积的误差和通信开销是今后研究的重要方向。此外，传感器网络应能够适应动态拓扑结构，而目前的多数研究仍针对静态拓扑结构，仅考虑了节点故障和新节点加入导致的偶然性拓扑变化，而对移动节点的支持并不理想。随着传感器网络应用需求的不断拓展，网络对于节点移动性的要求将不可避免，甚至由于节点的移动而导致节点间的通信链路无法始终保持，如容延时网络（Delay Tolerant Networks，DTN）和间歇性连通移动网络（Intermittently-Connected Mobile Networks，ICMN）。如何将现有这些主要基于静态拓扑的同步技术扩展至动态拓扑的网络中也是一个值得重点关注的问题。

6.5　服务质量 QoS

QoS 是指当源端向目的端发送分组流时，网络向用户保证提供一组满足预先定义的服务性能约束，如端到端的延时、带宽、数据包丢失率等。显然，为了提供 QoS 保证，首要的任务就是在源和目的节点之间寻找具有必要资源来满足 QoS 要求的路由，其次对于特定的信息传送一旦路由被选择后，必须为该信息传送预留必要的资源（如带宽路由器中的缓存空间等）。提供 QoS 路由可以将这些任务结合在一起，这样 QoS 保证转换为 QoS 路由问题。

QoS 定义系统的非功能化特征，代表用户和服务间有关信息传递质量的约定，是网络业务性能的总体效果。服务是网络提供给用户的业务。服务质量有两层含义：从用户来看，它是用户对网络提供服务的满意程度；从服务来看，它是网络向用户所提供业务的参数指标。WSN 具有面向应用、以数据为中心的特点。因此，对其 QoS 的需求分析可从用户对应的应用层面和服务对应的网络层面来考虑。

在应用层面，尽管 WSN 在不同应用环境下的具体功能要求不同，但仍可抽取并定义其基础功能，包括：

(1)给定区域中目标对象的属性值测定；

(2)感兴趣事件的检测和相关参数估计；

(3)对目标对象的分类和识别；

(4)对目标对象的定位和跟踪。

因此，可定义网络感知覆盖率、事件检测成功率、目标分类识别成功率和目标定位误差等指标作为应用层 QoS 的度量。

在网络层面，可从数据分发模式来分析，WSN 主要有查询驱动、事件驱动和连续传送 3 种模式。查询驱动模式，由观测节点发起，匹配该查询的传感节点将感知数据发往观测节点，属于一对多通信。该模式常用于交互式场景，对数据传输强调及时性和可靠性。事件驱动模式，由传感节点发起，发现感兴趣事件后立即向观测节点报告，属于多对一通信。该模式常用于事件检测场景，对数据传输同样强调及时性和可靠性，数据流量具有突发性，易拥塞，且节点数据存在高度冗余。连续传送模式也称周期传送模式，由双方约定，传感节点周期性向观测节点报告感知数据，属于多对多通信。该模式常用于预定义速率的数据报告场景，若传送数据是实时数据，如语音、图像或视频等，则关注传输延时和带宽，若是非实时数据，如温度、湿度或气压等，则关注可靠性。

可靠性和实时性仍然是传感器网络的主要性能评价指标。传感器网络 QoS 机制可在以下几个方面进一步深入研究[38]。

(1)建立 QoS 度量和服务类型体系。以数据为中心、面向应用的传感器网络以非端到端数据传输为主，需体现一对多、多对一或多对多的通信模式。因此，结合网络特点和应用需求建立 QoS 度量和服务类型体系是建立和实施 QoS 框架的基础工作。

(2)实时性、可靠性和资源利用率间的自适应平衡机制。传感器网络高度冗余的数据可提高数据传送的可靠性，但会消耗过多的资源，如能量或存储空间。数据融合可有效减少数据冗余并节省能量，但又会增加传输延时。通过理论分析或者仿真实验寻找一种最优的自适应平衡机制非常重要。

(3)交叉层(Cross Layer)优化技术。无线链路在衰减、干扰和噪声等因素作用下信道质量的波动，能量控制策略下节点工作状态的转变，节点增减或移动带来的网络拓扑变化，都需要把物理层的信号质量及时通知 MAC 层，MAC 层也需要及时和网络层、传输层以及应用层进行信息交互。传统分层协议体系体现了"开放"和"互联"，但在面向应用且资源受限的传感器网络中并不是最佳的。考虑网络各层间的相关性实施基于交叉层优化的 QoS 机制，最大限度利用有限资源，并在效率、开销、可靠性和可扩展方面求得平衡非常有意义。

(4)QoS 机制应与节点活动性调度结合。节点活动性调度是节约网络能耗，延长网络生存期的有效办法。已有研究大都以数据传输可靠性为 QoS 度量。因此，选择综合 QoS 度量并结合节点调度和路由机制为应用提供 QoS 保证值得深入研究。

(5)基于中间件的主动 QoS 机制。主动 QoS 机制建立在应用和网络协商的基础上，可对应用和网络，如应用质量、网络结构或路由等，进行主动调节与干预。中间件能实现应用与网络间的翻译和控制，支持两者协商新的服务质量。

参 考 文 献

[1] Shih E, Cho S, Ickes N, et al. Physical layer driven protocol and algotithm design for energy-efficient wireless sensor networks. ACM SIGMOBILE Conference on Mobile Computing and Networking. Rome, 2001, 7.

[2] Yick J, Mukherjee B, Ghosal D. Wireless sensor network survey. Computer Networks, 2008, 52: 2292-2330.

[3] Heinzelman V R, Kulik J, Balakrishnan H. Adaptive protocols for information dissemination in wireless sensor network. Proc of ACM MobiCom'99. Seattle, 1999: 174-185.

[4] Intanagonwiwat C, Govindan R, Vempala S. Locality-preserving hashing in multidimensional spaces. ACM ediator, Pro of the Twenty-ninth annual ACM Symposium on the Theory of Computing: El Paso, Texas. New York: ACM Press, 1997: 618-625.

[5] Ratnasamy S, Karp B, Shenker S, et al. Data-centric: storage in sensor networks with GHT, a geographic hash table. Mobile Networks and Applications(MONET), Journal of Special Issues on Mobility of Systems, Data and Computing: Special Issues Applications for Wireless Mobile Ad hoc and Sensor Networks, 2003: 427-442.

[6] Hcinzclman W, Chandrakasan A, Balakrishnan H. Energy-efficient communication protocol for wireless sensor networks. Proc of the Hawaii International Conference System Sciences, 2000, 1: 1-10.

[7] Manjeshwar A, Agrawal D P. TEEN: a Routing Protocol for enhanced efficiency in wireless sensor networks. Parallel and Distributed Processing Symposium Proceedings 15th International, 2001, 4: 23-27.

[8] 张君艳, 朱永利, 李丽芬等.长链型 WSN QoS 路由优化的研究. 计算机应用研究, 2010: 27(7), 2720-2723.

[9] Haas Z J, Halpern J Y, Li L. Gossip-Based Ad hoc routing. Proc of the IEEE INFOCOM. New York: IEEE Communications Society, 2002. 1707-1716.

[10] 李方敏, 刘新华, 旷海兰. WSN 中一种高能效低延时的洪泛算法研究. 通信学报, 2007, 28(8): 46-53.

[11] Heinzelman W, Kulik J, Balakrishnan H. Adaptive protocols for information dissemination for wireless sensor networks. Proc of the 1999 Annual ACM/IEEE International Conference on Mobile Computing and Networking. New York: ACM Press, 1999. 174-185.

[12] Intanagonwiwat C, Govindan R, Estrin D. Directed diffusion for wireless sensor networking. ACM/IEEE Transactions on Networking, 2002, 11(1): 2-16.

[13] Ganesan D, Govindan R, Shenker S. Highly-resilient, energy-efficient multipath routing in wireless sensor networks. Mobile Computing and Communications Review, 2002, 5(4): 11-25.

[14] Manjeshwar A, Agrawal D. TEEN : a protocol for enhanced efficiency in wireless sensor networks. Proc of the 1st International Workshop on Parallel and Distributed Computing Issues in Wireless Networks and Mobile Computing. NewYork: ACM Press, 2001: 304-309.

[15] Lindsey S, Raghavendra C S. PEGASIS: Power-efficient gathering in sensor information systems. Proc of the IEEE Aerospace Conf. Montana: IEEE Aerospace and Electronic Systems Society, 2002: 1125-1130.

[16] Younis M, Youssef M, Arisha K . Energy-aware r outing in cluster-based sens or net works. Proc of the 10 th IEEE /ACM International Symposium on Modeling, Analysis and Simulation of Computer and Telecommunication Systems. Los Alamit os: IEEE Computer Society Press, 2002: 129-165.

[17] Karp B, Kung H. GPSR: Greedy perimeter stateless routing for wireless networks. Proc of the 6th Annual Int'l Conf on Mobile Computing and Networking. Boston: ACM Press, 2000: 243-254.

[18] Yu Y, Estrin D, Govindan R. Geographical and energy-aware routing: A recursive data dissemination protocol for wireless sensor networks. UCLA-CSD TR-01-0023, Los Angeles: University of California, 2001: 1-11.

[19] He T, Stankovic J A, Lu C, et al. SPEED: a stateless protocol for real-time communication in sensor networks. Proc of the 23rd Int'l Conf. on Distributed Computing Systems. Rhode Island: IEEE Computer Society, 2003: 46-55.

[20] Sadagopan N, Krishnamachari B, Helmy A. The acquire mechanism for efficient querying in sensor networks. Proc of the 1st Int'l Workshop on Sensor Network Protocol and Applications. Alaska: IEEE Communications Society, 2003: 149-155.

[21] Madden S, Franklin M, Hellerstein J, et al. TAG: a tiny aggregation service for Ad hoc sensor networks. Proc of the 5th Symp on Operating Systems Design and Implementation. Boston: ACM

Press, 2002: 131-146.

[22] Xu Y, Heidemann J, Estrin D. Geography-informed energy conservation for Ad hoc routing. Proc of the 7th Annual ACM/IEEE Int'l Conf on Mobile Computing and Networking. Rome: ACM Press, 2001: 70-84.

[23] Chen B, Jamieson K, Balakrishnan H, et al. SPAN: an energy-efficient coordination algorithm for topology maintenance in Ad hoc wireless networks. ACM Wireless Networks Journal, 2002, 8(5): 481-494.

[24] 唐勇, 周明天, 张欣. WSN 路由协议研究进展. 软件学报, 2006, 17(3): 410-421.

[25] Kurtis Kredo, Prasant Mohapatra. Medium access control in wireless sensor networks. Computer Networks, 2007, 51: 961–994.

[26] Parker T, Halkes G, Bezemer M, et al. The λMAC framework: redefining MAC protocols for wireless sensor networks. Wireless Netw (2010) 16: 2013-2029.

[27] ZigBee Alliance Home Page, Available from: http: //www.ZigBee.org.

[28] Singh S, Raghavendra C. PAMAS-power aware multi-access protocol with signaling for Ad hoc networks. SIG-COMMComputer Communications Review, 1998, 28(3): 5-26.

[29] Bao L, Garcia-Luna-Aceves J. A new approach to channel access scheduling for Ad hoc networks. Proc of the International Conference on Mobile Computing and Net-working (MobiCom), 2001: 210-221.

[30] Rajendran V, Obraczka K, Garcia-Luna-Aceves J. Energy-efficient, collision-free medium access control for wireless sensor networks. Proc of the International Conference on Embedded Networked Sensor Systems (SenSys). Los Angeles, 2003: 181-192.

[31] Kredo K, Mohapatra P. Medium access control in wireless sensor networks. Computer Networks, 2007(51): 961-994.

[32] Sagduyu Y E, Ephremides A. The problem of medium access control in wireless sensor networks. IEEE Wireless Communications, 2004, 11(6): 44-53.

[33] Ye W, Heidemann J, Estrin D. An energy-efficient MAC protocol for wireless sensor networks. Proc of the Joint Conference of the IEEE Computer and Communications Societies (InfoCom). New York, 2002(3): 214-226.

[34] Van Hoesel L, Havinga P, A lightweight medium access protocol (LMAC) for wireless sensor networks: reducing preamble transmissions and transceiver state switches. Proc of the International Conference on Networked Sensing Systems (INSS), 2004.

[35] 严斌宇, 刘戈, 夏小凤, 等. WSN 时钟同步技术. 计算机测量与控制, 2009, 17(6): 1235-1238.

[36] Cuomo F, Bacco G D, Melod I A T. SHAPER: a self-healing algorithm producing multihop bluetooth scatternets. Global Telecommunications Conference (GLOBECOM p03), 2003, 12: 236-240.

[37] Bhagwat P, Rao S P. On the characterization of Bluetooth scatternet topologies. Maryland: department of CS University, http: //www.cs.umd.edu/~pravin/. 2001.

[38] 史浩山, 侯蓉晖, 杨少军. WSNQoS 机制研究. 信息与控制, 2006, 35(2): 246-251.

第 7 章　数　据　融　合

7.1　概述

尽管 WSN 发展异常迅速，但国内外对 WSN 数据融合的研究还处于初级阶段。在网络中执行数据融合会带来一系列的问题，其中最重要的问题就是数据融合等待延时分配的问题，当前对于节点延时分配的研究都是在基于树状结构的网络模型上提出的。

WSN 中的数据融合首先考虑的是如何在时间限制和能量节约之间做出选择，主要研究在网络给定的时间限制下，如何通过数据融合操作最大化的节约网络能耗。当中间融合节点执行融合操作前，它必须决定需要用多长的时间来等待接收子节点所采集的数据。假设融合节点等待的时间很长，虽然能把更多的子节点数据加入融合计算当中，提高了数据收集的精度，但却增大了网络的等待延时；等待时间过短，则可能导致接收到的数据量很少，不但不能充分利用数据融合来减少冗余数据，而且也降低了数据融合的准确度。如何将网络允许延时合理地分配给各融合节点，以保证各节点都能接收到一定数目的子节点再执行融合操作，就成为需要解决的问题。本章详细介绍了目前经典的数据融合延时分配算法，如级联超时法、AMCAT 算法和 ACDA 算法，并分析了数据从产生到传输至网关节点这个过程产生的延时，说明影响端到端延时为排队延时。结合级联超时法、基于融合贡献的传输延时分配法等现有的分配算法思想，甄别其优缺点，提出基于 M/G/1 队列的延时分配算法。它是建立一种适用于 WSN 的 ON/OFF 自相似网络流量模型，得出网络中分组平均到达率，利用排队论，并把它作为 M/G/1 队列的分组平均到达率，得到分组之间的到达间隔时间，同时结合节点在数据融合树中的位置、子节点数，得到基于自相似流量和 M/G/1 队列模型的数据融合延时分配算法——SSF-M/G/1（Self-similarity Flow and M/G/1）算法。并在 NS2.27 仿真平台上添加了具有数据融合和层次性网络拓扑的 LEACH 协议，通过与级联超时法和 ACDA 算法相比较，对 SSF-M/G/1 算法进行验证。

7.2　关于数据融合

7.2.1　多传感器数据融合

　　数据融合（Data Fusion）技术，最早出现于 20 世纪 70 年代。由于当时工业环境监测面临着数据瓶颈、信息超载等复杂问题，需要新的技术对数据信息进行精简、消化、解释和评估。数据融合技术在声呐信号处理系统这一国防领域的应用是数据融合最早的应用实例，此后成为军事高科技领域的一个重要研究课题并迅速发展，于 20 世纪 90 年代达到高潮。

　　多传感器数据融合是指将多种传感器组成一个系统，并将他们采集的数据有效地联合在一起，得到高效、准确地感知信息，获得对监测环境的一致性描述。每一种传感器都有其性能的优势，但也有一定的缺陷。截止目前，还不存在一种传感器可以同时达到稳定性好、准确度高、价格低廉的要求，利用它们在性能上的互补，可获得准确、完整的数据。使用多传感器数据融合方法，即便某些传感器所采集的数据有一定的偏差，也能通过对各种数据的综合分析，来获得更准确、更完整的信息。

　　类似于人的大脑处理信息，传感器数据融合利用传感器之间的互补性，通过对各个观测数据的合理分配和综合分析，将传感器之间的各种相关性按照特定的优化规则联合在一起，去除冗余，从而得到对监测目标的合理准确的描述。

7.2.2　WSN 数据融合

　　WSN 数据融合是将多个源节点产生的裸数据收集起来集中处理，既能减少节点能量的消耗，又能提高收集的数据的精度、得到更贴近需求的数据。数据融合对 WSN 的重要性不言而喻，体现在以下 3 个方面[1]。

　　1. 减少能量消耗，延长网络生命周期

　　数据融合主要就是在网络内部对数据进行减冗余处理。簇头节点在转发数据前，先利用节点的计算资源和存储资源对数据综合分析，减少数据冗余度，在达到用户需求的前提条件下，将待转发的数据量减少到最少。即使在最坏的情况下，数据融合没有减少信息量，但减少了要转发的分组数量，从而达到减少信道竞争过程产生的能量消耗或者延时。

　　2. 提高数据的精度

　　单单依靠少量分散的节点所感知的数据难以保证信息的可靠性，需要将具有相同观测目标的数据综合起来处理，这样才能得到精度较高的数据。此外，由于邻近区域的节点所采集的数据之间的差异性较小，即使少数节点传送的数据存在较大误差甚至出现明显的错误，也能够轻松地通过简单的对比来去除异常数据。

3. 提高数据收集效率

在网络内执行数据融合后，收集数据的效率会有显著的增长。主要是因为融合操作减少了网络中待转发的信息量，减轻了拥塞程度，减小了网络的端到端传输延时，得到的数据更贴近应用需要。即使极端状况下，网络中存在的数据量没有任何变化，但分组数量在融合操作后肯定会变少，这样，也就减少了节点竞争信道产生的冲突次数，提高了信道的效率。

网内数据融合虽然减少了能量的耗费，提高了数据收集的精度和效率，但也降低了网络的性能，主要表现为增大了网络延时和降低网络的健壮性。

WSN 数据融合与多传感器数据融合的区别有以下几点。

(1)处理对象不同。多传感器数据融合中，可以对多种类型的传感器感知的多种类型数据例如对温度、湿度等进行分析。而 WSN 数据融合针对单一类型传感器的同一类数据进行综合处理分析。

(2)处理手段不同。多传感器数据处理的数据量远远大于传感器网络，它的融合处理依赖于具有强大计算能力的高性能计算机。而无线传感器网络数据融合依靠单一的传感器节点，融合处理的数据量有限，而且处理方式只是简单的融合，不如多传感器数据融合处理方法复杂。

(3)融合数据的来源不同。多传感器数据融合是对一定空间范围内全局数据的融合，综合处理不同时间和空间的数据。而 WSN 数据融合处理的是同一时间和同一监测空间的节点的数据，WSN 数据融合一般将具有相同观测目标的节点数据进行处理，这些数据具有相同的属性，但不一定在相同区域。

(4)应用出发点不同。虽然他们都是在一定程度上对特定数据进行处理，得到更为准确的数据，多传感器数据融合是为了通过对多种类型数据的综合关联分析，得到有效的评估。WSN 数据融合是为了克服 WSN 自身能力缺陷(能量、通信能力等)而应用的。

(5)数据关联性不同。多传感器数据融合主要用于解决对多个测量目标的观测精度问题。WSN 中，由于节点携带的传感器精度不够，并且易于受到环境因素的影响，节点感知的数据存在不确定因素。因此，WSN 数据融合更侧重于消除数据不确定性问题。

7.2.3 数据融合模型

WSN 主要考虑的因素有网络通信的能耗、数据传输的准确性、数据融合效率和网络延时控制等。WSN 是任务型的网络，数据融合模型可分为追踪级结构模型、数据级结构模型和多 Agent 融合模型[2]。

1. 追踪级结构模型

WSN 中大量节点将感知数据经单跳或者多跳传输至融合节点，经过融合节点执行融合操作后，最终传至网关节点。从数据的传输形式和数据的处理层次角度分析，追踪级模型可以分为两种类型：集中式结构和分布式结构。

(1) 集中式结构。这种结构模型的特点是由网关节点通过广播任务的兴趣或者请求，接收到兴趣广播信息的节点将数据发给网关节点，网络中只有网络节点自己执行相关的融合操作，如图 7-1 所示。该种结构的优点是信息量丢失比较少。然而 WSN 节点密度较大，邻近区域的传感器节点对同一观测目标在相同时刻的数据基本相同或者一样，这样就产生了大量的冗余信息，因此网络中传输过多的冗余信息将额外浪费不必要的能量。

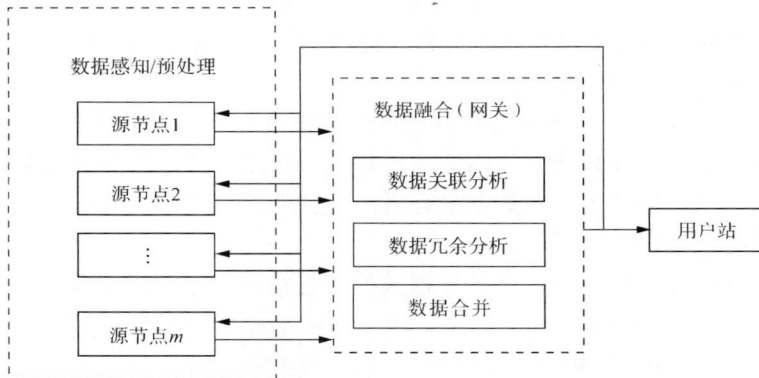

图 7-1　集中式结构

(2) 分布式结构。该种结构数据传输方式为：源节点将数据发送到簇头节点，簇头节点获取分组的数据信息，执行特定的融合操作后再汇报给网关节点，最后由网关节点完成对数据的综合处理，如图 7-2 所示。相比于集中式结构，该类型能提高数据的效率，减少数据传输量，从而节约能量，减轻无线信号之间的干扰，提高无线信道的效率。

2. 数据级融合结构

数据级信息的融合是立足于目标识别类型的融合。在 WSN 中，传感器节点将感知的数据综合分析处理，提取关键特征，再使用模式识别的方法完成数据的融合操作。依据对节点获得的感知信息的识别层次，数据级融合结构可以分成 3 层：数据层融合结构、特征层融合结构和决策层融合结构[3]。

(1) 数据层融合结构。该种结构是基于多个传感器采集的原始数据，对接收到的同类型传感器的数据直接执行融合操作，然后进行特征提取和属性判决。在大部分情况下，与用户需求无关，与传感器的类型密切相关。

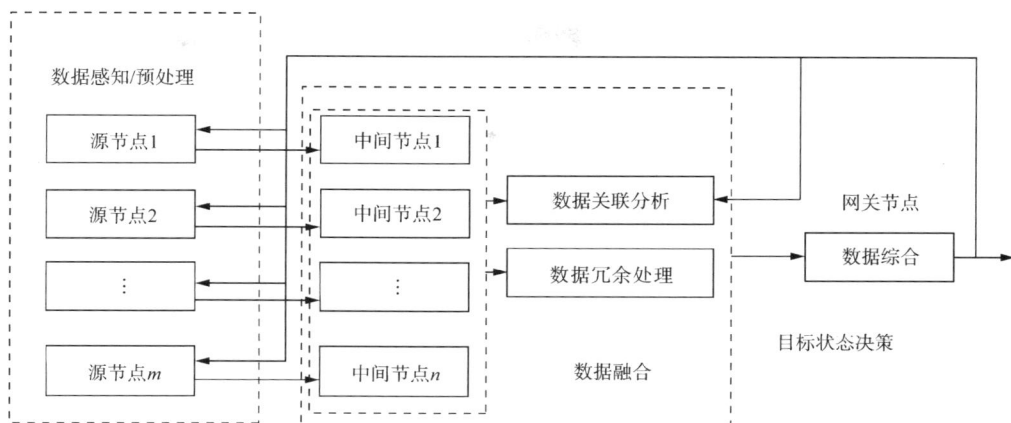

图 7-2 分布式结构

在某些应用中，数据级融合也被称为像素级融合，执行的操作包括对像素信息进行聚类或重组，减少图像中的冗余数据等。由于数据多，数据之间的相似度高，因此融合操作的计算量是巨大的。数据层属性融合是最底层的融合。

(2)特征层融合结构。这种结构是指首先对各个传感器节点的数据进行处理，然后提取关键特征，再执行融合操作。关键特征的提取就是将传感器采集到的数据转化为能体现目标根本属性的特征向量。特征层属性融合的关键是提取有效的关键特征，去除无效甚至对立的特征数据。该层进行融合操作的数据量、计算量都不大。例如在监测温度的应用中，使用三元组(地区范围、最高温度、最低温度)的形式来表示；监测图像信息时，图像的颜色特征用 RGB 值表示。

(3)决策层融合结构。决策层属性融合是依据特征级融合提取的数据结果，对监测目标进行更深层次的加工，聚类判别，最后得到决策信息。各个传感器单独作出决策后，将决策信息传输到融合中心作出最终决策。相比前两层，该层融合操作的数据量、计算量最小。决策层融合是最高层次的融合，它根据用户的应用需求作出高级决策。因此，可以说决策层的融合是面向应用的数据融合。

3. 多 Agent 融合模型

Agent 指在一定的区域内具有自主性、连续性和代理性等特点的信息处理实体，能自发的对外界环境发生的事件作出感应。它拥有自己的数据库和推理规则库。多 Agent 融合系统是由多个 Agent 个体之间相互协商、彼此合作、协同处理组成一个整体。在多 Agent 系统中，单个 Agent 的存储、计算、处理能力都是非常低的，一般都是相互协作来完成比较复杂艰巨的任务。

多 Agent 数据融合系统一般用于提升数据融合增益、实现数据同步传输和任务协同处理。多 Agent 数据融合系统模型结构如图 7-3 所示。这种结构中，网关节点作为数据融合的中心，融合操作通过普通节点 Agent 与网关节点融合，再由网关节点与网关节点两者共同协商完成。如果将网关节点从广播兴趣消息到最后得到融合结果的过程看做一次任务的执行过程，那么该过程详细的协商策略就是：数据融合中心把系统任务传送给能单独完成这项任务的节点，也能够协同合作完成该项任务的一组传感器节点。每个节点依据其自身实际的需要和相关的节点进行协商合作，该过程一直持续到网关节点发出下一个任务[4]。

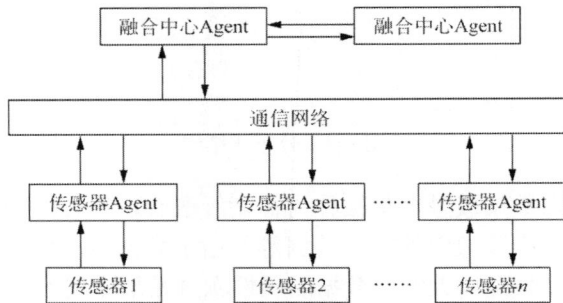

图 7-3　多 Agent 融合结构

7.2.4　网络层中的数据融合

通常我们谈论的数据融合都是网络层的数据融合。网络层的数据融合才能真正达到减少冗余、减少网络数据传输量、节约能量和延长网络生命周期。在路由技术中结合数据融合技术是 WSN 实现上述目的的关键所在。

1. 路由方式与数据融合

传统的以地址为中心的路由（Address-Centric Routing，ACR）是不考虑数据融合的，数据仅按照最短路径传输。WSN 是以数据为中心的网络，所以路由也是以数据为中心的路由（Data-Centric Routing，DCR）。数据在转发的过程中，中间融合节点会根据数据的内容，将收到的来自多个源节点的数据进行融合。DCR 可以大大减少网络中的数据量，因此具有很好的节能效果。然而，在极端状况下，当所有源节点的数据完全相同时，ACR 经过简单修改甚至可能比 DCR 更节能。例如，在一段时间内，持续的产生重复数据，修改 ACR，可使网关节点收到一份数据后，立即广播信息，通知其他源节点和正在转发的簇头节点立即停止数据传输。如果不修改，这种情形下，ACR 的能量消耗最大，两者的差距也最大，DCR 的优势也就最明显。在源节点感知的数据之间没有任何冗余的情况下，DCR 就无法执行融合操作，不能达到节能的目的，相反可能因为路由比 ACR 路径长，能量消耗多一些。

应用在 DCR 路由中的数据融合技术主要有 3 种：基于查询方式的路由、基于层次结构的路由和基于链式结构的路由。

(1)基于查询方式的路由[5]。定向扩散路由中的数据融合包括任务融合和数据融合。前者发生在路径建立阶段，后者产生于数据发送阶段，它们都是采用缓存机制实现的。在定向扩散路由中，任务融合依赖于它的数据的描述方法，在任务类型一致，完全覆盖观测区域的情况下，可以把所有任务融合为单一的任务。定向扩散的数据融合的核心思想是抑制副本，即中间融合节点把转发过的数据存储在缓冲区内，如果以后接收到的数据发现跟缓存中的数据相同就丢弃。此方法不仅简便易行，把它与路由技术结合使用还能减少网络的数据传输量。

(2)基于层次结构的路由[6]。我们熟知的层次性的路由协议有 LEACH 和 TEEN，它们都是通过分簇的方式来突出数据融合的重要地位。各簇头在收到簇内成员的感知结果后执行融合操作，并把结果汇报给网关节点。LEACH 算法只是简单地强调了数据融合的重要作用，在协议中，并没有设计出详细的融合方法。在 LEACH 的基础上，TEEN 作了重要的改进，并应用于事件驱动的 WSN。类似于定向扩散，TEEN 同样采用缓存机制来丢弃数据相似的分组，同时设置阈值使抑制副本的方法更高效，即使数据与上一次节点感应值相差较小，也予以丢弃。

(3)基于链式结构的路由[7]。PEGASIS 也是对 LEACH 协议的一种改进。协议中假设每一个节点都离网关节点很远，同时，所有节点都能把接收到的分组的数据和自己的分组数据执行融合操作后，得到一个相同大小的分组。在数据请求任务开始时，先使用贪婪算法把网络中的每个节点组成单链结构，然后从中任意挑一个作为簇头节点，簇头节点向链的两端发送收集数据的广播，数据从两端向簇头节点传送。簇头节点在接收到数据后，立即执行融合操作，然后再传送至下一个节点，最后簇头节点把融合结果汇报给网关节点。

2. 数据融合树的构造

在网络层进行数据融合的关键问题就是如何构造一棵负载均衡的数据融合树。WSN 中，网关节点通过反向组播树的形式发送广播兴趣消息将分散在各个区域的传感器节点数据收集起来。当兴趣事件发生时，节点数据的传输路径相互交叉，形成一棵反向组播树,这棵树称为数据融合树，如图 7-4 所示。数据融合树上的中间融合

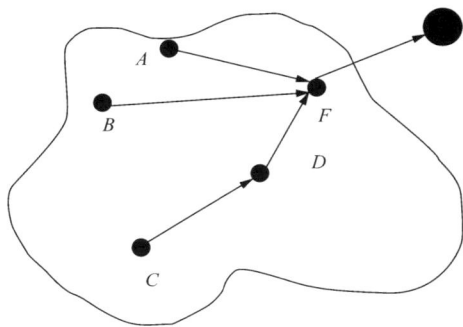

图 7-4　数据融合树

节点如果都能收到所有子节点的数据并进行数据融合处理，就能得到最大限度的融合，即最优融合。

对 DCR 来说，最优融合路由就是每个节点的数据传输路径都加到一棵最小斯泰纳树（Mininum Steiner Tree，MST）上。

在节点随机部署的环境中寻找最小斯泰纳树的过程被证明是一个 NP 完全问题。研究人员提出了 3 个次优解决方案[1]。

(1)最近源中心汇聚（Center at Nearest Source，CNS）。把离网关节点或者网关节点最近的节点选为融合节点，其余的传感器节点都把数据传送到该节点，然后，这个节点把融合结果传送给网关节点。使用这种方案，确定了融合节点，数据融合树也就确定了。

(2)最短传输路径树（Shortest Paths Tree，SPT）。通过广播，先确定各个数据源节点达到网关节点或者网关节点的最短路径，然后每个源节点都沿着各自的最短路径传输，各个节点数据传输的最短路径可能会重叠交叉，交叉的路径形成了一棵数据融合树，相交的簇头节点就是数据融合点。在这种方案中，每个节点都确定了自己的最短传输路径时，数据融合树也就基本确立了。

(3)贪婪渐进增长树（Greedy Incremental Tree，GIT）。采用这种方案，数据融合树是分批次建立起来的。首先建立的是树的主干，然后再一步步地增加节点。刚开始，贪婪渐进增长树只有网关节点或者距离网关节点最近的节点与网关节点之间的一条最短的路径；接着依次从余下的节点集中选择一条距离贪婪增长树最近节点的路径加到树上，直到每一个节点都添加到数据融合树上为止。

7.2.5 基于事件驱动的数据融合

结合特定的应用，数据融合算法应具有低延时、高效率的特点。对于应用与事件监测的 WSN，网络所处的环境一般不宜人工参与工作，节点体积小，携带的能量也少，而且不具有后继电能补给能力。更重要的是监测的特定事件随时都有可能发生，无法进行预测，具有很强的随机特征，要求网络的生命周期也就更长，受节点硬件条件的限制，如何节约能量，最大化网络生命周期是基于事件监测应用的 WSN 首要考虑的问题。另外，当监测事件发生后，网络内的通信量会突然增加，要求观测节点能迅速、及时、准确地把监测信息汇报给网关节点，大量数据的传输必然造成网络延时的增大，如何保证网络的实时性是基于事件监测应用的 WSN 的一大目标。相关研究表明，数据融合无法同时满足最大化生命周期和最小网络延时的要求，只能在一定的延时限定下，最大化网络寿命。

在实际应用中，传感器节点分布广泛，在某些区域内的事件不定时发生，这些区域内的传感器节点受到事件驱动而退出休眠状态，进入工作状态，而其他没有探测到事件的传感器节点可以继续保持休眠状态。处于工作状态的簇头节点可以通过数据融合算法在发生区域内进行快速有效的处理，再将融合后的数据按照一定的路由传送到网关节点。

7.2.6　数据融合技术难点

虽然 WSN 的数据融合技术取得了很大进展，但是一些关键问题至今尚未有很好的解决方案。总体上看，还有以下难点急需解决[8]。

1. 缩短网络延时

在数据多跳转发的过程中，下面几个过程都有可能增大网络的延时：查找方便进行数据转发的路径、数据融合算法的时间复杂度、为提高融合增益等待下一级节点数据的到来。如何减少数据传输延时是数据融合技术的一个难点。

2. 合理的延时分配算法

如何将特定应用的最大允许延时时间合理地分配到每个融合节点上，这是关系到数据融合效率的一个至关重要问题。显然，把网络最大允许延时均等分配给每个融合节点是行不通的，因此需要更深层次的研究和探索，实现更加切实可行的延时分配算法合理的分配延时，来避免节点为等待子节点信息的到来浪费时间，从而还能够有效地减少延时。

3. 适当的数据分发机制

如果数据在网络层传输过程中能尽早地执行数据融合操作，就能更有效地减少数据传送量，提高数据融合的效率。但是，这样有可能使一些数据不是按照原先的网络结构转发，也不是最短路径传输。并且，如果簇头节点数据传送失败，将造成以该节点为根节点的整棵子树的数据收集失败。

4. 基于 QoS 的低数据传输量

对监测区域信息的观察一般都是由一组传感器节点协作完成的，各节点感知的数据高度冗余，由于传感器自身和外界的因素，数据有效性也不相等，监测目标在时空域上的运动也使获得充分目标信息的有效节点随着时空变化而变化。因此，在保证信息质量的前提下，如何选择有效节点，减少网络的数据传输量，使 WSN "以数量为代价获得高质量"的问题变得更加重要。

5. 保证数据可靠性

与传统网络相比较，WSN 的节点死亡率和数据丢失率更高。数据融合在大幅减少数据之间的相似度的同时，丢失如此多的数据可能导致很多有用的信息丢失。这样就要保证融合后的数据能正确无误的传输，实现传输可靠性。

7.3 数据融合节点延时分配算法

7.3.1 经典延时分配算法

现阶段，针对 WSN 数据融合的研究尚处于起步阶段，大部分都是与路由方式相结合探讨数据融合的问题。比较典型的路由算法有 LEACH、SPIN、TEEN 和 DD 等，它们对数据融合具有贡献，但对于传输延时的分配问题考虑更少。

在 LEACH 协议中没有考虑具体数据融合的方法，对于簇头节点的等待延时问题也没有加以考虑，只有当簇头节点收到簇内所有节点的数据后才执行数据融合，并把结果发送给网关节点。这种设计能最大限度地减少能量损耗，延长网络生命周期，然而，却大大增加了网络延时。

在 SPIN 路由协议[9]中，源节点在开始传输数据时，先相互发送协商信息最终确定执行融合操作的节点所需要等待接收的分组数，接收到所有的分组之后，再执行融合操作，继而转发到下一跳。这样每一级都要事先通过发送广播消息协商确定数据融合等待的时间。这种方法能够最大限度地减少数据冗余和保证数据传输时间，但是通过交换信息协商的方式无疑增加了能量消耗和网络延时，难以保证网络的端到端传输延时。SPIN 其实并没有真正的数据融合机制，融合仅仅是在节点的协商过程中进行的。

DD 路由协议中，网络中的每个节点在数据传输之前已经统一设置了一个时间作为节点的传输延时。这种方案简便易操作而且貌似很公平，能够减少网络的传输延时，却没有考虑到网络中融合节点的层次和子节点个数的差异，忽略了网络传输的不平衡性，因此数据融合的融合增益较低。

1. 级联超时算法

文献[10]中假定网络是层次结构，比较了 3 种不同的延时分配模型。

(1)简单周期性融合时机模型。每个节点提前分配一个固定的等待时间，融合所有等待的分组，把所有结果融合为一个分组发送到下一个转发节点。该种模型的融合周期等于节点的数据发送周期。

(2)周期性单跳数据融合时机模型。与简单周期性聚合时机模型相似，当节点收到所有子节点的分组后，立即执行融合操作。

(3)周期性自适应逐跳融合模型。在高准确度和低网络延时的前提下，节点基于自己在数据收集树中的位置，自己调整等待时间的大小。

与前两种模型相比，周期性自适应逐跳融合模型可以使所有节点产生的数据在沿着传输路径实现最大限度的融合，不仅能保证数据的精度和网络的延时，而且还能很好地节约能量。

在第 3 种模型的基础上所提出的级联超时法一般应用于周期性收集数据的网

络[11]。一个节点把它所接收到的子节点的数据融合成一个数据，再向上转发至网关节点。算法通过发送请求和响应信息，先建立一棵简单的数据收集树，树中的每个节点都知道自己所处的层次和所拥有的子节点数目，为了避免冲突，调度算法采用一定的延时避让。级联的含义就是节点融合等待时间的分配基于节点在数据收集树中的位置，子节点分配的等待时间少，先于父节点执行融合操作。离网关节点越近（在数据融合树中靠近根节点），节点的融合等待时间就越长，离网关节点越远，节点的融合等待时间就越少，这样逐级递减，像一种逐级的连锁反应，称为级联效应，如图7-5所示。

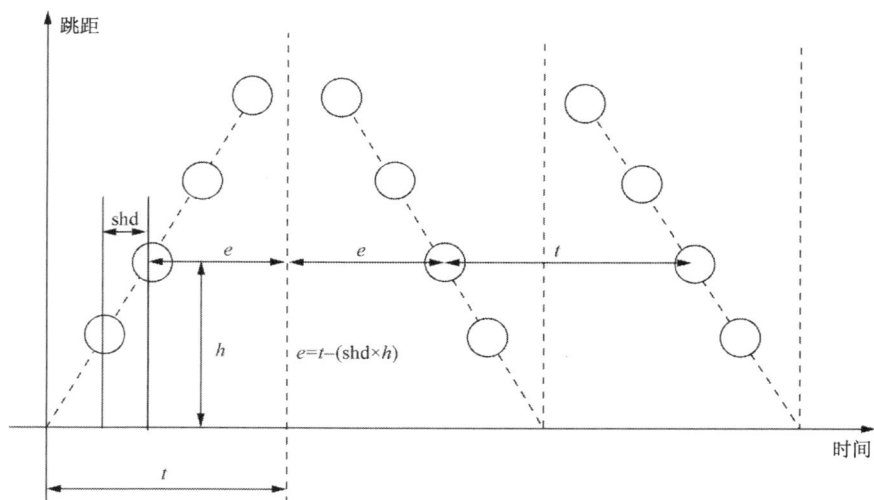

图 7-5　级联超时法

级联超时算法的计算方法，t 是数据采集周期，h 是节点到网关节点的跳数，shd（single hop delay）是单跳延时时间，它的大小根据网络参数估计得来，shd 决定了节点的融合等待时间。当节点收到一个请求包，在 $2e$ 后节点超时，后继节点紧接着超时在时间间隔 t 后。

级联超时算法的缺点是只考虑了节点在数据融合树中的层次，而忽略了同层次节点之间传输负载的差异。处于相同层次的节点它们所分配的等待延时时间相同，极端状况下，数据融合树中的某一层，有的节点仅有一个子节点，同层中，有的拥有多个子节点，级联超时法分配到同级节点的融合等待延时时间相同，这样造成了拥有较多子节点的节点只接收到很少的子节点数据，甚至没来得及执行融合操作，分配的等待时间就用完了，子节点少的节点则早早地接收完数据并发送给上一级节点，还有可能造成网络的拥塞。

2. AMCAT 算法

AMCAT（Adaptive Mechanism to Control Aggregation Time）算法是针对网络拓扑动态变化而提出的。该算法能够根据网络的动态变化，动态调整子树中的最大深度加权值，从而自适应地改变每个融合节点的等待时间，提高网络的融合增益，减少网络延时。

　　AMCAT 算法假设节点产生的所有分组大小相同，数据分组被融合处理后的大小依然不变，超过数据融合等待时间接收的分组不被处理，直接丢弃。AMCAT 算法分两个阶段实现。

　　第一阶段：计算出数据融合树中每个执行融合处理节点的最大加权路径 max_wpath 和节点的深度 degree。

　　数据融合树 DAT = (G, Sink, DA)，G 表示网络模型，Sink 为数据收集节点，DA 表示一种数据融合计算方式。数据融合树的建立与上述表达式中的三个因子相关。在数据融合树 DAT 中，传感器节点 v 拥有的子节点数目为节点 v 的度 $\mathrm{degree}(v)$。源节点（数据融合树中的叶节点）的集合，即

$$L = \{v \mid \mathrm{degree}(v) = 0\} \tag{7-1}$$

中间融合节点的集合为

$$FP = \{G\} - L - \{\mathrm{Sink}\} \tag{7-2}$$

节点 n 所处的层次到网关节点的距离为

$$\mathrm{Position}(n) = d(n, \mathrm{Sink}) \tag{7-3}$$

式中，$\mathrm{Position}(\mathrm{Sink}) = 0$。

那么数据融合树的最大深度为

$$\mathrm{Depth} = \underset{v \in L}{\mathrm{Max}} \{d(v, \mathrm{Sink})\} \tag{7-4}$$

节点 n_1 到节点 n_2 路径的权值为

$$w(n_1, n_2) = \mathrm{degree}(n_1) \tag{7-5}$$

节点 n_1 到节点 n_k 的路径 $\mathrm{Path}(n_1, n_k)$ 的加权路径长度 $\mathrm{wpath}(n_1, n_k)$ 为

$$\mathrm{wpath}(n_1, n_k) = \sum_{i=1}^{k-1} \mathrm{degree}(n_i) \tag{7-6}$$

节点 n 的最大加权路径长度 $\mathrm{max\_wpath}(n)$ 为

$$\mathrm{max\_wpath}(n) = \underset{v \in L}{\mathrm{Max}} \{\mathrm{wpath}(v, n)\} \tag{7-7}$$

式中，L 为以节点 n 为根的数据融合子树中所有叶子节点的集合。

　　第二阶段：当网关节点接收到用户指定的最大回传延时 Tmax 的数据请求包时，

根据第一阶段计算得到的 max_wpath（Sink），为每个中间融合节点分配等待延时时间。该算法根据无线信道的带宽、网络拓扑的均衡状况等设置了节点的最小级联延时等待时间 $t_{\min}$。

显然，当 $T_{\max} = \text{depth} \times t_{\min}$ 时，该算法等同于级联超时法。

当 $T_{\max} > \text{depth} \times t_{\min}$ 时，网关节点根据最大加权路径长度和最小级联延时时间得到每个子节点的平均等待时间

$$T_{\text{per\_child}} = \frac{T_{\max} - \text{depth} \times t_{\min}}{\text{max\_wpath(Sink)}} \tag{7-8}$$

最小的级联等待时间

$$T_{\min} = [\text{depth} - \text{layer}(v)] \times t_{\min} \tag{7-9}$$

那么该融合节点的融合等待时间

$$T = T_{\min} + T_{\text{per\_child}} \times \text{max\_wpath}(v) \tag{7-10}$$

对于接下来的周期性数据收集，节点只需要在首轮计算结果的基础上，每隔 $T_{\max}$ 计算一次就可。

该算法严重依赖于数据融合树的构造，当数据融合树负载不均衡时，根据节点在网络中的层次来计算节点的等待时间延时，可能引起无线链路冲突加剧，造成网络的能耗和延时增大。在网络负载均衡的情况下，AMCAT 算法能够很好地减少网络中数据传输的冲突，提高数据的传送率，节约能量。

3. 基于融合贡献的延时分配算法

基于融合贡献的延时分配算法（Aggregate Contribution Based Delay-time Allocation，ACDA）是综合网络的拓扑结构、传输路由和中间关键节点对数据传输的贡献，设计一种中心控制的簇头节点等待延时分配算法[12]。该算法全面分析了各个节点在数据收集树中的层次差异、节点在传输中的贡献和节点之间的相互作用，通过仿真表明这种算法有效地保证了网络的实时性要求，提高了数据融合增益。算法主要包括两个阶段：融合贡献计算和延时分配。

1）融合贡献计算

数据融合的目的就是为了最大限度地减少分组的传输，节点 n 的数据融合贡献就是该点执行融合操作后，减少数据传输的次数，用 G_n 表示。如果一个节点的融合贡献大，那么它所分配到的等待延时也就越大，数据融合增益也就越大。符合用户对数据融合的要求。

当执行数据融合的节点集只有一个节点时，融合贡献

$$G_i = |\text{FS}_i| \times h_i \tag{7-11}$$

式中，FS_i 为融合节点 i 转发数据的数目；h_i 为节点 i 到网关节点的跳数。

当融合节点数目大于 1 时，这时必须考虑融合节点之间对融合贡献的相互影响，在同一路径中的融合节点 FA 和 FB，且 FA 是 FB 的父节点。这样 FB 执行融合操作后，同样会减少 FA 节点的数据发送量。此时，

$$G_i = \left(|FS_i| - \left| \bigcup_{j \in FSA_i} FS_j \right| \right) \times \left(h_i - \max_{j \in FPA_j} \{h_j\} \right) \tag{7-12}$$

式中，FSA_i 为节点 i 的传输路径中融合节点集；FPA_j 为节点 j 的传输路径中执行融合操作的父节点的集合。

算法的计算过程是一个依照贡献作为权值选取节点的迭代过程。开始融合节点集合为空，计算各个节点的贡献后，从中选一个融合贡献最大的加入融合节点集合，并对非融合节点的融合贡献重新计算。然后如此往复，直至所有非叶节点都成为融合节点。

2) 等待延时的分配

前一阶段计算得到的融合贡献值表示节点执行数据融合给网络带来的贡献，因此它可以用来作为分配节点等待延时的标准。计算式为

$$T_{n_i} = \frac{G_{n_i}}{\displaystyle\sum_{j \in \{n_1, n_2, \cdots, n_h\}} G_j} \tag{7-13}$$

ACDA 算法考虑了节点之间传输负载的差异，也考虑了节点所处在路由树中位置的影响，较之前两种方法，有较好的融合增益，但是，它无法有效地随着网络拓扑的变化而变化。

7.3.2　数据传输端到端延时分析

1. 模型假设

(1) 网络模型。假定网络模型采用树状拓扑结构，如图 7-6 所示。每个节点唯一的 ID、所处深度、子节点数、子节点的 ID 和父节点都已知。网络中有一个网关节点，网关节点不感知数据，只负责广播数据、收集兴趣信息和接收下级节点发送的数据包。簇头节点进行数据融合并转发融合后的消息。

(2) 通信模型。假设节点之间的通信和干扰仅仅由节点间的欧氏距离决定。无线网络中仅有一个无线信道，节点采用多跳方式传输固定大小的数据包，执行融合操作后的数据包大小不变。

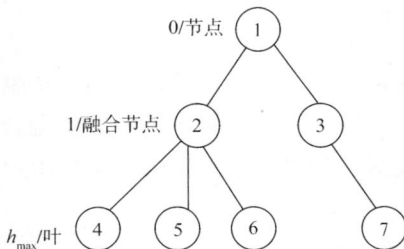

图 7-6　网络拓扑结构

(3)传感器节点模型。假定所有节点配备全方向定位的天线,地理位置信息通过 GPS 或者其他定位算法已知。并且传感器节点的传输范围和感知范围都是固定的。为便于衡量实时性,所有节点全局时钟同步。

2. 端到端延时

所谓数据传输端到端延时,就是从分组在数据源端产生到被目的端成功接收的这段时间间隔。数据源端是指能感知数据的传感器源节点,一般把网关节点称为目的端。在 WSN 中,端到端延时定义为:从传感器源节点收到网关节点广播出数据收集兴趣消息起,到网关节点接收到数据这段间隔时间。

由于节点无线通信能力小和传感器网络监测的地理区域面积很大,因此 WSN 一般采用分层多跳传输机制。对于在多跳网络中,首先分析其单跳传输的延时。从网络协议层次上看,单跳数据传输的端到端延时主要包括 MAC 层延时和网络层延时。

MAC 层延时主要包括载波侦听延时、避让延时、传输和传播延时、处理延时、排队延时。网络层的延时主要是寻找数据转发路径的延时。如果采用固定结构的网络模型,传输路径是固定的,网络层的延时就可以忽略。这样就可专注分析竞争类的 MAC 层产生的固有延时。

(1)载波侦听延时(Carrier Sense Delay,CSD)。当节点发送数据前,侦听信道所花费的时间。该值的大小依赖于竞争窗口的大小。

(2)避让延时(Back-off Delay,BOD)。当节点侦听到信道被占用或者发生冲突所产生的延迟时间。

(3)传输延时和传播延时(Transmission Delay and Propagation Delay,TD)。传输延时取决于无线信道的带宽和信号的编码方案,传播延时由收发节点之间的欧式距离决定。WSN 中,由于节点的通信距离有限,所以传播延时很短,通常在研究分析时忽略传播延时。

(4)处理延时(Processing Delay,PD)是节点接收到分组后,进行一定的处理所产生的时间延时。

(5)排队延时(Queuing Delay,QD)依赖于网络的带宽负载,当负载高时,排队延时就大。排队延时受载波侦听延时和避让延时的影响,载波侦听延时和避让延时越大,分组在队列中等待的时间就越长。数据传输阶段的一个主要延时就是队列延时,队列延时的大小直接影响了网络的实时能力。

另外,发送节点在发送数据时,等待接收节点如果处于休眠状态,这就有可能产生一定的休眠延时。典型的具有休眠机制的 MAC 协议是 S-MAC 协议[13]。传感器信道访问控制协议 S-MAC 是针对传感器网络的节能需求提出的。周期性睡眠、自适应侦听、串音避免和消息传送等机制的实现使得 S-MAC 协议在网络能耗和延时方面具有很好的性能。

在 S-MAC 协议中,数据在转发的每一跳都存在休眠延时。假设第 i 跳的休眠延时为 $t_{i,s}$,侦听延时为 $t_{i,cs}$,队列延时为 $t_{i,q}$,避让延时为 $t_{i,b}$。假设侦听的时间间隔固定，那么，可以通过调整休眠时间长度来改变一个帧的时间长度。假定传播延时和处理延时可以忽略不计，只考虑剩下的时间延时。在第 i 个转发跳延时为

$$D_{i,e2e} = t_{i,s} + t_{i,cs} + t_{i,q} + t_{i,b} \tag{7-14}$$

在 S-MAC 协议中，在每个数据帧发送时，开始载波侦听信道，当节点接收到一个数据帧中的一个分组时，就要等到中间转发跳的节点处理非休眠状态，中间转发节点处于活跃状态时就是下一帧侦听的开始时刻。假定转发路径上的所有节点都具有相同的时间安排，一个帧视为一个独立完整的侦听和休眠周期，时间大小表示为 T_f，则

$$T_f = t_{i-1,cs} + t_{i,s} \tag{7-15}$$

在第 i 个转发跳的休眠延时为

$$t_{i,s} = T_f - t_{i-1,cs} \tag{7-16}$$

所以第 i 个转发跳的端到端延时为

$$D_{i,e2e} = t_{i,cs} + T_f + t_{i,q} + t_{i,b} - t_{i-1,cs} \tag{7-17}$$

在源节点开始转发数据时，由于源节点产生的一个帧中只包含一个分组，所以第一跳的休眠延时是一个随机变量，在 $(0, T_f)$ 之间。取其均值为 $T_f / 2$。那么，一个分组经过 N 跳传递到网关节点的总的端到端延时为

$$D_N = D_1 + \sum_{i=2}^{N} D_{i,e2e} = t_{1,s} + (N-1)T_f + t_{N,cs} + \sum_{i=2}^{N}(t_{i,q} + t_{i,b}) \tag{7-18}$$

上式表明：基于竞争和带有休眠机制的 S-MAC 协议中，每个节点都严格按照睡眠调度算法休眠。当网络中的数据分组较少时，排队延时和避让延时可以忽略，多跳端到端延时随着跳数的增加呈线性增长，线性斜率就是帧长度 T_f。当网络传输分组数目多、负载高时，队列延时和避让延时就是端到端延时的主要组成部分。

7.4　SSF-M/G/1 算法

7.4.1　算法思想

基于自相似流量和 M/G/1 队列模型的数据融合延时分配算法——SSF-M/G/1 算法，如图 7-7 所示，根据 7.3.2 节的网络模型，将中间融合节点看做一个队列，子节点与父节点通信的过程模拟为入队操作，通过建立无线传感器网络的自相似网络流量模型，得到网络中分组的平均到达速率 λ，从排队论的角度，把它当做队列的平均到达率，将计算得到的相邻分组到达队列的间隔时间作为融合节点等待时间的分配依据。

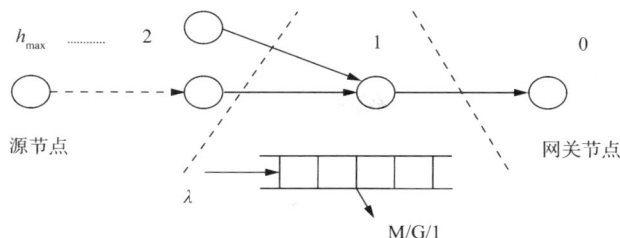

图 7-7　数据传输队列模型

7.4.2　ON/OFF 模型及分组平均到达速率

ON/OFF 数据源模型假设数据源在发送数据与不发送数据两种状态之间交替更迭，发送数据期间为 ON 周期，在 ON 期间，数据源以固定的速率发送数据。不发送数据期间为 OFF 周期。

把单个传感器源节点视为一个 ON/OFF 数据源模型，传感器节点的发送和接收状态的时间视为 ON 周期的持续时间，传感器节点的休眠周期视为 OFF 周期的持续时间。节点在 ON 周期以固定的速率产生数据包，生成网络流量。当 ON/OFF 周期服从重尾分布时，数据源流量叠加后，产生能反应网络实际流量的自相似流量。使用重尾 pareto 分布来描述 ON 和 OFF 周期的时间长度，pareto 分布的分布函数为

$$F(x) = 1 - \left(\frac{k}{x}\right)^{\partial}, \qquad x > k, \partial > 0 \tag{7-19}$$

式中，pareto 分布的形状参数 $1 < \partial < 2$，并决定了自相似参数 H（$0.5 < H < 1$），H 越接近于 1，自相似程度就越高；位置参数 k 决定了持续时间的下限。

对于一个 ON/OFF 数据源，分组发送速率为 C。ON/OFF 周期的分布都服从独立的 pareto 分布。$Y_i(t)$ 为 ON 周期持续时间，在时间 $[0, t]$ 内，N 个数据源叠加后的数据链路上传输的累计数据量 $S_N(t)$ 为

$$S_N(t) = \int_0^t \left[\sum_{i=1}^N Y_i(t)C\right] dt \tag{7-20}$$

由文献[14]，当 t 取值较大时

$$S_N(t) = CN \frac{\mu_{on}}{\mu_{on} + \mu_{off}} t \tag{7-21}$$

式中，μ_{on}, μ_{off} 分别为 ON 周期和 OFF 周期的平均持续时间。

分组的平均到达速率 λ 为

$$\lambda = \frac{S_N(t)}{Nt} = \frac{CN\dfrac{\mu_{\mathrm{on}}}{\mu_{\mathrm{on}} + \mu_{\mathrm{off}}}t}{Nt}$$

$$\lambda = C\frac{\mu_{\mathrm{on}}}{\mu_{\mathrm{on}} + \mu_{\mathrm{off}}} \tag{7-22}$$

ON 周期的分布函数为

$$F_{\mathrm{on}}(x) = 1 - \left(\frac{k_{\mathrm{on}}}{x}\right)^{\partial_{\mathrm{on}}} ; \qquad x > k_{\mathrm{on}}, \partial_{\mathrm{on}} > 0 \tag{7-23}$$

$$\mu_{\mathrm{on}} = \frac{\partial_{\mathrm{on}}}{\partial_{\mathrm{on}} - 1} k_{\mathrm{on}} \tag{7-24}$$

OFF 周期的分布函数为

$$F_{\mathrm{off}}(x) = 1 - \left(\frac{k_{\mathrm{off}}}{x}\right)^{\partial_{\mathrm{off}}} ; \qquad x > k_{\mathrm{off}}, \partial_{\mathrm{off}} > 0 \tag{7-25}$$

$$\mu_{\mathrm{off}} = \frac{\partial_{\mathrm{off}}}{\partial_{\mathrm{off}} - 1} \times k_{\mathrm{off}} \tag{7-26}$$

将式(7-23)和式(7-26)代入式(7-22)得

$$\lambda = C \times \frac{\partial_{\mathrm{on}} k_{\mathrm{on}}(1 - \partial_{\mathrm{off}})}{\partial_{\mathrm{on}} k_{\mathrm{on}}(1 - \partial_{\mathrm{off}}) + \partial_{\mathrm{off}} k_{\mathrm{off}}(1 - \partial_{\mathrm{on}})} \tag{7-27}$$

由式(7-27)可知，建立的 λ 的模型中有 4 个参数 ∂_{on}、k_{on}、∂_{off}、k_{off}。

对于 ON 周期 pareto 分布的形状参数 ∂_{on}，可令 $H = 0.75$，根据文献[14]得 $\partial_{\mathrm{on}} = 3 - 2H = 1.5$。

可令 OFF 周期的形状参数 $\partial_{\mathrm{off}} = \partial_{\mathrm{on}}$，则

$$\lambda = C\frac{k_{\mathrm{on}}}{k_{\mathrm{on}} + k_{\mathrm{off}}} \tag{7-28}$$

7.4.3 M/G/1 队列及分组到达时间间隔

根据 M/G/1 排队模型[9]，M 表示数据包的到达呈参数为 λ 泊松分布，包到达间

隔过程服从参数为 $1/\lambda$ 指数分布。队列的服务时间服从独立同分布 G，G 可以选取不同的分布。服务时间为数据融合操作的处理时间，可以忽略。

对于一个拥有 n 个子节点 N_i，用 X_j 表示第 $j-1$ 个子节点数据到达之后，第 j 个子节点数据到达之前的时间间隔。用 $\{N(t), t \geqslant 0\}$ 表示在时间长度 t 内，到达的数据包个数。$\{X_1, X_2, X_3, \cdots, X_n\}$ 是独立同分布的。令 $Y_n = \sum_{j=1}^{n} X_j$，它表示 n 个数据包的到达时间。其分布函数 F_n 为指数分布函数的 n 重卷积。很显然有 $Y_n = 0$。由此可得

$$F_1(t) = F(t) = 1 - \mathrm{e}^{-\lambda t} \tag{7-29}$$

$F_n(t)$ 是一个更新过程，且

$$F_n(t) = \int_0^t F_{(n-1)}(t-x)\mathrm{d}F(x) \tag{7-30}$$

由于

$$\{N(t) \geqslant n\} \Leftrightarrow \{Y_n \leqslant t\}$$

$$P\{N(t) \geqslant n\} = P\{Y_n \leqslant t\} = F_n(t)$$

则

$$P\{N(t) = n\} = P\{N(t) \geqslant n\} - P\{N(t) \geqslant n+1\}$$

$$= F_n(t) - F_{n+1}(t)$$

$$= \frac{(\lambda t)^n}{n!}\mathrm{e}^{-\lambda t} \tag{7-31}$$

当指定概率阈值后，即可通过查泊松分布表得到 t 值，该值就是融合节点 N_i 等待其子节点所用的时间 TW_i。

7.4.4 允许延时时间分配算法

在传感器网络中，网关节点查询一次数据信息首先广播数据请求包，在这个数据包中包含了网络允许的端到端总传输延时 T_d。所有节点收到数据请求包后，立即发送响应包。从发送完响应包的时刻起，在 T_d 这段时间长度内，完成一次从

叶节点到网关节点的数据传输。该时间要保证小于节点的数据发送周期，以避免数据的混乱。为防止节点无限制的等待子节点造成不必要的延时，需给每个节点分配一个允许的等待延时时间。当节点的等待时间等于分配的延时时间时，立即执行融合操作，并转发数据。根据级联超时的思想，子节点应该先于父节点执行数据融合，子节点分配的延时时间应该小于父节点分配的延时时间，并且是父节点延时时间的组成部分。

为保证在 T_d 周期内完成一次数据收集，把 T_d 分为端到端传输必要的延时 D_{e2e} 和端到端冗余时间 R_{e2e}，即

$$T_d = D_{e2e} + R_{e2e} \tag{7-32}$$

在此，假定端到端冗余时间 R_{e2e} 为采集周期的 10%。

根据级联超时法的思想，网关节点最后超时，分配给它的延时时间应为

$$D_{\sin k, e2e} = D_{e2e} \tag{7-33}$$

非叶子节点 N_i 的延时分配大小等于子节点的最小端到端延时与收到所有子节点数据的时间之和，即

$$D_{i,e2e} = \min\{D_{j,e2e}, N_j \in C_i\} + \frac{TW_i}{\sum\limits_{i=1}^{N} TW_i} D_{e2e} \tag{7-34}$$

式中，C_i 为节点 N_i 子节点的集合。

由式(7-33)分配的超时时间，在实际中对某些节点来说，可能会存在一定的偏差，这时再利用端到端冗余时间 R_{e2e} 对这些节点进行二次分配，R_{e2e} 的分配主要按照按需分配的原则，在下面两种情况下要考虑使用。

(1)当中间融合节点处于休眠状态时，这时数据传输节点要发送数据请求包唤醒融合节点，分配给唤醒延时时间一个固定值 T_{wake}。

此时分配的延时时间为

$$D_{i,e2e} = \min\{D_{j,e2e}, N_j \in C_i\} + \frac{TW_i}{\sum\limits_{i=1}^{N} TW_i} D_{e2e} + T_{wake} \tag{7-35}$$

(2)当一个节点在现已计算的超时时间内融合增益较小时，需要适当的增加分配的延时时间，提高融合增益。

$$R_{i,\text{e2e}} = \frac{\text{TW}_i}{\sum\limits_{i=1}^{N}\text{TW}_i} \times R_{\text{e2e}} \tag{7-36}$$

这种情况下分配的延时时间为

$$D_{i,\text{e2e}} = \min\{D_{j,\text{e2e}}, N_j \in C_i\} + \frac{\text{TW}_i}{\sum\limits_{i=1}^{N}\text{TW}_i} D_{\text{e2e}} + R_{i,\text{e2e}} \tag{7-37}$$

7.4.5　算法伪代码

算法伪代码如下：

```
输入：树状结构 G，允许延时 T_d，ON/OFF 源数据产生速率 C，位置参数 K_on，
      K_off。
输出：所有节点分配的等待延时 D。
程序开始：
    由式(7-28)计算得到队列的平均输入率；
    遍历树 G，得各个节点的位置及子节点信息；
For each 树中簇头结点 N_i {
    由式(7-31)得到分组到达时间 TW_i；
    求网络中所有节点分组到达时间 ∑(i=1→N) TW_i ；
}
理论等待延时=0.9×T_d×TW_i/ ∑(i=1→N) TW_i ；
If node 为 Sink
        D=0.9×T_d；
    If node 子节点数为零
            D=0；
        Else {
            For each 节点 i{
            递归调用计算出子节点的延时分配；
            D[i]=min(子节点分配延时)+理论等待延时；
            }
        Return D；
            }
```

7.5 仿真实验及分析

7.5.1 评价指标

为了评估 SSF-M/G/1 算法的性能，采用下面三个评价指标来量化数据融合的效率和网络的实时性。假设簇头节点执行融合操作后产生的数据包与接收到的数据包大小相同。

(1)网络的平均延时。从 Sink 节点发出一次数据请求，到完成一次数据收集的整个过程的时间。

(2)融合增益。执行融合操作后，减少的网络传输量与未执行融合操作前的传输量的比值。本文中为所有簇头节点在分配的延时时间截止前收到的子节点数据个数与网络中所有通信量的比值。

(3)非实时到达率。所有融合节点在分配的延时等待时间截止前没有接收到的数据包数与其所有子节点产生的数据包数的比值。本文中为所有簇头节点在分配的延时等待时间截止前没接收到的子节点数与网络中全部节点产生的数据个数的比值。

7.5.2 仿真参数设置

使用 NS2.27 模拟器建立实验所需的网络模型进行仿真验证：41 个传感器节点(包括一个基站)随机分布在 100×100 的区域内，默认的簇头个数为 5 个，Sink 节点在监测区域内，节点的 MAC 协议采用 IEEE 802.11，路由协议要求是层次型的，且具有数据融合功能，故采用 LEACH 协议。数据包头长度为 25B，数据长度为 2500B，LEACH 协议采用 TDMA 调度方案，每轮的持续时间为 20s，仿真时间持续 100s，仿真实验共 5 轮。在 NS2 自行添加 LEACH 协议后，由于簇头节点是动态选择的，每轮都要重新组织网络结构，所以可任意选取一轮的数据分析。网络在第一轮的时候，能量充足，不会出现节点的中途失效等现象，所以主要分析第一轮的数据。在一轮中，有 10 次完整的数据收集过程，对比分析这 10 次的网络性能。仿真选取与级联超时算法 CAT 算法和基于融合贡献的延时算法 ACDA 算法进行比较。

7.5.3 实验分析

综合分析网络的数据收集平均延时、融合增益和包成功传输率。

1. 网络数据收集平均延时

LECACH 协议中没有考虑网络延时的影响，簇头节点都是在接收到所有簇内节点的数据才进行转发，这样网络的数据收集延时明显要高些。加入了本文算法，允许延时为 1.6s，簇头节点接收到 80%的节点数目就进行融合转发的 LECACH 算法和未加入延时控制机制的 SSF-M/G/1 算法引起网络的平均延时，如图 7-8 所示。

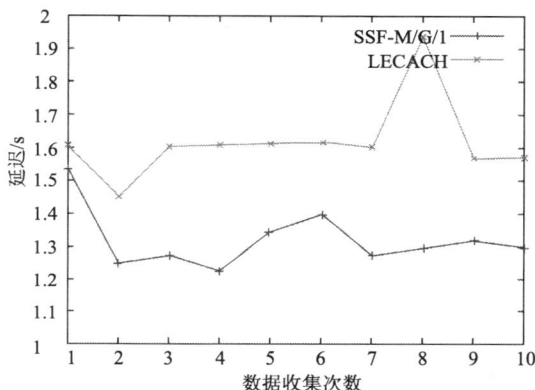

图 7-8　网络数据收集平均延时比较

利用本算法为簇头节点分配等待延时时间后，与原 LEACH 算法相比较，网络的平均延时下降很明显，主要是由于簇头节点在自己的超时时间到达后或者接收到期望的子节点数据后，不再等待其簇内节点的到来，减少了簇头节点的等待时间是网络平均延时减少的主要原因。在理想的节点调度序列下，两种延时差别不大是因为源节点数据发送彼此有序。

2. 融合增益

未加入延时的 LEACH 协议的数据收集周期大约为 1.6s，假定网络允许的延时为 1s，对比 3 种延时分配算法每次数据收集的融合增益，如图 7-9 示。

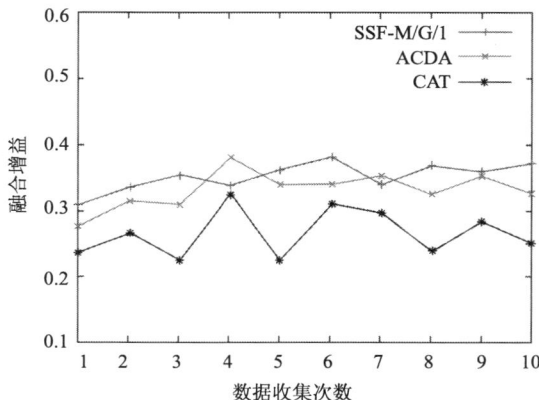

图 7-9　融合增益比较

当允许延时为 1s 时，级联超时法的融合增益较前两种方法效果较差，融合增益值在 0.25 左右浮动，本算法的融合增益均能在 0.35 左右。本算法较之 ACDA 算法在稳定性上更好一些，但仍存在一定程度的波动。融合增益的波动主要是由 LEACH 协议的数据发送调度算法和 LEACH 协议的两层数据传输造成的。

3. 非实时到达率

非实时到达率是衡量网络实时能力的重要指标。非实时到达率越低，网络的实时性能就越高，就说明在限定时间内数据融合增益高。比较在网络允许延时为 1s 时三种算法的非实时到达率，如图 7-10 所示。

由于级联超时法把允许延时均匀地分配到各个簇头上，没有考虑到簇间的差异性。再加上 LEACH 协议调度算法的影响，级联超时法的效果很不理想。本算法和 ACDA 算法考虑到了网络负载的不均衡性、簇大小的差异，在较小的允许延时下，本文算法优于 ACDA 算法，非实时到达率能达到 0.2 左右。

基于自相似流量和 M/G/1 队列模型的数据融合延时分配算法——SSF-M/G/1 算法，通过建立无线传感器网络自相似流量的数学模型，得到网络中分组到达速率，把它作为队列的分组到达率，计算出相邻分组到达队列的间隔时间，并依此分配网络允许延时。仿真结果表明：在允许延时为 1s 时，本算法的融合增益达到 0.35，非实时到达率在 0.2 左右，远好于级联超时法，整体性能也好于 ACDA 算法。本算法的结果存在一定程度的波动，这可能是由于建立的网络流量模型不够精确造成的。

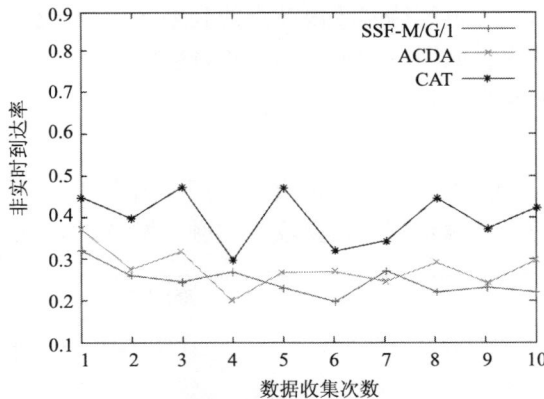

图 7-10　非实时到达率比较

参 考 文 献

[1]　Liggins M E, Hall D L, Llinas J. Handbook of multisensor data fusion:theory and practice. 2nd ed. New York: CRC Press, 2008:1-14.

[2]　叶宁, 王汝传. WSN 数据融合模型研究. 计算机科学, 2006, 33(6): 58-60.

[3]　余黎阳, 王能, 张卫. WSN 中基于神经网络的数据融合模型. 计算机科学, 2008, 35(12):

43-47.

[4]　Heinzelaman W R, Chandrakasan A, Balakrishnan H. Energy-efficient communication protocol for wirelss networks. Proc the 33rd Hawaii int'I Conf on System Sciences (HICSS'00), 2000, 1-10.

[5]　Intanagonwiwat C, Govindan R, Estrin D. Directed diffusion: a scalable and robust communication paradigm for sensor networks. Proc the 6th Annual ACM/IEEE Int'I Conf on Mobile Computing and Networking (MobiCOM): Boston, 2000, 8.

[6]　Manjeshwar A, Agrawal D P. TEEN:A routing protocol for enhanced efficiency in wireless sensor networks. Proc the 15th Int'I Parallel and Distributed Processing Symp (IPDPS'01), San Francisco. 2001, 4.

[7]　Lindse Y S, Raghavendra C S. PEGASIS: Power efficient gathering in sensor information systems. Proc IEEE Aerospace Conference, 2002:1125-1130.

[8]　李宏, 于宏毅, 李林海, 等. 对 WSN 区域数据聚合有效性的研究. 计算机应用, 2007, 27(9): 2218-2220.

[9]　Heinzelman W, Kulik J, Balakrishnan H. Adaptive protocol for information dissemination in wireless sensor networks. Proc the Int'l Conf on Mobile Computing and Networking (MobiCom). New York: ACM Press, 1999: 174-185.

[10]　Choi J Y, Lee J W, Lee K, et al. Aggregation Time Control Algorithm for Time constrained Data Delivery in Wireless Sensor Networks. IEEE International Conference on Communications. Glasgow, Scotland, 2007:632-639.

[11]　段斌, 柯欣, 皇甫伟, 等. WSN 中基于融合贡献的传输延时分配算法. 计算机研究与进展, 2008,(1).

[12]　Ding M, Cheng X, Xue G. Aggregation tree construction in sensor network. IEEE 58th Vehicular Technology Conference, 2003: 2168-2172.

[13]　Duarte M F, Hu Y H. Optimal decision fusion with applications to targe detection in wireless Ad hoc sensor networks. ICME, 2004:1803-1806.

[14]　胡严, 张光韶. 重尾 ON/OFF 源模型生成自相似业务流研究. 电路与系统学报, 2001, 6(3).

第 8 章　拥　塞　控　制

8.1　概述

WSN 多对一通信方式以及突发数据流的产生经常导致网络网关节点周围产生拥塞，除此之外，传感器节点的密集部署、不同链路间的相互干扰、无线链路的误码特性都将引起 WSN 拥塞。发生拥塞的 WSN，不仅增加了传输数据进入队列时的排队时间，导致大量数据因无缓存空间而丢失，影响可靠性和网络服务质量，而且已被传输了几跳的数据丢失浪费了 WSN 有限的能量和带宽。WSN 特点使其不能应用传统拥塞控制机制，因此，亟待设计适用于 WSN 的拥塞控制机制。

拥塞是网络负载持续过高时，用户对链路带宽、处理器能力和存储空间等资源需求超过了网络自身所承担的容量[1]。发生拥塞的根本原因是网络的负载超过了其最大传输能力，在 WSN 中，导致网络负载过大的原因有 4 个方面。

（1）WSN 作为一种分组转发的网络，当突发数据流大规模地涌向某些传感器节点时，这些节点有限的输出流可用带宽和缓存空间，使得到来的分组不能及时转发而不得不丢弃，从而引起拥塞。另外，WSN 采用逐跳的多对一通信方式，使得网关节点所产生的"漏斗效应"也很容易产生拥塞。

（2）节点的处理器速度慢。处理器速度跟不上，接收到的新分组因不能得到及时处理而导致缓冲区溢出，致使无法再接收即将到达的数据，从而产生拥塞。

（3）拓扑的变化。传感器网络拓扑结构的变化也有可能使得网络拥塞部位发生变化，出现本无拥塞的区域发生拥塞现象。

（4）从资源分配的角度看，网络资源分布不均衡和网络流量不均衡都会增加 WSN 发生拥塞的可能性。

WSN 拥塞的影响主要体现在网络能量有效性和服务质量性能的下降，具体表现在以下 4 个方面。

（1）拥塞造成数据分组丢弃，进而导致网络吞吐量降低，网络延时增加。因为传输系统主要受"及时"传送数据支配，所以延时相对其他影响更加有害。

（2）拥塞导致成本增加。因为拥塞发生后，已经传输了的数据有可能丢失，浪费了网络资源，接下来的重传操作会进一步加大传输成本，甚至可能导致新的拥塞出现。

（3）不公平性增加。这主要源于 WSN 多到一传输的特点，一旦网络发生拥塞，远离网关节点的源节点发送的数据很难到达网关节点，被丢弃的概率最大，与网关节点附近节点相比公平性明显降低。

（4）可靠性降低。因为网络吞吐量的降低，使得用户因得不到足够的检测数据而很难准确地估计出监测区域内发生的事件。

WSN 的特性使其不能沿用传统网络的拥塞控制策略，原因是 WSN 与传统网络有着不同的技术要求和设计目标：传统网络在拥塞控制设计中遵循端到端的思想，主要考虑保证数据流的服务质量和带宽利用率，而且拓扑结构是静态的；WSN 拥塞控制设计不再遵循端到端的思想，簇头节点被要求参与到拥塞控制中来，因为簇头节点同时具有数据转发与处理功能，相比端节点能较早地提前了解拥塞状态，而且可以实施有效的管理策略，另外，保证较低的能量消耗是首要的设计目标，由于数据的冗余性，网络丢弃少量分组是可以容忍的，同时动态的拓扑结构要求保证较高的实时性。由此可见，未来的传感器网络，需要其独特的拥塞控制机制来管理网络。

国内外对无线传感器网络的拥塞控制已经进行了一些尝试性的研究，提出了许多 WSN 拥塞控制机制。但大部分研究是基于拥塞检测与缓解的拥塞控制机制[2,3]，其思想是将发生拥塞的 WSN 恢复正常，这个恢复过程不仅花费很长时间，而且消耗了 WSN 有限的能量。而拥塞避免策略则另辟蹊径，通过监视网络资源的使用情况，在拥塞有加剧的趋势时，主动丢弃报文，调整网络的流量来减轻网络负载，避免拥塞的发生，对于节点计算能力、存储能力以及能量等都十分有限的 WSN 来说，无疑是解决拥塞的一种有效策略。然而现有的拥塞避免机制是针对特定网络拓扑结构设计的，其应用有一定的局限性，因此，怎样有效地避免拥塞是 WSN 的一个关键问题。

WSN 虽不能套用传统有线网络中的拥塞控制机制，但可以借鉴其中比较成熟的技术。目前，有线网络中作用于簇头节点的主动队列管理（Active Queue Management, AQM）技术是拥塞控制研究的一个热点。AQM 通过提前预测网络拥塞状况，采取提前丢包的思想，很好地控制了队列长度，减少了分组的丢失，降低了分组通过簇头节点的延时，有效地避免了拥塞。将 AQM 引入 WSN，结合 WSN 的特性和主动队列管理机制，同时借助于拥塞控制理论分析，是无线传感器网络中基于主动队列管理的一种有效的拥塞控制机制。

8.2 无线传感器网络拥塞控制机制

一般来说，WSN 拥塞控制机制包括两方面：一方面是预防拥塞的拥塞避免机制，另一方面是基于拥塞检测与处理的拥塞缓解机制。

8.2.1 基于拥塞检测与处理的缓解机制

基于拥塞检测与处理的拥塞缓解算法主要包括 3 方面处理机制：拥塞检测、拥塞反馈和拥塞处理[4]。

1. 拥塞检测

在 WSN 中，一般采用检测的方法来探知拥塞。主要的检测手段包括检测队列长度情况、信道采样检测、检测处理数据包的时间、数据包到达速率与包处理速率之比(拥塞度)、检测数据包丢弃率等。

2. 拥塞反馈

在传感器网络中若检测到了拥塞，通常向上游节点传送拥塞信息，甚至反馈给所有造成拥塞的传感器节点，这种传送拥塞信息的方式称为拥塞反馈。拥塞反馈主要有两种方式：一是显示反馈，即一旦检测到拥塞发生，将专门向源节点反馈拥塞信息，该方式一般应用在端到端的拥塞控制中，但是会增加额外的传输开销；二是隐式反馈，即检测到拥塞后邻居节点可以通过监听或在转发包中设置拥塞位，通过捎带方式向源节点反馈拥塞信息，源节点根据拥塞状态信息，执行拥塞处理机制，该方式减少了通知拥塞的开销，但存在源节点漏听与听错的可能性，不能保证高的可靠性。

3. 拥塞处理

拥塞处理是针对已发生拥塞的网络采取的管理措施，该操作使网络由拥塞恢复至正常状态。按照处理对象和方式不同，可以将拥塞缓解机制分为端到端控制机制和分布式控制机制两种。

(1)端到端控制机制。端到端的控制机制一般是指在簇头节点或端节点检测到拥塞后，直接对源节点速率进行调节的方式，该方式全部都是针对速率进行调节。其基本思想是：首先，网关节点检测和接收所有的拥塞控制报文，并对这些报文进行拥塞分析和决策；然后，当网关节点认为某条链路发生拥塞之后，便发送速率调节信息到拥塞链路的源节点，使其降低发送速率，从而缓解拥塞状况；随后，当收到已无拥塞的控制信息时，再次向源节点发送控制信息，使其提高发送速度。采用该机制的协议主要有 ESRT、STCP 等[3,4]。

端到端的拥塞控制方法一般采用显示拥塞通告、基于速率调整的方式，这将从根本上处理好流量过载问题，是缓解拥塞的最本质、最有效方法。但是在大规模网络中，数据传输距离长，传输量大，拥塞通知的延时较长，这使得该方法对短暂的拥塞控制效果并不好，长时间使用这种拥塞机制将会降低网络吞吐量。因此，端到端的控制方法只适用于处理波及范围大、长时间的拥塞。

(2)分布式控制机制。分布式的控制方式，主要可以分为两种类型：基于速率调整和基于流量调度的控制。基于速率调整的控制方式，不同于端到端控制的源端直接式速率调节，而通常迅速降低拥塞部分上游节点或其邻居节点的发送速率，以减少注入网络中的数据包或信道间的竞争，从而依次逐跳限速最终控制源速率。这种方式能快速地缓解拥塞，经典的控制协议如 CODA[5]。这种降低速率的方式固然可以缓解拥塞，但是某些重要数据可能被丢弃，同时考虑到 WSN 的冗余性，对流量进行调度不失为一种好方法。流量调度方式主要对拥塞区域内的流量进行分流、绕路，以缓解原有路径的压力，保证传输路线畅通，基于这一思想实现的协议有 ARC[6]。

分布式的控制机制能够快速缓解网络的局部拥塞状况，但对长时间的拥塞来说效果并不好，因为长时间的拥塞发生后，拥塞的波及范围增大，逐跳的速率调节信息传输速度变慢，单纯地降低局部速率并不见效，反而会造成上游节点部位拥塞。

无论端到端控制机制还是分布式控制机制方式，不管是基于速率调节还是流量调度机制，都是在拥塞发生后采取的一种拥塞缓解措施，然而由拥塞恢复至正常状态将花费很长时间和消耗很多能量，显然这一操作存在一定的弊端，为此拥塞避免可以弥补这一不足。

8.2.2 拥塞避免机制

拥塞避免是对网络拥塞的一种预防机制，通过提前采取一定措施，尽量使得网络保持高效的运转状态，以避免网络发生拥塞。目前常用的拥塞避免机制主要是基于速率的预分配机制。

基于速率的预分配机制是指对网络中各节点的速率进行预先分配并加以限制，使得网络中任何区域内的网络流量均不超过网络承载能力，从而预防拥塞，目前采用该机制的主要有 CCF[7]和 Flush[8]等，其共性均是对网络中各节点的协调与合作能力要求很高。

多到一路由的拥塞控制(CCF)运行在树状拓扑结构的网络中，主要沿着父节点到子节点的方向分配速率，这样总会有父节点的速率大于各子节点的所有速率之和，从而避免拥塞，同时为避免因竞争信道产生的拥塞情况，它还采用了 RTS/CTS 机制。CCF 是一种分布式的扩展协议，能够保证数据向网关节点传输的公平性，然而该机制过于依赖 MAC 协议，而且需要为每个节点单独维护转发队列，占用太大的缓存空间，实现不够方便。

Flush 建立在特殊的网络拓扑结构上，主要解决导致网络拥塞的两个问题：一是节点间速率不匹配造成队列溢出，从而引起的网络拥塞；二是邻居节点同时收发以及隐藏节点问题导致的通道干扰，进而引起的拥塞。该机制缺点是只能在直线拓扑上实施，并且要求网络中一次只存在一个数据流，限制了对于网络规模变化的可扩展性，灵活性差。

基于速率预先分配机制通常用于路径相对稳定及拓扑结构特殊的网络中，在避免网络拥塞、保证数据流公平、快速并且稳定传输方面显现出很大的优势，但是该机制对设计的要求很高，处理的方式比较复杂。

随着 WSN 规模的不断增长，端到端的拥塞控制方法已无法有效地解决拥塞问题，因此，需要考虑将簇头节点与源端配合来设计拥塞控制策略。簇头节点是拥塞的直接感受者，可以使网络能够较早地预测拥塞，以避免拥塞或及时缓解拥塞。簇头节点主要通过队列调度和队列管理来实现拥塞避免。

8.3　网关节点拥塞控制

WSN 按照多对一的流量模式，传感器节点感知的数据流朝网关节点方向逐跳传递，最终到达网关节点。数据流不断朝网关节点传递，导致网关节点附近的传输流量和传输延时不断增大，从而引起严重的分组冲突、拥塞和分组丢失。网关节点产生延时有以下 3 方面原因。

(1)源节点和网关节点之间传输信息存在延时，不管源节点发送速率多么快，网关节点只认可自己的采样速率要求。

(2)存在处理延时。网关节点需要融合信息。对于来自不同路径不同源节点的信息，网关节点在作出结论之前需要等待一段延时，以便收集各个源节点的报告。

(3)稳定性。为了避免瞬间现象(可能引起抖动)的不必要反应，网关节点对事件不能响应太快，应当在更长的时间尺度内设定一个合适的"观察时间"。因此，传输延时是网络拥塞控制必须考虑的一个重要因素，在设计新的拥塞控制算法时必须予以考虑。

近几年来，在网络拥塞研究方面，一个活跃的研究领域就是基于主动队列管理 AQM 拥塞避免策略。研究人员提出如 RED 算法、PID 控制器等有效方法[9,10]，较大程度地改善拥塞控制性能。但是，现有的多数拥塞控制策略和算法都没有充分考虑往返延时 (Round-Trip Time，RTT) 对算法性能的影响。同时，因为实际网络运行中存在着延时、非线性和参数时变等，致使流量控制模型的参数难以准确设定。若设计成固定的控制器参数，系统不具有学习能力，在实际运行中会出现收敛性差，收敛速度慢，无法达到控制队列长度的最终目标。针对以上问题，由于 RBF 神经网络计算量小，学习速度快，不容易陷入局部最优解，非常符合传感器网络低功耗的要求，所以可以利用 RBF 神经网络对系统进行自适应在线调整。由于灰色 GM(1,1)模型具有易于进行快速响应的预测，只要求有"足够少量"的样本就可建模预测，这些特点均适合用在 WSN 中，为了加速收敛，稳定队列长度，同时利用灰色 GM(1,1)模型对反馈数据进行灰预测。

8.3.1　瓶颈网络模型

用控制理论去解释复杂网络系统出现的问题，文献[11，12]提出在 AQM 管理机制中基于流体动力学理论，根据瓶颈网络各物理量的关系及瓶颈网络的动态特性，用非线性随机微分方程为瓶颈网络建立研究模型，该数学模型表示为

$$
\begin{cases}
\dfrac{\mathrm{d}W(t)}{\mathrm{d}t} = \dfrac{1}{R(t)} - \dfrac{W(t)W\big[t-R(t)\big]}{2R(t-R(t))}P(t-R(t)) \\[4mm]
\dfrac{\mathrm{d}q(t)}{\mathrm{d}t} = \dfrac{N(t)}{R(t)}W(t) - C
\end{cases}
\tag{8-1}
$$

式中，W 为拥塞窗口的大小，用分组表示；N 为数据流个数；C 为链路容量，分组/s；$R = q/c + T_{\mathrm{p}}$，R 为往返延时，s；T_{p} 为传输延时，s；q 为瓶颈节点队列长度，是系统的输出量，用分组计量；p 为瓶颈节点的分组丢弃率，是系统的控制量，即被控对象的输入量。

AQM 的非线性数学模型考虑具有瓶颈网络的拓扑结构,其窗口变化的结构框图如图 8-1 所示。

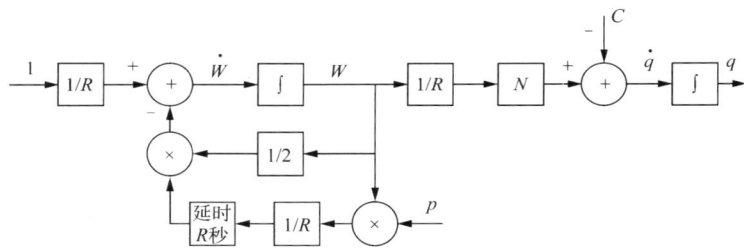

图 8-1 AQM 的非线性模型框图

取 (W,q) 为状态变量，p 为输入，当 $\dot{W}=0$ 和 $\dot{q}=0$ 时定义工作点为 (W_0,q_0,p_0)，因此有

$$
\dot{W} = 0 \;\Rightarrow\; W_0^{\,2}p_0 = 2
\tag{8-2}
$$

$$
\dot{q} = 0 \;\Rightarrow\; W_0 = \dfrac{R_0 C}{N}
\tag{8-3}
$$

式中，$R_0 = \dfrac{q_0}{C} + T_{\mathrm{p}}$。

设 $N(t) \equiv N$，$R(t) \equiv R_0$ 为常数，则微分方程(8-1)在工作点被线性化为

$$
\begin{cases}
\delta\dot{W}(t) = -\dfrac{N}{R_0^2 C}\big(\delta W(t) + \delta W\big[(t-R_0)\big]\big) - \dfrac{R_0 C^2}{2N^2}\delta p(t-R_0) \\[4mm]
\delta\dot{q}(t) = \dfrac{N}{R_0}\delta W(t) - \dfrac{1}{R_0}\delta q(t)
\end{cases}
\tag{8-4}
$$

式中，$\delta W \doteq W - W_0$；$\delta q \doteq q - q_0$；$\delta p \doteq p - p_0$。

对式(8-4)进行 Laplace 变换，得到系统的线性化动态框图如图 8-2 所示。

当 $\dfrac{N}{R_0^2 C} \ll \dfrac{1}{R_0}$ 时，图 8-2 中的延时环节 e^{-sR_0} 是不明显的。即当 $\dfrac{N}{R_0^2 C} = \dfrac{1}{W_0 R_0}$，$W_0 \gg 1$ 时，这个延时可以忽略，因此式(8-4)进一步简化为如下动态方程为

$$\begin{cases} \delta\dot{W}(t) = -\dfrac{2N}{R_0^2 C}\delta W(t) - \dfrac{R_0 C^2}{2N^2}\delta p(t - R_0) \\[4mm] \delta\dot{q}(t) = \dfrac{N}{R_0}\delta W(t) - \dfrac{1}{R_0}\delta q(t) \end{cases} \tag{8-5}$$

简化的线性模型的框图如图 8-3 所示。

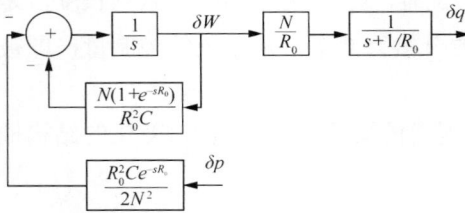

图 8-2　AQM 的线性模型框图　　　　　图 8-3　简化的 AQM 线性框图

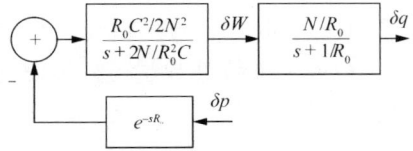

8.3.2　AQM 反馈控制系统模型

对简化的线性方程进行 Laplace 变换可得到如下传递函数：

$$P_{\text{window}}(s) = \frac{\delta W(s)}{\delta p(s)} = \frac{\dfrac{R_0 C^2}{2N^2}}{s + \dfrac{2N}{R_0^2 C}} \tag{8-6}$$

$$P_{\text{queue}}(s) = \frac{\delta q(s)}{\delta W(s)} = \frac{\dfrac{N}{R_0}}{s + \dfrac{1}{R_0}} \tag{8-7}$$

根据式(8-6)和式(8-7)，得到 AQM 的反馈控制系统模型，如图 8-4 所示。

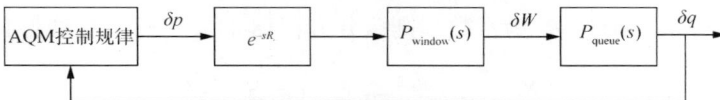

图 8-4　AQM 反馈控制系统模型

在图 8-4 中，$P_{\text{window}}(s)$ 表示从丢弃概率 δp 到窗口大小 δW 之间的传递函数，$P_{\text{queue}}(s)$ 表示 δW 和队列长度 q 之间的传递函数，e^{-sR_0} 是 $\delta p(t - R_0)$ 的 Laplace 变换。按照控制理论的观点，将图 8-4 中 AQM 控制规律框称为系统的一个"控制器"或者"补偿器"；其余的部分称为"被控对象"。控制器的设计目的就是为了得到一个稳定的闭环系统。在图 8-4 中，AQM 的控制规律为：根据测得的队列长度 q，利用丢弃概率 p 来标记包。从图 8-4 可以得到被控对象的传递函数 $P(s) = P_{\text{window}}P_{\text{queue}}$，将网络参数代入即可得到

$$P(s) = \frac{\dfrac{N}{R_0} \cdot \dfrac{R_0 C^2}{2N^2}}{\left(s + \dfrac{1}{R_0}\right)\left(s + \dfrac{2N}{R_0{}^2 C}\right)} \tag{8-8}$$

从而得到

$$P(s) = \frac{\dfrac{(R_0 C)^3}{(2N)^2}}{\left(\dfrac{R_0^2 Cs}{2N} + 1\right)(R_0 s + 1)} \tag{8-9}$$

由此可得到对应系统时滞二阶模型为

$$G_\mathrm{p}(s) = \frac{K_\mathrm{p} e^{-Rs}}{(T_1 s + 1)(T_2 s + 1)} \tag{8-10}$$

式中，$K_\mathrm{p} = \dfrac{(RC)^3}{4N^4}$；$T_1 = R_0$；$T_2 = \dfrac{R^2 C}{2N}$。

该模型能够将 AQM 算法的设计近似地转化为典型的时变滞后系统的控制器设计问题。通过控制相应的数据包丢弃率，使缓存中的队列长度稳定在一个理想的设定值。为了便于用经典控制理论分析拥塞控制，由图 8-4 得到 AQM 控制系统的简化模型，如图 8-5 所示。

图 8-5 中 $C(S)$ 为所使用的控制机制，p、q 分别代表动态丢包率和瞬时队列长度。后面的内容便是在此模型的基础上进行分析研究得到的。

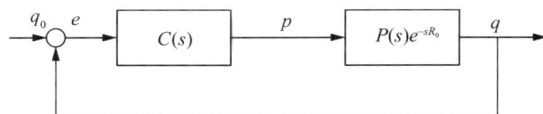

图 8-5 线性化 AQM 控制系统框图

8.3.3 RBF 神经网络

1. RBF 神经网络工作原理

神经网络对复杂问题具有自适应和自学习的能力，为解决复杂系统的控制问题提供了新思路。RBF 径向基函数神经网络是一种前向 3 层神经网络，由输入到输出的映射是非线性的，而隐层空间到输出空间的映射是线性的。RBF 网络隐层节点的作用函数（基函数）对输入信号产生局部响应，当输入信号靠近基函数的中央范围时，隐层节点产生较大的输出。

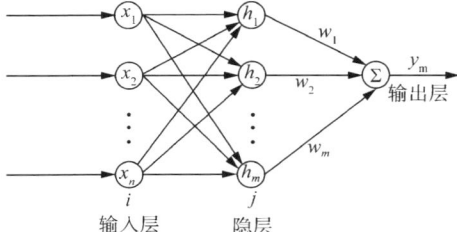

图 8-6 RBF 神经网络结构

RBF 神经网络如图 8-6 所示，隐层节点的作用函数是高斯基函数，隐层的输出经过与各自的权值相乘后累加作为网络的输出。

将隐层作用函数取为高斯函数，则隐层输出为

$$R_i(x) = \exp\left(-\frac{\|x - C_i\|^2}{2\sigma_i^2}\right); \quad i = 1, 2, 3, \cdots, h \tag{8-11}$$

式中，h 为隐层神经元数；$x = (x_1, x_2, \cdots, x_n)$ 为 n 维输入向量；C_i 为隐层第 i 个径向基函数中心向量；σ_i 为隐层第 i 个径向基函数宽度；$\|\cdot\|$ 为 2 范数，表示 x 与 C_i 的欧拉距离；$R_i(x)$ 为第 i 个径向基神经元输出。

整个 RBF 网络的输出为

$$y_j(x) = \sum_{i=1}^{h} w_{ji} R_i(x); \quad j = 1, 2, 3, \cdots, c; \ i = 1, 2, 3, \cdots, h \tag{8-12}$$

式中，y_j 为输出层第 j 个神经元输出；w_{ji} 为隐层第 i 个神经元到输出层第 j 个神经元之间的连接权值。

RBF 网络是基于局部逼近的神经网络，不但具有学习速度较快的特点，而且还可在一定程度上避免局部极小问题，适合于参数在线识别与系统的实时控制。

2. RBF 神经网络的学习

学习算法由两个阶段组成：第一阶段常采用 K-means 聚类算法，其任务是用自组织聚类方法为隐层节点的径向基函数确定合适的数据中心，并根据各中心之间的距离确定隐层节点的扩展常数。第二阶段为监督学习阶段，其任务是用有监督学习算法训练输出层权值，一般采用梯度法进行训练。

径向基函数的中心向量 C_i 和宽度 σ_i 参数由梯度下降法训练，这有利于提高 RBF 神经网络的泛化能力。沿着梯度下降方向，径向基函数的中心 C_i 和宽度 σ_i 的调整方向为[13]

$$\sigma_i(t+1) = \sigma_i(t) - \eta\frac{\partial E}{\partial \sigma_i} \tag{8-13}$$

$$C_i(t+1) = C_i(t) - \eta\frac{\partial E}{\partial C_i} \tag{8-14}$$

式中，t 为迭代次数；η 为学习效率。

有效的方法是采用 MATLAB 的神经网络工具箱 newrb(P,T,sc,eg) 函数创建 RBF 网络并进行学习。

8.3.4 灰色预测 GM(1,1)模型

灰色系统指部分信息已知的系统。基于灰色系统理论的灰色预测模型不需要掌握关于被控对象模型结构的先验信息，可根据少量信息进行计算和预测，具有很强的自适应性。灰色预测模型建立在对原始样本数据作累加生成处理的基础上，所用数据的规律性得到优化和增强。因此，它并不要求必须有大量的样本数据，只要求有"足够少量"的样本就可建模预测，易于进行快速响应的预测。

在灰色系统理论中，灰色模型是由一组灰色微分方程组成的动态模型，记为 GM(n,h)，其中：n 为微分方程的阶数；h 为变量个数。灰色模型中应用较广泛的是 GM(1,1)模型，该模型由一个单变量一阶微分方程构成，仅根据系统实际输出的离散值进行预测，且只需辨识两个参数(发展系数 a 和灰色作用量 u)。

GM(1,1)模型对具有指数变化规律的数据具有良好的预测精度[14]。WSN 传输突发数据具有指数变化规律，而由于 WSN 中，簇头节点和网关节点融合数据的必要，使得网络存在较大时滞，给队列长度施加一个控制量后，要经过较长时间才能看到控制的效果，使得系统的稳定性变差，调节时间延长，控制难度加大。特别是像 WSN 传输突发数据到网关节点产生拥塞的复杂时滞对象，对其精确建模困难，且受外界因素影响大，利用灰色预测模型的超前预测功能，对系统未来的队列长度进行预测，提前预测是否将要发生拥塞，在一定程度上可以克服时滞的不利影响，同时 GM(1,1)不依赖于被控对象的数学模型，只需"足够少量"的样本就可建模预测。所以可选用 GM(1,1)灰色预测模型提前预测将来的变化，补偿网关节点时滞带来的影响。

下面用 GM(1,1)来描述灰色系统建模过程。设原始数据(即图 8-5 中系统的输出队列长度 $q(t)$)列向量为 $\boldsymbol{Q}^{(0)}$，$\boldsymbol{Q}^{(1)}$ 为其一次累加和，即

$$\boldsymbol{Q}^{(0)} = \left| q^{(0)}(1), q^{(0)}(2), \cdots, q^{(0)}(n) \right| \tag{8-15}$$

$$\boldsymbol{Q}^{(1)} = \left| q^{(1)}(1), q^{(1)}(2), \cdots, q^{(1)}(n) \right| \tag{8-16}$$

式中，$q^{(1)}(k) = \sum_{i=1}^{k} q^{(0)}(i)$，$k = 1,2,\cdots,n$。

相应的白化微分方程，即 GM(1,1)模型为

$$\frac{\mathrm{d}q^{(1)}}{\mathrm{d}t} + aq^{(1)} = u \tag{8-17}$$

待识别的参数为 $\theta = [a,u]^{\mathrm{T}}$，用最小二乘法可求得

$$\boldsymbol{\theta} = [a,u]^{\mathrm{T}} = (\boldsymbol{B}^{\mathrm{T}}\boldsymbol{B})^{-1}\boldsymbol{B}^{\mathrm{T}}\boldsymbol{Q}_n \tag{8-18}$$

式中，$\boldsymbol{Q}_n = (q^{(0)}(2), q^{(0)}(3), \cdots, q^{(0)}(n))^{\mathrm{T}}$。

$$\boldsymbol{B} = \begin{bmatrix} -\dfrac{1}{2}[q^{(1)}(1) + q^{(1)}(2)] & 1 \\ -\dfrac{1}{2}[q^{(1)}(2) + q^{(1)}(3)] & 1 \\ \vdots & \vdots \\ -\dfrac{1}{2}[q^{(1)}(n-1) + q^{(1)}(n)] & 1 \end{bmatrix}$$

方程(8-18)的解为

$$q^{(1)}(t) = \left[q^{(1)}(1) - \frac{u}{a} \right] \mathrm{e}^{-at} + \frac{u}{a} \tag{8-19}$$

等间隔取样的离散值为

$$\hat{q}^{(1)}(k+1) = \left[q^{(1)}(1) - \frac{u}{a} \right] \mathrm{e}^{-a(k+1)} + \frac{u}{a} \tag{8-20}$$

则系统的预测公式为

$$\hat{q}^{(0)}(k+1) = \hat{q}^{(1)}(k+1) - \hat{q}^{(1)}(k) = \left[q^{(0)}(1) - \frac{u}{a} \right] (1 - \mathrm{e}^{a}) \mathrm{e}^{-ak} \tag{8-21}$$

式中，$k = 1, 2, \cdots, n$。

GM(1,1)模型的精度与用于建模的原始数据列 $\boldsymbol{Q}^{(0)}$ 有关，时间越长，越旧的数据对系统预测的贡献就越小，越新的数据对系统预测的贡献则越大。因此，需要把不断进入系统的扰动(如突发业务流或负载的变化等)加到原始建模数据 $\boldsymbol{Q}^{(0)} = \left| q^{(0)}(1), q^{(0)}(2), \cdots, q^{(0)}(n) \right|$ 中去，同时为了保证系统的实时性和快速性，在补充一个新数据信息的同时要去掉一个旧数据信息 $q^{(0)}(1)$，使用于建模的原始数据维数保持不变，形成新的序列 $\boldsymbol{Q}^{(0)} = \left| q^{(0)}(2), q^{(0)}(3), \cdots, q^{(0)}(n+1) \right|$，建立新的 GM(1,1)模型，进行下一轮的预测和控制。

8.3.5 RBF-GM 算法

基于 RBF 预估神经网络的主动队列管理 RBF-GM 算法，所设计的 RBF 预估神经网络的控制模型，控制目标主要包括有效的队列利用率、可控的队列延时以及鲁棒性。

1. 有效的队列利用率

避免溢出或空队列是提高队列利用率的表现形式。溢出会导致丢失数据包和多次不必要的重传，空队列则是链路未使用。无论在瞬时状态或者是稳定状态，系统都应该尽可能避免溢出或空队列这两种极端现象。

2. 队列延时

队列延时为数据包等待路由器队列传递时所需的时间（q/C），传输延时 T_p 和队列延时之和构成网络延时（RTT）。为了尽可能使队列延时及其变化小些，需要调节队列长度使其保持在较小的队列长度范围，这样又会导致过低的链路利用率。因此，在设计 AQM 控制算法时，需要在合理地实现队列延时和链路利用率二者之间的平衡。

3. 鲁棒性

鲁棒性即在网络环境时变的情况下，AQM 算法仍能维持闭环系统比较稳定的性能。

灰色预估神经网络控制系统如图 8-7 所示。

图 8-7 灰色预估神经网络控制图

控制系统中采用了一个 RBF 神经网络，根据系统状态的变化动态调节控制器的参数，从而起到在线自适应控制的作用，产生控制动作并施加到控制对象上。GM(1,1)灰色预估器根据系统当前的输出预测出系统未来输出，并将其反馈给系统的输入端[15]。

8.3.6 仿真及其结果

为了使本算法的性能达到最好，首先设计 RBF 的网络结构。采用 MATLAB 的神经网络工具箱 newrb(P,T,sc,eg) 函数创建 RBF 网络并进行学习。其中目标误差 eg 取为 0.001。

采用"1-8-1"结构的 RBF 网络，得到队列长度与丢包率的关系，如图 8-8 所示。

采用 NS-2 平台，仿真研究网关节点处队列的波动和链路负载的变化。

仿真选用带有拥塞检测和拥塞通告机制的 DSDV(Destination-Sequenced Distance-Vector)协议，辅助本文提到的

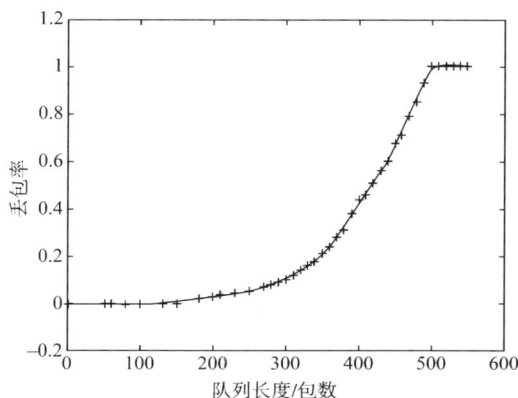

图 8-8 丢包率和队列长度的关系

网关节点队列长度控制算法,对源节点和簇头节点通告拥塞信息。依据 DSDV 协议,源节点绑定的代理为 Agent/TCP/Reno,为了记录吞吐量,网关节点的代理选择 Agent/TCPSink。源节点发送数据的应用选择的是 FTP。

CODA 算法是目前 WSN 中解决拥塞问题比较常用的算法,所以选取 CODA 算法、RBF 神经网络控制丢包率算法和引入灰色预测 GM(1,1)预测队列长度变化的 RBF-GM 算法进行比较。

1. 三种算法的网络吞吐量比较

从图 8-9 中吞吐量的值可看出,RBF 算法和 RBF-GM 算法都具有较高的链路利用率,吞吐量都在 $4.8×10^5$bit/s 上下波动,而 RBF-GM 算法的吞吐量峰值较高,说明在有较大的数据量到来时,将有更少的丢包数,接收更多的分组,网络吞吐量较大。在初始发送数据时,也没产生较大的波动,系统性能的改善归因于使用了基于 RBF 神经网络的自学习能力对网络实时变化的参数进行在线整定,并结合灰色 GM(1,1)预估补偿时滞对网络性能的影响。

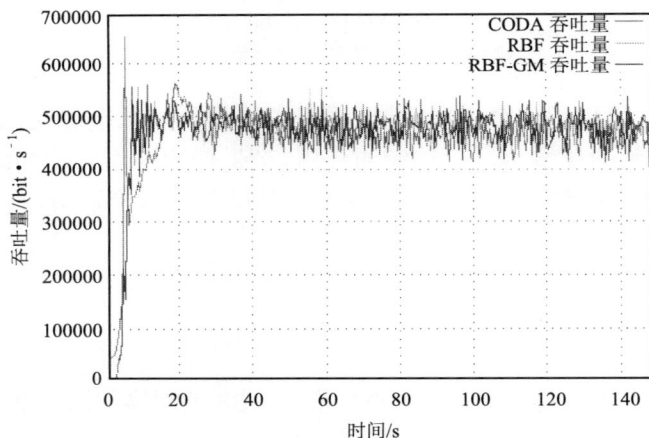

图 8-9　三种算法的网络吞吐量比较

2. 三种算法的队列长度比较

从图 8-10 可看出,RBF-GM 算法的队列长度稳定值小于 RBF 算法,小 30～40 个包,说明当网络中有突发数据的时候,采用 RBF-GM 算法可以让网关节点有更多的空间接收突发的数据包,保证了对实时数据的接收,该算法能更好地适用于 WSN。

仿真实验表明,在灰色预测自适应算法 RBF-GM 中,因灰色预测环节对队列长度进行了超前预测,使得队列长度的超调量得到很好的抑制,在大时滞网络时,RBF-GM 算法可以通过有效地预测队列长度变化,对控制参数迅速进行调整,把队列长度稳定在期望值附近,其鲁棒性、瞬态性能等优于 CODA 算法。

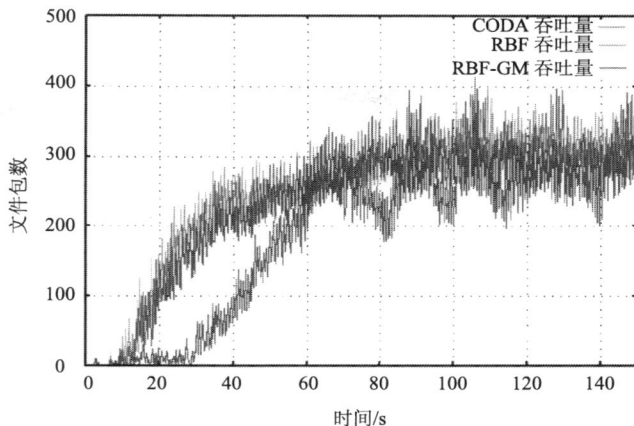

图 8-10　三种算法队列长度比较

8.4　基于主动队列管理的拥塞控制机制

8.4.1　主动队列管理

主动队列管理作为端到端拥塞控制的一种技术手段，期望在减小排队延时的同时保证较高的吞吐量。这是一种主动的而非响应性的分组丢弃手段，相应的队列管理策略即"主动队列管理"是近年来网络拥塞控制研究的热点。主动队列管理[16]是在队列充满之前丢弃或标记数据包的一种技术。一般情况下，它们通过保持一个或多个丢弃/标记概率实现控制操作，甚至在队列较小时也会丢弃或标记数据包。这种管理方式是在拥塞之前对网络进行预判，产生标记信息并传送到数据发送方，发送者继而根据拥塞信息丢弃或标记到达的数据包，防止缓冲队列溢出，从而避免网络拥塞。

1. 主动队列管理的优点

主动队列管理相对被动队列管理技术而言，主要具备以下优点。

(1)减少了簇头节点的丢包数量。WSN 中不可避免地会出现突发数据包，当处理器来不及处理时，这将会导致一定量数据包的丢失。AQM 通过保持较小的队列长度、预留更大的缓存空间来吸收突发流量产生的数据包，从而可以大大地降低数据包的丢弃率。

(2)降低了队列延时。队列管理能够减少包的排队延时，AQM 可以通过使队列保持较小的长度值，降低端到端的延时。

(3)避免了死锁现象。AQM 能够确保新到达分组几乎总是有可用队列空间，从而阻止了"死锁"行为发生。

主动队列管理正因为具有以上优点，克服了被动队列管理的不足，能够对队列进行有效管理，在有线网络中的拥塞避免方面有着举足轻重的地位。

2. 主动队列管理的性能评价

AQM 是作用于簇头节点的一种拥塞避免机制，评价其性能的指标有很多，因为各算法作用于网络的不同区域，评价的侧重点不尽相同，但一般来说可以从以下几方面评价 AQM 性能。

(1)算法的稳定性。稳定性好的算法既能使队列长度收敛在较小值，又能确保网络运行在高且稳定的吞吐量状态下。AQM 算法的稳定性主要表现在队列长度的控制情况，该指标不仅影响着队列的变化状况，从更深层次上关系着网络的 QoS 质量以及链路利用率，是主动队列管理算法的一个重要性能。

(2)算法的复杂度。算法的复杂度决定着 AQM 算法的实用性，考虑到 WSN 资源有限和簇头节点的处理速度等影响网络性能的各种因素，设计一个简单高效的 AQM 算法对 WSN 来说极为重要。

(3)算法的鲁棒性。WSN 因受节点失效、传输延时和网络负载变化等外界环境因素影响，通常具有动态变化性，一个好的 AQM 算法应能够适应动态变化的 WSN，具有一定的鲁棒性。

在有线网络中，队列管理被证明是其传输过程中的重要组成部分，而对于能量等资源受限的 WSN 来讲，队列管理一直未被重视，其主要原因可以概括为两方面：一方面是传感器网络存储容量小、运算能力低，不适合运行复杂度高的算法；另一方面传感器网络是应用相关的网络，不同的应用对队列管理算法的要求不同，而且 WSN 的链路性和信道的动态性使得队列管理算法设计难度增加。有线网络中队列管理算法研究的重点在可靠性和路由等方面，能耗讨论较少，并且因有线网络传输速度快一般不考虑延时问题，实时性要求也不高，而 WSN 则全然不同。因此，随着硬件系统性能的提高和应用范围的扩展，对适用于无线传感器网络的队列管理机制的研究工作亟待展开。

3. 典型主动队列管理算法

1)RED 算法

随机早期检测(Random Early Detection，RED)算法是 Floyd 和 Jacobson 于 1993 年提出的 AQM 机制中最著名的一种算法[17]，被 RFC2309 推荐为 AQM 的唯一候选算法。RED 算法在队尾丢弃策略基础上作了两点改进：一方面，在队列全满之前，以一定概率提前随机丢弃数据分组预防拥塞；另一方面，使用队列长度的平均值变更丢包率，通过保持较小的队列长度预存缓存空间，来尽可能吸收突发数据流，主要原理是簇头节点通过观察队列长度的情况来判断网络是否发生拥塞，若发现网络趋近拥塞，将随机地向源端反馈拥塞信息，从而使收到拥塞信息的源端降低数据发送速率，避免缓存队列保持满队列状态或队列溢出现象，预防拥塞。

RED 算法主要分为两部分进行计算。首先采用加权动态平均方法来计算平均队列长度，即

$$\text{avg}_i = (1 - w_q) \times \text{avg}_{i-1} + w_q \times q_i \tag{8-22}$$

实际上，式(8-22)相当于一个低通滤波器，当网络中突发流量出现时，节点的缓存队列长度会迅速增加，用该式可以滤去突发队列长度变化带来的影响，尽可能反映队列长度的长期变化趋势。其中 q_i 是瞬时队列长度，权值 w_q 决定了簇头节点对输入流量变化的灵敏度。当 w_q 过大时，q_i 对 avg_i 的影响较大，RED 算法对突发事件较为敏感；相反，当 w_q 过小时，q_i 对 avg_i 的影响较小，RED 算法因未及时响应队列长度变化导致滞后反应，从而使得拥塞状况更加严重。其次，计算分组丢弃概率，先后进行如下两步计算。

$$p_b = \max_p \times \frac{\text{avg} - \min_{th}}{\max_{th} - \min_{th}} \tag{8-23}$$

$$p_a = \frac{p_b}{1 - \text{count} \times p_b} \tag{8-24}$$

RED 在计算节点缓存队列长度的基础上，根据队列长度的平均值判断网络的拥塞状况，然后视拥塞状况分别以不同的概率丢弃数据包，最终有效地控制了队列长度。具体的实现步骤是：首先设定簇头节点最小和最大缓冲阈值门限 $\min_{th}$ 和 $\max_{th}$，当平均队列长度 avg 小于 $\min_{th}$ 时，推断此时网络没有拥塞，进行正常的分组转发；当平均队列长度 avg 大于 $\max_{th}$，所有到达的分组都将被标记；当处于两个阈值之间时，算法将会从队列中随机抽取一个数据包，按照式(8-23)、式(8-24)计算出的丢包概率 p_b 或标记分组概率 p_a 进行丢弃，并反馈拥塞信息，达到调整源端发送数据速率的目的。

2) REM 算法

基于速率匹配和队列长度匹配的随机指数标记(Random Exponential Marking, REM)算法[18]。该算法是 2001 年由 Athurliya 和 Low 等提出一种基于优化理论的拥塞控制算法。

首先，在 REM 中，用价格变量来决定标记的概率，其更新公式为

$$P_n(t+1) = \{P_n(t) + \gamma(\alpha_n[q_n(t) - q_n^*] + \beta[x_n(t) - b_n(t)])\}^+ \tag{8-25}$$

式中，q_n^* 是链路 n 的目标队列长度；$q_n(t)$ 是 t 时刻链路 n 的队列长度；$x_n(t)$ 是 t 时刻进入队列的总量；$b_n(t)$ 是 t 时刻链路 n 的容量；$[z]^+ = \max\{z, 0\}$，α_n、β 为加权常数，为了权衡传输过程中带宽的利用率与队列延时，该值可以根据每个队列单独设置；步长 γ 则用于在网络条件变化时控制 REM 算法的响应速度；$q_n(t) - q_n^*$ 是链路 n 中队列长度和目标区间在 t 时刻的匹配程度；$x_n(t) - b_n(t)$ 是 t 时刻链路 n 中输入速率和链路容量的匹配程度。从 $P_n(t+1)$ 计算公式容易看出，当队列不匹配和速率不匹配的加权和为负时，则 $P_n(t+1)$ 会变小，相反会变大；当加权和为 0 时，$P_n(t+1)$ 将稳定在平衡点。

其次，REM 中利用某一通路所有链路的价值累加和 $P_n(t)$ 作为该路径的拥塞度

量，并将其表示到端到端的标记概率中，这样源端通过观察标记概率作出相应的调整。若一个数据包途径 $n=1,2,\cdots,N$，在时刻 t 有价格 $P_n(t)$，则在 t 时刻队列 n 时该数据包被标记的概率是 $m_n(t)=1-\Phi^{-P_n(t)}$，其中 $\Phi>1$ 为常数。

REM 根据价格来标识网络的拥塞，价格与丢失率、队列长度和延时等性能的测量值相分离，不管共享链路的连接数量有多少，REM 算法都能使得队列长度收敛在目标值附近的同时，保证输入速率与链路容量相匹配，这一特性非常适合于 WSN。该算法虽然使用速率方式进行拥塞控制，但本身却不能与源速率算法相结合，当实际应用到网络中，与传统 TCP 拥塞控制算法相配合时，该算法不再显示出其优势。

3）PI 算法

控制论专家将成熟的经典控制理论引入主动队列管理，增强对队列长度的控制能力，最早由 Hollot 等提出了 PI 控制队列管理算法[19]，PI 控制方框图如图 8-11 所示。

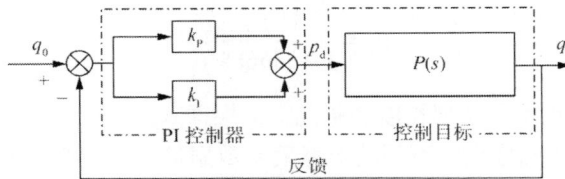

图 8-11　PI 控制方框图

图 8-11 中，q_0 表示期望队列长度值；q 表示簇头节点中瞬时队列长度；$P(s)$ 代表控制对象，表示对数据包的发送、转发处理和接收的综合过程；p_d 表示数据包的丢弃率，用来控制簇头节点的包到达率；k_P、k_I 分别表示 PI 控制器的比例系数和积分系数。控制器的输入变量为偏差 $e=q_0-q$。

PI 控制算法关键是 PI 控制器的设计，PI 控制器是当前较常用的一个反馈控制系统，它首先计算测量值和期望值之间的误差，然后通过调整控制输入量减小这个误差值。PI 控制器主要包括两个控制参数，通常称为比例 P 和积分 I，P 的值主要根据当前误差决定，I 主要依据过去误差的积累，其原理是通过调整这两个参数，为特定的过程需求完成控制操作，控制器的响应根据控制器对误差的响应、系统振荡的程度、与期望值的接近程度来描述。

通过对控制系统的线性化处理，得到的是一个连续表达方式，但是队列长度是一个离散值，因此需要将连续表达方式转化为离散方式，即

$$p(k)=k_P e(k)+k_I\sum_{j=0}^{k}e(j) \tag{8-26}$$

其增量表达式为

$$\Delta p(k)=k_P\left[\left(1+\frac{T}{T_i}\right)e(k)-e(k-1)\right] \tag{8-27}$$

式中，$e(k) = q_0 - q(k)$；$T_i = k_P/k_I$；T 为采样时间。则 k 时刻的丢包率为

$$p(k) = p(k-1) + k_P\left[\left(1 + \frac{T}{T_i}\right)e(k) - e(k-1)\right] \tag{8-28}$$

每个时间间隔 T 内，PI 控制算法的工作步骤如下：
（1）对当前队列长度进行采样，计算 $e(k) = q_0 - q(k)$；
（2）按公式（8-28）更新当前丢包概率；
（3）更新历史数据 $p(k-1) = p(k)$，$e(k-1) = e(k)$；
（4）以 $p(k)$ 为丢弃概率，随机丢弃数据包。

由以上分析看出，PI 控制过程比较简单，计算过程中只涉及两个中间变量，直接由队列长度得到丢包率。另外，从分析 PI 算法的实现代码发现，在能量消耗方面，PI 算法优于 RED，凡是有数据分组到达簇头节点时，RED 算法均要重新计算丢弃概率，而 PI 算法只是每过一个周期，算法才需要对丢包概率重新进行一次计算，并不是时刻进行的。在这些算法中有一个采样频率，通过控制采样频率可以大大减少计算量，这将省下网络设备的大量资源。

PI 算法中参数的选择也很重要，直接影响算法的性能。其中，比例系数 k_P 是为了改变系统的增益程度，k_P 的增大可以增强系统的控制强度，快速使系统扭转变化趋势，起到粗调作用，但会降低系统的稳定性，容易引起震荡；积分环节的引入是为了消除系统的静态误差，提高系统的控制精度，起到微调作用，积分系数 k_I 的增大，会缩短系统输出的过渡时间，但会增大超调量，相反，k_I 减小会延长系统输出的过渡时间，减小超调量，有利于系统稳定。

8.4.2 自适应主动队列管理 API 算法

自适应主动队列管理 API 算法基于 WSN 的能量有限要求算法简单这一原则，在簇头节点采用 API 算法，是将简单的专家智能 PI 控制与主动队列管理算法结合，根据简单有效的专家智能 PI 控制规律，自适应调整其控制参数以跟踪动态变化的传感器网络环境。

1. 专家智能 PI 算法

专家智能 PI 算法的核心是设计专家智能 PI 控制器，主要思想是：根据受控对象和控制规律等知识，保存 PI 参数初始值、系统性能指标等相关信息，然后综合考虑队列长度之差、其变化趋势以及控制系统的实际输出状况，采用特定的专家控制规则，在线实现 PI 控制的最佳自调整，使控制系统的输出队列趋近于期望队列长度值。

设 Q_1、Q_2 均为误差极限且 $Q_1 > Q_2$，ε 为任意小的正实数，每两个时刻的队列长

度误差表示为 $e(k)=q_0-q(k)$，其误差变化表示为 $ec(k)=e(k)-e(k-1)$，将误差 $e(k)$ 和误差变化 $ec(k)$ 作为 PI 控制器的输入，丢包率作为输出的控制量。在算法的实际运行过程中通过不断检测 $e(k)$ 和 $ec(k)$ 的值，根据设定的专家控制规则对数据包的丢弃率进行在线调整。具体的实现规则如下。

(1) 当 $|e(k)|>Q_1$ 时，此时误差的绝对值已经很大，无论误差朝较大方向还是朝较小方向变化，都要实施强控制，增大 PI 的控制参数，以达到迅速调整误差。

(2) 当 $|e(k)|\leqslant\varepsilon$ 时，PI 控制调节作用基本到位，此时仅用积分进行微调，减小静态误差，丢包率按式(8-29)调节。

$$p(k)=p(k-1)+k_1e(k) \tag{8-29}$$

(3) 当 $|e(k)|$ 的值处在 ε 与 Q_1 之间时，还需分两种情况进一步考察队列误差的变化趋势。

第一种情况：$e(k)\times ec(k)>0$ 时，说明误差的绝对值在不断增大，或者误差本身没有发生变化，保持一个常值。此时分析 $|e(k)|$ 与 Q_2 的关系，若 $|e(k)|\geqslant Q_2$，说明误差仍为一个较大值，需要对控制对象施加强控制作用，以快速减小误差值并扭转误差变化方向，控制器用式(8-30)控制。

$$p(k)=p(k-1)+k_1[k_\mathrm{p}ec(k)+k_1e(k)] \tag{8-30}$$

否则，当 $|e(k)|\leqslant Q_2$ 时，按式(8-31)使用一般的控制作用，是要扭转误差的变化趋势。

$$p(k)=p(k-1)+k_\mathrm{p}ec(k)+k_1e(k) \tag{8-31}$$

第二种情况：当 $e(k)ec(k)<0$ 或 $e(k)=0$ 时，说明误差绝对值不断减小，或已处于平衡状态。此时若 $|e(k)|>Q_2$，说明误差本身也比较大，$p(k)$ 按式(8-32)调整。

$$p(k)=p(k-1)+k_1k_\mathrm{p}e(k) \tag{8-32}$$

否则，当 $|e(k)|<Q_2$ 时，按式(8-33)采取保持状态。

$$p(k)=p(k-1) \tag{8-33}$$

2. API 算法设计

专家智能 PI 算法的控制规则不完全适合于 WSN，考虑到主动队列的实际情况和 P、I 参数对控制系统的影响情况，可以进一步细分控制规则，并利用数学中的符号函数将两种相似规则加以整合。

设 $p(k)$ 的调整公式如下：

$$p(k)=p(k-1)-\mathrm{sgn}(e(k))k_1[k_\mathrm{p}ec(k)+k_1e(k)] \tag{8-34}$$

$$p(k)=p(k-1)-\mathrm{sgn}(e(k))k_2[k_\mathrm{p}ec(k)+k_1e(k)] \tag{8-35}$$

$$p(k) = p(k-1) - \text{sgn}(e(k))k_1 k_{\text{P}} e(k) \tag{8-36}$$

式中，k_1 为增益放大系数，$k_1 > 1$；k_2 为抑制系数，$0 < k_2 < 1$；$\text{sgn}(x)$ 为符号函数。

定义 Q_1、Q_2 为误差极限，$Q_1 > Q_2$；ε 为任意小的正实数，则实际的专家 PI 控制规则可以描述如下。

(1) 当 $|e(k)| > Q_1$ 时，队列长度的误差绝对值已经很大，此时不再考虑误差变化趋势，而是直接根据不同的情况，使控制器以极端状态输出。当 $e(k) > Q_1$ 时，说明系统输出值远小于期望值，此时不需要丢包，即 $p(k)$ 取 0，相反当 $e(k) < Q_1$ 时，队列长度已经远远超过期望值，此时全部丢包，即 $p(k)$ 取 1。

(2) 当 $|e(k)| \leqslant \varepsilon$ 时，说明队列长度实际值与期望值相差不大，PI 控制的调节作用基本到位，此时仅需使用积分作用减小稳态误差，采用的控制规律为式 (8-29)，转步骤 (4)。

(3) 当 $|e(k)|$ 的值处在 ε 与 Q_1 之间时，还需分两种情况进一步考察队列误差的变化趋势。

第一种情况：当 $e(k)ec(k) > 0$ 时，说明误差没有发生变化，保持一个常值，或者是误差正沿着绝对值增大的方向变化。此时若 $e(k) > Q_2$，队列的实际输出值小于期望值；若 $e(k) \leqslant Q_2$，队列的实际输出值大于期望值。综合考虑 $|e(k)| > Q_2$ 的情况，使用符号函数将控制规律整合为一个表达式，如式 (8-34) 所示。否则，当 $|e(k)| < Q_2$ 时，使用一般的控制作用，只要扭转误差的变化趋势即可，采用同样的整合方法，使用式 (8-35) 的控制规律，转步骤 (4)。

第二种情况：当 $e(k)ec(k) < 0$ 或 $e(k) = 0$ 时，说明误差沿着绝对值减小的趋势变化，或误差已处于平衡状态。此时若 $|e(k)| > Q_2$，说明误差也较大，$p(k)$ 按式 (8-36) 调整；否则以式 (8-33) 采取保持状态，转步骤 (4)。

(4) 如果 $p(k) \leqslant 0$ 则 $p(k) = 0$；如果 $p(k) \geqslant 1$ 则 $p(k) = 1$。

3. API 算法的伪代码及流程图

API 算法的伪代码如下：

```
for each packet arrival
    //计算当前队列长度与期望队列长度之差 ek 及 ek 与 ek-1 之差 eck:
    ek=q0-qk; eck=ek-ek-1;
    if abs(ek)>Q1                  //当前队列长度与期望值的绝对值相差很大
            if ek>Q1
                pk=0;              //当前队列长度远远小于期望值，不丢包
            else pk=1;             //当前队列程度远超过期望值，后续收到的
                                     包全部丢弃
    else if abs(ek)≤ε              //当前队列长度与期望值相差很小
                pk=pk-1 + ki×ek;
            else if abs(ek)>Q2     //当前队列长度与期望值相差较大
```

```
                if e_k×ec_k>0 //误差在朝误差绝对值增大方向变化
                    p_k=p_{k-1}-sgn(e_k)×k_1×(k_p×ec_k + k_I×e_k);
                else p_k=p_{k-1}-sgn(e_k)×k_1×k_p×e_k;
                else if e_k×ec_k>0//误差在朝误差绝对值减小方向变化
                    p_k=p_{k-1}-sgn(e_k)×k_2×(k_p×ec_k + k_I×e_k);
                else p_k=p_{k-1};//丢包率保持不变
        if p_k≤0
            p_k=0;                    //计算结果小于或等于 0 时，置 0
        else if p_k≥1
            p_k=1;                    //计算结果大于或等于 1 时，置 1
```

API 算法的系统流程如图 8-12 所示。

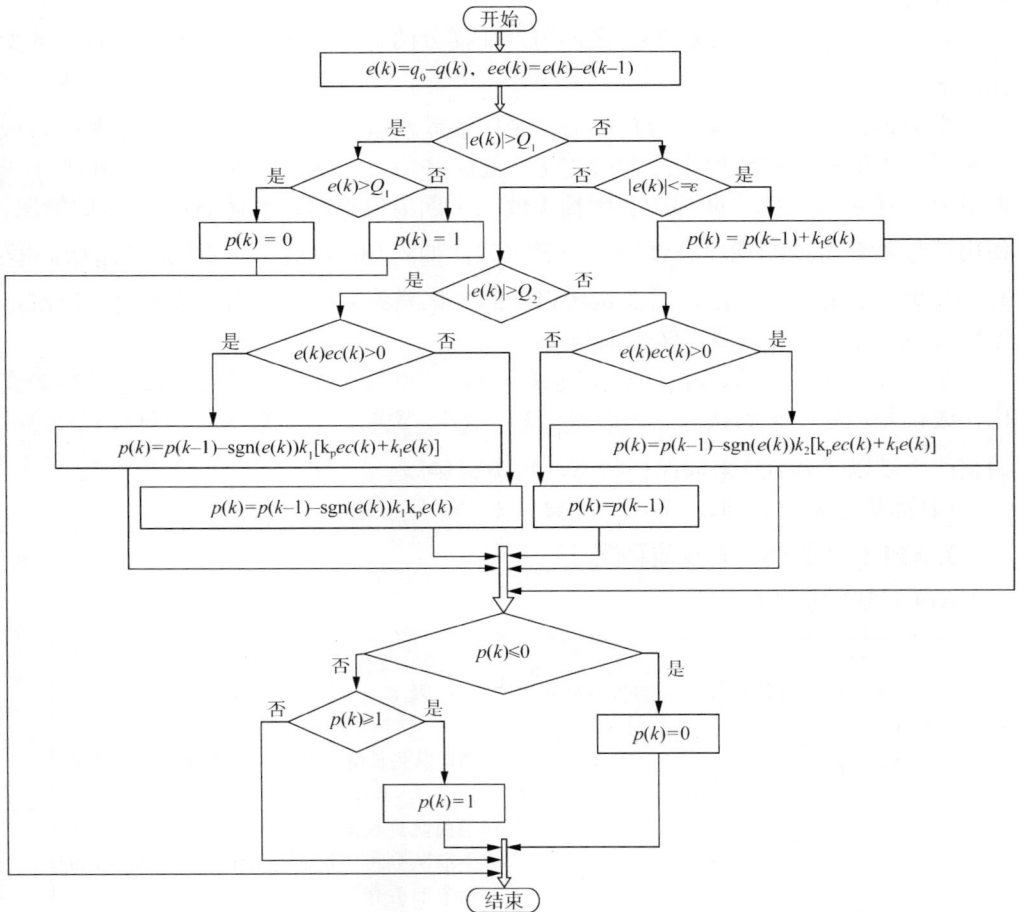

图 8-12　API 算法的系统流程

8.4.3 区分丢包的速率调节 DR 算法

1. DR 算法的提出背景

无线环境与有线环境相比，通常具有误码率高、带宽低、延时大，以及动态特性，信道的误码和衰落更有可能导致数据包的丢失，拥塞不再是数据包丢失的唯一原因，若直接沿用传统拥塞控制中的速率调节策略，即便不是由网络拥塞引起的数据丢失，传统算法仍会启动拥塞控制，从而造成数据发送速率的不必要降低，吞吐量下降。DR 算法在 WSN 环境下，采用一种新的发送速率调节策略，要求在源端能够有效区分拥塞丢包和误码丢包，在误码丢包严重时适当降低数据发送速率，目的是提高网络的吞吐量和带宽利用率，减少因误启动拥塞控制产生的能量消耗，而且能够有效地避免数据的不必要丢失，提高数据发送的可靠性。

2. DR 算法设计

本算法在此假设除了拥塞丢包外，其他丢包均归为链路误码丢包。若发送端发送了 n 个数据包，时间 T 段内发现 z 个数据包因误码而被丢弃了，则这段时间内的链路误码率 p_e 可用 z/n 近似表示，拥塞丢包为 $p_c = p - p_e$，速率调节方式如下。

(1) $p < p_{min}$，丢包率较小，说明此时网络链路质量处于"好"状态，网络未发生拥塞，网络吞吐量有空闲。此时发送端可以采用加性增加策略，增加网络中数据的注入量。

(2) $p_{min} < p < p_{max}$，丢包率处于中间位置，分为以下两种情况。

① 若 $p_e > p_{emin}$，说明链路误码率较高，数据包因误码丢弃，源端可采取保守的方式，加性减少发送速率。

② 若 $p_e < p_{emin}$ 说明网络链路质量相对较好，此时进一步比较 p_c、p_e 所占比例，若 $p_c/p_e > l_k$，即拥塞丢包占比例较大，网络处于轻度拥塞状态，有滑向拥塞的趋势，需要采用加性减少策略减小发送速率。相反，丢包率由较低的链路误码率引起的，发送端保持当前速率不变。

③ $p > p_{max}$，丢包率较高，此时链路质量较差或是网络已处于拥塞状态，源端采取激进的方式，乘性减少发送速率。源端的速率调节公式如下。

加性增加：

$$\text{rate}' = \text{rate} + \alpha/\text{rate} \tag{8-37}$$

加性减少：

$$\text{rate}' = \text{rate} - \alpha/\text{rate} \tag{8-38}$$

乘性减少：

$$\text{rate}' = \text{rate} - \beta\text{rate} \tag{8-39}$$

上述，p_{min}、p_{max} 为丢包率的最小、最大阈值；p_{emin} 为误码丢包的最小阈值；p 是当前源节点的丢包率，rate、rate′ 分别是调节前的速率和调节后的速率；α、β 为调节因子。

3. DR 算法的伪代码及流程图

DR 算法的流程如图 8-13 所示。

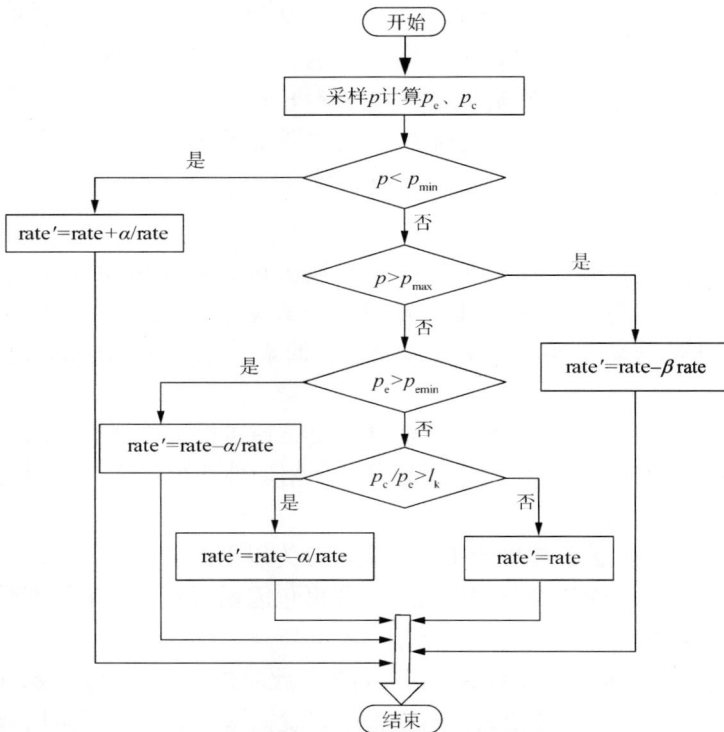

图 8-13　DR 算法的系统流程

区分丢包的速率调节算法 DR 的伪代码如下：

```
//根据采样结果计算链路误码率 pe 和拥塞丢包率 pc
pe=z/n;                      //n 为采样周期内发送端发送的数据包数，
                               z 为该周期内误码丢包数
pc=p-pe;                     //p 为总的丢包率
if p<pmin
    rate'=rate+α/rate;        //丢包率很小，加性增加
else
    if p>pmax
```

```
        rate' = rate-βrate;                    //丢包率很大，乘性减少
    else
        if pe>pemin
            rate' = rate-α/rate;               //链路误码率较高，加性减少
        else                                    //链路质量较好
            if pc/pe>lk
                rate' = rate-α/rate;           //拥塞丢包较多,轻度拥塞,加性减少
        else  rate' = rate;                     //保持速率不变
```

8.4.4 API-DR 算法

结合 WSN 的特性，将主动队列管理算法引入 WSN。WSN 的特点之一是动态变化的，传统的 PI 主动队列管理算法存在参数固定的缺陷，缺乏一定的鲁棒性，不能适应动态变化的环境，因此在设计新的拥塞控制算法时，参数在线自适应变化是必须予以考虑的。WSN 的特性之二是能量有限，这决定了设计的算法必须简单可行，避免运行过于复杂的算法消耗过多的能量。同时，仅仅依靠簇头节点的拥塞控制机制远远达不到用户需求，需要与源端的速率调节机制相结合方可发挥较好的拥塞控制效果。WSN 由于无线链路特性，极易受信道干扰，存在比传统网络相对较高的误码率，从而将会出现误码率引起的误码丢包，改变了传统网络中拥塞丢包为唯一丢包类型的情况。针对此情况，源端若像传统网络中将丢包统一视为拥塞丢包，从而启动拥塞控制机制，必将导致能量的浪费和吞吐量的降低，为此，源端处拥塞丢包和链路误码丢包的区分，也是不容忽视的。

基于以上分析提出 WSN 的拥塞控制机制 API-DR。该机制基于将簇头节点和源端策略相结合的思想，一方面在簇头节点，根据 PI 控制思想设计了一种自适应 PI 主动队列管理算法 API，以适应 WSN 的动态变化环境；另一方面在源端，考虑到 WSN 的高误码率特性易导致误码丢包，为了避免源端统一将丢包视为拥塞丢包，从而启动拥塞控制导致能量浪费和吞吐量降低现象，源端采用了区分丢包的速率调节策略 DR 算法[20,21]。

基于主动队列管理的拥塞控制算法描述如下。

开始：

(1) 根据网络状况，进行 PI 参数 k_P、k_I 初始化整定，设定期望队列长度、采样时间以及专家 PI 控制器和区分丢包的速率调节中的相关参数；

(2) 启动队列检测模块，令 $k=1$，实时采样当前队列长度 $Q(k)$；

(3) 计算 $e(k) = q_0 - Q(k)$ 和 $ec(k) = e(k) - e(k-1)$，令 $e(k-1) = e(k)$；

(4) 按 8.4.2 节中描述的 API 算法，得到数据包的丢弃率 $p(k)$，簇头节点根据 $p(k)$

丢弃数据包，使得队列缓冲区溢出之前，提前主动丢包；

(5)簇头节点将丢包数和链路检测器检测到的误码丢包数 z 作为控制信息，并将其反馈通知源端，源端根据发包总数 n 和反馈控制信息，计算误码丢包率 p_e 和拥塞丢包率 p_c，根据 8.4.3 节 DR 算法分析降低速率或启动拥塞控制，从而避免拥塞；令 $k=k+1$，转步骤(2)。

结束。

8.4.5 API-DR 算法仿真实验及分析

1. 仿真环境配置

实验环境为：Window XP + cygwin + NS-2.34，采用如图 8-14 所示的网络拓扑结构。节点的最大传输范围为 30m，MAC 层采用 IEEE 802.11，路由协议采用定向扩散[53]。节点的初始能量为 50J，瓶颈节点处接口队列长度为 50 包，链路层延时为 50ms。定向扩散中数据包大小为 128B，兴趣包大小 36B，网关节点每 5s 向网络中广播兴趣，初始源节点向网关节点以每秒 20 个包的速率发送数据。

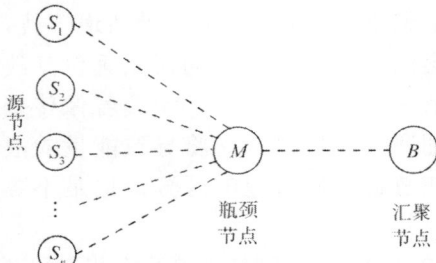

图 8-14 网络的拓扑结构

实验参数设置：传统 PI 算法中，期望队列长度 q_0=20 包，平均包大小为 128B，经整定得到 PI 控制器的初始参数为 k_P=4.75×10^{-5}，k_I=1.74×10^{-5}，通过多次实验，确定以下参数值：Q_1=20，Q_2=10，k_1=1.1，k_2=0.6；区分丢包的速率调节算法中 p_{min}=0.05，p_{max}=0.4，p_{emin}=0.3。

实验之前，需要将 API-DR 算法加载到 NS2 中，重新编译 NS2。

2. 性能评价

在 NS2 平台上，从队列长度、吞吐量和丢包率三个方面验证算法的有效性。实验中采用了一种有效的方法来记录队列长度和计算网络吞吐量。

队列长度的计算方法是：首先，获得节点的接口队列对象，使用 trace 函数跟踪接口对象的成员变量 curq_，即当前队列长度，只要当前队列长度发生变化，就会将变化后的值写入到与接口对象绑定的文件中。这样，就会得到仿真过程中，某个节点队列长度的变化情况。

计算吞吐量的方法是：记录每 time 时间内，网关节点接收到的字节数，即记录当前时刻接收到的字节数，time 时间后，再记录收到的字节数，两次记录的字节数之差，便是 time 时间内网关节点收到的字节数，用该字节数除以 time，即得到吞吐量。通过该方法，可以得到某个时间段内网络的吞吐量，进而分析整个仿真过程中，网络吞吐量的变化情况。

首先验证簇头节点设计的自适应主动队列管理算法（API）的性能，再证明源端与簇头节点相结合的拥塞控制算法的有效性。

实验 1：自适应 PI 主动队列管理（API）算法和传统 PI 主动队列管理算法对比。

如图 8-15 所示，由仿真图 8-15（a）看出，传统 PI 主动队列管理算法下，簇头节点的队列长度不能很好地收敛到期望值 20 附近，表现出大幅度的震荡，严重的抖动进而引起队列延时的加大，另外在 41.5s、54s 附近出现空队列，降低了链路利用率。由图 8-15（b）发现，API 算法控制参数可以随着网络状态在线自调整，因此在负载交替变化的模拟环境中，本算法队列长度震荡较小，能快速地大致收敛于期望队列长度，同时消除了空队列现象。由分析看出，API 算法比传统 PI 主动队列管理算法更具有优越性。

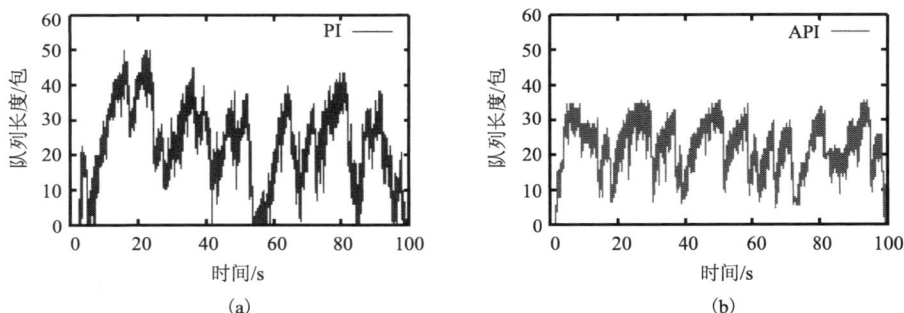

(a)　　　　　　(b)

图 8-15　PI 和 API 算法的队列长度对比曲线

实验 2：源端采用区分丢包策略的 API-DR 算法和 API 算法对比。

NS2 仿真证明，使用 API-DR 算法的网络吞吐量理应比同等条件下 API 算法的网络吞吐量要大且更加稳定，如图 8-16（a）、（b）所示。丢包率随时间的变化曲线，如图 8-17 所示。

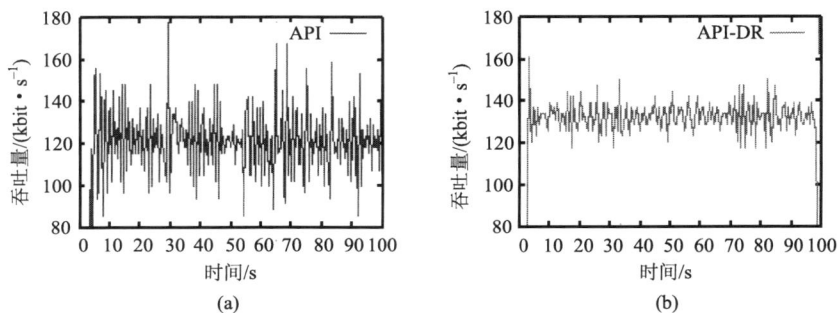

(a)　　　　　　(b)

图 8-16　API 和 API-DR 算法的吞吐量变化曲线

从图 8-16、图 8-17 明显看出，API 算法的吞吐量和丢包率均表现出较大抖动，原因是源端一旦检测到丢包时，便将它统一视为拥塞丢包，从而启动拥塞控制机制，导致网络吞吐量变化频繁，曲线波动较大，由此使簇头节点的丢包率也表现出很大波动。API-DR 算法由于在源端区分了拥塞丢包和误码丢包，对丢包率进行了更小粒度的划分，与 API 算法相比，网络吞吐量较高且稳定，丢包率变化幅度变小，说明源端的发送速率较为稳定，在保证提高链路利用率的同时，有效地避免了拥塞。

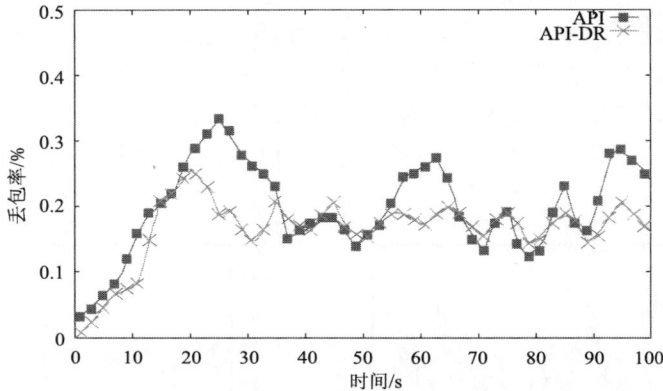

图 8-17 API 和 API-DR 算法的丢包率变化曲线

参 考 文 献

[1] Chiu D M, Jain R. Analysis of the increase and decrease algorithms for congestion avoidance in computer networks. Computer Networks and ISDN Systems, 1989, 17(6): 1-14.

[2] 刘辉宇，王建新，周志.无线传感器网络拥塞控制技术研究进展.计算机科学, 2009, 36(5): 7-12.

[3] Fang W W, Chen J M, Lei S, et al. Congestion avoidance, detection and alleviation in wireless sensor networks. Journal of Zhejiang University-Science C(Computer & Electronics), 2010, 11(1): 63-73.

[4] 方维维，钱德沛，刘铁. WSN 传输控制协议. 软件学报, 2008, 19(6): 1439-1451.

[5] Wan C, Eisenman S, Campbell A. CODA: congestion detection and avoidance in sensor networks. Proc of the lst International Conference on Embedded Networked Sensor Systems.Los Angeles: ACM Press, 2003: 266-279.

[6] Kang J, Zhang Y, Nath B, et al. Adaptive resource control scheme to alleviate congestion in sensor networks. Proc of the 1st Workshop on Broadband Advanced Sensor Networks(BASENETS). San Jose: IEEE Press, 2004.

[7] Chen T E, Bajcsy R. Congestion control and fairness for many-to-one routing in sensor networks. Proc of the 2nd ACM Conf. on Embedded Networked Sensor Systems(SenSys). Baltimore: ACM Press, 2004: 148-161.

[8]　Kim S, et al. Flush: a reliable bulk transport protocol for multihop wireless networks. Proc of ACM sensys'07. Sydney, 2007, 11.

[9]　Floyd S, Jacobson V. Random early detection gateways for congestion avoidance. IEEE/ACM Transactions on Networking, 1993, 1(4): 397-413.

[10]　任丰原, 王福豹, 任勇, 等. 主动队列管理中的 PID 控制器. 电子与信息学报, 2003, 25(1): 94-99.

[11]　Misra V, Gong W B, Towsley D. Fluid-based analysis of a network of AQM routers supporting TCP flows with an application to RED. Proc of ACM/SIGCOMM, 2000.

[12]　Jacobon V. Congestion avoidance and control. ACM Computer Communication Review, 1988, 18(4): 314-329.

[13]　梁斌梅, 韦琳娜. 改进的径向基函数神经网络预测模型. 计算机仿真, 2009, 26(11): 191-194.

[14]　刘思峰, 党耀国, 方志耕, 等. 灰色系统理论及其应用. 北京: 科学出版社, 2004.

[15]　唐懿芳, 穆志纯, 赵仕俊, 等. 基于 RBF 预估神经网络控制器的无线传感器网络拥塞算法. 小型微型计算机系统, 2010(1), 32-35.

[16]　Chen L, Zhang H, Hu W M.The analysis of active queue management in Ad hoc network. Nantong University(Natural Science), 2008, 7(1): 21-25.

[17]　Floyd S, Jacobson V. Random early detection gateways for congestion avoidance. IEEE/ACM Transactions on Networking, 1993, 1(4): 397-413.

[18]　Athuraliya S, Low S H, Li V H, et al.REM: active queue management. IEEE Network, 2001, 15(3): 48-53.

[19]　Hollot C V, Vishal M, Don T. Analysis and design of controllers for AQM routers supporting TCP flows. Automatic Control, 2002, 47(6): 949-959.

[20]　Zhao S J, Wang P P, He J H. Simulation analysis of congestion control in WSN based on AQM. 2011 International Conference on Mechatronic Science, Electric Engineering and Computer. Jilin: IEEE Press, 2011: 197-200.

[21]　赵仕俊, 王盼盼. 一种无线传感器网络的拥塞避免机制. 小型微型计算机系统, 2013(5).

第 9 章 网 络 安 全

9.1 概述

WSN 运行时，要进行数据采集、融合、传输和协同控制等，这就使袭击者容易偷听、截取、注入和改变传输数据。另外，袭击者还可不受传感器网络硬件的限制，使用昂贵的无线收发器和强大的工作站远距离地与网络进行连接来消耗 WSN 的有限资源，甚至窃取一些节点，冒充授权节点，对网络中的所有节点发布恶意代码来破坏网络的正常运行。如何保证任务执行的机密性、数据产生的可靠性、数据融合的高效性以及数据传输的安全性，是 WSN 安全方面需要研究的问题。

WSN 安全需求是基于传感器节点和网络自身特点提出的。传感器节点的特点体现在电池能量、充电能力、睡眠模式、内存储器、传输范围、干预保护及时钟同步等方面。网络自身特点与普通的 Ad hoc 网络一样，包括有限的结构预配置、数据传输速率和文件包大小、通道误差率、间歇连通性、反应时间和孤立的子网络。针对 WSN 的特点，对于网络的安全路由协议设计、保密性和认证性算法设计、密钥设计、运行平台和操作系统设计，以及网络网关节点设计等方面都有极大的挑战，因此，在 WSN 中采用什么样的安全性机制就显得非常重要。

9.1.1 WSN 的安全威胁

由于资源受限，部署环境恶劣，传感器网络比传统网络更容易受到攻击。传感器网络各个层次容易受到的攻击和防御方法如表 9-1 所示。安全威胁的形式主要有以下几点，某些方面与 Ad hoc 网络受到的安全威胁相似[1]。

(1) 窃听。一个攻击者能够窃听网络节点传送的部分或全部信息。袭击者通过侦听包含传感器节点物理位置的信息来确定它们的位置，并且摧毁它们。所以，隐藏传感器节点的位置信息是很重要的。

(2) 哄骗。节点能够伪装其真实身份。

(3) 模仿。一个节点能够表现出另一节点的身份。

(4) 危及传感器节点安全。若一个传感器以及它的密钥被捕获，储存在该传感器中的信息便会被敌方读出。

(5)入侵。攻击者把破坏性数据加入到网络传输的信息中或加入到广播流中。袭击者通过给用户注入大量的无用信息，消耗了传感器节点的有限能源。注入的恶意代码能够在网络中肆意传播，存在毁灭整个网络的潜在危险。更糟糕的情形是袭击者操作整个网络的控制权。

(6)重放。敌方会使节点误认为加入了一个新的信息，再对旧的信息进行重新发送。重放通常与窃听和模仿混合使用。

(7)拒绝服务(Denial of Service，DoS)。通过耗尽传感器节点资源来使节点丧失运行能力。

表 9-1 无线传感器网络中的攻击和防御手段

网络层次	攻击手段	防 御 方 法
物理层	拥塞攻击	调频、消息优先级、低占空比、区域映射、模式转换
链路层	物理破坏	破坏证明，伪装和隐藏
	碰撞攻击	纠错码
	耗尽攻击	设置竞争门限
	非公平竞争	短频和非优先级策略
网络层	丢弃和贪婪破坏	冗余路径、探测机制
	汇聚节点攻击	加密和逐跳认证机制
	方向误导攻击	出口过滤、认证监视机制
	黑洞攻击	认证、监视、冗余机制
传输层	泛洪攻击	客户端谜题
	失步攻击	认证

除了上面所述的攻击种类外，WSN 还有如下独有的安全威胁种类。

(1)HELLO 扩散法。这是一种 DoS 攻击，它利用了 WSN 路由协议的缺陷，允许攻击者使用强信号和强处理能量让节点误认为网络有一个新的网关节点。

(2)陷阱区。攻击者能够让周围的节点改变数据传输路线，将信息传送到一个被捕获的节点或是一个陷阱。

9.1.2 安全体系结构

无线传感器网络容易受到各种攻击，存在许多安全隐患。目前比较通用的安全体系结构，如图 9-1 所示[2]。

无线传感器网络协议栈由硬件层、操作系统层、中间件层和应用层构成。其安全组件分为 3 层，即安全原语、安全服务和安全应用。

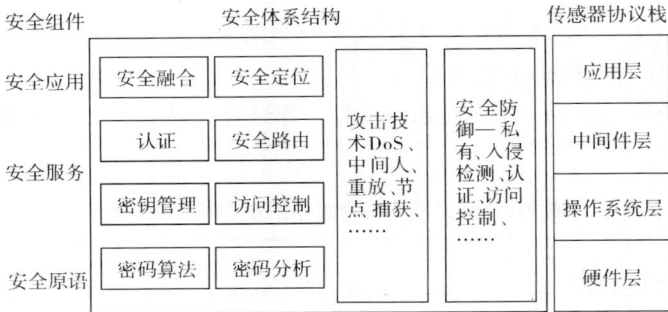

图 9-1   WSN 安全体系结构

9.1.3   安全要求与目标

1. 安全要求

基于 WSN 的特殊性，形成了 WSN 的安全特性要求，归纳为以下几个方面。

(1) 数据机密性。机密性就是使未被授权者不能获取消息的内容。一个 WSN 不能把该网络传感器的感应数据泄漏给未被授权者。保持敏感数据机密性的标准方法是在传输之前，应对消息采用有效的密码系统，用密钥对数据进行加密，并且这些密钥只分配给特定的用户。

(2) 数据完整性。完整性是指在消息的传输过程中，确保数据不被敌方改变，可以检查接收数据是否被篡改。在网络通信中，数据的这种完整性约束阻止了袭击者在中途传输过程中的偷听、改变和重新广播消息。根据数据种类的不同，数据完整性可分为三种类型：连接完整性、无连接完整性和选域完整性业务。

(3) 数据认证。数据认证是网络通信中标志通信各方身份信息的一系列数据，数据认证的目的是要确定数据的正确来源。数据认证可以分为：两部分单一通信和广播通信。两部分单一通信是指一个发送者和一个接收者通信，其数据认证使用的是完全对称机制，即发送者和接收者共用一个密钥来计算所有通信数据的消息认证码（Message Authentication Code，MAC）；对于广播通信，完全对称机理并不安全，因为网络中的所有接收者都可以模仿发送者来伪造发送信息。

(4) 数据新鲜度。数据新鲜度指确保每个消息都是最新的数据，即最近的数据。最新数据可分为两种类型：弱新数据和强新数据。弱新数据提供局部消息是有序的，它携带实时消息，主要用于传感器的测量；强新数据提供一个完整的需求应答次序，可作为评价数据的延时，主要用于网络时钟同步。采用这种方法保证了袭击者不可能中转以前的数据。

(5)访问控制与权限。未被授权的节点不能够承担网络的路由或向网络注入新的业务。通过数据认证，没有认证的节点不可能向网络中发送合法的消息。访问控制决定了谁能够访问系统，能访问系统的何种资源以及如何使用这些资源。适当的访问控制与权限能够阻止未经允许的用户有意或无意地获取数据。访问控制的手段包括用户识别代码、口令、登录控制、资源授权(如用户配置文件、资源配置文件和控制列表)、授权核查、日志和审计。

(6)语义安全性。受语义安全保护，一个正在偷听的敌方，即使看到了同样消息的多重加密，也不可能获得明文消息。如果缺少语义安全措施，袭击者就很容易分析接收的消息。如果对消息采用对称加密的方法，为保证语义的安全，一般在加密功能中使用一个初始值，这个初始值可以是与消息一起发送的一个随机值，或者是只有双方知道的计数器值或时钟值。

2. 安全目标

无线传感器网络因应用场景的差别，安全级别和安全需求也不相同，如军事应用则要求安全级别高，民用要求通常要低得多。无线传感器网络的安全目标以及实现此目标的主要技术，如表9-2所示。

表9-2 无线传感器网络安全目标

目标	意 义	主要技术
可用性	确保网络能够完成基本的任务，即使受到攻击，如DoS攻击	冗余、入侵检测、容错、容侵、网络自愈和重构
机密性	保证机密信息不会暴露给未授权的实体	信息加、解密
完整性	保证信息不会被篡改	MAC、散列、签名
不可否认性	信息源发起者不能够否认自己发送的信息	签名、身份认证、访问控制
数据新鲜度	保证用户在指定时间内得到所需要的信息	网络管理、入侵检测、访问控制

WSN采取安全措施的目标可以总结为：
(1)保证数据的及时性、有效性、机密性、完整性；
(2)实现安全的密钥管理，实现网络节点的身份认证；
(3)保障网络拓扑结构、路由免受破坏，并实现安全的组播；
(4)实现网络的容侵性，在局部遭受安全威胁时网络仍能正常工作。

9.2 无线传感器网络安全技术

9.2.1 安全技术分类

WSN 是一项新兴的前沿技术,国外比国内研究得更早、更深入。根据国内外对 WSN 安全问题的研究,就 WSN 安全技术分类如表 9-3 所示。

表 9-3 WSN 安全项目分类

类	子 类	类	子 类
密码技术	加密技术	路由安全	安全路由行程
	完整性检测技术		攻击
	身份认证技术		路由算法
	数字签名	位置意识安全	攻击
	预先配置密匙		安全路由协议
	仲裁密匙		位置确认
密匙管理	自动加强的自治密匙	数据融合安全	集合
	使用配置理论的密匙管理		认证
		其他	

9.2.2 密码技术

WSN 属于特殊的无线通信网络,有着基本相同的密码技术。密码技术是 WSN 安全的基础,也是所有网络安全实现的前提。

1. 加密技术

加密是一种基本的安全机制,加密技术就是利用技术手段把传感器节点间的通信消息变为乱码(加密)传送,到达目的地后再用相同或不同的手段还原(解密)。加密包括算法和密钥两个元素。一个加密算法是将普通的文本(或者可以理解的信息)与一串数字(密钥)结合,产生不可理解的密文的步骤。密钥是用来对数据进行编码和解码的一种算法。在安全保密中,可通过适当的密钥加密技术和管理机制,来保证网络的信息通信安全。密钥加密技术的密码体制分为对称密钥和非对称密钥体制。

加密密钥和解密密钥相同的密码算法称为对称密钥密码算法。它的特点是文件加密和解密使用相同的密钥,即加密密钥也可以用于解密密钥。对称加密算法使用起来简单快捷，密钥较短，且破译困难。对称加密以数据加密标准(Data Encryption Standard，DNS)算法为典型代表。

而加密密钥和解密密钥不同的密码算法称为非对称密钥密码算法。而非对称密钥密码系统中，每个用户拥有两种密钥，即公开密钥和秘密密钥。公开密钥对所有人公开，而秘密密钥只有用户自己知道。

与对称加密算法不同，非对称加密算法需要两个密钥：公开密钥(Publickey)和私有密钥(Privatekey)。公开密钥与私有密钥是一对，如果用公开密钥对数据进行加密，只有用对应的私有密钥才能解密；如果用私有密钥对数据进行加密，那么只有用对应的公开密钥才能解密。因为加密和解密使用的是两个不同的密钥，所以这种算法称为非对称加密算法。非对称加密通常以 RSA(Rivest Shamir Ad1eman)算法为代表。

对称加密算法的特点是算法公开、计算量小、加密速度快、加密效率高。不足之处是，交易双方都使用同样钥匙，安全性得不到保证。在对称加密算法中，消息认证码 MAC 和 Hash 算法被广泛使用，如消息/身份认证通过 MAC 来进行，而不是传统的数字签名方式。广播认证协议μTESLA 以及其扩展都是基于单向 Hash 链的。

2. 完整性检测技术

完整性检测技术用来进行消息的认证，是为了检测因恶意攻击者篡改而引起的信息错误。为了抵御恶意攻击，完整性检测技术加入了秘密信息，不知道秘密信息的攻击者将不能产生有效的消息完整性码。

消息认证码是一种典型的完整性检测技术。它是将消息通过一个带密钥的杂凑函数来产生一个消息完整性码，并将它附着在消息后一起传送给接收方。接收方在收到消息后可以重新计算消息完整性码，并将其与接收到的消息完整性码进行比较。如果相等，接收方可以认为消息没有被篡改；如果不相等，接收方就知道消息在传输过程中被篡改了。

3. 身份认证技术

身份认证技术通过检测通信双方拥有什么或者知道什么来确定通信双方的身份是否合法。这种技术是通信双方中的一方通过密码技术验证另一方是否知道它们之间共享的秘密密钥，或者其中一方自有的私有密钥。这是建立在运算简单的单钥密码算法和杂凑函数基础上的，适合所有无线网络通信。

4. 数字签名

数字签名是用于提供服务不可否认性的安全机制。数字签名是建立在公共密钥体制基础上，用户利用其秘密密钥将一个消息进行签名，然后将消息和签名一起传给验证方，验证方利用签名者公开的密钥来认证签名的真伪。

应用广泛的数字签名方法主要有 RSA 签名和 Hash 签名。

RSA 算法中数字签名技术实际上是通过一个 Hash 函数来实现的。数字签名的特点是它代表了文件的特征，文件如果发生改变，数字签名的值也将发生变化。不同的文件将得到不同的数字签名。一个最简单的 Hash 函数是把文件的二进制码相累加，取最后的若干位。Hash 函数对发送数据的双方都是公开的。

　　Hash 签名是最主要的数字签名方法，也称为数字指纹法(Digital Finger Print)。它与 RSA 数字签名是单独签名不同，该数字签名方法是将数字签名与要发送的信息紧密联系在一起，更增加了可信度和安全性。数字指纹法加密方法也称安全 Hash 编码法 SHA(Secure Hash Algorithm)，该编码法采用单向 Hash 函数将需加密的明文"摘要"成一串 128bit 的密文，这一串密文称为数字指纹，它有固定的长度，且不同的明文摘要必定一致。这样，这串摘要便可成为验证"明文"是否是"真身"的"指纹"了。

9.2.3　密钥确立和管理

　　密码技术是网络安全架构十分重要的部分，而密钥是密码技术的核心内容。密钥确立需要在参与实体和密钥计算之间建立信任关系，信任建立可以通过公开密钥或者秘密密钥技术来实现。WSN 的通信不能依靠一个固定的基础组织或者一个中心管理员来实现，而要用分散的密钥管理技术。

　　密钥管理协议分为预先配置密钥协议、仲裁密钥协议和自动加强的自治密钥协议。预先配置密钥协议在传感器节点中预先配置密钥，这种方法不适合动态 WSN。在仲裁密钥协议中，密钥分配中心用来建立和保持网络的密钥，它完全被集中于一个节点或者分散在一组信任节点中。自动加强的自治密钥协议把建立的密钥散布在节点组中。

　　1. 预先配置密钥

　　(1)网络范围的预先配置密钥。WSN 所有节点在配置前都要装载同样的密钥。

　　(2)明确节点的预先配置密钥。在这种方法中，网络中的每个节点需要知道与其通信的所有节点的 ID 号，每两个节点间共享一个独立的密钥。

　　(3)J 安全预先配置节点。在网络范围的预先配置节点密钥方法中，任何一个危险节点都会危及整个网络的安全。而在明确节点预先配置中，尽管有少数危险节点互相串接，但整个网络不会受到影响。J 安全方法提供簇节点保护来对抗不属于该簇的 j 个危险节点的威胁。

　　2. 仲裁密钥协议

　　仲裁密钥协议包含用于确立密钥的第三个信任部分。根据密钥确立的类型，协议被分为秘密密钥和公开密钥。标准的秘密密钥协议发展成密钥分配中心(Key Distribution Center，KDC)或者密钥转换中心。

　　成对密钥确立协议可以支持小组节点的密钥建立。有一种分等级的密钥确立协议叫做分层逻辑密钥(Logic Key Hierarchy，LKH)。在这种协议中，一个第三信任方(Third Trust Party，TTP)在网络的底层用一组密钥创建一个分层逻辑密钥，然后加密密钥形成网络的内部节点。

3. 自动加强的自治密钥协议

(1) 成对的不对称密钥。这种协议基于公共密钥密码技术。每个节点在配置之前，在其内部嵌入由任务权威授予的公共密钥认证。

(2) 簇密钥协议。在 WSN 节点簇中确立一个普通密钥，而不依赖信任第三方。这种协议也是基于公共密钥密码技术的，包括以下 3 种。

①简单的密钥分配中心。支持使用复合消息的小组节点。由于它不提供迅速的保密措施，所以它适合路由方面的应用。

②Diffie-Hellman 簇协议。该协议确保簇节点中的每个节点都对簇密钥的值作出贡献。

③特征密钥。此协议规定只有满足发送消息要求特征的节点才能计算共享密钥，从而解密给定的消息。特征包括位置、传感器能力等区别特性。

4. 使用配置理论的密钥管理

使用配置的密钥管理方案是任意密钥预先分配方案的一种改进，它加入了配置理论，避免了不必要的密钥分配。配置理论的加入充分改进了网络的连通性、存储器的实用性以及抵御节点捕获的能力，与前面提到的密钥管理方案相比更适合于大型 WSN。配置理论假设传感器节点在配置后都是静态的。配置点是节点配置时的位置，但它并不是节点最终位置，而只是在节点最终位置的概率密度之内，驻点才是传感器节点的最终位置。

9.2.4 路由安全

WSN 路由协议的研究，主要目的是使受限的传感器节点和网络特殊应用的结合达到最优化，缺少必要的路由安全措施，敌方会使用具有高能量和长范围通信技术来攻击网络。因此，设计安全路由协议对保护 WSN 安全非常重要。

WSN 路由协议有多种，它们受到的攻击种类也不同。只有了解这些攻击种类，才能在协议中加入相应的安全机制，保护路由协议的安全。现有的传感器网络路由协议和容易受到的攻击种类如表 9-4 所示。

表 9-4 攻击 WSN 路由协议类型

路由协议	容易受到的攻击
TinyOS 信标	伪造路由信息、选择性转发、污水池、女巫、虫洞、HELLO 泛洪
定向扩散	伪造路由信息、选择性转发、污水池、女巫、虫洞、HELLO 泛洪
地理位置路由（GPSR、GEAR）	伪造路由信息、选择性转发、女巫
分簇路由协议（LEACH、TEEN、PEGASIS）	选择性前转、HELLO 泛洪
谣传路由	伪造路由信息、选择性转发、污水池、女巫、虫洞
能量节约的拓扑维护（SPAN、GAF、CEC、AFECA）	伪造路由信息、女巫、HELLO 泛洪

传感器网络路由协议容易受到各种攻击。敌方能够捕获节点对网络路由协议进行攻击，如伪造路由信息、选择性转发、污水池等。受到这些攻击的传感器网络，一方面无法正确、可靠地将信息及时传递到目的节点；另一方面消耗大量的节点能量，缩短网络寿命。

针对以上的协议攻击的反措施，包括链路层加密和认证、多路径路由行程、身份确认、双向连接确认和广播认证。但这些措施只有 WSN 路由协议设计时就把安全机制加入到路由协议中，对攻击的抵御才有作用。

设计安全可靠的路由协议主要从两个方面考虑：一是采用消息加密、身份认证、路由信息广播认证、入侵检测、信任管理等机制来保证信息传输的完整性和认证。这方面需要传感器网络密钥管理机制的支撑。针对表 9-4 中的各种攻击，采取相应的对策如表 9-5 所示。二是利用传感器节点的冗余性，提供多条路径，即使在一些链路被敌方攻破而不能进行数据传输的情况下，仍然可以使用备用路径。多路径路由能够保证通信的可靠性、可用性以及具有容忍入侵的能力。

表 9-5　传感器网络攻击和解决方案

攻　击	解 决 方 法
外部攻击和链路层安全	链路层加密和认证
女巫攻击	身份验证
HELLO 泛洪	双向链路认证
虫洞和污水池	很难防御，必须在设计路由协议时考虑，如基于地理位置路由
选择性转发	多径路由技术，基于线索的路由技术
认证广播和泛洪	广播认证，如 μTESLA

传感器网络安全路由协议的进一步研究是根据传感器网络的特点，在分析路由安全威胁的基础上，从密码技术、定位技术和路由协议安全性等方面探讨安全路由技术。

9.2.5　数据融合安全

WSN 运行时，大量的节点会产生大量的数据。如何把这些数据进行分类，集合出在网络中传输的有效数据并进行数据身份认证是数据融合安全所要解决的问题。

1. 数据集合

数据集合通过最小化多余数据的传输来增加带宽使用和能量利用。现今一种流行的安全数据集合协议(Survey Research Data Archive，SRDA)，通过传输微分数据代替原始的感应数据来减少传输量。SRDA 利用配置估算且不实施任何在线密钥分配，从而建立传感器节点间的安全连通。它把数据集合和安全概念融入 WSN，可以实施对目标的持续监控，实现传感器与网关节点之间的数据漂流。

2. 数据认证

数据认证是 WSN 安全的基本要求之一。网络中的消息在传输之前都要强制认证，否则敌方能够轻松地将伪造的消息包注入网络，从而耗尽传感器能量，使整个网络瘫痪。数据认证可以分为以下 3 类。

(1) 单点传送认证。用于两个节点间数据包的认证。使用的是对称密钥协议，数据包中包含节点间共享的密钥作为双方身份认证。

(2) 局部广播认证。支持局部广播消息和消息参与。局部广播消息是由时间或事件驱动的。

(3) 全局广播认证。用于网关节点与网络中所有节点间数据包的认证。μTESLA 是一种特殊的全局广播认证，适合于有严格资源限制的环境。

9.2.6　入侵检测

入侵检测是发现、分析和汇报未授权或者毁坏网络活动的过程。传感器网络入侵检测技术主要集中在监测节点的异常以及辨别恶意节点上。传感器网络入侵检测由 3 个部分组成：入侵检测、入侵跟踪和入侵响应。这 3 个部分顺序执行。首先入侵检测将被执行，要是入侵存在，入侵跟踪将被执行来定位入侵，然后入侵响应被执行来防御反对攻击者。入侵检测框架如图 9-2 所示。

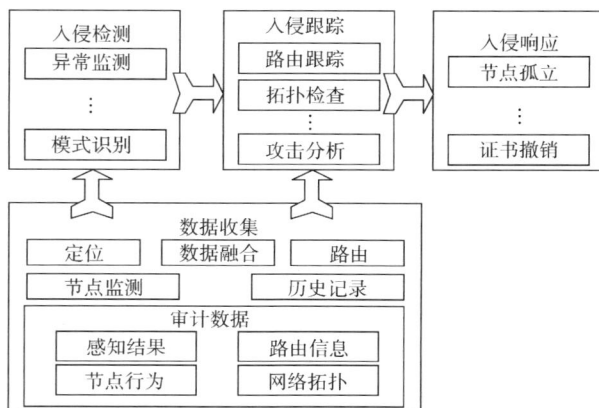

图 9-2　入侵检测框架

9.2.7　DoS 攻击

DoS 攻击指任何试图减弱或者消除网络平台期望实现某种功能的行为。常见的无线传感器网络 DoS 攻击和防御方法如表 9-6 所列。

表 9-6 无线传感器网络层次和 DoS 防御

网络层次	攻击	防御
物理层	干扰台	频谱扩展、信息优先级、低责任环、区域映射、模式变换
	消息篡改	篡改验证、隐藏
链路层	碰撞	差错纠正码
	消耗	速率限制
	不公平	短帧结构
网络层	忽视和贪婪	冗余、探测
	自引导攻击	加密、隐藏
	方向误导	出口过滤、认证、监测
	黑洞	认证、监测、冗余
传输层	泛洪	客户端迷惑
	失步	认证

一种基于线索的监测方法来检测传感器网络中恶意路由节点[3]，如图 9-3 所示。

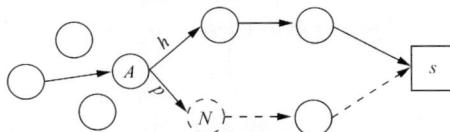

图 9-3 基于线索的监测方法

节点 A 发出的数据包 p 的下一跳节点 N(由路由协议决定)，A 以一定概率同时发送数据包 p 的线索 h，线索 h 不会被路由经过节点 N。网关节点能够根据收到的数据包和线索来监测节点 N。

9.2.8 访问控制和权限管理

作为服务提供者，传感器网络负责监测环境，收集和存储监测数据。作为服务请求者、合法用户能够从传感器网络获取相应的数据。在无线传感器网络中，敌方能够威胁若干传感器节点，因此相应的访问控制和权限管理机制是必需的。

Benenson 等在具有健壮性传感器网络访问控制算法框架中，提出了 t 健壮性传感器网络，其能够容忍 t 个节点被捕获[4]。主要考虑 3 个方面问题。

(1)t 健壮存储。仅仅捕获 t 个节点，敌方不能够得到传感器网络存储的任何信息。

（2）n 认证。确保用户广播范围内的 n 个合法节点认证用户身份。

（3）n 授权。类似于 n 认证，他们还提出了 t 健壮性协议，实现传感器网络访问控制机制。使用以下方式实现健壮性的访问控制：感知数据以 t 健壮的方式存储在传感器网络中。当用户需要阅读数据时，使用自己的身份调用 n 认证，随后用户调用 n 授权。如果用户身份合法，并具有相应的权限，传感器节点以加密的方式将自己的数据份额发送给用户。收到 $t+1$ 个数据份额，用户能够构造出需要的感知数据。

Zhang 等提出了传感器网络的权限管理，给移动用户分配能够完成任务的最小权限，并在监测到其受到威胁时，提供权限撤销机制[5]。网关节点产生密钥 K_m，基于这个密钥，每个节点 u 都产生单密钥 $K_u = G_{K_m}(u)$，其中 G 为伪随机函数。用户被预先装载与传感器节点 u 共享的对密钥：

$$K_u(\text{User}) = H(\text{TT}|\text{User}|K_u|T_s|T_e) \tag{9-1}$$

式中，H 为单向散列函数；TT 为任务类型；T_s 和 T_e 为任务开始和终止时间。

为了与节点 u 建立对密钥，用户把 User、TT、T_s 和 T_e 发送给节点 u，使用同样的方法，节点 u 能够计算 $K_u(\text{User})$。节点 u 和用户相互认证过程为

$$\text{User} \rightarrow u{:}R_1, \text{MAC}(K_u(\text{User}), R_1)$$
$$u \rightarrow \text{User}{:}R_2, \text{MAC}(K_u(\text{User}), R_1|R_2) \tag{9-2}$$

这里 R_1 和 R_2 为阻止重放攻击的随机数。要使节点 u 能够成功认证用户信息，它将在时间间隔 $[T_s, T_e]$ 期间辅助用户执行 TT 类型的任务。

9.2.9　无线传感器网络安全协议

针对数据机密性、数据完整性、信息认证以及数据新鲜性等安全特性，Perrig 等提议了传感器网络安全协议 SPINS。SPINS 安全协议框架是最早的无线传感器网络安全框架之一，其中包含两个子协议：SNEP（Secure Network Encryption Protocol）和μTESLA（micro Timed Efficient Streaming Loss-tolerant Authentication Protocol）。SNEP 提供了基本的安全机制：数据机密性、双方数据鉴别和数据新鲜度；μTESLA 是传感器网络广播认证协议[6]。

SNEP 是一个低通信开销且实现了数据机密性、通信机密性、数据认证、完整性认证、新鲜性保护的简单高效的安全协议。SNEP 本身只描述安全实施的协议过程，并不规定实际的使用算法，具体的算法在具体实现时考虑。

μTESLA 协议是基于时间的高效的容忍丢包的流认证协议，用以实现"一到多"的广播认证。该协议的主要思想是先广播一个通过密钥 K_{mac} 认证的数据包，然后公布密钥 K_{mac}。这样就保证了在密钥 K_{mac} 公布之前，没有人能够得到认证密钥的任何信息，也就没有办法在广播包正确认证之前伪造出正确的广播数据包。这样的协议过程恰好满足流认证广播的安全条件。

1. 节点之间密钥协商

SNEP 采用共享主密钥 K_{master} 的安全引导模型，其他密钥都是从主密钥中衍生出来的。节点 A 和 B 之间通过网关节点协商建立安全通道过程为

$$
\begin{aligned}
&A \to B{:}N_A, A \\
&B \to S{:}N_A, N_B, A, B, \text{MAC}(K_{BS}, N_A | N_B | A | B) \\
&S \to A{:}\{SK_{AB}\}_{K_{AS}}, \text{MAC}(K_{AS}, N_A | B | \{SK_{AB}\}_{K_{AS}}) \\
&S \to B{:}\{SK_{AB}\}_{K_{BS}}, \text{MAC}(K_{BS}, N_B | A | \{SK_{AB}\}_{K_B})
\end{aligned}
\tag{9-3}
$$

SK_{AB} 是网关节点 S 为节点 A 和 B 设定的临时通信密钥，N_A 和 N_B 是随机数 nonce（在摘要认证中服务器让客户选一个随机数）。

2. 机密性和语义安全

SNEP 使用计数器模式提供语义安全，具有抵抗已知明文攻击的能力。假设通信双方共享计数器值 C，加密的数据遵循以下格式：$E = \{D\}_{(K_{encr}, c)}$，这里 D 为需要传送的数据，K_{encr} 为加密密钥。每次信息发送所使用的计数器值均是不同的。

3. 完整性和点到点的认证

通过消息认证码，SNEP 实现消息完整性和点到点认证。节点 B 能够认证 A 发送信息：$\{D\}_{(K_{encr}, c)}, \text{MAC}(K_{mac}, C | \{D\}_{(K_{encr}, c)})$，其中 K_{encr} 和 K_{mac} 是由主密钥 K_{master} 推演出来的。

4. 数据新鲜性

使用 nonce 机制，SNEP 具有强数据新鲜性。在每个安全通信的请求数据包中增加 nonce 段，唯一标识请求包的身份。例如，节点 A 和 B 之间的新鲜性验证的通信过程为

$$
\begin{aligned}
&A \to B{:}N_A, \{R_K\}_{(K_{encr}.C)}, \text{MAC}\left(K_{mac}, C | \{R_K\}_{(K_{encr}.C)}\right) \\
&B \to A{:}\{RSP_K\}_{(K_{encr}.C)}, \text{MAC}\left(K_{mac}, N_A | C' | \{RSP_K\}_{(K_{encr}.C)}\right)
\end{aligned}
\tag{9-4}
$$

另外，一个子协议μTESLA 为传感器网络广播认证协议，将在 9.4 节中详细介绍。

9.3 链路层加密方案

9.3.1 TinyOS 的安全保护措施 TinySec

TinyOS 是 WSN 运行的操作系统，它不提供安全源语，网络的安全得不到保障。为此，美国加州大学伯克利分校的 Chris Karlof、Naveen Sastry、David Wagner 三位专家针对 TinyOS 设计一种链路层加密机制 TinySec[7,8]。

1. 关于 TinySec

TinySec 是作为一个研究平台测试和估算高水平安全文件包。TinySec 的核心是与 TinyOS 无线通信堆栈紧密相连的块密码和密钥机构。TinySec 使用在一组传感器节点间共享的单对称密钥。在传输一个消息包之前，每个节点会首先加密数据并应用消息认证码 MAC 保护数据的完整性。接收者使用 MAC 来认证消息包在传输过程中没有被修改，然后解密消息。

2. TinySec 设计目标

1）安全目标

（1）访问控制。只有被授权的节点才能参与网络的运行。

（2）完整性。只接收在传输过程中未被改变的消息，这样可防止消息在传输过程中被敌方偷听、改变和重复广播。

（3）机密性。未授权的接收方很难推断出消息的内容。

2）性能目标

通过改变安全机构的长度，既能限制消息的长度，减少能量的消耗，又能提供合理的安全保护。

3）可用性

（1）安全平台。高级的安全协议依赖链路层安全结构成为安全源语，如密钥分配协议利用了公开密钥密码技术，使用 TinySec 在相邻节点间建立了安全成对通信。

（2）透明度。在网络中配置安全机构通常在使用方面有一定的困难。为了克服这个困难，TinySec 被构建为一个链路层安全协议，对 TinyOS 上的运行透明化。

（3）可携带性。TinyOS 运行在不同的主机平台上，包括 Atmel、Intelx86 和 StrongArm 等处理器。TinyOS 支持两种无线通信结构：Chipcon CC1000 和 RFM TR100。一种无线通信堆栈连接这两类硬件。

4）安全源语

（1）消息认证码（MAC）。用来完成消息真实性和完整性认证，并且节点间要求一个共享的秘密密钥。

(2)初始化向量(IV)。用于完成语义安全、加密相同的无格式消息两次,分别得到两个不同的密码。

5)TinySec 设计

TinySec 支持两种不同的安全选项。

(1)TinySec-AE,包括认证和加密。TinySec-AE 加密有效数据负载,认证有一个消息认证码 MAC 的文件包。这个 MAC 由加密数据和文件包头计算得出。

(2)TinySec-Auth,只包括认证。TinySec 认证带有 MAC 的整个文件包,但是不加密有效数据负载。

3. 加密技术

使用语义安全加密技术需要选择一个加密方案和指定 IV 格式。TinySec 设计使用了格式化的 8 位 IV,并且使用密码块链(CBC)。

(1)IV 格式:dst ‖ AM ‖ l ‖ src ‖ ctr。其中,dst 是接收者的地址,AM 是活动信息类型,l 是数据长度,src 是发送方地址,ctr 是一个 16 位的计数器。计数器的初始值为 0,在每条消息发送出去以后,发送方自动给计数器加 1。

(2)加密方案。WSN 的对称密钥加密方案一般分为两种:流密码和块密码模式。流密码加密速度快,但是如果 IV 重复出现,流密码的加密就会失败。在 IV 重复出现时,CBC 的加密效果削减缓慢,只有极少的消息泄漏。

4. 文件包格式

TinySec 的文件包格式是基于 TinyOS 文件包发展而来的。它们的差别如图 9-4 所示。

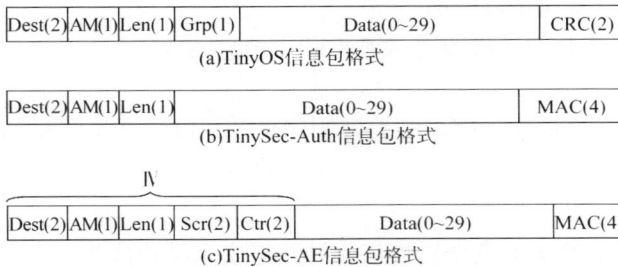

(a)TinyOS信息包格式

(b)TinySec-Auth信息包格式

(c)TinySec-AE信息包格式

图 9-4　三种文件包格式

三种文件包格式的共同部分包括接收者的目的地址(Dest)、活动消息类型(AM)和数据长度(Len)。这些部分由于自身的特点,在设计上并不需要对它们进行加密。TinyOS 使用 CRC 校验来检查传输中的错误,但是它并不能提供安全方法来抵御文件包受到的恶意修改和伪造。而 TinySec 用 MAC 来代替 CRC,保护了消息的完整性和认证性,防止数据被篡改,同时也能监测到传输的错误。

5. 密钥机构

TinySec 可以同多种密钥机构共存,主要有单密钥、临近节点间的密钥链和组节点。

(1)单密钥：支持消极参与和局部广播。

(2)临近节点间的密钥链：在被俘获节点存在的情况下渐进消退。

(3)组节点：在被俘获节点存在的情况下渐进消退，并且支持消息参与和局部广播。

6. TinySec 的执行

现今的 TinySec 主要应用到加州大学伯克利分校的传感器节点上（如 Mica、Mica2 和 Mica2Dot 平台）。与 TOSSIM 相结合，其端口与 Atmel、Intel x86 和 StrongArm 等处理器相连。资源使用方面，包括 3000 行的 nesC 代码、728 位的 RAM 和 7146 位的 ROM。

TinySec 是为 WSN 量身定造的。它依赖密码源语，满足了网络资源限制和安全的要求。

9.3.2　链路层加密方案 SenSec

研究者发现 TinySec 提供的安全措施比较随机，有时会搞乱网络布局，并且一个危险节点可能破坏整个网络。基于 TinySec 系统构架，提出了一个新的系统构架 SenSec[9]。

1. 关于 SenSec

SenSec 提供了默认的安全功能并具有反弹的密钥控制机制，能让发送接收数据包过程中的编码、解码和认证清晰化。这样使任意两个传感器之间消息的保密性和完整性得到保护，使得系统运算和通信更加有效。更重要的是这种新的结构中反弹密钥控制机制能够反弹危险节点攻击，弥补了 TinySec 的重要缺陷。

2. SenSec 设计目标

(1)安全应用程序接口——TinySec 工作在活动信息层。

(2)为上层应用和协议提供一个统一界面。

(3)能很好地满足多到一的通信，适应 WSN 的层次结构。

(4)通过使用三组控制密钥，最大化可使用性，最小化系统受到的攻击。

3. SenSec 设计安全目标

(1)访问控制，仅授权参与者。

(2)完整性，使得改变和转发消息困难。

(3)机密性。

(4)对应用软件和程序员公开。

4. SenSec 特征

(1)反弹的密钥管理。

(2)超小型源代码。

(3)使用安全程序接口。

(4)多到一的传输路线。

(5)软件分层结构设计。

5. SenSec 的设计

(1)SenSec 的协议堆栈。SenSec 提供与上层 AM 一致的通信界面，并且可以使用无线发送包界面。SenSec 提供显式安全服务，这样传感器在通信中就不会意识到编码和认证操作。在文件包发送前，系统能完成安全操作。

(2)SenSec 文件包格式分析。SenSec 文件包格式如图 9-5 所示。它基于当今的 TinyOS 文件包格式编制，采用同 TinySec 相同的策略，与 TinySec 文件格式相比做了些许改动。只是它们的 IV 格式不同，这能为 WSN 提供足够的安全保障。因此，通过重复计算 MAC 系统能监测到文件包传输过程中的阻碍和错误。

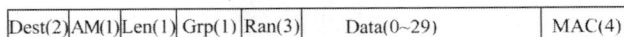

Dest(2)	AM(1)	Len(1)	Grp(1)	Ran(3)	Data(0~29)	MAC(4)

图 9-5　SenSec 文件包格式

(3)SenSec 反弹密钥控制机制。为了满足整个网络的安全等级结构，使用分等级的访问控制。SenSec 反弹密钥控制机制使用三组密钥来控制传感器配置。

①用于全网广播的全网控制密钥(GK)。由网关节点产生，每个传感器节点提前配置，可以在传感器网络中共享。

②用于局部监控的局部控制密钥(CK)。由簇头产生，可以分簇预先配置，在簇内节点间共享。

③用于传感器节点的节点控制密钥(SK)。基于由网关节点产生的每个传感器唯一的 ID 号，提前配置在每个节点上，每个传感器与网关节点都有一个与传感器节点关联的节点控制密钥。

通过使用不同的密钥，可以用一个反弹机制来抵御对手对节点的攻击，其中节点控制密钥的安全级别最高。

9.4　无线传感器网络用户认证技术

9.4.1　认证技术分类

传感器网络认证技术主要包含内部实体之间认证，网络和用户之间认证和广播认证。

1. 传感器网络内部实体之间认证

传感器网络密钥管理是网络内部实体之间能够相互认证的基础。内部实体之间认证基于对称密码学。具有共享密钥的节点之间能够实现相互认证。另外，网关节点作为所有传感器节点信赖的第三方，各个节点之间可以通过网关节点进行相互认证。

2. 传感器网络对用户的认证

用户是传感器网络外部的能够使用传感器网络来收集数据的实体。当用户访问传感器网络，并向传感器网络发送请求时，必须通过传感器网络的认证。用户认证存在 4 种方式。

(1) 直接网关节点请求认证。用户请求总是开始于网关节点，相应的 C/S 认证协议实现用户和网关节点之间相互认证。成功认证之后，网关节点转发用户请求给传感器网络。

(2) 路由网关节点请求认证。用户请求开始于某些传感器节点，传感器节点不能对请求进行认证，它们将认证信息路由到网关节点，由网关节点来进行用户认证。网关节点为传感器网络和用户建立信任关系。

(3) 分布式本地认证请求。用户请求由用户通信范围内的传感器节点协作认证，如若认证通过，这些传感器节点将通知网络的其他部分，此请求是合法的。

(4) 分布式远程请求认证。请求的合法性仅仅由网络中指定的几个传感器节点验证。这些传感器节点可能被分布在某些指定的位置。用户请求认证信息将被路由到这些节点。

3. 传感器网络广播认证

由于传感器网络的"一对多"和"多对一"通信模式，广播是节约能耗的主要通信方式。为了保证广播实体和消息的合法性，Perrig 等在传感器网络安全协议 SPINS 中，基于 TESLA 认证广播协议提出了 μTESLA 作为传感器网络广播认证协议[6]。基于 μTESLA 协议，Liu 等提出了多层和适合于多个发送者的广播认证协议。

TESLA 认证广播协议是一种比较高效的认证广播协议，最初是为组播流认证设计的。针对传感器网络的特点，Perrig 等在其基础上提出了基于时间的高效的容忍丢包的流认证协议 μTESLA 协议。其主要思想是先广播一个通过密钥 K 认证的数据包，然后公布密钥 K。那么，在密钥 K 公布之前，没有人能够得到密钥的任何信息，也就没有办法在广播包认证之前伪造正确的广播数据包。

(1) μTESLA 协议。μTESLA 使用单向密钥链，通过对称密钥的延时透露引入的非对称性进行广播认证，其由 4 个阶段组成。

① 密钥建立。网关节点随机选择密钥 K_n，计算 $K_j = F(K_{j+1})$，$j=0,\cdots,n-1$，产生密钥链，得到密钥池：K_{j-1}、K_{j-2}、K_{j-3}、K_2、K_1、K_0；F 为单向伪随机函数。

② 广播密钥透露。网络寿命被分成 n 个同步时间间隔 I_i，将 K_i 和 I_i 对应起来。网关节点使用 K_i 计算 I_i 内发送数据包的信息认证码，并延时 δ 个同步时间间隔（即密钥发布延时时间 δI_i）后广播 K_i。

③ 传感器节点自举。网关节点使用可认证方式将初始参数传送给传感器节点，并实现网关节点与其他节点时钟同步。

④ 认证广播数据包。首先传感器节点计算 $K_i = F_{j-i}(K_j)$ 来认证 K_j；然后使用 K_j

认证 I_i 到 I_j 内收到的所有数据包；最后传感器节点用 K_j 取代 K_i。

网络节点的加入过程可以穿插在整个网络的运行过程中。相对于 TESLA 利用非对称密钥算法，μTESLA 中节点使用 SNEP 协议从网关节点获得密钥同步时钟参数和节点的初始化密钥。节点接收到网关节点的广播包后，通过同步时间判断，选择在网关节点公布认证密钥的时间接收认证密钥；接收到认证密钥后，通过密钥链计算验证其合法性；再根据时间标尺使用密钥验证相应时间段的广播包。

在 μTESLA 协议中，节点使用 SNEP 协议加入网络的过程是一个点对点的单播过程，这样的操作在大规模传感器网络中需要消耗大量网络资源。此外，单一的密钥链导致网关节点保存过长的密钥链或者同步时间间隔过长，或者需要多次重构密钥链。

（2）分层 μTESLA 协议。分层 μTESLA 协议采用预先设定初始化参数方法。其基本思想：将认证分成多层，使用高层密钥链认证低层密钥链，低层密钥链认证广播数据包。

①初始化。首先，将传感器网络生命周期划分成 n_0 个间隔为 Δ_0 的高层时间间隔 $I_1, I_2, \cdots, I_{n_0}$。随机选择 K_{n_0}，计算 $K_i = F_0(K_{i+1})$，$i = 0, 1, \cdots, n_0 - 1$，生成高层密钥链 $K_0, K_1, \cdots, K_{n_0}$。其次，每个 I_i 被进一步分成 n_1 个间隔为 Δ_1 的低层时间间隔 $I_{i,1}, I_{i,2}, \cdots, I_{i,n_1}$ 在每个 I_i 中，随机选择 $K_{i,j} = F_1(K_{i,j+1})$，$j = 0, 1, \cdots, n_1 - 1$ 生成低层次的密钥链，F_0、F_1 为单向伪随机函数。

②数据包认证。首先，节点通过 $K_i = F_1^{j-i}(K_j)$ 来认证 K_j，K_i 为节点保存最新的合法高层密钥，使用 K_j 认证低层密钥链的密钥头；其次，使用低层密钥链的密钥头认证低层密钥。

9.4.2　用户认证协议

为了让具有合法身份的用户加入到网络，与此同时有效地阻止非法用户的接入，确保 WSN 的外部安全，在 WSN 中必须采用用户认证机制，确定用户身份的合法性。目前已经出现的多种用户认证协议按照其采用的加密形式可以分为四种，如图 9-6 所示[10]。

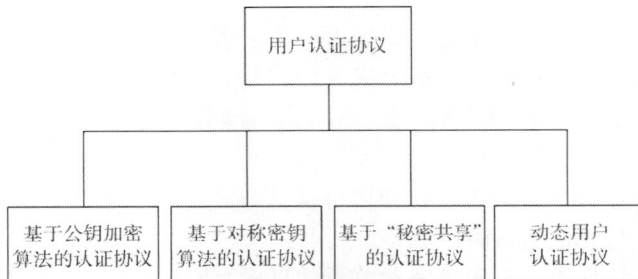

图 9-6　用户认证协议分类示意图

1. 基于公钥加密算法的认证协议

以公钥作为其认证基础，运算量和能耗较高。基于公钥加密算法的实体认证机制是：任何两个实体（节点 Node 和用户设备 User）建立信任关系，必须拥有从（Center Authentication，CA）获得的公私密钥对和 CA 的公钥。实体的公钥用 CA 的私钥签名，作为其数字证书来建立其合法身份。首先，User 给 Node 发送一个请求信息，信息的第一部分是 CA 私钥签名的外部设备的公钥 Sign<cert>，后一部分是时间标记和设备公钥的散列值，并用设备私钥签名 Sign(nonce ‖ hash1(UK))；Node 接收到该信息后，用存储的 CA 公钥验证并提取第一部分的设备公钥，再用该公钥验证第二部分，获得时间标识和散列值 Hash1；同时利用自身信息计算 User 公钥的散列值 Hash2，这两个值相同，则确认合法身份。

2. 基于对称密钥算法的认证协议

以对称密钥作为认证基础，运算量和能耗较低。由于传感器节点的能量有限的特点，致使很多计算量、通信量大的认证框架无法在传感器网络上应用。在对称密钥算法中，通信双方只需要同一个密钥对数据进行加密，使用逆向算法即可得到原数据，无需其他附加运算，因此其具有计算量小、加密速度快、加密效率高的特点。考虑到能耗问题，基于对称密钥算法的认证协议成为 WSN 的首选协议。

3. 基于"秘密共享"的认证协议

基于"秘密共享"的认证协议并不使用加密手段，而用"秘密"的概念作为认证的基础。采用秘密共享和簇群同意的密码学概念，避免了高耗能的加解密方案。网络由多个簇群组成，每个簇群都有一个簇头，簇群间节点通过 PC(Processing Center) 为每个实体分配身份 ID，并与每个实体共享一个秘密。实体间秘密相互隔绝。实体 ID_i 知道前任节点 ID_{i-1} 与后续节点 ID_{i+1} 的信息。该认证协议的主要过程如下。

首先，用户 U 发信息给 PC，请求加入网络，并通知所在拥有 N 个节点簇群；然后，处理中心 PC 将与用户共享的秘密 S 分成 N 份，通过簇头分发给簇群的各个节点；接下来，收到 1/N 份秘密的节点 ID_i 选取后续节点 ID_{i+1} 为验证节点，子群内的各节点都向验证节点发送自己的 1/N 份秘密。同时用户 U 也向验证节点发送完整的秘密 S，通过网关节点分发给子群的各个节点，验证节点将收到的分散的秘密恢复出原秘密 S'，并与 S 比较，相同则广播确认消息 Ture，否则广播 False。簇群中每个节点都要进行这个过程，并会收到 $N-1$ 个判定消息，当超过指定数量 t（系统指定）个确认消息，则认为用户为合法用户。最后，用户通过簇头更新与处理中心共享的秘密。

4. 动态用户认证协议

动态用户认证使用逻辑异或和散列运算作为认证的基础。

Tseng 等提出了一种动态的用户认证机制[11]，将整个认证过程分为注册、登录和认证三个过程完成。整个过程不需要建立密钥，而仅使用单向散列函数和逻辑异或运算。整个网络的节点主要有网关节点(Sensor Gateway Node)、登录节点(Login Node)和普通节点。网关节点负责连接服务器并提供用户的注册服务，登录节点负责用户的登录服务。

在注册阶段，用户提交用户名 userID 和密码 PW，网关节点计算两个散列值 A、B，并在服务器保存信息(userID, A, PW, B, TS)，TS 为有效时戳，同时给登录节点三元组信息(userID, A, TS)，并给用户返回成功注册消息。

在登录阶段，用户向登录节点提交登录用户名 userID 与密码 PW，登录节点利用存储的三元组(userID, A, TS)，验证 userID 是否存在，如果不存在，则返回拒绝登录消息；如果存在，则可进入网关节点进行最后的认证。

在认证阶段，网关节点首先提取服务器信息，验证 userID 是否存在，不存在，则拒绝登录；存在，验证传送延时在允许延时范围内，给予许可；继续验证其他信息都相等，则给予用户登录许可。

9.4.3　基于μTPCT 的广播认证协议

1. 基本假设

针对存在多广播节点的大规模无线传感器网络，提出以下假设：

(1)网络中存在一个后台服务器 Bserver，其计算和存储能力不受限；

(2)BServer 不会遭受恶意攻击，广播节点 BNode 和 BServer 之间的通信是安全的；

(3)采用传感器网络时钟同步模式，且具有过滤时钟同步过程中异常数据的能力；

(4)网络具有检测被俘节点的能力。

2. μTPC 的构造

扩展μTESLA 的关键是分发和认证μTESLA 参数，以下μTESLA 参数简称μTP。构造μTPC 分发和认证μTP，能够抵抗 DoS 攻击，仅产生少量开销。多广播节点传感器网络中，根据广播任务，BNode 具有不同的特征。将 BNode 的生命周期、广播频率、实时性要求称为 BNode 的特征参数，称为 FP。BServer 依据 BNode 的 FP 构造μTPC。

μTPC 由μTP 和单向链构成。FP 确定后，BServer 首先将 BNode 的生命周期划分为 N 个长度为 T_N 的时间间隔，使得 T_N 恰好可以运行一个μTESLA 实例。然后，根据 BNode 的广播频率和实时性要求，将 T_N 划分为 n 个更小的长度为 T_n 的时间间隔。根据 N 和 n，BServer 使用伪随机函数 F 依次产生 N 个密钥链，如图 9-7 所示。首先，BServer 随机产生第 N 个密钥链的初始密钥 $K_{N,n}$，利用 Hash 函数 H，如 SHA-1，根据等式 $K_{N,n}=H(K_{N,n+1})$ 生成链中的其余密钥，并将前一密钥链的第 2 个密钥作为初始密钥,生成下一密钥链。以第 $N-1$ 个密钥链为例,BServer 通过等式 $K_{N-1,n}=F(K_{N,1})$ 先产生第 $N-1$ 个密钥链的初始密钥 $K_{N-1,n}$,再将 $K_{N-1,n}$ 作为种子计算出其余密钥。据此方法,直到生成最后一条密钥链。密钥链产生后,BServer 为每个 T_n 分配一个密钥,N 个密钥链就构成 N 个 μTESLA 实例。其中,第 i 个 μTESLA 实例的初始参数为 $\mu_{TPi}=\{T_s \parallel K_{i,0} \parallel T_i \parallel T_{int} \parallel d\}$,式中 T_s、$K_{i,0}$、T_i、T_{int}、d 分别表示网络当前时间、密钥链的密钥头、当前同步间隔的起始时间、同步间隔、密钥透露延时时间,式中 "$\parallel$" 表示信息串联。μTESLA 实例产生后,如图 9-8 所示,BServer 产生一个随机值 U_N,并通过等式 $U_{i-1} = H(U_i \parallel \mu_{TPi-1})$ 依次生成 U_i 值,直到 U_0,该单向链为 μTESLA 参数链 μTPC。

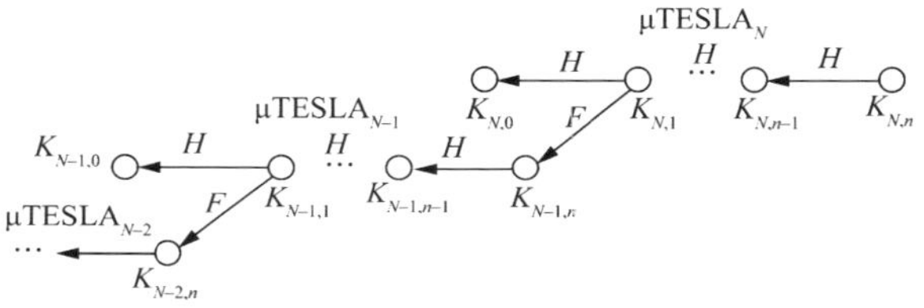

图 9-7　μTPC 中 μTESLA 密钥链之间的连接方式,其中 $K_{i,n}=F(K_{i+1,1})$

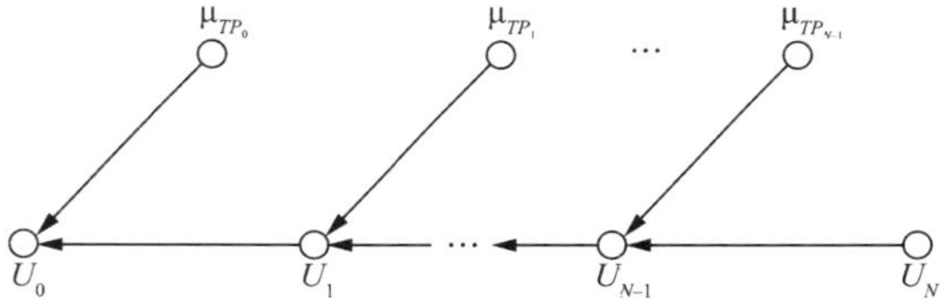

图 9-8　μTPC 的构造,其中 $U_i=H(U_{i+1} \parallel \mu_{TP_i})$

3. μTPCT 的构造

假设传感器网络中存在 m 个 Bnode。部署之前,BServer 预先构造 m 个 μTPC,此处设 $m=2^t$,t 为整数,并为每个 μTPC 分配一个 $1 \sim m$ 的 ID。将第 i 个 μTPC 中的第 j 个 U 值记为 $U_{i,j}$,第 j 个 μTP 记为 $\mu_{TP i,j}$,把第 i 个 μTPC 的初始参数,包括 U_i、0、ID_i,表示为 S_i。对所有 S_i,计算 $K_i = H(S_i)$,将 $\{K_1,K_2,\cdots,K_{m-1}\}$ 作为叶子节点构造 Merkle 哈希树,称为 μTESLA 参数链树 μTPCT。μTPCT 所有非叶子节点均由其两个子节点的串联后利用 H 计算产生。图 9-9 所示为一棵具有 8 个叶子节点的 μTPCT,其中 $K_{12}=H(K_1 \parallel K_2)$,$K_{14}=H(K_{12} \parallel K_{34})$,$K_{18}=H(K_{14} \parallel K_{58})$。BServer 为每个 μTPC 生成一张证书,记为 PCert。第 i 个 μTPC 的证书 $PCert_i$ 由 S_i 以及 μTPCT 中从 S_i 到树根这条路径上所有节点的兄弟构成。如图 9-9 所示,μTPC₄ 的证书 $PCert_4$ 为 $\{S_4,K_3,K_{12},K_{58}\}$。利用树根 K_{18} 和 $PCert_4$,根据等式 $H(H(H(H(S_4) \parallel K_3) \parallel K_{12}) \parallel K_{58})=K_{18}$ 即可验证 S_4 的有效性。

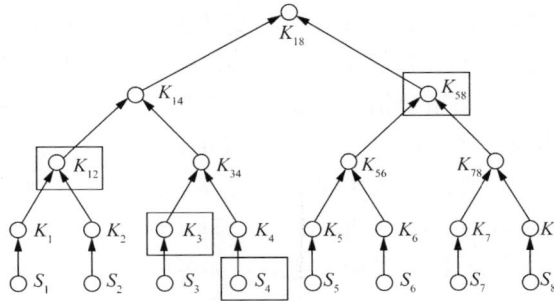

图 9-9　一棵具有 8 个叶子节点的 μTPCT 的结构,
方框中的节点构成 S_4 的证书 $\{S_4, K_3, K_{12}, K_{58}\}$

在构造 μTPCT 之前,若某个 μTPC 中的所有 μTP 存在相同部分,则把这些相同部分与 μTPC 的初始参数一起作为叶子节点构造 μTPCT。例如,若 μTPC$_i$ 中所有的 μTP 的同步间隔 T_{int} 和密钥透露延时时间 d 都相同,则同时把 T_{int}, d 和 μTPC$_i$ 的初始参数作为叶子节点构造 μTPCT。

4. 基于 μTPCT 的广播认证协议

本协议的执行分五个阶段,以下 μTinst 表示 μTESLA 实例,K_{gen} 表示 μTESLA 密钥链的生成密钥[12]。

(1) 协议初始化。网络部署前,BServer 根据 BNode 的数量及 FP 构造 μTinst、μTPC 和 μTPCT,并把 μTPCT 的根 R 分发给 Rnode。协议中假设 μTPC 中所有的 μTP 除密钥头和同步间隔起始时间外其他部分均相同。

(2) 请求 μTPC。加入网络前,BNode 向 BServer 发送包含 FP 的 μTPC 请求包。BServer 根据 FP 查找到匹配的 μTPC,以图 9-9 中的 μTPC$_4$ 为例,并连同 PCert$_4$ 以及 K_{gen} 发送给 BNode。

(3) BNode 身份验证。广播前,BNode 公布证书 PCert$_4$。RNode 利用根 R(此处为图 9-9 中 K_{18}),根据等式 $H(H(H(H(S_4) \parallel K_3) \parallel K_{12}) \parallel K_{58}) = K_{18}$ 验证 S_4 的有效性,若成功,则 RNode 保存 PCert$_4$ 中 μTPC 的初始参数 $U_{4,0}$,ID_4 以及 μTP 的相同部分,否则丢弃 PCert$_4$。因传感器网络中通信载荷有限,BNode 的证书需要拆分多包发送。

(4) μTP 分发。身份被验证后,BNode 根据第 1 个 μTinst 的初始密钥 K_{gen} 利用 H 生成认证密钥链,并广播 μTPC$_4$ 中的 $U_{4,1}$ 和 μTP$_{4,0}$,RNode 利用等式 $U_{4,0} = H(U_{4,1} \parallel$ μTP$_{4,0})$ 判断 μTP$_{4,0}$ 的合法性。若 μTP$_{4,0}$ 合法,将其保存,否则丢弃。BNode 随即广播 $U_{4,2}$,并根据第 2 个 K_{gen} 生成下一认证密钥链。RNode 收到 $U_{4,2}$ 后将其保存,删除 $U_{4,0}$。BNode 定期重复广播 U 值和 μTP。

(5) 广播认证。RNode 获得 μTP$_{4,0}$ 后即与 BNode 建起基于 μTinst$_{4,0}$ 的广播认证通道。广播认证过程中,当距 μTinst$_{4,0}$ 的生命周期结束剩余 $2T_{int}$ 时间时,协议并发执行阶段(4),BNode 广播 μTP$_{4,1}$,RNode 根据等式 $U_{4,1} = H(U_{4,2} \parallel$ μTP$_{4,1})$ 验证 μTP$_{4,1}$。

后续重复阶段(5)。

5. 被俘 BNode 的撤销方法

敌方环境中,BNode 被俘后,攻击者利用被俘 BNode 的认证密钥能够伪造广播信息,破坏网络的正常运行。因此,协议需有撤销被俘 BNode 的能力。

本协议通过撤销 BNode 所使用 μTPC 的认证能力撤销被俘节点。假设广播节点 $BNode_i$ 当前使用 $μTPC_i$ 分发和认证参数,并使用 $μTPC_i$ 中与 $μTP_{i,j}$ 对应的 μTESLA 实例认证广播信息。若 $BNode_i$ 被俘,BServer 将广播由 $μTPC_i$ 的链值 $μTP_{i,j+2}$、$μTP_{i,j+3}$ 以及 $U_{i,j+4}$ 构成的撤销信息。RNode 根据等式 $U_{i,j+2}=H(μTP_{i,j+2} \| H(μTP_{i,j+3} \| U_{i,j+4}))$ 验证该信息后,将不再保存和验证 $BNode_i$ 的广播信息。为防止攻击者重复使用被撤销 μTPC 伪造广播信息,RNode 维护一张 ID 撤销列表(ID Revocation List,IDRL),用于存储被撤销 μTPC 的 ID 信息。撤销被俘节点时,BServer 定期重发撤销信息。

9.5 密钥管理技术

9.5.1 密钥管理的安全和性能评价

与典型网络一样,WSN 密钥管理必须满足可用性(Availability)、完整性(Integrity)、机密性(Confidentiality)、认证(Authentication)和认可(Non-reputation)等传统的安全需求。此外,根据 WSN 自身的特点,WSN 密钥管理还应满足如下一些性能评价指标[13]。

(1)可扩展性(Scalability)。WSN 的节点规模少则十几个或几十个,多则成千上万。随着规模的扩大,密钥协商所需的计算、存储和通信开销都会随之增大,密钥管理方案和协议必须能够适应不同规模的 WSN。

(2)有效性(Efficiency)。必须充分考虑网络节点的存储、处理和通信能力非常有限。具体而言,应考虑以下几个方面:用于保存通信密钥的存储空间使用情况和存储能力;为生成通信密钥而必须进行的计算量和计算能力;在通信密钥生成过程中需要传送的信息量和通信能力。

(3)密钥连接性(Key Connectivity)。密钥连接性指节点之间直接建立通信密钥的概率。保持足够高的密钥连接概率是 WSN 发挥其应有功能的必要条件。WSN 并不需要保证某一节点与其他所有的节点保持安全连接,仅需确保相邻节点之间保持较高的密钥连接。

(4)抗毁性(Resilience)。抗毁性可表示为当部分节点受损后,未受损节点的密钥被暴露的概率。抗毁性越好,意味着链路受损就越低。

9.5.2 密钥管理方案和协议的分类

近年来，WSN 密钥管理的研究已经取得许多进展。不同的方案和协议，其侧重点也有所不同，依据这些方案和协议的特点可适当的分类。

1. 对称密钥管理与非对称密钥管理

根据所使用的密码体制，WSN 密钥管理可分为对称密钥管理和非对称密钥管理两类。对称密钥管理的通信双方使用相同的密钥和加密算法对数据进行加密、解密。对称密钥管理具有密钥长度短，计算、通信和存储开销相对较小等特点。比较适用于 WSN。采用非对称密钥管理，节点拥有不同的加密和解密密钥，一般都使用在计算意义上安全的加密算法。非对称密钥管理由于对节点的计算、存储、通信等能力要求比较高，曾一度被认为不适用于 WSN，研究表明，非对称加密算法经过优化后能适用于 WSN。从安全的角度来看，非对称密码体制的安全强度在计算意义上要远远高于对称密码体制。

2. 分布式密钥管理和层次式密钥管理

根据网络的结构，WSN 密钥管理可分为分布式密钥管理和层次式密钥管理两类。

在分布式密钥管理中，节点具有相同的通信能力和计算能力。节点密钥的协商、更新通过使用节点预分配的密钥和相互协作来完成。分布式密钥管理的特点是密钥协商通过相邻节点的相互协作来实现，具有较好的分布特性。

在层次式密钥管理中，节点被分为若干簇，每一簇有一个簇头。普通节点的密钥分配、协商、更新等都是通过簇头来完成的。层次式密钥管理的特点是对普通节点的计算、存储能力要求低，但簇头的受损将导致严重的安全威胁。

3. 静态密钥管理与动态密钥管理

根据节点在部署之后密钥是否更新，WSN 密钥管理可分为静态密钥管理和动态密钥管理两类。

在静态密钥管理中，节点在部署前预分配一定数量的密钥，部署后通过协商生成通信密钥，通信密钥在整个网络运行期内不考虑密钥更新和撤回。静态密钥管理的特点是通信密钥无须频繁更新，不会导致更多的计算和通信开销，但不排除受损节点继续参与网络操作。若存在受损节点，则对网络具有安全威胁。

在动态密钥管理中，密钥的分配、协商、撤回操作周期性进行。动态密钥管理的特点是可以使节点通信密钥处于动态更新状态，攻击者很难通过俘获节点来获取实时的密钥信息，但密钥的动态分配、协商、更新和撤回操作将导致较大的通信和计算开销。

4. 随机密钥管理与确定密钥管理

根据节点的密钥分配方法区分，WSN 密钥管理可分为随机密钥管理与确定密钥管理。从连通概率的角度来看，随机密钥管理的密钥连通概率介于[0，1]之间，而确定密钥管理的连通概率总为 1。

在随机密钥管理中，节点的密钥环通过随机方式获取，如从一个大密钥池里随机选取一部分密钥，或从多个密钥空间里随机选取若干个。随机性密钥管理的特点是密钥分配简便，节点的部署方式不受限制，但密钥的分配具有盲目性，节点可能存储一些无用的密钥而浪费存储空间。

在确定性密钥管理中，密钥环是基于某种条件以确定的方式获取的。比如，使用地理信息，或使用对称多项式等。确定性密钥管理的特点是密钥分配的针对性强，可充分利用节点存储空间，任意两个节点可以直接建立通信密钥，但密钥协商的计算和通信开销较大，采用特殊的部署方式会降低灵活性。

LEAP 密钥管理协议支持为每个传感器节点建立四类密钥：和网关节点共享的单个密钥和其他节点共享的对密钥、和多个邻居节点共享的簇密钥及由网络中所有节点共享的群密钥。不同类型密钥的选用取决于节点与谁通信。传感器先装载一个初始密钥，基于该初始密钥生成其他密钥；为了防止传感器节点在受到攻击后威胁其他节点，初始密钥用完后将被删除。该协议不仅是通信和能量高效的，且密钥管理过程中也最小化了网关节点的参与[14]。

9.5.3 典型密钥管理方案和协议

WSN 中的密钥管理（Key Management，KM）方法根据共享密钥的节点个数可以分为对密钥管理方案和组密钥管理方案；根据密钥产生的方式又可分为预共享密钥模型和随机密钥预配置模型。此外，还有基于位置的密钥预分配模型、基于密钥分发中心的密钥分配模型等[15]。

1. 预共享密钥分配模型

预共享密钥主要有两种方式：节点之间共享和每个节点与网关节点之间共享。使用每对节点之间共享一个主密钥显然可以在任何一对节点之间建立安全通信，但其扩展性、抗俘获能力都很低，而且网络的规模不宜过大。在每个节点和网关节点之间共享一个主密钥，使得每个节点的存储空间需求大大降低，但整个网络过分依赖网关节点，计算和通信的负载都集中在网关节点上，容易形成整个网络的瓶颈，总体来说，预共享的密钥分配方法实现简单，适用于规模不大的应用网络。

与网关节点共享的单密钥通信的传感器网络模型，如图 9-10 所示。这种网络是以一个或多个网关节点为根节点，传感器节点为叶子节点，形成一个路由森林。基信标的周期传输允许节点建立一个路由拓扑。每个节点通过节点转发向网关节点传输消息；网关节点使用源路由来访问每个节点。所以，每个节点都有一个与网关节点共享的单独密钥作为它们之间的安全通信，这个密钥是预先配置在节点里。对于

任意一个节点 u，它的单独密钥 K_u^m 是通过方程式 $K_u^m = fK_s^m(u)$ 产生的，式中 f 是一个随机函数，K_s^m 是网关节点的主密钥。在这个方案中，为了节省存储其他节点与网关节点共享的单独密钥，网关节点只保存它的主密钥。当网关节点与任意一个节点 u 通信时，它只需计算 K_u^m。

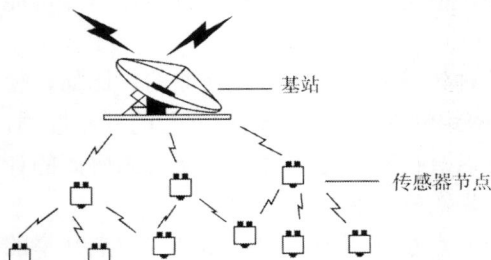

图 9-10 基于单密钥通信的传感器网络

2. 随机密钥预分配模型

随机密钥预分配模型的基本思想是：所有节点均从一个大的密钥池中随机选取若干个密钥组成密钥链，密钥链之间拥有相同密钥的相邻节点能够建立安全通道。基本随机密钥预分配模型由 3 个阶段组成：密钥预分配、密钥共享发现和路径密钥建立。

密钥预分配阶段：首先产生一个大的密钥池 G 和密钥标识；然后随机抽取不重复的 k 个密钥组成密钥链；最后把不同的密钥链装载到不同传感器节点。

共享密钥发现阶段：在预分配阶段后，每个节点都要发现周围与其有共享密钥的节点，仅仅存在共享密钥的节点之间才被认为是连接的。

路径密钥建立阶段：在两个节点之间没有共享密钥的情况下，通过存在共享密钥的路径来建立链路密钥。

本模式可以保证任何两个节点之间均以一定的概率共享密钥。密钥池中密钥的数量越小，传感器节点存储的密钥链越长，共享密钥的概率就越大。但是密钥池的密钥量越小，网络的安全性就越脆弱；节点存储的密钥链越长，消耗的存储资源就越大。

Q-composite 模型对基本的随机密钥预分配模型中两个节点公共密钥的最低要求为 q 个，以提高系统的抵抗力。在此方案中，在获得了所有共享密钥信息以后，如果两个节点之间共享密钥数量超过 q 个，那么就由共享的密钥生成一个主密钥，作为两个节点的共享主密钥。提高 q 值意味着缩小整个密钥池的大小，但这样也会使得敌人俘获少数几个节点就能恢复很大的密钥空间。因此，寻找一个最佳的密钥池大小是 Q-composite 模型的关键。

3. 基于位置的密钥预分配模型

基于位置的密钥对分配方案可以认为是对随机密钥预分布模型的一个改进。这类方案在随机密钥对模型的基础上引入了传感器节点的位置信息，每个节点都存放一个地理位置参数。基于位置的密钥预分配方案借助于位置信息，在相同网络规模、相同存储容量的条件下可以提高两个邻居节点具有相同密钥对的概率，也能够提高网络抗击节点被俘获的能力。

基于对等簇头节点(Peer Intermediary)的密钥预分配方案就是一种基于位置的

密钥预分配方案。它的基本思想是把部署的网络节点划分成一个网格,每个节点分别与它同行和同列的节点共享密钥对。对于任意两个节点 A 和 B 都能够找到一个节点 C,分别和 A、B 共享秘密的会话密钥,这样通过 C,A 和 B 就能够建立一个安全通信信道。此方案大大减小了节点在建立共享密钥时的计算量及对存储空间的需求。

4. 使用部署知识的密钥预分配模式

在传感器网络部署之前,如果能够预先知道哪些节点是相邻的,对密钥预分配具有重要意义,能够减少密钥预分配的盲目性,增加节点之间共享密钥的概率。因此,设计合理的传感器网络部署方法,对密钥预分配模式是非常有效的。例如,一组传感器节点被部署在单个部署点周围,每组节点最终位置的概率分布函数是相同的,如符合标准正态分布。部署模型为:N 个节点被分成 $t×n$ 个相等尺寸的群组 $G_{i,j}$,其中 $i=1,\cdots,t$,$j=1,\cdots,n$,被部署在标识为 (i,j) 的部署点处,让 (x_i, y_j) 代表群组 $G_{i,j}$ 的部署点。每个部署点为每个栅格的中央,在部署期间节点 k 的最终位置遵循概率分布函数

$$f_k^{ij}(x,y \mid k \in G_{i,j}) = f(x - x_i, y - y_j) \tag{9-5}$$

密钥池的划分:用 S 代表着全局密钥池,并将这个密钥池划分成为相邻部分有重叠的 $t×n$ 个部分。$S_{i,j}$ 表示使用在 $G_{i,j}$ 内的子密钥池。相邻子密钥池之间共享密钥较多,可保证相邻的部署区域之间存在共享密钥的概率较大。

与基本随机密钥预分配模式相比,此模式仅仅在密钥预分配阶段有所不同。这个阶段是传感器被部署之前的离线阶段,群组 $G_{i,j}$ 中的节点使用密钥池 $S_{i,j}$,然后将 $G_{i,j}$ 部署在对应的栅格中。标识相邻的群组的部署位置也是相邻的,使用的密钥池也是相邻的。建立密钥池 $S_{i,j}$ 的目的就是让相邻的密钥池共享更多的密钥,不相邻密钥池共享较少的密钥。

5. 和其他节点共享的对密钥

基于对密钥进行通信的传感器网络模型如图 9-11 所示。每个节点与它的邻居节点都有一个共享的对密钥。在该协议中,使用对密钥能够保证安全通信,例如,一个节点可以使用它的对密钥向它的邻居节点安全地发布它的簇密钥,或者安全地给网关节点发送传感器数据。首先,网关节点产生一个初始密钥 k_1,并且发送给每个节点,每个节点 u 计算出它的主密钥 $k_u = f×k_1(u)$。节点 u 通过发送 HELLO 消息来查找其任意邻居节点 v。当节点 v 接收到这个消息时,将它的主密钥 k_v 作为响应发送给节点 u,节点 u 以节点 v 的主密钥建立对密钥 k_{uv},即 $k_{uv} = f×k_v(u)$。同样,节点 v 也可以独立地计算出对密钥 k_{uv}。

6. 与多个邻居节点共享的簇密钥

簇密钥由一个节点和它的邻居节点所共享,主要用于局部的广播消息。如路由控制信息,或者安全传感消息。它的通信模型如图 9-12 所示。簇密钥是在对密钥建

立之后建立的,这个过程很简单。假设节点 u 想要与它的所有邻居 $v_1,v_2,\cdots,v_m$ 建立一个簇密钥,节点 u 首先产生一个随机密钥 k_{cu},然后使用每个邻居节点的对密钥加密这个密钥,再发送给每个邻居节点 v_i。节点 v_i 解密密钥 k_{cu},并把它存储在一个表中。当有一个邻居节点被废除时,节点 u 产生一个新的簇密钥,采用同样的方法把这个新密钥发送给剩余节点。

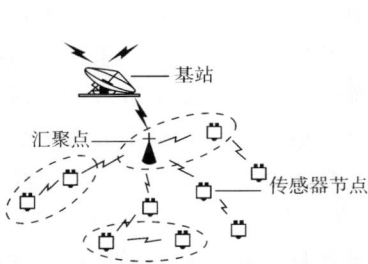

图 9-11　基于对密钥通信的传感器网络　　　　图 9-12　基于簇密钥通信的传感器网络

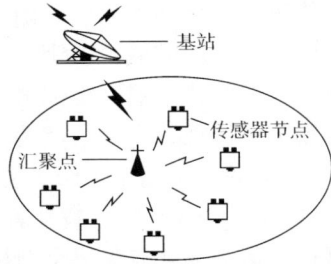

7. 网络中所有节点共享的群密钥

网关节点使用这个全局共享的组密钥加密信息,然后广播给整个组节点,通信模型如图 9-13 所示。由于群密钥被网络中的所有节点共享,为了给所有节点安全地发送一个信息 M,网关节点采用跳频变换的方式进行传输。每个邻居节点接收到加密信息之后进行解密,获取信息 M,再使用它自己的簇密钥加密信息 M,然后广播这个信息,这一过程持续到所有节点都接收到信息 M 为止。这种方法有一个主要缺点是每个簇头节点都需要加密和解密这个信息,在计算方面消耗了大量的能量。当侦察到一个危害节点时,组密钥就必须进行修改,重新发布给余下的节点。

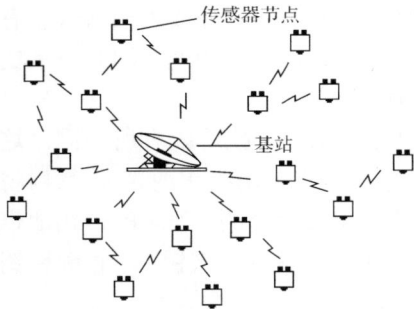

图 9-13　基于群密钥通信的传感器网络

9.5.4　层次型 WSN 动态密钥管理方法

WSN 静态密钥管理方法具有相似的特点,都是在一个固定的密钥池中分配给各个节点一些固定的组合。2006 年,Eltoweissy 在 Exclusion Basis Systems(EBS)[16]和传感器网络的分簇结构基础上提出了动态密钥管理的概念[17],它与静态密钥管理相比,其主要优点表现如下。

(1)可动态而且高效地取消任意节点所拥有的全部密钥,从而驱逐被敌方捕获的节点,提高网络安全性能。

（2）在同等安全性保证条件下，比静态密钥管理节约存储空间，提高能量效率。

（3）网络规模不受节点存储空间限制，适合于大规模分簇式网络。

1. EBS 和基于 EBS 的 WSN 动态密钥管理方法

基于 EBS 的 WSN 动态密钥管理方法中有管理密钥和会话密钥两种。管理密钥又称为密钥生成密钥，它组成了 EBS 密钥体系，但管理密钥不直接用于通信数据的加密，主要用于 EBS 内部的密钥管理事件，包括密钥系统的建立和更新、生成会话密钥、驱逐节点等。会话密钥又称为通信密钥。当 EBS 系统建立以后，会在线地生成会话密钥，用于组内或某些特殊节点之间的通信数据加密。

定义 9-1：EBS(n,k,m) 设 n，k，m 均为正整数，且 $1<k$，$m<n$，EBS(n,k,m) 是以集合 $\{1,2,\cdots,n\}$ 的子集为元素构成的集合 Γ，并且对于 $\Delta t\in\{1,2,\cdots,n\}$，满足以下两个条件：

（1）t 最多出现在 Γ 的 k 个元素中。

（2）Γ 中恰好有 m 个元素 $A_1,A_2,\cdots,A_m$，它们的并集 $\bigcup_{i=1}^{m}A_i=\{1,2,\cdots,n\}-\{t\}$（意味着任何一个用户 t 都可以由恰好 m 个集合排斥掉）。在基于 EBS(n,k,m) 的 WSN 动态密钥管理方法中，n 表示节点数目，k 表示分配给每个节点的管理密钥个数，$k+m$ 表示管理密钥总数。可以证明[16]：

①当 $\dbinom{k+m}{k}\geqslant n$ 时，$\dbinom{k+m}{k}$ 中的任意 n 个组合方式均可以构成 EBS(n,k,m)，进而形成一个管理密钥的分配方案；

②通过广播最多 m 个数据包，可以取消并更新任意节点拥有的全部管理密钥，从而驱逐该节点。

定义 9-2：同化多项式密钥　若 $f(x_1,x_2,x_3)=C+\sum\limits_{i_1=1}^{t+1}\sum\limits_{i_2=1}^{t+1}\sum\limits_{i_3=1}^{t+1}a_{i_1i_2i_3}x_1^{i_1}x_2^{i_2}(x_3-x_c)^{i_3}$，其中 x_c 为一个常数，C、$a_{i_1i_2i_3}$ 属于有限域 F_q；q 为一个可以容纳管理密钥的足够大的质数，则 $f(x_1,x_2,x_3)$ 为 $t+1$ 阶同化多项式。

2. 网络模型与假设

在 EEHS（Energy Efficient and Highly Survivable）中采用的是分簇式网络结构，其中的节点按照功能可以划分为 3 类。

（1）传感节点（Sensing Node，SN），这些节点负责完成网络的基本任务。例如，环境监测、人员定位等。它们将获得的外界数据进行初步处理，然后发送至自己所在簇的簇头节点。

（2）簇头节点（Head Node，HN），这些节点是簇内的管理者。在数据收集方面，簇头节点是传感节点收集数据的汇聚点，并对数据进行深度分析、融合压缩，再将结果发送至远端的数据终端（Data Terminal，DT）。而在网络安全方面，簇头节点负责分配密钥、更新密钥、接收节点、驱逐节点、共谋后恢复等功能。

（3）密钥生成节点（Key Generation Node，KGN），这些节点负责生成管理密钥和共谋恢复密钥。

3. 外界攻击模型与假设

在外界攻击方面假设如下。

（1）网络受到的攻击主要为节点捕获攻击，且被捕获的节点之间可以共享信息。节点被捕获后，其上的全部密钥也同时被捕获。

（2）节点捕获分为可识别的捕获和不可识别的捕获两种。系统中设计了一些攻击检测功能（Intrusion Detection System，IDS），利用这些功能可以识别部分节点捕获攻击，进而进行密钥恢复。

（3）任何节点都有被捕获的可能，包括 SN、HN 和 KGN，但数据终端（DT）是安全的。

（4）网络初始化阶段是安全的，即节点不会在此期间被捕获。

4. 层次型 WSN 动态密钥管理方法 EEHS 描述[18]

（1）节点初始化。在布置网络之前，需要对节点进行初始化。在 EEHS 中，要求节点有一个全网唯一的 ID、一个与 DT 之间的私有密钥 K 用于确认节点的合法身份，一个统一的单向密钥生成函数 F。表征节点状态的变量也同时需要初始化，包括分簇状态 Cluster_State 初始化为 SN_Unclustered；自选为 HN 的概率 p_{self} 初始化为 p_{ini}；所在簇的 HN 的 ID_c 初始化为 $(0,0)$；距离所在簇的 HN 的跳数 H_c 初始化为 HTS。

（2）网络分簇结构初始化。传感节点（SN）被随机地布置在监测区域后，需要自主地进行分簇组网，为了保证簇头节点 HN 尽量分布均匀以平衡网络内的能量消耗，采用多轮次的分簇方式，而非一次性确定网络结构，每一个轮次耗时 t_{cr}，以保证 HN 的分簇邀请包能够传递至簇的最大半径 HTS 跳范围。

（3）EBS 密钥系统初始化。网络布置完毕并建立了分簇结构后，需要立即建立 EBS 密钥系统。这一过程可分为节点注册、生成管理密钥、分配管理密钥、初始化会话密钥、初始化共谋恢复密钥这 5 个部分。EBS 密钥系统的初始化全部完成，所有 SN 节点得到了自己的 k 个管理密钥、会话密钥和与自己的 H_c 相对应的共谋恢复密钥；KGN 节点负责生成和保存密钥，但并不知道它所生成的密钥分配给了哪些节点；HN 节点只拥有会话密钥，同时保存 EBS 矩阵，即密钥分配方案，但并不保存实际的管理密钥。整个过程中的通信都有相应的密钥（生成管理 $K_{kg}=F(S_{gd})$，注册密钥 $K_{sr}=F(S_{rd})$ 等）进行加密，从而保证了数据的安全性。

5. EEHS 在常态下的功能

在常态下，即未受到攻击或者未检测到攻击时，EEHS 主要包括密钥更新、添加新节点和功能节点轮换 3 种功能。

（1）为提高网络的安全性能，基于 EBS 的密钥系统会在网络的运行过程中周期性或是按需地进行密钥更新，包括管理密钥、会话密钥和共谋恢复密钥。

（2）在使用寿命较长的 WSN 中，节点会因能量枯竭而失效。因此，为保持一定的节点密度，会有节点在网络运行过程中加入。

（3）簇内的功能节点包括 HN 和 KGN 两种，它们担负着数据汇聚、密钥管理等功能，相比于 SN 消耗的能量更多。所以在 EEHS 中，功能节点由簇内节点采用 LEACH 算法选举轮流担任，这样可以平衡节点的能量消耗，延长网络寿命。除此之外，设计功能节点轮换机制还可以高效地进行功能节点被捕获后的恢复。

6. EEHS 在应急状态下的恢复功能

EEHS 在应急状态下的恢复功能是指网络遭受节点捕获攻击后的密钥系统和网络功能恢复，针对不同类的攻击可将恢复功能分为 4 类。

（1）针对未形成共谋的 SN 节点捕获攻击的恢复。由于未形成共谋，因此可以利用那些未被捕获的密钥去更新被捕获的密钥，这也是基于 EBS 的动态密钥管理方法的一个重要优点。

（2）针对形成共谋的 SN 节点捕获攻击的恢复。形成共谋后，可以利用共谋恢复密钥，最大限度地在未被捕获节点之间重新建立密钥体系，恢复网络功能。

（3）针对 KGN 节点被捕获的恢复。KGN 被捕获后，存储在其上的管理密钥将被捕获。若并非所有 KGN 被捕获，则可以采用与第 1 类中类似的办法恢复密钥体系；若全部 KGN 均被捕获，则共谋已经形成，可以采用第 2 类中的恢复方法重建 EBS 体系。

（4）针对 HN 节点被捕获的恢复。HN 被捕获是一种很危险的情况，因为簇内的很多数据业务和密钥事件都由 HN 控制，应立即驱逐被捕获的 HN，选取新的 HN 接替它，并重新建立密钥体系。

适合于大规模分簇式无线传感器网络的基于 EBS 的动态密钥管理方法 EEHS 是一个全面而且安全的 WSN 密钥管理解决方案。它的主要组成部分及特点包括：

（1）一种 t^2-安全的特殊多项式密钥（同化多项式密钥）用于提高网络的抗捕获性能。

（2）一种不需要任何特殊节点或功能、分簇性能可调而且适合于 EBS 体系特点的分簇方法。

（3）一种安全的密钥体系建立和运行机制。

（4）功能节点轮换功能用于均衡节点能耗，提高网络鲁棒性。

（5）四种针对不同危害程度攻击的网络功能恢复机制。

WSN 安全未来的研究需要把 WSN 自身条件限制与普通无线通信网络安全技术结合起来，创造出更安全可靠，更方便实施的协议、算法和操作系统。在网关节点方面，可以把节点间的随机提前配置密钥方案应用到网关节点以及网关节点和簇节点之间，既能减少计算负担，又能防止网络通信堵塞。在使用的 TinySec 和 SenSec 这两种链路层安全结构中，通过加入基于认证的公开密钥和密钥交换机制使其运行更加有效。密钥管理协议要大量地消耗能量，对密钥管理协议进行的研究主要以减小能量消耗为目的。

参 考 文 献

[1] 代航阳, 徐红兵. WSN 安全综述. 计算机应用研究, 2006, 7: 12-22.

[2] 裴庆祺, 沈玉龙, 马建峰. WSN 安全技术综述. 通信学报, 2007, 28(8): 113-121.

[3] Mccune J, et al. Detection of denial-of-message attacks on sensor network broadcasts. Proc of the IEEE Symposium on Security and Privacy. Oakland, 2005.64-78.

[4] Benenson Z, et al. An algorithmic framework for robust access control in wireless sensor networks. 2nd European Workshop on Wireless Sensor Networks(EWSN). Istanbul, 2005. 158-165.

[5] Zhang W, et al. Least privilege and privilege deprivation: towards tolerating mobile sink compromises in wireless sensor networks. Proc of the IEEE Symposium on Security and Privacy. Illinois, 2005.378-389.

[6] Perrig A, et al. SPINS: security protocols for sensor networks. Wireless Networks Journal, 2002, 8(5): 521 -534.

[7] TinySec: Security for TinyOS. http: //www.cs.berkeley.edu /nks/tinysec .

[8] TinySec: User Manual. http: //www.tinyos. net/tinyos-1.x/doc/ tinysec.pdf.

[9] Li T Y, Wu H J, Bao F. SenSec Design. Singapore: Institute for Infocomm Research, 2004.

[10] 赵玉华, 李志刚, 李志民, 等. WSN 用户认证技术综述. 计算机测量与控制, 2009, 17(12): 2348-2351.

[11] Tseng H R, Jan R H, Yang W. An Improved dynamic user authentication scheme for wireless sensor networks. IEEE Global Telecommunications Conference.(GLOBECOM'07), 2007, 986-990.

[12] 杜志强, 沈玉龙, 马建峰, 等. 一种实用的传感器网络广播认证协议. 西安电子科技大学学报(自然科学版), 2010, 37(2): 305-310.

[13] 苏忠, 林闯, 封富君, 等. WSN 密钥管理的方案和协议. 软件学报, 2007, 18(5): 1218-1231.

[14] 任秀丽, 于海斌. WSN 的安全机制. 小型微型计算机系统. 2006, 27(9): 1692-1694.

[15] 郑燕飞, 李晖, 陈克非. WSN 的安全性研究进展. 信息与控制, 2006, 35(2): 233-237.

[16] Eltoweissy M, Heydari H, Morales L, et al. Combinatorial optimization of key management in group communications.Journal of Network and Systems Management, 2004, 12(1): 33-50.

[17] Eltoweissy M, Moharrum M, Mukkamala R. Dynamic key management in sensor networks. IEEE Communications Magazine, 2006, 44(4): 122-130.

[18] 孔繁瑞, 李春文. WSN 动态密钥管理方法. 软件学报, 2010, 21(7): 1679-1691.

第 10 章　无线传感器网络操作系统

10.1　概述

操作系统是支撑 WSN 的关键技术之一。传统的操作系统 Window 和 UNIX 显然无法满足 WSN 的需求。在传感器网络中，传感器节点的突出特点：其一是需要操作系统能够有效地满足这种发生频繁、并发程度高、执行过程比较短的多个需要同时执行的逻辑控制流程；其二是传感器节点模块化程度很高。WSN 是应用相关的网络，其硬件的功能、结构和组织方式会随应用的不同而不同，因此，WSN 操作系统 WSNOS(WSN Operation System) 要具有良好的模块化设计，使应用、协议、服务与硬件资源之间具有良好的协调性。WSN 节点的通信、能量和计算资源非常有限，操作系统必须能高效的利用各项资源。WSNOS 必须是面向网络化开发的，要求操作系统必须为应用提供高效的组网和通信机制。传感器网络的应用和软件设计需要综合考虑如下因素。

(1)能源有效性/生命周期。传感器网络的生命周期是指从网络启动开始提供服务到不能完成最低功能要求为止所持续的时间。影响传感器网络生命周期既包括硬件因素也包括软件因素。软件设计要结合硬件的特点和所提供的功能，通过休眠管理、拓扑管理、能源有效的路由、信息获取等设计，在提供满足要求的服务质量下，最大化网络的生命周期。

(2)响应时间。传感器网络的响应时间是指当观察者发出请求到其接收到回答信息所需要的时间。影响传感器网络延时的因素很多。响应时间直接影响到传感器网络的可用性和应用范围。

(3)感知精度。传感器网络的感知精度是指观察者接收到感知信息的精度。传感器的精度、信息处理方法、网络通信协议等均对感知精度有所影响，感知精度、时间延时和能量消耗之间具有密切的关系，在传感器网络设计中，需要权衡三者的得失，使系统能在最小能源开销条件下最大限度地提高感知精度、降低时间延时。时间位置相关的应用中，信息的精度包括时间精度和位置精度，不同的应用具有不同的时间精度要求和位置精度要求。

(4)可扩展性。传感器网络可扩展性表现在传感器数量、网络覆盖区域、生命周期、时间延时、感知精度等网络参数发生变化的适应极限，其中传感器数量、覆盖范围是两个重要的可扩展性指标。

(5) 容错能力。传感器网络中的传感器节点经常会由于周围环境或电源耗尽等原因而失效。由于环境或其他原因，物理的维护或替换失效传感器常常是十分困难甚至是不可能的。因此，传感器网络的软、硬件必须具有很强的容错性，以保证系统具有高健壮性。在部分节点失效的情况下，传感器网络通过自身的自愈能力继续提供一定质量的服务。

(6) 安全性。保证数据和系统安全性是很多应用的客观要求，安全包括保密性、身份认证、抗攻击能力等方面。既要保证相当的安全又要节省资源使传感器网络软件的安全性设计尤其困难。

(7) 成本和部署容易度。成本和部署是最终影响传感器网络实际应用的一个重要因素。只有节点成本降低到一定程度才有可能实现其大规模的应用。很多情况下，网络在长期运行过程中处于无人看护状态，实现系统的自动配置和部署以及软件更新对传感器网络的应用很重要。软件的模块化设计对软件的开发和维护至关重要。

传感器网络是一种新的信息收集和处理技术，传感器网络操作系统是其重要的组成技术。国内 WSNOS 研究与国外相比，还有很大的差距。在国外，已经有商用的 WSNOS 问世，如 TinyOS、MantisOS、SenOS 等。

10.2　WSNOS 设计原则

WSN 具有能量有限、计算能力有限、传感器节点数量大、分布范围广、网络动态性强以及网络中的数据量大等特征，这就要求操作系统设计应遵从以下设计原则。

1. 轻量级

微小的传感器节点可以利用的资源非常有限，这些节点上长期运行的软件必须是轻量级的。轻量级意味着结构的简单性和启发式次优算法，可以采用面向领域的方法，如果系统试图解决所有应用场景的问题，则必然导致系统规模的巨大和复杂性的增长。在进行系统抽象时，传感器网络中间件可以只针对某一类应用情况，从而简化设计，实现轻量级计算。

2. 模块化

模块化设计是首先用主程序、子程序、子过程等框架把软件的主要结构和流程描述出来，并定义和调试好各个框架之间的输入、输出链接关系。逐步求精的得到一系列以功能块为单位的算法描述。以功能块为单位进行程序设计，实现其求解算法。模块化的目的是为了降低程序复杂度，使程序设计、调试和维护等操作简单化。

3. 局部化协作算法

局部化算法是仅通过与临界点交换信息而实现全局目标的分布式算法。大规模分布式的内在特性要求采用局部化算法提高系统的伸缩性和健壮性。协作对于共同完成任务非常关键，但是必须控制协作的开销和范围。一般通过层次化分簇方法进行协同管理，通过适度的簇内信息或簇间信息交换将算法局部化。局部化算法具有容忍网络分区和节点失效等问题的健壮性。

4. 以数据为中心

传感器网络的应用目的决定了传感器网络以数据为中心的特点，其软件应该具有网络内的数据处理和查询机制，以最有效的方式获得并利用数据，满足不同应用的需求。

5. 自适应性

传感器网络应用需求的变化和网络的动态特性要求操作系统具有自适应性，即通过自我调整有效地使用有限资源，提高系统的服务寿命期。采用具有反射能力的软件设计可以向上层有效地提供下层情况。将反射性引入中间件可以提高中间件的定制能力和运行时的适应能力。在计算机科学领域，反射是指一类应用，它们能够自描述和自控制，也就是说，这类应用通过采用某种机制来实现对自己行为的描述（Self Representation）和监测（Examination），并能根据自身行为的状态和结果调整或修改应用所描述行为的状态和相关语义。自适应算法在资源使用与结果质量之间进行权衡，可提高资源使用效率。同时高层的变化以及获得的关于网络的知识可以作为低层的反馈输入，以指导自适应的软件调整其内部行为。

6. 低功耗

WSN 的大多数节点采用电池供电。由于节点数量众多以及节点被散布的环境使更换节点的电池不可行，因此低功耗的操作将延长整个网络的生命周期，是操作系统设计必须满足的条件。

总之，无线传感器操作系统的主要设计目标是在非常有限的硬件资源约束下，以模块化、可升级的系统结构实现低能耗、高可靠性、具有实时性的操作系统功能，支持密集型的并发操作，并支持传感器系统的可重构和自适应能力。

10.3　操作系统关键技术

10.3.1　体系结构

无线传感器网络是一个新型的体系结构。WSNOS 的体系结构可用图 10-1 和图 10-2 说明[1]。

图 10-1 是 WSNOS 的总体框架。物理层硬件为框架的最底层，传感器、收发器和时钟等硬件能触发事件的发生，交由上层处理。相对下层的组件也能触发事件交

由上层处理。而上层会发出命令给下层处理。为了协调各个组件任务的有序处理，需要操作系统采取一定的调度机制。

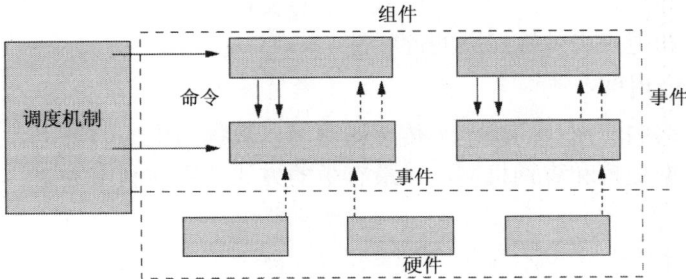

图 10-1　WSNOS 总体框架

图 10-2 提供了 WSNOS 组件的具体内容，包括一组命令处理函数，一组事件处理函数，一组任务集合和一个描述状态信息和固定数据结构的框架。除了 WSNOS 提供的处理器初始化、系统调度和 C 运行时库(C Run-Time) 3 个组件是必需的以外，每个应用程序可以非常灵活地使用任何 WSNOS 组件。

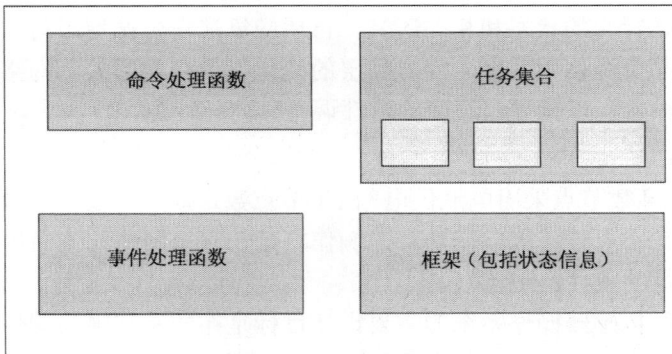

图 10-2　WSNOS 组件

这种面向组件的系统框架的优点是：首先，"事件-命令-任务"的组件模型可以屏蔽低层细节，有利于程序员方便地编写应用程序；其次，"命令-事件"的双向信息控制机制，使得系统的实现更加灵活；再次，调度机制是独立模块，有利于为了满足不同调度需求进行的修改和升级。

由于传感器网络节点资源有限，因此系统和应用程序的代码量小是其必需的要求。基于组件的体系结构能够使应用程序只包含必要的部分，而用不到的则无需包含进来，因此可以减少应用对内存的需求。TinyOS 就是采用了基于组件的结构。此外，由于传感器网络需要感知事件信息，对于发生的事件随时作出响应，因此事件驱动模型是操作系统结构的另一选择。事件驱动还能够有效减少能源消耗，因为在没有事件发生时，一些操作系统部件可以休眠，当事件发生时再将其唤醒。如

TinyOS、SenOS、MANTIS 等操作系统都引入了事件驱动模型。事件驱动的另一个含义是系统根据事件类型，将自身状态从当前的状态转换到另一个状态，因此基于状态机的模型非常符合这一特点，SenOS 就是基于有限状态机模型的操作系统。

10.3.2　层次化技术

结构的层次化是指把组成系统的各成分，按一定的级别和规则进行分组，并按照"独立功能，独立模块"的原则将这些组排成若干层，以分层的形式来组织系统，并确定层内和层间的联系方式，如图 10-3 所示[2]。

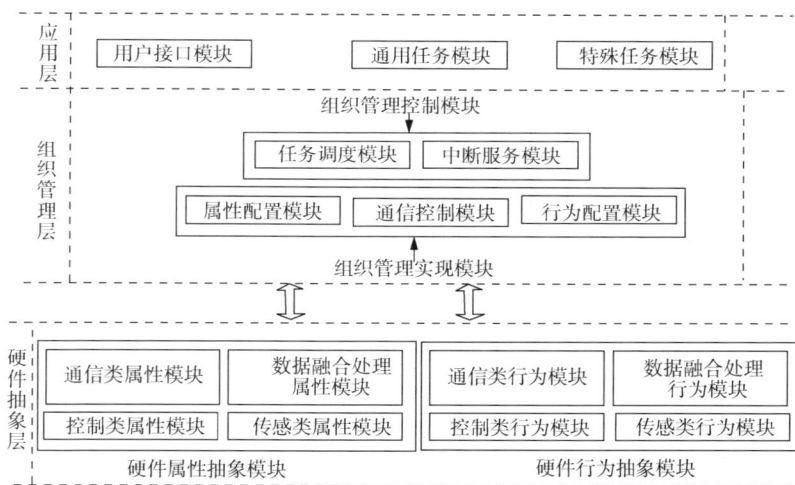

图 10-3　传感器网络操作系统结构层次图

1. 硬件抽象层

此层包含硬件属性模块和硬件行为模块。硬件抽象层用于屏蔽不同的硬件特性，防止应用程序代码直接与硬件打交道，并且负责对目标系统的硬件平台进行操作和控制。它向下直接与硬件打交道（如 TinyOS 源文件中的 HPL3.nc 的组件，它们主要是各种物理器件和微处理器内部功能块的抽象，以及 TinyOS 中与硬件平台相关的头文件和 platform.头文件等），向上对系统服务层的各管理模块提供标准的接口。硬件属性层模块对 WSN 中所有底层的硬件资源进行分类、划分，以及同类硬件属性的高度整合，形成通信类属性模块、数据处理融合类属性模块、控制类属性模块、传感类属性模块。硬件行为模块对硬件的行为进行整合划分，形成通信类行为模块、数据处理融合类行为模块、控制类行为模块、传感类行为模块。采用把硬件属性和行为分开来描述的设计方法，有利于提高操作系统的运行效率，减小系统尺寸和增强跨平台特性。一般说来只需对硬件抽象层的属性和行为模块进行适当的组合就可将整个传感器网络操作系统移植到新的应用硬件平台上。

2. 组织管理层

组织管理硬件抽象层的硬件属性和行为模块，向下层硬件抽象层发送硬件组织命令，向上层应用服务层报告下层硬件组织形式和状态。业务领域中绝大多数应用任务需要像处理应用程序执行顺序的调度、中间业务相互通信的服务和由于内部或外部事件引起的中断管理等公共功能。组织管理层把业务领域中绝大多数应用任务需要的公共功能抽象为公共的业务对象，封装业务领域中的绝大多数应用任务的公共数据，并为具体业务层提供丰富的接口。具体应用层应用这些公共业务，就像主程序使用公共子函数一样方便。

3. 应用层

一般包括两个模块，即人机对话模块和用户任务模块。在人机对话模块中，允许用户依据实际的硬件环境和用户的具体任务选择合适的软件系统配置。用户任务模块，即是用户依据所需要实现的具体任务开发的软件包。

10.3.3　框架技术

框架是一个提供了可重用的公共结构的半成品，是一组协同工作的组件，用这些组件构建应用程序的"零件"。而框架是一系列预装的，组合在一起的"零件"，而且还定义了"零件"间协同工作的规则。框架使得混乱的程序变得结构化，保证了程序结构、风格统一。框架的优势如下。

(1)不用再考虑公共问题，框架已经帮我们做好了。

(2)可以专心在业务逻辑上，保证核心业务逻辑的开发质量。

(3)结构统一，便于调试、维护。

(4)框架集成了专家的经验，有助于程序员编写出稳健，性能优良而且结构优美的高质量程序。

操作系统的框架是对系统整体结构的描述，着重解决系统自身的整体结构和构件间的互连问题。良好的框架是一个经过实践检验的成熟系统整体结构。其方法、机制可以被该领域中的绝大多数软件所复用。成熟的架构应具有以下特征。

(1)模块化。框架将多变的实现细节封装在固定接口之中，提高了操作系统整体的模块性。

(2)可复用性。框架提供的固定接口被定义类属组件，并可以用来创造新的应用程序。

(3)扩展性。框架通过提供显式的钩子方法(Hook Methods)，允许应用程序扩展其固定接口。

有了成熟的框架，软件开发人员只需集中精力于应用任务本身的特定细节。无线网络操作系统的框架应符合层次化结构的要求，从顶到底一般由主程序模块、服务子程序模块和应用子程序模块组成。这样的框架有利于提高系统的通用性和可扩展性。

10.3.4　节能通信模型

主动消息模式是面向消息通信的高效通信模式，属于节能通信模型。在主动消息通信方式中，每一个消息都维护一个应用层的控制柄(Handler)。当目标节点收到这个消息后，就会将消息中的数据作为参数，并传递给应用层的处理器进行处理。应用层的处理器一般完成消息数据的解包操作、计算处理或发送相应消息等工作。在这种情况下，网络就像是一条包含微小消息栈的流水线，消除了一般通信协议中经常碰到的缓冲区处理方面的困难。为了避免网络拥塞，还需要消息处理器能够实现异步执行机制。虽然主动消息起源于并行和分布式计算领域，但其基本思想完全适合传感器网络的需求。

主动消息的轻量体系结构在设计上同时考虑了通信架构的可扩展性和有效性。主动消息不但可以让应用程序开发者避免使用忙等方式等待消息数据的到来，而且可以在通信和计算之间形成重叠。这可以极大地提高 CPU 的使用效率，并降低传感器节点的能耗。TinyOS 中的通信遵循主动消息通信模型，消息中包含有消息类型和消息处理函数。在 TinyOS 中，组件是构造程序的基本单元，通信功能的实现也是通过由低到高的组件间的通信实现的。

10.3.5　可裁减的构件技术

构件是指应用系统中可以明确辨识的构成成分，是一个功能单位。可裁减构件是指具有相对独立功能、有可复用价值的构件。这种构件必须具有以下特性。

(1)可用性。构件必须易于理解和应用。

(2)高质性。构件必须经过实践的检验，变形处理后仍然可以良好地运行。

(3)适应性。构件必须易于通过参数化、接口化等方式在不同的应用环境中进行配置。

(4)易检索性。构件应支持较好的检索效率。检索工作是使用软件构件的开始，它直接影响到后续构件的修改和系统集成。

操作系统中通常包含三种构件：通用基本构件、领域共性构件和专用构件。通用基本构件一般存在于公共业务层，通用于各种系统中，如消息处理信箱模块、任务创建模块、优先级调度模块等。领域共性构件主要存在于硬件抽象层，一般针对外围硬件环境，如键盘模块。专用构件主要针对某一专业的特定问题开发。

目前操作系统构件开发中的重复劳动主要集中在通用基本构件和领域共性构件的重复开发。因此，构件复用的关键也集中在这两类构件的开发。通过构件复用，在应用系统的开发中可以充分利用已有的开发成果，避免分析、设计、编码、测试等重复劳动。这样既提高了软件的开发效率，也避免了重新开发可能引入的错误，提高开发质量。

10.3.6　普适计算技术

普适计算技术是在网络技术和移动计算技术的基础上发展起来的，着重在普适环境中提供面向客户、统一的、自适应的网络服务。WSN 比较适合普适计算。传感器网络操作系统的普适计算模型由普适资源抽象模块、普适资源组织模块、操作无关性和自适应模块组成。

1. 普适资源抽象模块

普适环境主要包括网络、节点和服务模块。网络为无线网络，节点即组成无线网络的传感器节点，服务包括计算、管理、控制通信等。在 WSNOS 中，普适资源抽象层将网络资源按照普适计算的模式特征分类组织为网络抽象模块、节点抽象模块、服务抽象模块。普适资源抽象层是普适计算模型的关键层，其运行效率直接决定了普适计算的最终实效。

2. 普适资源组织层

资源组织是组织当前环境中计算资源的信息并响应应用模块提出的资源需求，为它们分配并关联合适的资源。在计算领域，资源分配有集中式、分布式两种方式。集中式的资源组织效率高但对系统资源要求较高。分布式的组织方式可以提高操作系统的灵活性，但是效率较集中组织方式差。综合这两种方式的特点，采用综合的资源组织方式，更为高效地管理资源，提高操作系统的效率。

3. 资源适配层

作为 WSNOS，其普适资源适配层应具有资源无关性、自适应性。资源无关性是指不同资源的组织和形式与具体的资源没有具体的关系，无论何种资源，相对于操作系统应用模块来说，所能得到的底层资源和服务都是相同的，而不管其在操作系统组织中的处理过程是怎样的。在 WSN 中，各种变化是动态的、不可预期的，在普适计算中的变化也都是动态的，不可预期的。这就要求 WSNOS 的普适计算模型的资源配置有自适应能力，能根据资源和应用对需求的变化作出相应变化，提供智能服务。当资源比较丰富时，提供高质量的服务；当资源缺乏时，提供降级服务，就像 Windows 提供的"典型安装、完全安装、自定义安装"几种不同安装模式一样。

10.4　TinyOS 操作系统

10.4.1　系统简介

TinyOS(Tiny Micro Threading Operating System)是美国加州大学伯克利分校开发的基于事件驱动的开放源代码嵌入式操作系统[3,4]，是 WSN 专用操作系统，其主要特点是代码量小、耗能少，并且支持并发密集型操作。TinyOS 实现了用最少的硬件支持网络传感器的并发密集型操作。基于组件方式组成，主要有 Main 组件(包括调度器)、用户组件、系统服务组件和硬件抽象层组件。硬件抽象层组件实现对无线传感器硬件平台的抽象，为上层屏蔽底层的硬件细节，简化系统平台移植。系统服务组件包括通信服务组件、传感服务组件和执行组件 3 部分，其中通信服务组件支持数据传输协议(MAC 协议、路由协议、应用层协议)和无线通信模块的控制；传感器组件支持模/数转换操作和各种传感器模块的控制和数据收集；执行组件用于控制 LED 指示灯、继电器、步进电机等，以实现对外界的信息反馈或控制。用户组件由用户根据具体应用的需要定义，实现具体应用相关的功能和策略。Main 组件实现整个操作系统的控制流程，主要是进行整个无线传感器网络初始化以及系统运行状态的维护。

TinyOS 采用了事件驱动模型，这样可以在很少空间中处理高并发事件，并且能够达到节能的目的，因为 CPU 不需要主动去寻找感兴趣的事件。其不足是系统没有提供任务之间的同步和通信功能。

TinyOS 的程序采用模块化设计，程序核心代码和数据大概为 400B，这样能够突破传感器资源少的限制。能够让 TinyOS 有效地运行在 WSN 上并去执行相应的管理工作。TinyOS 在构建 WSN 时，会有一个基地控制台，主要用来控制各个传感器节点，并聚集和处理它们所采集到的信息。

TinyOS 操作系统、库和程序服务程序是用一种开发组件式结构程序的语言 nesC 写成。nesC 是一种 C 语法风格的语言，支持 TinyOS 的并发模型，以及组织、命名和连接组件成为健壮的嵌入式网络系统的机制。nesC 应用程序是由有良好定义的双向接口的组件构建的。nesC 定义了一个基于任务和硬件事件处理的并发模型，并能在编译时检测数据流组件。nesC 应用程序由一个或多个组件连接而成。一个组件可以提供或使用接口，组件中 command 接口由组件本身实现，组件中 event 接口由调用者实现，接口是双向的且调用 command 接口必须实现其 event 接口。

TinyOS 2.1.2 版于 2012 年 8 月 20 日正式发布。TinyOS 2.1.2 包括：

(1)支持升级的 msp430-gcc(4.6.3)和 avr-gcc(4.1.2)；

(2)完全的 6lowpan(IPv6 over Low-power Wireless Personal Area Network)/RPL

IPv6（IPv6 Routing Protocol for Low power and Lossy Networks）堆栈；

（3）支持 UCmini 平台和 ATmega128RFA1 芯片；

（4）修改了多处错误并得到版本升级。

10.4.2 体系结构与特点

1. 体系结构

TinyOS 采用了组件的结构，它是一个基于事件的系统。TinyOS 由众多组件组成，包括主组件、应用组件、执行组件、传感组件、通信组件和硬件抽象组件。每一个组件在其内部都封装了命令处理程序和事件处理程序，它们通过接口声明所调用的命令和将要触发的事件。

TinyOS 设计的主要目标是代码量小、耗能少、并发性高、鲁棒性好，可以适应不同的应用。完整的系统由一个调度器和一些组件组成，应用程序与组件一起编译成系统。组件由下到上可分为硬件抽象组件、综合硬件组件和高层软件组件，高层组件向底层组件发出命令，底层组件向高层组件报告事件。调度器具有两层结构：第一层维护着命令和事件，它主要是在硬件中断发生时对组件的状态进行处理；第二层维护着任务（负责各种计算），只有当组件状态维护工作完成后，任务才能被调度。TinyOS 的组件层次结构就如同一个网络协议栈，底层的组件负责接收和发送最原始的数据位，而高层的组件对这些位数据进行编码、解码，更高层的组件则负责数据打包、路由和传输数据。TinyOS 体系结构如图 10-4 所示。

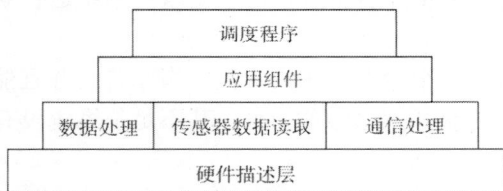

图 10-4　TinyOS 体系结构图

2. TinyOS 的调度策略

TinyOS 的任务调度采用先进先出的简单策略，任务之间不允许互相抢占。在通用操作系统里，这种先进先出的调度策略是不可接受的，因为长任务一旦占据了处理器，其他任务无论是否紧急，都必须一直等待至长任务执行完毕。TinyOS 之所以可以采用先进先出的调度策略是因为在传感器网络的绝大多数应用中，需要执行的任务都是短任务。例如，采集一个数据，接收一条消息，发送一条消息。为近一步缩减任务的运行时间，TinyOS 采用了分阶段操作模式来减少任务的运行时间。该操作模式下，数据采集、接收消息、发送消息等需要和低速外部设备交互的操作都被分为两个阶段进行：第一阶段，程序启动硬件操作后迅速返回；第二阶段，硬件完成操作后通知程序。分阶段操作的实质就是使请求操作的过程与实际操作的过程相分离。

　　TinyOS 提供任务加事件的两级调度。任务一般用于对时间要求不高的应用中，它实际上是一种延时计算机制。任务之间互相平等，没有优先级之分，任务的调度采用简单的 FIFO。任务间互不抢占，而事件（大多数情况下是中断的）可抢占。即任务一旦运行，就必须执行至结束，当任务主动放弃 CPU 使用权时才能运行下一个任务，所以 TinyOS 实际上是一种不可剥夺型内核。内核主要负责管理各个任务，并决定何时执行哪个任务。任务事件的调度过程如图 10-5 所示。TinyOS 的任务队列如果为空，则进入极低功耗的睡眠模式。当被事件触发后，在 TinyOS 中发出信号的事件关联的所有任务被迅速处理。当这个事件和所有任务被处理完成，未被使用的 CPU 被置于睡眠状态而不是积极寻找下一个活跃的事件。

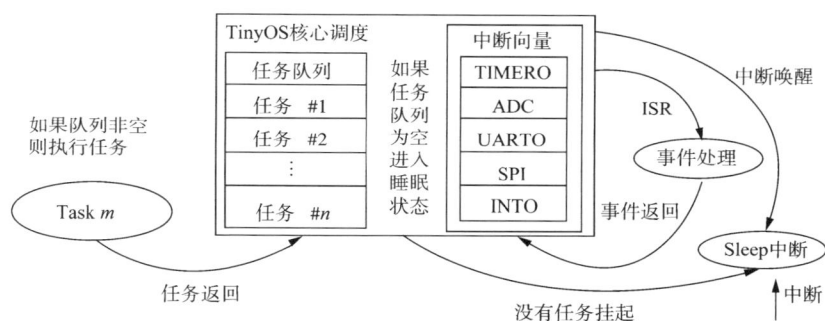

图 10-5　TinyOS 任务调度过程

　　TinyOS 调度模型有以下特点。

　　(1) 任务单线程运行到结束，只分配单个任务栈，这对内存受限的系统很有利。

　　(2) 没有进程管理的概念，对任务按简单的 FIFO 队列进行调度。对资源采取预先分配，且目前这个队列里最多只能有 7 个待运行的任务。

　　(3) FIFO 的任务调度策略是电源敏感的。当任务队列为空时，处理器休眠，随后由外部事件唤醒 CPU 进行任务调度。

　　(4) 两级的调度结构可以实现优先执行少量同事件相关的处理，同时打断长时间运行的任务。

　　(5) 基于事件的调度策略，只需少量空间就可获得并发性，并允许独立的组件共享单个执行上下文。同事件相关的任务集合可以很快被处理，不允许阻塞，具有高度并发性。

3. 程序模型

　　TinyOS 本身是由一组组件构成的，为实现 TinyOS 和 TinyOS 应用程序的开发设计，Berkeley 推出了一种支持组件的程序设计语言 nesC，它使用 C 作为其基础语言，支持所有的 C 语言语法和词法。TinyOS 增加了组件（Component）和接口（Interface）的关键字定义，同时定义了接口和如何使用接口表达组件之间关系的方法。TinyOS 提供了大多数传感器网络硬件平台和应用领域里都可用到的组件，如定时器组件、传感器组件、消息收发组件、电源管理组件等，而用户只需要开发针对特殊硬件和特殊应用的少许组件。TinyOS 组件由四个部分组成：命令函数、事件函数、任务和一个固定大小的局部存储区。组件之间通过接口实现交互。接口就是声明的一组函数，其中的函数有两种类型：一类称为命令函数，以关键字描述，这类函数由接口的提供者实现；另一类称为事件函数，以关键字 event 描述，这类函数由接口的使用者实现。事件函数用于直接或间接地响应硬件事件。最底层组件的事件函数直接作为硬件中断的中断处理程序，如收发器中断、定时器中断等。组件之间交互的具体方式是：上层组件调用下层组件中的命令函数；下层组件触发上层组件中的事件函数。

4. TinyOS 特点

(1) 基于组件的架构(Componented-based Architecture)。一个应用程序可以通过连接配置文件将各种组件连接起来，以完成它所需要的功能。

(2) 采用事件驱动机制(Event-driven Architecture)。系统的应用程序都是基于事件驱动模式的，采用事件触发去唤醒传感器工作。

(3) 任务和事件同步模式。任务一般用于对时间要求不是很高的应用中，且任务之间是平等的，执行时按先后顺序进行，每一个任务都很小，这样减少了任务运行时间，减轻了系统的负担。事件一般用于对时间要求很严格的应用中，它可以被一个操作的完成或是来自外部环境的事件触发,在 TinyOS 中一般由硬件中断处理来驱动事件。

(4) 分段操作(Split-phase Operations)。在 TinyOS 中由于任务之间不能互相占先执行，所以 TinyOS 没有提供任何阻塞操作。为了让一个耗时较长的操作尽快完成，一般来说都是将对这个操作的需求和这个操作的完成分开来实现，以便获得较高的执行效率。

(5) 支持自适应的传感器网络。

(6) TinyOS 中的信息大小是固定的。

(7) 两种中断方式，即时钟信号和无线信号。

(8) 单一的堆栈。

(9) 先进先出(FIFO)的进程管理。

(10) 每个任务都赋予优先权，采用优先次序进程。

10.4.3 组件模型和命名规则

1. 组件模型

组件模型如图 10-6 所示。组件包括 Module 组件(模件)和 Configuration 组件(配件)。组件内变量、函数可以自由访问，但组件之间不能访问和调用。组件可以提供(Provide)和使用(Use)接口。接口是一组相关函数的集合，它是双向的并且是组件间的唯一访问点。接口声明了一组函数，称为命令，接口的提供者必须实现它们；接口还声明了另外一组函数，称为事件，接口的使用者必须实现它们。

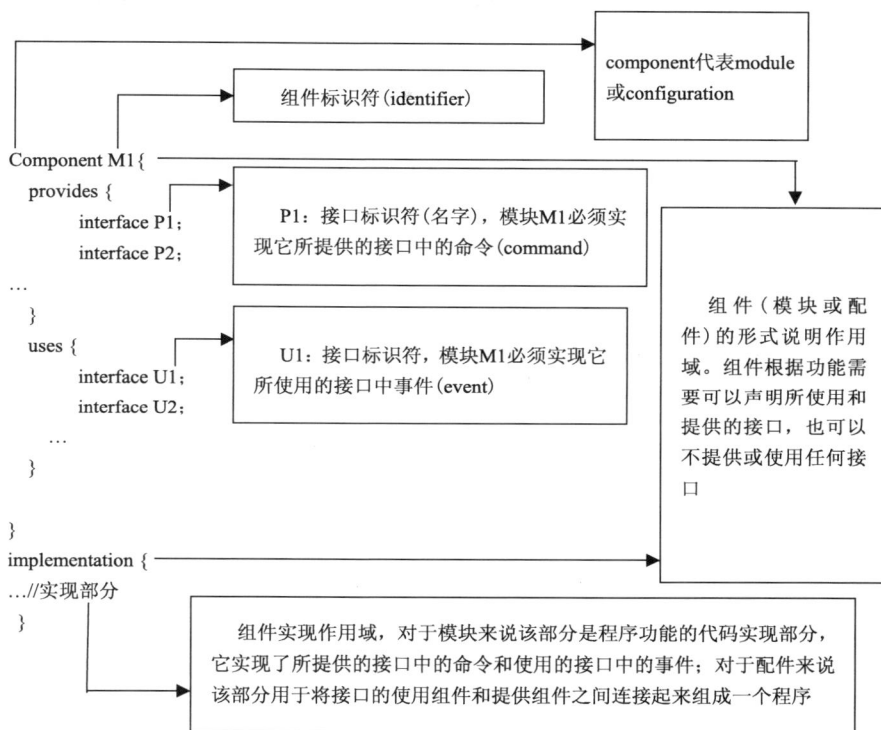

图 10-6　组件模型

Provides 未必一定有组件使用，但 Uses 一定要有用户提供，否则编译会出错。在动态组件配置语言中 Uses 也可以动态配置。接口可以连接多个同样的接口，叫做多扇入/扇出。一个 Module 可以同时提供一组相同的接口，又称参数化接口，表明该 Module 可提供多份同类资源，能够同时给多个组件分享。

2. 命名规则

（1）C 和 P 的命名规则。TinyOS 所有的终端程序组件都以字母 C 或 P 为结尾。以 C 结尾所命名的组件表示它是一个可用的抽象，而以 P 结尾的组件则表示它是私有的。以 P 结尾的组件不能被直接连接，但可以对它做一些封装以使它变成可用（变成名字以 C 结束的）。

（2）硬件平台抽象命名规则。TinyOS 2.0 中的硬件抽象通常是三级抽象架构，称为 HAA（Hardware Abstraction Architecture）。HAA 的最底层是 HPL（Hardware Platform Layer），HAA 的中间层是 HAL（Hardware Abstraction Layer），HAA 的最高层是 HIL（Hardware Independent Layer）。

10.4.4 TinyOS 的任务

TinyOS 提供任务和硬件事件处理两级调度体系。async 关键字声明硬件事件处理的 Command 和 Event 可以在任意时刻运行，可做少量工作且能快速完成。任务用于处理复杂操作，如后台数据处理，可以被硬件事件处理程序抢占。

1. 基本任务模型

基本任务模型中任务的原型声明如下：

```
task void taskname(){…}
```

taskname 是任务的符号名字，任务不能有参数，必须返回 void。
用户使用 post 关键字分派任务，分派任务语法：

```
post taskname();
```

调用方式如下：

```
result_t ret = post tastname()
```

可以在 Command、Event、Task 中提交任务，post 后的任务被放到一个内部 FIFO 任务队列。组件模块程序实例：

```
CntToLedsAndRfm configuration
CntToLedsAndRfm. nc
  configuration CntToLedsAndRfm {
}
  implementation {
components Main, Counter, IntToLeds, IntToRfm, TimerC;
Main.StdControl -> Counter.StdControl;
Main.StdControl -> IntToLeds.StdControl;
Main.StdControl -> IntToRfm.StdControl;
Main.StdControl -> TimerC.StdControl;
Counter.Timer -> TimerC.Timer[unique("Timer")];
IntToLeds <- Counter.IntOutput;
Counter.IntOutput -> IntToRfm;
}
```

程序说明：
(1)使用模块 Main、Counter、IntToLeds、IntToRfm 和 TimerC。

（2）在 Main 中初始化 Counter、IntToLeds、IntToRfm 和 TimerC。

（3）都是标准库。

（4）Counter 处理 Timer.fire（）事件。

（5）IntOutput 接口。

① output（）Command：有一个 16 位的参数。

② outputComplete（）Event：返回一个 result_t。

（6）IntToLeds：在 LED 上显示值的低三位。

（7）IntToRrm：通过 Radio 广播。

（8）Counter 使用 IntToLeds 和 IntToRfm 的 IntOutput 接口。

（9）箭头总是由使用者指向提供者。

2. 任务接口模型

任务接口扩展了任务的语法和语义。通常情况下，任务接口包含一个异步（async）的 post 命令和一个 run 事件，这些函数的具体声明由接口决定。实例：

```
Interface TaskParameter {
  async error_t command postTask(uint16_t param);
  event void runTask(uint16_t param);
  }
```

调用方式：

```
call TaskParameter.postTask(34); //分派任务
```

10.4.5　TinyOS 调度器

TinyOS 的调度器实现了任务和事件的两级调度。任务之间不能互相抢占，底层硬件中断触发事件，事件能抢占任务，事件之间也能互相抢占。命令和事件都可以 post 任务。任务中也可以调用命令。

TinyOS 调度器作为 TinyOS 组件，既支持最基本的任务模型，也支持任务接口模型，并且由调度器负责协调不同的任务类型。

TinyOS 调度器的形式说明如下：

```
module SchedulerBasicP {
  provides interface Scheduler;
  provides interface TaskBasic[uint8_t taskID];
  uses interface McuSleep;
  }
```

配件 TinySchedulerC 封装了组件 SchedulerBasicP；调度器必须提供参数化的

TaskBasic 接口；调度器还必须提供 Scheduler 接口。

TinyOS 2.0 允许用户使用自己定义的应用程序（组件）取代系统调度器。

10.4.6 系统启动和初始化

TinyOS 的启动序列使用了 3 个接口。

（1）Init：初始化组件和硬件，它执行的是顺序的、同步的操作，在初始化完成前不会启动任何组件。

（2）Scheduler：初始化和运行任务，用于初始化和控制任务的执行。

（3）Boot：通知系统已经成功的启动。它定义了一个事件 booted()，用它通知系统已经被成功的启动。

TinyOS 2.x 中的 RealMainP（定义在 opt\tinyos-2.x\tos\system 中）实现了标准的启动序列，MainC 封装了组件 RealMainP。模块 RealMainP 的定义：

```
module RealMainP {
  provides interface Boot;
  uses interface Scheduler;
  uses interface Init as PlatformInit;
  uses interface Init as SoftwareInit;
  }
implementation {…}
```

系统的启动过程分为 3 个独立的初始化过程：调度器初始化（Scheduler）、平台初始化（PlatformInit）和软件初始化（SoftwareInit）。

MainC 导出 Boot 和 SoftwareInit 接口，用于应用程序连接。不直接依赖于硬件资源的组件初始化都应该连接到 MainC.SoftwareInit。

10.4.7 TinyOS 通信

1. 消息缓冲区

TinyOS 2.0 中的消息缓冲区类型是 message_t，并且仍采用了静态包缓冲策略。缓冲区大小可以适合任何节点的通信接口，组件不能直接访问结构的各域，所有缓冲区的访问必须通过接口 AMPacket 和 Packet（定义在 opt\tinyos-2.x\tos\intefaces 目录）实现。

2. 通信组件

TinyOS 中的 radio 通信采用 Active Message（AM）模型，网络中的每个包都有一个 handler ID，接收节点会触发这个 ID 对应的事件，可以认为这个 ID 是"端口号"，不同的节点可以把不同的事件关联到相同的 handler ID。用户可以使用如下四个主动消息通信组件实现无线消息的收发(定义在 tos\tinyos-2.x\tos\system)：AMSenderC、AMReceiverC、AMSnooperC 和 AMSnoopingReceiverC。

在消息传递层，成功的通信涉及 5 个方面：

(1)标明发送数据；

(2)标明接收节点；

(3)回收与发送数据相关联的内存；

(4)缓存接收数据；

(5)处理消息。

程序实例：

```
IntToRfm configuration
IntToRfm. nc
configuration IntToRfm{
  provides interface IntOutput;
  provides interface StdControl;
  }
implementation{
  components IntToRfmM, GenericComm as Comm;
  IntOutput = IntToRfmM;
  StdControl = IntToRfmM;
  IntToRfmM.Send -> Comm.SendMsg[AM_INTMSG];
  IntToRfmM.StdControl -> Comm;
  }
```

程序说明：

(1)IntToRfm configuration 提供了两个接口 IntOutput 和 StdControl。

(2)提供了接口的 configuration 也成为了组件，可以被其他 configuartion 使用。

(3)组件别名。使用了 GenericComm 组件；取别名(local name) Comm。为了能方便地使用其他通信组件替换 GenericComm 而不用修改每一处作用该组件的代码。

(4)=(equal sign)

① IntOutput = IntToRfmM；

② StdControl = IntToRfmM；

③ 模块中左面接口的实现等价于右边模块中接口的实现。

(5)AM_INTMSG 是定义在 tos/lib/Counters/IntMsg.h 中的全局常量。

10.4.8　并发模型

TinyOS 一次仅执行一个程序。程序运行时，有两个执行线程：任务和事件。事件是由硬件中断触发的，事件之间可以互相抢占，任务之间不互相抢占，事件可抢占任务，事件也可互相抢占。可抢占运行的函数用 async 标识，同步运行的函数用 sync。

nesC 的规则是：异步函数调用的命令和事件也必须是异步的。一个函数（命令或事件）不是异步就是同步（缺省）。接口的定义指明了命令和事件是异步还是同步。

中断（异步函数）可以执行同步函数的唯一方法就是 post 一个任务。

使用原子语句块来实现对临界数据的访问。

10.4.9　能量管理

TinyOS 中的能量管理分为处理器能量管理和设备能量管理。

（1）微处理器能量管理。TinyOS 使用了一个 dirty 位，一个芯片相关的能量状态计算函数和一个能量状态重载函数来管理和控制微处理器的能量状态。

（2）外设能量管理。TinyOS 定义了两种不同的能量管理模型，即显式能量管理模型和隐式能量管理模型。如下接口用于实现设备能量管理。

① StdControl：若一个设备的开启或关闭所花费的时间可以忽略，那么它应该提供这个接口。

② SplitControl：若一个设备的开启或关闭所花费的时间不可以被忽略，那么它应该提供这个接口。

③ AsyncStdControl：由于上述两个接口都是同步接口，所以若想在异步代码中控制一个设备的能量状态，那么就必须使用该接口。

10.4.10　模拟服务

TOSSIM 是直接从 TinyOS 代码中编译而来的 TinyOS 模拟器，它是一个程序库。TOSSIM 运行于桌面电脑和笔记本电脑上，可同时模拟上千个运行相同程序的节点，可在运行时配置调试输出信息。TOSSIM 是一个离散的时间模拟器，当它运行时，会从时间队列中依次取出事件（以时间排序）并且执行它们。模拟事件可以是硬件中断也可以是高层的系统事件（如包接收事件），任务也可以成为模拟事件。

TOSSIM 支持的唯一平台是 micaz，而且不支持能量检测。通过 make pc 编译得到 TOSSIM，TOSSIM 可执行文件是 build/pc/main.exe；control-C 停止模拟；默认输出所有调试信息。

10.4.11　TinyOS 系统的编程

1. 组件和接口

nesC 组件（Component）使用的是一个纯局部的命名空间，一个组件除了要声明它将执行的函数外，还要声明它所调用的函数。每一个组件都有一个形式说明（specification），这个形式说明是一段代码，它声明了组件所提供（执行）接口（函数）和所使用（调用）的接口（函数）。

接口（interface）是相关函数的一个集合，可以根据功能的需要定义自己的接口，但在定义接口中的函数时，必须使用 command 或 event 关键字声明该函数是命令或是事件，否则编译时会报错。

组件可以使用相同接口的不同实例，并分别为其命名。程序实例：

```
provides {
  interface StdControl as fooControl;
  interface StdControl as barControl;
  }
```

2. 模块

nesC 有两种组件：配件（Configurations），用于将组件连接在一起从而形成一个新的组件；模块（Modules），提供了接口代码的实现并且分配组件内部状态，是组件内部行为的具体实现。模块的形式说明与实现实例：

```
module SenseC
  {
    uses {
      interface Boot;
      interface Leds;
      interface Timer<TMilli>;
      interface Read<uint16_t>;    //使用接口的声明
      }
  }
Implementation                      //以下是实现部分
  { #define SAMPLING_FREQUENCY 100
    event void Boot.booted(){
    call Timer.startPeriodic(SAMPLING_FREQUENCY);
      //调用了 Timer 接口的命令
    }
event void Timer.fired()
  //因为使用了 Timer 接口，所以必须实现 Timer 接口中定义的事件
{ call Read.read();                          //调用了 Read 接口的命令}
event void Read.readDone(error_t result, uint16_t data)
  //因为使用了 Read 接口，所以必须实现 Read 接口中定义的事件
{ //实现 Read 接口中定义的事件
  if(result == SUCCESS){
  if(data & 0x0004)
```

```
    call Leds.led2On();
  else
    call Leds.led2Off();
    if(data & 0x0002)
        call Leds.led1On();
    else
        call Leds.led1Off();
        if(data & 0x0001)
        call Leds.led0On();
    else
        call Leds.led0Off();
    }
    }
  }
```

3. 分段操作

与模块相关的概念是分段操作。分段接口的一个重要特征就是两个阶段的调用是相反的：向下调用是开始操作，向上的 signal 操作是完成操作。在 nesC 中，向下调用的是命令，而向上调用的是事件，接口指定了这种关系的两个方面。分段接口实例：

```
interface Read<val_t> {
  command error_t read();
  event void readDone(error_t result, val_t val);
  }
```

Read 接口的提供者需要定义 Read 函数和通知 Readdone 事件，而 Rend 接口的使用者则需要定义 Readdone 事件，而且能够调用 Read 命令。

4. 类型化操作

接口可以带有类型参数，接口的类型参数放在一对尖括号里，如果提供者和使用者的接口都带有类型参数，那么在连接时，它们的类型必须匹配，如 LocalTime 接口带有一个 precision_tag 参数，定义在 opt\tinysos-2.x\tos\lib\timer 目录中。程序实例：

```
interface LocalTime<precision_tag> {
  async command uint32_t get();
  }
```

参数 precision_tag 虽然没有在接口的命令中出现，但它在连接时会被用于类型检查：该参数指明了最小的时间间隔。

5. 原子语句和 enum

在 nesC 中通过使用原子语句(atomic statements)的方式实现了对临界数据保护。实例：

```
command bool increment(){
atomic {
a++;
b = a + 1; }
}
```

原子代码块保证了这些变量可以被原子写和读，但这里并没有保证这个原子的代码块不能被抢占。即使使用了原子代码块，两个不涉及任何相同变量的代码段还是可能互相抢占的。

灵活使用 enum 可节省存储空间。

6. 配件和连接

组件之间是完全独立的，只有通过连接才能绑定到一起，配件用于实现此功能。配件的定义与模块类似。使用三个操作"->"，"<-"和"="实现组件的连接。前面两个是最基本的连接操作，箭头从使用者指向提供者。例如，下面两行是等同的：

```
Sched.McuSleep -> Sleep;
Sleep<-Sched.McuSleep;
```

一个直接的连接总是从使用者指向提供者，箭头的方向决定了调用关系。和模块一样，配件可以提供和使用接口。但是由于配件没有代码实现，所以这些接口的实现必须依赖其他的组件。

7. 导通连接

用"="实现组件的连接叫导通连接（Pass Through Wiring），它是指一个配件将两个组件连接到一起，并且必须使用"="操作符把使用者连接到提供者操作符。实例：

```
generic configuration AMReceiverC(am_id_t amId){
   provides {
       interface Receive;
       interface Packet;
       interface AMPacket;
       }
}
implementation {
       components ActiveMessageC;
       Receive = ActiveMessageC.Receive[amId];
       Packet = ActiveMessageC;
       AMPacket = ActiveMessageC;
       }
```

8. 扇出、扇入和 combine 函数

扇出(Fan-out)指同一个调用者一次调用了多个函数。

扇入(Fan-ins)用来描述多个人调用同一个函数。

接口之间可以是 n 对 k 的关系，这里 n 是使用者数，k 是提供者数。接口之间 n 对 k 的关系，即是说任何提供者的 signal 将会引起 n 个使用者的事件处理函数，并且任何使用者调用一个命令将会调用 k 个提供者的命令。

combine 函数将多个返回值组合后只返回一个值。一个数据类型可以有一个相关的 combine 函数。因为一个 Fan-out 总是涉及调用 N 个相同的函数，调用者最终得到的返回值是对所有的被调用者的返回值使用 combine 函数之后得到的返回值。

9. 参数化连接

参数化接口用于提供同一接口的多个实例。实例：

```
configuration ActiveMessageC {
  provides {
      interface SplitControl;
      interface AMSend[uint8_t id];
      interface Receive[uint8_t id];
              ……
      }
  }
```

参数化接口本质上是一个接口数组，数组的索引就是接口的参数。

nesC 还提供了一个 unique 函数用于保证参数不重复。

10. 默认连接、unique()和 uniqueCount()函数

nesC 提供了默认连接处理。如果一个组件连接到了某个接口，那么就按照该连接调用接口中的函数。若没有，则命令(或事件)会执行默认的处理函数(使用 default 关键字标识)，尽量不要使用默认连接处理。

unique()保证每一个相同的接口必须有不同的参数 ID，它将把所有的对 unique()调用变换成整数标志符。unique 函数需要一个字符串关键字作为参数。实例：

```
AMQueueEntryP.Send -> AMQueueP.Send[unique(UQ_AMQUEUE_SEND)]
```

uniqueCount()函数是用来计算调用 unique 的客户总数目，这样就可以使组件能够分配正确的状态总数。

Unique、uniqueCount 函数产生一个唯一的 8 位数字与参数关联；unique("Timer")是产生一个唯一的数字与 Timer 串关联；unique("Timer")与 unique("MyTimer")可能产生相同的数；uniqueCount 返回与参数关联的数的个数。

11. 通用组件

通用组件(Generic Components)不是单一实例的, 但它在配件内能被实例化。通用组件与非通用组件原型定义的最大差别在于:

(1)在关键字 component(表示 module 或 configuration)之前有一个 generic 关键字, 它表示该组件是通用组件。

(2)通用组件在组件名字后必须带有参数列表, 类似于函数的定义。若该通用组件不需要参数, 那么该参数列表为空。

目前通用组件支持如下三种类型的参数。

(1)类型(types)参数。这些参数可以作为类型化接口的参数, 声明时使用 typedef。

(2)数值常数参数。

(3)字符串常数参数。

使用通用组件时需要在配件中使用关键字 new 实例化一个通用组件, 这个实例是配件私有的。用户每使用一次 new 便创建一个实例。在使用关键字 new 实例化通用组件时, 系统使用了代码复制的方式生成新的实例。实例:

```
configuration ExampleVectorC {}
    implementation {
    components new BitVectorC(16);
    }
```

上面的语句使用 new 关键字创建了一个大小为 16 的 BitVectorC 组件。

12. 通用模块和通用配件

通用模块带有三种参数, 如果参数是一个类型, 那么必须用 typedef 关键字声明。实例:

```
generic module VirtualizeTimerC(typedef precision_tag,int
max_timers){
  provides interface Timer<precision_tag> as Timer[uint8_t
  num];
  uses interface Timer<precision_tag> as TimerFrom;
  }
implementation {…}
```

在上面的通用模块 VirtualizeTimerC(opt\tinyos-2.x\tos\lib\timer)中生成了一个 VirtualizeTimerC 代码的复制, 并且分配了 uniqueCount(UQ_TIMER_ MILLI)个毫秒精度的定时器。

通用配件构成了更高层次的虚拟化和抽象。使用通用配件与使用通用模块的方法是一样的。

10.5　Mantis 系统

MantisOS 是美国科罗拉多大学开发的一个以易用性和灵活性为主要目标的无线传感器网络操作系统，支持快速、灵活地搭建无线传感器网络原型系统。MantisOS 是一个多模型的嵌入式操作系统，提供多频率通信，适应多任务传感器节点，具备动态重新编程等特点。MantisOS 在设计和编程上沿用常用的方法，主要表现在采用了经典分层多线程的体系结构和标准 C 书写的内核和 API。与其他操作系统不同的是，MantisOS 意识到动态重编程的重要性，提供了无线代码发布功能，能够在网关节点通过无线通信完成节点代码替换，可以更新单个变量、单个线程甚至是整个操作系统。此外，MantisOS 还提供了远程 Shell 供用户登录到 sensor 节点上查看系统情况。MantisOS 通过管理与 UNIX 系统类似的 Sleep 函数来实现能量的优化配置。当所有的用户线程都睡眠后，调度器就可以控制系统进入低功耗模式，从而避免进入耗费能量的忙等待状态。与现在流行的 TinyOS 相比，无需新的编程语言的学习，另外，MantisOS 基于线程管理模型开发，提供线程控制 API，而 TinyOS 是基于事件驱动的，因此，对于多任务应用程序开发，前者更加灵活。

对于初学者，MantisOS 提供简单的跨平台 API、远程命令调试和远程登录 MantisOS 节点的功能、基于 RF 的动态重新编程系统，以及随板而带的传感器接口。对于专家，MantisOS 支持网络上物理 MantisOS 节点到虚拟 MantisOS 节点，并且提供两者之间进行联系的桥梁。

MantisOS 平台由两大中心组件构成：MantisOS（类似 UNIX 的实时环境）和 WSN 节点。

MantisOS 作为 WSNOS 有以下特点。

(1)类似 UNIX 的开发环境。编程语言为 C 语言，无需复杂语言的学习。真正的抢占式多线程编程，类似 POSIX 线程 API。

(2)分层的网络栈简化节点间的通信。支持多种硬件平台，如 Nymph、Mica2 等。硬件驱动系统将资源有限环境下的工作变得抽象化。

(3)通过无线连接或有线接口，或者是远程 Shell 命令进行调试；灵活的电源管理，动态重新编程。

(4)快速开关(约 200PLS)；循环调度(并非是时间驱动)；小的存储空间，整个内核占用的 RAM 小于 500B。

MantisOS 适合于 WSN 中处理复杂任务(如加密解密、数据融合、定位、时钟同步等)的需求。

10.6　SenOS 系统

　　SenOS 由美国加州大学洛杉矶分校开发，是一个基于有限状态机模型的操作系统，其目的是为资源受限的传感器节点提供一定的并发性、响应能力和重配置能力。该系统的内核结构是基于有限状态机模型，由状态序列器(State Sequencer)和事件队列组成的内核、状态转换表、回调函数库(Call-back Library)三部分组成。状态转换表记录着每一个状态收到一个输入所对应的下一个状态。内核不停地检查事件队列是否有事件到来，如果队列不空，内核从中取出一个事件，根据状态转换表触发一个状态转换，将"状态机"从当前状态转换到另一个状态，并调用与状态转换相关的输出函数。这些函数存放在回调函数库中，它和内核一起固化到 Flash ROM 中，而状态转换表定义了正确的转换和相关的回调函数，是和应用相关的，因此它可以通过系统提供的动态程序装入器装入新的状态转换表。通过这种方式开发应用程序比较简单，但是不够灵活。这个操作系统目前还处于开发中。SenOS 的特点如下。

　　(1)事件驱动。

　　(2)提供了很好的动态增加和删除模块的功能。

　　(3)内核和应用程序模块中都使用动态存储。

　　(4)实现了优先级调度。

　　(5)使用标准 C 语言和编译器。

　　(6)由可以动态加载的模块和静态内核组成。静态内核实现了最基本的服务，包括底层硬件抽象，灵活的优先级消息调度器，动态内存分配等功能。模块实现了系统大多数的功能，包括驱动程序、协议、应用程序等。这些模块都是独立的。

参 考 文 献

[1]　Tiny Microthreading Operating System: TinyOS. http: //tinyos.millennium.berkeley. edu, 2004.

[2]　张朋, 陈明, 陈亚萍, 等. WSNOS 关键技术研究. 计算机应用研究, 2007, 24(10): 23-25.

[3]　Tiny OS@MSP430. http://page.mi.fuberlin.de/～hutta/tinyos/tinyos.pdf.

[4]　Embedded Sensor Networks. http://cs.usc.edu/～ramesh/papers.

第 11 章　无线传感器网络工程设计

11.1　概述

    WSN 可以由许多不同类型的传感器组成，如地震传感器，低采样率的地磁传感器，热的、可视的、红外线的、超声的和无线电探测的各种传感器，它们可以用来监测反映环境条件的若干参数，如温度、湿度、车辆运动、光照条件、压力、土壤成分、噪声水平、某一对象的存在、附着物的应力、物体的速度、方向、大小等当前状态。传感器节点还可以实现连续感知、事件检测、事件标识、位置感知和执行器的本地控制。节点的微感知和无线连接的概念引申出许多新的应用领域。可以把这些应用领域分类为：军事、环境、健康、居家和其他商业门类，还有太空探测、化学工程和灾害预报。

    以石油天然气开发工程为例，现场工程师需要根据钻井参数进行数据分析并对钻井工况作出判断，以便采取正确的钻井操作。目前，钻井现场一般是利用各种传感器进行数据采集，并通过有线电缆将采集到的数据传送到监控中心。然而，由于钻井现场的环境十分恶劣，铺设有线电缆受到井场设备与条件的严重制约，使得安装、布线过程十分复杂，有线电缆也容易受到井场重型设备和工作人员的无意损坏，直接影响钻井生产。这种有线系统也不具有较好的可扩展性。随着无线短距离通信技术的发展，可以设计一种钻井现场监测 WSN 以满足自动化钻井的需要，提高钻井参数的监测水平，增强井场安全监测的实时性和可靠性，使钻井安全生产得到有效保障。

    WSN 设计受到很多因素的影响，包括容错能力、可扩展性、成本、工作环境、网络拓扑、硬件结构、传输介质和功率消耗等。考虑这些因素的重要性在于它可以作为传感器网络有关协议和算法设计的指南。此外，这些因素还可以用来比较不同的设计方案[1]。由于这些影响因素，因此很难提出一个完整的解决方案来一劳永逸地指导 WSN 和传感器节点的设计。

11.2　监测区域分类

    在 WSN 的应用中，网络部署是一项重要的工作。关于传感器网络部署的研究，最终要落实到在一个特定的监测区域如何部署传感器节点，需要部署多少个传感器节点的问题。在第 2 章已经就关于部署的基础理论问题进行了讨论，需要部署多少个传感器节点的问题可归结为按照某种节点覆盖模型部署传感器节点的区域覆盖数计算。

大多数的监测区域，如石油钻井现场的监测，钻井井位可能处于山地、丘陵、沼泽、平原或村落，钻完井后要铺设石油天然气长输管线，其他如矿山巷道、铁路、公路、隧道、河道、边界线等，监测区域的形态往往是不规则的，虽然这类区域一般可以依靠人员到达进行定点布置，但是要部署多少个节点才能做到重复最少的无漏洞覆盖是 WSN 工程设计必须确定的一个基本技术参数。可把各种形态的监测区域划分为 4 类：三角形区域、四边形区域、圆形区域和长线形区域，如图 11-1 所示。对于不同形态的监测区域，采用正六边形节点覆盖模型，覆盖数的计算讨论如下。

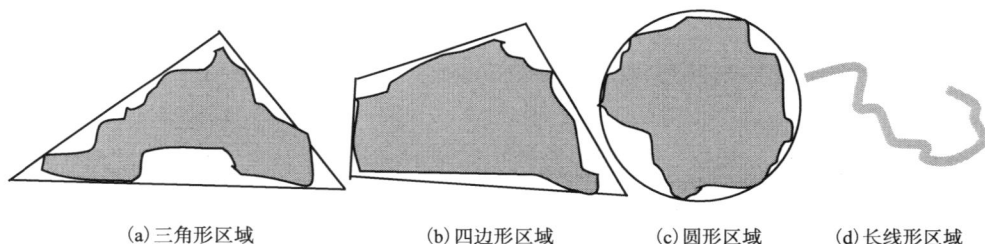

(a)三角形区域　　(b)四边形区域　　(c)圆形区域　　(d)长线形区域

图 11-1　传感器网络监测区域的分类

11.3　覆盖数计算

11.3.1　一维长线区域

对于矩形监测区域若不考虑分布区域的宽度，或者说分布区域的宽度小于传感器的感知半径，且节点不能布置在监测区域内，把这类监测区域叫做长线形监测区域，如图 11-2 所示。长线形监测区域的长度远大于宽度，这类区域的 WSN 监测具有重要的现实性，如石油天然气长输管道、矿山巷道、铁路和公路交通沿线、边界线、隧道、江河河道等，都属于这类监测区域。长线形区域的覆盖面积计算方便，因为它的长度和宽度一般是已知的。

如图 11-2 所示，对给定的监测区域 $F(L \times W)$，当宽度 $W < 1.5R_s$，按正六边形覆盖模型进行部署，在每个正三角形的顶点布置传感器节点，因正三角形的边长为 $\sqrt{3}R_s$，高为 $3R_s/2$，则监测区域的覆盖数为

$$n = \left\lfloor \frac{2\sqrt{3}L}{3R_s} + 1 \right\rfloor \tag{11-1}$$

长线形区域有时也可视为一维区域，在一维区域上的确定性部署在 2.4 节有详细讨论，其覆盖数的计算为

$$n = \left\lfloor \frac{\sqrt{3}L}{3R_{\mathrm{s}}} \right\rfloor \tag{11-2}$$

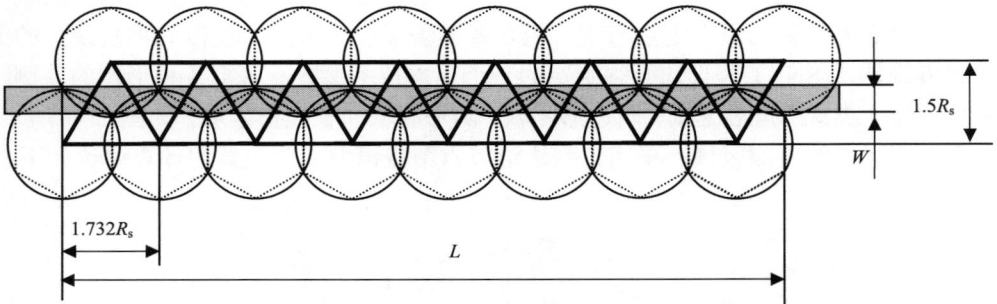

图 11-2　长线形监测区域的覆盖

11.3.2　二维平面区域

1. 三角形区域

对于一个三角形监测区域，根据式(2-55)计算覆盖数，要首先知道三角形监测区域的面积，这仍然是不方便的。因此，试图寻找一个能够覆盖这个三角形区域的最小圆，用这个最小圆的面积来近似三角形区域的面积，这样可以简化计算。

如图 11-3 所示的三角形监测区域，若△ABC 的最大边 BC 为 $2R_{\mathrm{m}}$，欲求△ABC 的最小覆盖圆，分 3 种情形进行讨论。

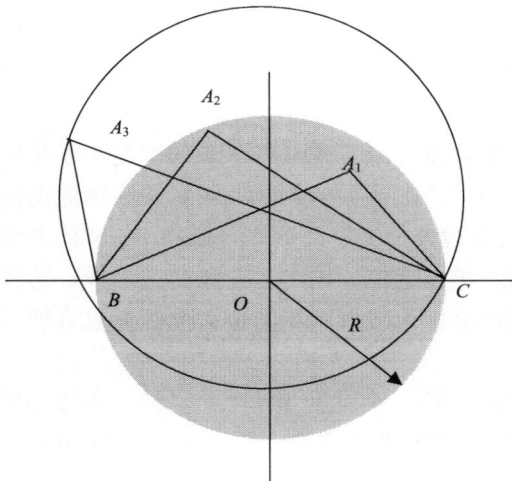

图 11-3　三角形监测区域的最小覆盖圆

（1）∠A_1 为钝角，以 BC 为直径作半圆即可覆盖△ABC。

（2）∠A_2 是直角，同样以 BC 为直径作半圆即可覆盖△ABC。

（3）∠A_3 是锐角，则 BC 边不是△ABC 的最大边，但总可以找出△ABC 的最大边，基于(1)和(2)以最大边为直径作半圆即可覆盖△ABC。

设：$\triangle ABC$ 的最大边为 $2R_m$，则$\triangle ABC$ 的面积为

$$S_\triangle = 2R_m \sin A \sin B \sin C$$

$\triangle ABC$ 的外接圆的面积为

$$S_O = \pi R_m{}^2$$

因为，我们总是以三角形的最大边为直径作覆盖圆且在半圆内，由于$\triangle ABC$ 的面积与$\triangle ABC$ 外接圆的面积的最大比为

$$
\begin{aligned}
\frac{s_\triangle}{s_O} &= \frac{2R_m^2 \sin A \sin B \sin C}{\pi R_m^2} \\
&= \frac{2\sin A \sin B \sin C}{\pi} \leqslant \frac{1}{\pi}
\end{aligned}
\tag{11-3}
$$

则三角形监测区域的面积

$$s_\triangle \leqslant \frac{R_m^2}{2} \tag{11-4}$$

所以，三角形监测区域的覆盖数

$$n = \frac{s_\triangle}{A_s} \leqslant \frac{\dfrac{R_m^2}{2}}{\dfrac{3\sqrt{3}R_s^2}{2}} = \frac{R_m^2}{3\sqrt{3}R_s^2} \tag{11-5}$$

2. 四边形区域

1）任意四边形区域

关于四边形区域的覆盖面积计算，首先给出如下定理。

定理 11-1：周长为 $4R_m$ 的四边形能够被半径为 R_m 的圆面所覆盖。

证明：如图 11-4 所示，在四边形 $ABCD$ 上分别取点 E、F，使 E、F 将四边形 $ABCD$ 分成等长两段，每段各长 $2R_m$。

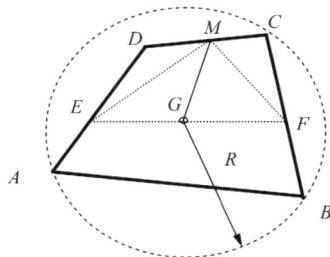

图 11-4　四边形监测区域的最小覆盖圆

又设 EF 中点为 G，M 为四边形上任意一点，连 ME、MF，则

$$GM \leqslant \frac{1}{2}(ME + MF) \leqslant \frac{1}{2}(MCE + MDF) = R_m \tag{11-6}$$

因此，以 G 为圆心，R_m 长为半径的圆可以覆盖周长为 $4R_m$ 的四边形。证毕。

同理还可以证得：周长为 $4R_m$ 的曲边形能够被半径为 R_m 的圆面所覆盖。

所以，任意四边形监测区域的覆盖数

$$n = \frac{A_q}{A_s} \leqslant \frac{\pi R_m^2}{\dfrac{3\sqrt{3}R_s^2}{2}} = \frac{2\pi R_m^2}{3\sqrt{3}R_s^2} \tag{11-7}$$

2) 矩形区域

对给定的矩形监测区域 $F(L \times W)$，按正六边形节点覆盖模型进行部署，部署图如图 11-5 所示。

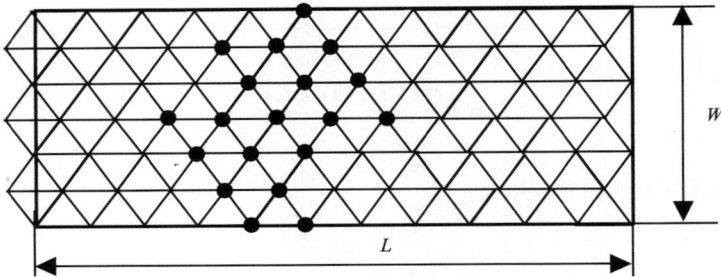

图 11-5 矩形监测区域的覆盖

按正三角形的边长为 $\sqrt{3}R_s$，高为 $3R_s/2$，在每个正三角形的定点布置传感器节点即可，则矩形监测区域在满足无漏洞覆盖的条件下所需要的最少传感器节点数为

$$n = \left\lfloor \frac{L}{\sqrt{3}R_s} \right\rfloor \times \left\lfloor \frac{2W}{3R_s} \right\rfloor \tag{11-8}$$

式中，n 为传感器节点数；L 为监测区域长度；W 为监测区域宽度；R_s 为传感器感知半径；$\lfloor \bullet \rfloor$ 为不小于 $\bullet$ 的最小整数。

3) 圆形区域

关于圆形区域的覆盖面积计算相对简单。如图 11-6 所示，首先做出区域边界上两点间最长的连线 $2R_m$，以此为直径，连线的中点为圆心作圆，即得圆形监测区域的覆盖圆。用式 (2-55) 即可计算圆形监测区域的覆盖数。

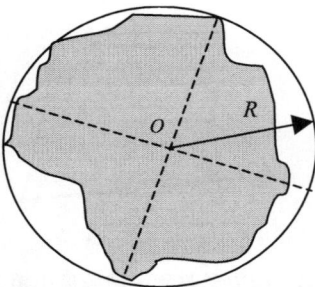

图 11-6 圆形监测区域的最小覆盖圆

11.3.3 三维空间区域

三维空间区域的传感器节点部署应采用切顶八面体节点覆盖模型部署策略。如果节点放置在 u,v,w-坐标系统的每个整数坐标点，则可得到切顶八面体的棋盘型布局。u,v,w-

坐标系统的原点在 x, y, z-坐标系统的 (cx, cy, cz) 点。u 轴和 v 轴分别平行于 x 轴和 y 轴。u 轴和 v 轴的单位距离是 $4R\sqrt{5}$。在正象限内 w 轴使得 $\angle uv = \angle vw = \cos^{-1}\sqrt{1/3} = 54.73°$，在 w 方向上的单位距离是 $2\sqrt{3}R/\sqrt{5}$。w 轴与 z 轴成 $\cos^{-1}\sqrt{1/3} = 54.73°$ 的夹角。在新的 u, v, w-坐标系统中的 (u_1, v_1, w_1) 处的节点应该放置在原 x, y, z-坐标系统的坐标位置是

$$\begin{cases} c_x + u_1 \dfrac{4R}{\sqrt{5}} + w_1 \dfrac{2\sqrt{3}R}{\sqrt{5}} \cos\alpha \\ c_y + v_1 \dfrac{4R}{\sqrt{5}} + w_1 \dfrac{2\sqrt{3}R}{\sqrt{5}} \cos\alpha, \quad \alpha = \cos^{-1}\left(\sqrt{\dfrac{1}{3}}\right) \\ c_z + w_1 \dfrac{2\sqrt{3}R}{\sqrt{5}} \cos\alpha \end{cases} \tag{11-9}$$

简化后为

$$\left(c_x + (2u_1 + w_1)\dfrac{2R}{\sqrt{5}}, \ c_y + (2v_1 + w_1)\dfrac{2R}{\sqrt{5}}, \ c_z + w_1 \dfrac{2R}{\sqrt{5}} \right) \tag{11-10}$$

在 u, v, w-坐标系统中，具有坐标 (u_1, v_1, w_1) 和 $((u_2, v_2, w_2))$ 两个点之间的实际距离是

$$d_{12}^{to} = \frac{4}{\sqrt{5}}R\sqrt{(u_2 - u_1)^2 + (v_2 - v_1)^2 + (u_2 - u_1)(w_2 - w_1) + (v_2 - v_1)(w_2 - w_1) + \frac{3}{4}(w_2 - w_1)^2} \tag{11-11}$$

作为切顶八面体部署策略，节点的位置可由式 (11-10) 确定。

图 11-7 所示为基于切顶八面体部署策略仿真的节点部署，正立方空间的边长为 20m，节点感知半径 $R=5$m。每个黑点代表一个节点。每个节点周围都画出了半径为 5m 的切顶八面体，说明这种部署策略确实能提供 100% 的覆盖。图 11-8 所示为切顶八面体部署策略组成的 $8\times8\times8$ 节点空间网络。

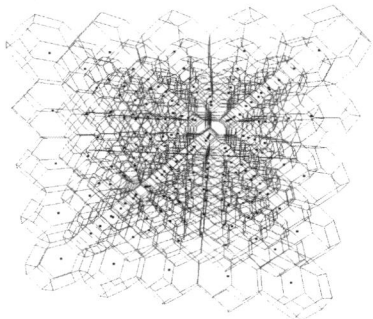

图 11-7　三维空间中的切顶八面体部署策略
（20m × 20m × 20m，$R=5$m）

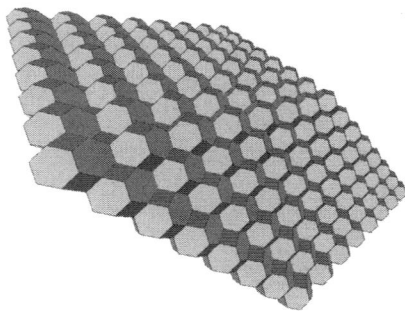

图 11-8　切顶八面体部署策略组成的
$8\times8\times8$ 节点空间网络

11.4 无线传感器网络部署的工程设计

11.4.1 设计流程

WSN 的工程设计主要包括网络部署和网络管理两个方面的内容。网络部署是根据目标区域的监测需求、区域环境条件和当前技术许可，对在目标监测区域内如何布置节点所进行的设计；网络管理指在网络部署完成后，为保证网络高效、可靠运行应提供的系统软件和应用软件所做的设计。网络部署主要涉及的是与网络有关的硬件，网络管理主要涉及的是与网络有关的软件。网络部署的设计流程如图 11-9 所示。

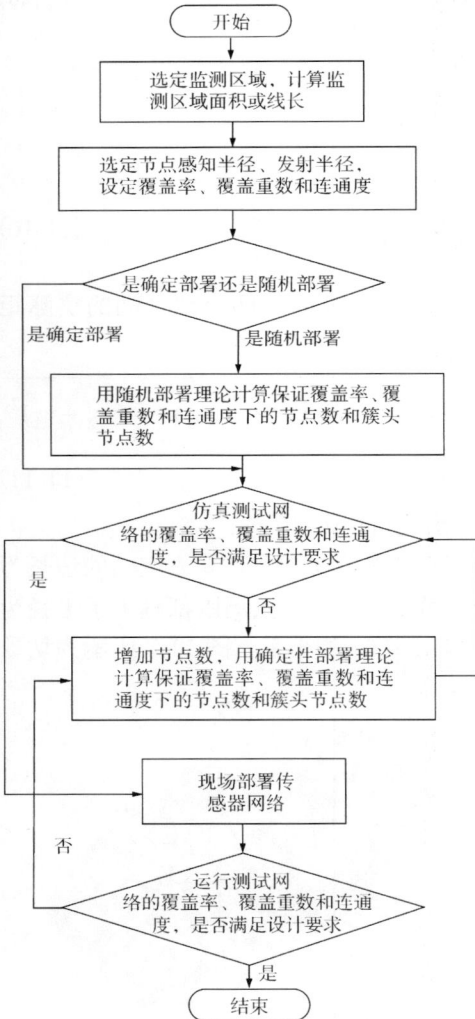

图 11-9 传感器网络部署设计流程

11.4.2 技术参数设计

从设计流程图 11-9 可以看到，在进行 WSN 部署的设计过程中，需要知道相关的技术参数才能做出满足需求的设计。与 WSN 部署设计有关的技术参数描述如下。

(1)监测区域形态和面积(m^2)。监测区域形态指监测区域的边界条件、地形特征和地理位置，以此确定采用随机部署还是确定性部署，监测区域面积的计算参考 11.3 节内容。

(2)区域覆盖率、覆盖重数。这两个参数由用户提供。一般说来，区域覆盖率高，可获得监测区域的有关数据越全面、越准确，覆盖重数越大，网络的可靠性越高。但这些都要以增加网络部署成本为代价。

(3)节点感知半径、发射半径、节点功率和发射功率。WSN 要实现数据可靠传输，节点感知半径设计应满足感知覆盖率的要求，发射半径设计应满足网络连通性的要求。传感器节点的感知半径和发射半径受器件性能、成本、功耗等各方面的限制。节点感知半径、发射半径、节点功率和发射功率这四个参数应由传感器网络节点生产厂家提供。

(4)节点覆盖率。节点覆盖率根据选定的覆盖模型计算得到，推荐选用正六边形节点覆盖模型，其节点覆盖率为 0.827。

(5)平均邻居节点数。平均邻居节点数是保证网络连通性的基本条件。对于确定性部署，其邻居节点数是确定的；对于随机部署，应使邻居节点数大于 6，可以采用确定性部署的节点数计算和仿真实验验证。

(6)覆盖数(节点数)。覆盖数(节点数)是传感器网络部署工程设计的重要技术参数，用以下公式计算。

$$N=Kn \tag{11-12}$$

式中，对于确定性部署，n 按 11.3 节讨论的覆盖数计算方法计算；对于随机部署，n 按 2.3 节讨论的覆盖数计算式(2-16)进行计算；K 为覆盖重数或节点冗余度。

(7)网络寿命。参照厂家提供的节点能量，通过仿真验证。

11.5　ZigBee 系统技术

11.5.1　ZigBee 技术特点

ZigBee 技术是一种近年来才兴起的低功耗的短距离无线网络通信技术，被业界认为是最有可能应用在工控场合的无线方式。它同样使用 2.4GHz 波段，采用跳频技术和扩频技术。另外，它可与 254 个节点联网。节点可以包括仪器和家庭自动化应用设备。ZigBee 技术在工业监控、传感器网络、家庭监控、安全系统等领域有很大的发展空间。该技术具有以下特点。

(1)低功耗。发射功率仅 1mW，采用休眠的低耗电待机模式下，2 节 5 号电池可支持 1 个节点工作 0.5～2 年，甚至更长。这是 ZigBee 的突出优势。相比之下，蓝牙能工作数周，WiFi 仅能工作数小时。

(2)低成本。ZigBee 模块成本只有几美元，再通过大幅简化协议(不到蓝牙的 1/10)，降低了对通信控制器的要求，按预测分析，以 8051 的 8 位微控制器测算，全功能的主节点需要 32KB 代码，子功能节点少至 4KB 代码，而且 ZigBee 免协议专利费。

(3)低速率。ZigBee 工作在20～250kbit/s 的较低速率，分别提供250kbit/s(2.4GHz)、40kbit/s(915MHz)和 20kbit/s(868MHz)的原始数据吞吐率，满足低速率传输。

(4)近距离。传输范围一般为 10～100m，如果通过路由和节点间通信的接力，传输距离将可以更远。

(5)短延时。ZigBee 的响应速度较快，一般从睡眠转入工作状态只需 15ms，节点连接进入网络只需 30ms，进一步节省了电能。相比较，蓝牙需要 3～10s，WiFi需要 3s。

(6)高容量。ZigBee 可采用星状、树状和网状网络结构，由一个主节点管理若干子节点，最多一个主节点可管理 254 个子节点。同时主节点还可由上一层网络节点管理，最多可组成 65000 个节点的大网。

(7)高安全。ZigBee 提供了三级安全模式，包括无安全设定、使用访问控制列表（Access Control List，ACL）防止非法获取数据以及采用高级加密标准（AES-128）的对称密码，以灵活确定其安全属性。

(8)免执照频段。采用直接序列扩频在工业、科学、医疗（ISM）频段。

11.5.2　ZigBee 技术的协议构架

ZigBee 协议栈构架如图 11-10 所示，由应用层、汇聚层、网络层、数据链路层和物理层组成。IEEE 802.15.4 工作组主要负责制定了物理层和 MAC 层协议，其余协议主要参照和采用现有的传统无线技术标准。

IEEE 802.15.4 提供两个物理层：2.4GHz 和 868/915MHz 物理层。两者均采用直扩序列调制（DSSS）方式，868/915MHz 物理层采用简单的 DSSS 方法，2.4GHz 物理层采用基于 DSSS 方法的十六进制准正交调制技术。它们共享同一个基本包帧结构，具有较小的执行周期和功率消耗。这两个物理层的基本区别是频带不一样，2.4GHz 物理层规定运行在 2.4GHz 工业、科学、医疗（ISM）频带上，868/915MHz 物理层在欧洲运行在 868MHz 频带上，在美国运行在 915MHz 频带上[2]。

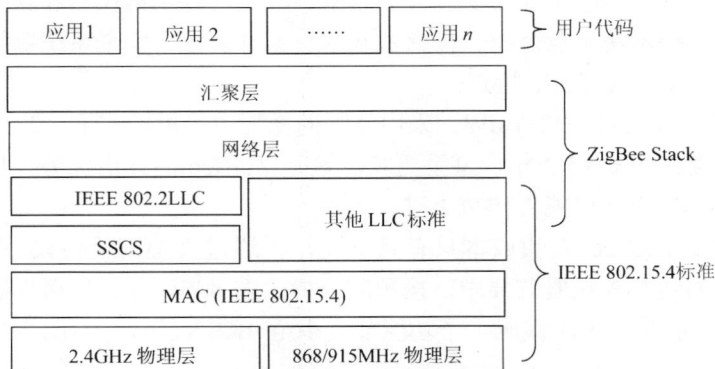

图 11-10　ZigBee 协议栈架构

两个物理层共有 3 个频带，被分为 27 个频率信道。868/915MHz 物理层在 868.0～

868.6MHz，支持一个信道，称为 0 号信道；在 902.0～928.0MHz 支持 10 个信道，称为 1-11 信道。2.4GHz 物理层在 2.4～2.483GHz 支持 16 个信道，称为 12～27 号信道。每个信道的频带带宽达 5MHz，易于满足发射和接收滤波器的设计要求[3]。

两个物理层均提供两种类型服务，即通过物理层管理实体接口(PLME)对物理层数据和物理层管理提供服务。物理层数据服务可以通过无线物理信道发送和接收物理层协议数据单元(PPDU)来实现。物理层的特征是启动和关闭无线收发器，能量检测，链路质量，信道选择，空闲信道评估(CCA)，并通过物理媒体对数据包进行发送和接收[4]。

IEEE 802 系列标准将数据链路层分成逻辑链路控制(Logical Link Control，LLC)和信道访问控制(MAC)两个子层。其中，LLC 子层在 IEEE 802.6 中定义，为 IEEE 802 标准系列共用，而 MAC 子层协议依赖于各自的物理层。通过业务相关汇聚子层 SSCS(Service Specific Convergence Sublayer)协议承载 IEEE 802.2 类型的 LLC 标准，且允许其他 LLC 标准直接使用 IEEE 802.15.4MAC 层的服务。IEEE 802.15.4 MAC 层的特点是具有关联性和非关联性、确认帧传递、信道访问机制、帧证实、保证时隙管理、信标管理。MAC 层也提供了两种类型的服务：通过 MAC 层管理实体服务接入点(MLME-SAP)向 MAC 层数据和 MAC 层管理提供服务。MAC 层数据可以通过物理层数据服务发送和接收 MAC 层协议数据单元(MPDU)[5]。

11.5.3　ZigBee 技术的网络拓扑结构

ZigBee 定义了 3 种拓扑结构：星型(Star)拓扑结构，主要为一个节点与多个节点的简单通信设计；树型(Tree)拓扑结构，使用分等级的树型路由机制；网格型(Mesh)拓扑结构，将 Z-AODV 和分等级的树型路由相结合的混合路由方法，如图 11-11 所示。

ZigBee 网络中的节点可分为 3 种类型。

(1) ZigBee 协调器(ZigBee Coordinator，ZC)：它用于初始化网络信息，负责网络的建立以及网络地址的分配，每个网络只有一个 ZC。

(2) ZigBee 路由器(ZigBee Router，ZR)：它是用跳频方式传递信息的路由器或中继器，负责找寻、建立以及修复文件包的路由路径，并负责转送文件包。

(3) ZigBee 端设备(ZigBee End Device，ZED)：它只能选择加入已经形成的网络，可以收发信息，但不能转发信息，它只有监视或控制功能，不能做路由或中继之用。

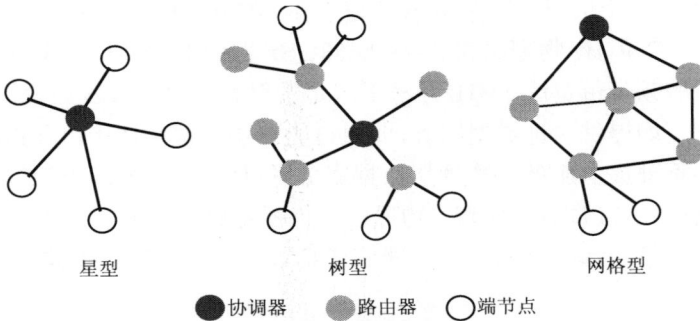

图 11-11　星型、树型和网格型拓扑结构

在 IEEE 标准中，ZED 被称为精简功能设备(Reduced-Function Device，RFD)，ZC 和 ZR 被称为全功能设备(Full-Function Device，FFD)。

无论是星型、树型，还是网格型拓扑结构，每个独立的 WSN 都有一个唯一的网络标识符(WSN ID)，每一种拓扑结构中的所有设备都有唯一的 64 位长地址，利用该长地址设备可以在网络中直接进行通信。如果设备成功加入了网络，则协调器会将该设备的 64 位长地址转换成 16 位短地址分配给该设备，只要不脱离网络，以后设备就可以利用 WSN 标识符，采用 16 位短地址进行通信。

11.6　基于 ZigBee 技术的石油钻井现场 WSN

11.6.1　系统结构设计

WSN 应用于钻井现场，一般的监控区域限定在 2000m×2000m 的范围内，根据安全布控和 ZigBee 技术要求，所需要的传感器节点数量应在 1000 个以内，节点大多数可重复利用，多数节点既不需要移动也不需要复杂的双向通信，只是简单地接收协调器和路由器命令执行相应的操作。因此，根据石油钻井现场的特点，设计一种 WSN 系统可以满足井场环境参数和钻井工况参数监测的要求，该系统的结构如图 11-12 所示[6]。

在图 11-12 中，网络根据监测点和监测区域将布置的节点划分成簇，每个簇由相互临近的节点组成，簇内节点数量不一定完全相同。端节点主要负责对井场参数进行监测。每一个簇头负责协调本簇中端节点的工作状态，并收集来自这些端节点的数据。在将本簇内的数据收集完后，簇头会把这些数据通过由簇头和协调器组成的骨干网传送给网关(协调器)，再由协调器传送至监控中心。

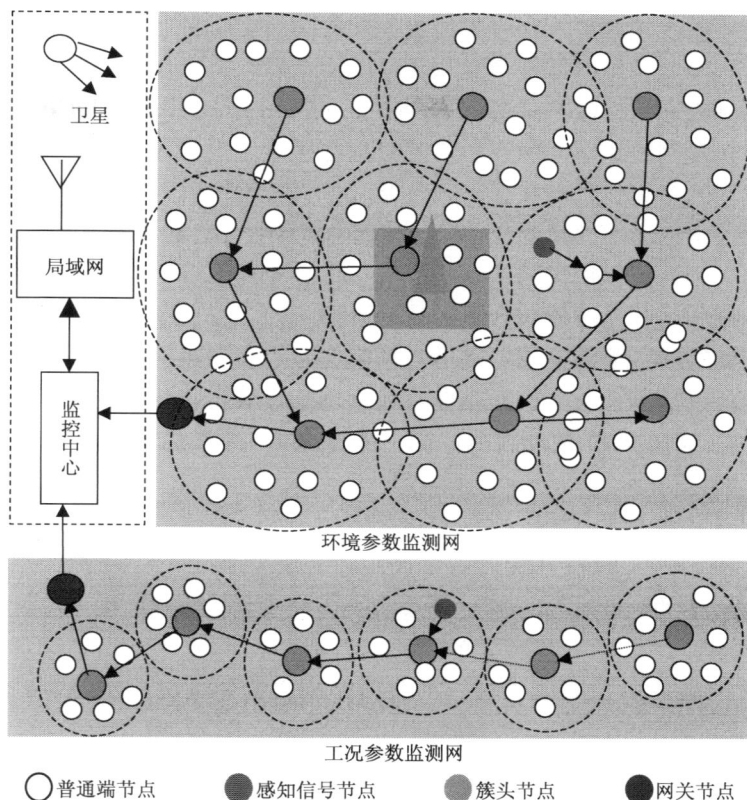

图 11-12　钻井现场 WSN 系统结构

　　网络可以分为两个层次：第一个层次由低传输范围的簇内端点（End Node，EN）和能量受限的簇内端节点组成，端节点根据实际需求布置在参数采集点，这些端节点根据簇生成算法与临近的簇头节点形成一个簇单元，构成监测系统的网络基础层；第二个层次由传输范围大、能容量大的簇头节点 CH 以及协调器节点组成，构成监测系统的骨干网络，负责整个网络监控数据的传输。

　　网络基础层都是独立的簇单元，包括一个簇头节点和多个端节点，每个端节点只能与它的簇头节点通信，端节点的传输距离仅限于自己所在的簇单元内，这样可以有效降低端节点的发射功率。

　　端节点的任务是负责对井场参数进行监测，将采集到的数据传送给簇头节点。为了有效避免簇内的多个端节点同时向簇头传送数据时出现冲突，采用簇内端节点按照时分多址接入（TDMA）方式与它的簇头进行通信。

　　簇头节点在本簇单元主要负责协调和收集端节点的工作状态和所监测的数据，并按照设计好的工作流程在特定的时间里向本簇各成员发送广播命令，以通知各成员进入睡眠或者向自己传输监测数据等。簇头节点在网络中承担两种功能：一是数据汇集融合功能，能够将本簇收集的数据和前面簇头转发过来的数据汇聚成一个数据包并向前转发；二是广播帧中继和数据路由功能，可以将协调器的广播命令中继转发到因距离较远而接收不到协调器广播命令的簇头节点，也可以将端节点发送的数据包路由转发到协调器，所有的监测数据都通过协调器发送到监控中心。监控中心根据收集到的参数信息对井场实时监控，随时监测井场内各监测参数的变化情况，对突发情况做出迅速的应急反应，根据准确的定位技术，对危险区域发出预警信号，此外，监控中心还可以通过无线远程系统接入企业内部专用局域网，形成一个能够实现本地监控和远程监控的综合无线监测网络。

根据井场实际监测的需要，端节点和簇头节点可以灵活配置。簇的数量可以根据井场空间环境和需要监测的参数非常灵活地划分确定，也可以根据需要随时进行增减，从而实现对井场参数的无缝监测。该网络具有拓扑控制机制和路由机制简单，能量消耗低的优点。

1. 钻井工况参数监测网

钻井工况参数主要包括地面设备的工作参数和井下工作参数。这些参数的采集点是相对固定的，即端节点的地理位置并不重要[7]。因此，按照钻井设备单元划分网络的簇单元，设备工作参数的采集点构成簇内端节点，每个设备单元分配一个簇头，若干设备单元的簇头与一个协调器构成钻井工况参数监测网的信息路由骨干网。

在钻井工况参数监测网络中，端节点负责对钻井工况参数进行监测；簇头节点则主要负责协调和收集簇内节点的工作状态和所监测的数据，并通过簇头转发的形式汇聚到网关(协调器)节点；协调器节点将本网络采集到的信息发送到监控中心。协调器可以选择安装在井架平台不受遮挡和限制的地方，它作为井场监测钻井工况的各传感器节点的核心，可以覆盖整个井场钻井工况参数监测的传感器节点，接收数据包和广播命令帧。簇头和端节点则分布在井场需要监测的钻井设备单元。

钻井工况参数监测网络采用星型链状结构，结构简单，组网方便，拓扑控制容易实现。

2. 环境参数监测网

钻井现场环境参数主要是温度、风向、CH_4 浓度和 H_2S 浓度。因气体随风飘散，信息来自哪一地理位置的端节点特别重要[8,9]。因此，钻井现场环境参数监测网的部署是将若干端节点相对均匀布置在监测区域内，按一定的比例均匀布置簇头节点，各端节点按照分簇算法寻找自己的簇头节点，形成若干簇单元——基础网络。若干簇单元的簇头与一个协调器构成钻井现场环境参数监测网的信息路由骨干网。

在钻井现场环境参数监测网络中，端节点负责对钻井现场环境参数进行监测；簇头节点则主要负责协调和收集簇内节点的工作状态和所监测的数据，簇内端节点的信息基于最小连通支配集算法经一跳或多跳方式传送给簇头，然后由簇头经路由骨干网转发的形式汇聚到协调器节点；协调器节点将本网络采集到的信息发送到监控中心。协调器安装在井架平台不受遮挡和限制的地方，接收数据包和广播命令帧。簇头和端节点则分布在井场所监测区域内。

根据钻井现场的实际情况和对环境参数监测的需求，端节点和簇头节点可采用人工的方式进行相对均匀的灵活配置，可随时进行簇的增减，实现对井场环境参数的无缝监测；通过簇内控制减少了节点与协调器远距离的信令交互，降低了网络建立的复杂度，减少了网络路由和数据处理的开销，同时又可以通过数据融合降低网络负载，而多跳也减少了网络的能量消耗。这是树型结构的层次型 WSN 应用于井场环境监测系统的显著优点。

3. 系统技术参数设计

（1）某油田井位，处于河滩地带，西南边散居农户，监测区域面积 2000×2000（m²）。

（2）设计区域覆盖率 $P=0.95$，覆盖重数 $k=8/6\approx1.333$。

（3）选用某型传感器节点，节点感知半径 $R_s \geqslant 50m$，节点发射半径 $R_c \geqslant 90m$，节点可配 5 号电池 2 只或 4 只。

（4）按正六边形节点覆盖模型，取节点覆盖率 $p=0.827$。

（5）平均邻居节点数 $n \geqslant 6$。

（6）计算覆盖数（节点数），依据式（11-8）得

$$n=\left\lfloor \frac{L}{\sqrt{3}R_s} \right\rfloor \times \left\lfloor \frac{W}{1.5R_s} \right\rfloor =616$$

$$N=kn=1.3333\times616\approx821$$

（7）网络寿命 $L_f \geqslant 360d$。

11.6.2　拓扑控制机制与节点定位方法

1. 钻井工况参数监测网

钻井工况参数监测网是一种链状结构的层次型 WSN，网关只能和离它最近的簇头节点进行通信。根据在钻井现场组建分簇式链状网络的需要，所设计的拓扑控制机制是在网络部署时，就规定每一个节点是簇头或端节点。簇头节点按顺序编号固定在钻井设备单元上形成网络的骨干结构，编号为 $[i]$（$i=1,2\cdots$，i 为簇头节点的编号）的簇头与编号为 $[i-1]$ 和 $[i+1]$ 的簇头相关联。端节点按所在的簇及在簇内的物理定义进行编号，编号为 $[i,j]$，（$i=1,2,\cdots,i$ 为簇头节点的编号；$j=1,2,\cdots,j$ 为簇内节点的顺序编号）。

2. 环境参数监测网

如图 6-12 所示，钻井现场环境参数监测网是一种树型结构的层次型 WSN，网络拓扑控制算法采用"能量高效的虚拟骨干网构造算法（EEVBC）"，节点定位采用"ADV-Hop 定位算法"。

11.6.3　路由机制

钻井工况参数监测网设计了一种各路由设备沿树选择路由的分级路由机制。网关和各簇头构成网络的树干，各端节点相当于树枝。网络中的路由节点与新加入的节点（端节点或另一个路由节点）连接时，就与新加入的节点形成父子关系，新加入的节点成为子节点，而原有的节点成为父节点。对于一个路由器，它的子节点以及子节点的以下各级节点都属于它的分支。假设某一路由器地址为 A，若地址为 D 的目标节点要成为路由器地址为 A 的分支节点。须满足式（11-13）

$$A < D < A + \text{Cskip} \tag{11-13}$$

式中，Cskip 为该路由器允许加入自己的最大节点数目。端节点无接收其他节点加入的能力，故无分支节点。一个路由器收到数据包后，如果目的地址为该节点的分支节点，则发送数据包到它的下一级路由器处理；否则，发送到它的父节点；数据包会沿着树干逐级传送到目标节点。根据这种路由方式，当某端节点要向网关发送数据时，数据包先传给本簇的簇头，再经前面的簇头逐级发送到网关节点，如图 11-12 所示。

从图 11-12 可以看出，为保证数据传输的可靠性，只需要保证单跳范围内的可靠无线通信，节点的无线收发器就可以在较低的功率级别上工作。此外，这种路由机制不必进行路由发现、建立和维护，从而进一步节省了能量开销，减少了数据包的传输延时，有利于网络的节能和监测信息的及时传输。

11.6.4　系统工作模式

节能是 WSN 设计关注的重要问题。一般是利用动态电源管理技术使系统各个部分都运行在节能模式下。结合钻井现场的工作特点，设计了两种工作模式：周期性工作模式和中断工作模式。

1. 周期性工作模式

在石油钻井现场，监控人员需要周期性地获得监测区域工况参数信息，以便随时掌握所监测区域工况参数的变化情况，因此设计了周期性工作模式。

在这种工作方式下，网关和簇头节点一直处于侦听状态，而端节点则处于周期性的睡眠和检测交替状态。网络每经过一个睡眠周期醒来，然后进行数据的发送，发送完毕后重新转入睡眠。

网络中各端节点和簇头节点发送数据的过程为：先由离网关最远的簇头节点收集本簇的数据，将各节点的数据融合后向相邻的前一个簇头转发；前一个簇头收到之后先收集本簇的数据，连同其后面簇头转发过来的数据一起融合，再向它的前一个簇头转发；它的前一个簇头接收到后同样先进行本簇数据的收集，然后连同后面簇头传过来的数据一起进行融合、向前转发，这样由远到近依次进行，直到离网关最近的簇头融合好各个簇的数据并转发至网关，其工作流程如图 11-13 所示。这种发送方式可以避免各个簇头同时收集簇内数据造成的冲突。其中，每个簇头对本簇数据的收集是通过簇内各端节点分时隙将数据传给簇头实现的。

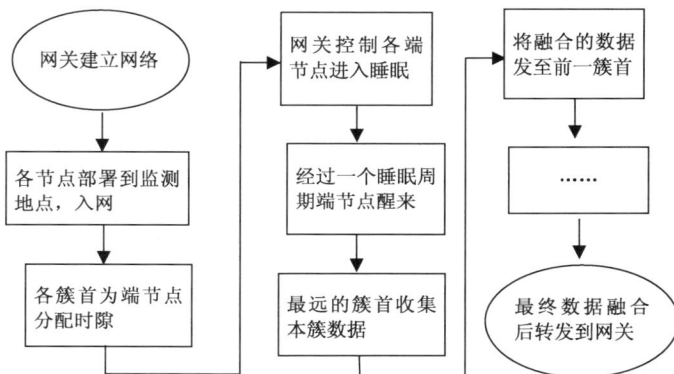

图 11-13　周期性模式流程图

在周期性巡检工作方式下，监控中心可按设定要求 WSN 每隔一定时间周期性地传送所监测区域的信息，以便随时掌握所监测区域信息的变化情况。

2. 中断工作模式

在钻井现场紧急事件(如硫化氢浓度超限)发生的情况下，监控人员需要通过监控系统尽可能快地得到实时的参数信息，以便及时采取措施，因此设计了中断工作模式。

在该模式下，设计 WSN 的网关和簇头节点一直处于侦听状态，而端节点绝大部分时间处于睡眠状态，传感器则不间断地监测参数。只有当传感器监测值超限或在其他规定的情况下，传感器才通过外部电路以中断方式唤醒端节点，然后端节点立即按上述路由机制将监测数据向网关汇聚。中断工作模式下的工作流程如图 11-14 所示。

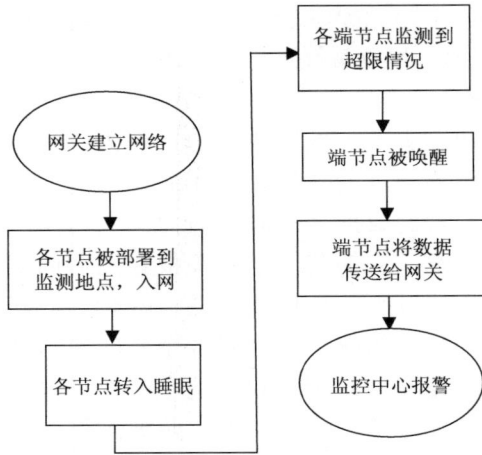

图 11-14　中断模式流程图

在中断唤醒工作方式下，WSN 实现对井场气体浓度的日常监测，只有在气体浓度超限的情况下才立即传送监测信息，以便及时采取措施避免事故的发生。

11.7　实验测试

11.7.1　实验方法

所设计的基于 ZigBee 技术的 WSN 在实验室进行了模拟实验。图 11-15 所示为实验中的层次型传感器网络。

图 11-15　基于层次型传感器网络钻井现场参数监测模拟实验

网络的骨干结构由 1 个协调器和 6 个簇头节点组成。每个簇头带 3～5 个端节点。

节点之间的距离大于 1m。协调器通过 RS-232 串口与笔记本电脑相连，通过笔记本电脑可以观察网络的工作情况。为方便测试系统的工作情况，在端节点处外接一个数字计数芯片，芯片定期的产生 0～255 的随机数，节点的微处理器通过外部接口读取计数值并以多跳的方式传送到协调器。

11.7.2　中断模式实验

设置计数芯片每隔 1s 产生一次随机数。当计数超过阈值时，芯片所连接的发光二极管会点亮以示报警，此时计数芯片输出一个电脉冲将端节点唤醒，端节点立即通过簇头节点按照所设计的拓扑控制机制和路由机制向协调器传送数据。实验中通过设置芯片的计数阈值，使各个节点都会在 1h 的时间内发生 10 次计数超限情况。观察网络工作 1h，统计协调器接收到各个节点的超限计数值的次数如图 11-16 所示。从实验结果可以看出网络在中断方式下能够稳定工作，超限数据能够及时传输到协调器，网络数据传输有效率达 97.3%。

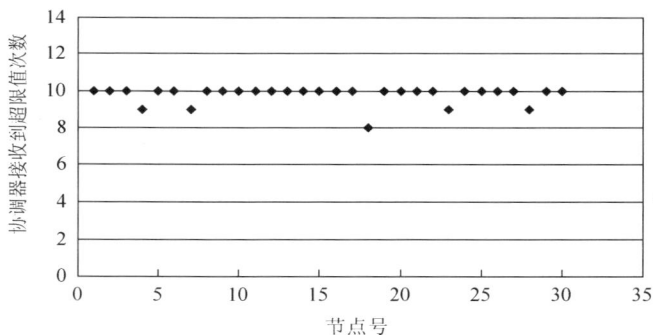

图 11-16　协调器接收到各节点超限值的次数统计

11.7.3　周期性模式实验

设置计数芯片每隔 1s 产生一次随机数。协调器广播控制睡眠的命令使各个端节点入睡，设置端节点的睡眠周期为 2.5min；端节点每次醒来后，按上述周期性的工作方式将各自当前的计数值通过簇头根据所设计的拓扑控制机制和路由机制转发至协调器；传输完毕后协调器再次广播使网络转入睡眠。本实验中为避免簇内的冲突设置端节点的时隙长度为 20ms。通过观察每个周期内协调器是否收到了全部端节点的数据可以得到周期性方式的监测结果。观察网络持续工作 4h，统计每个周期内将数据成功传输到协调器的端节点个数如图 11-17 所示。从图中可以看出网络数据传输情况良好，实现了稳定可靠地对数据进行周期性采集，网络数据传输有效率达98.4%。

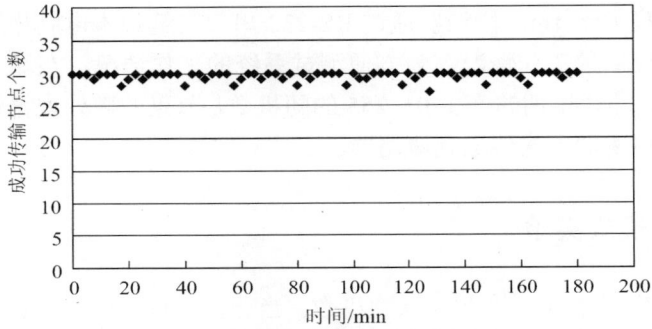

图 11-17 协调器周期性接收数据统计

参 考 文 献

[1] Akyildiz I F, Su W, Sankarasubramaniam Y, et al. Wireless sensor networks: a survey. Computer Networks, 2002, 38: 393-422.

[2] Baronti P, Pillai P, Chook V W C, et al. Wireless sensor networks: A survey on the state of the art and the 802.15.4 and ZigBee standards. Computer Communications, 2007, 30: 1655-1695.

[3] Heinzelman W R, Chandrakasan A, Balakrishna H.An application-specific protocol architect-ure for wireless Microsensor networks.IEEE Transactions on Wireless Communications, 2002, 1(4): 660-670.

[4] IEEE Groups. IEEE802.15.4-2003.http//www.ieee.com 2004.8.

[5] Overview of the IEEE802.15.4 PHY Baseline. IEEE P802.15 Working Group for Wireless Personal Area Networks, doc: IEEE802. 15. 4-01 /358r0.

[6] 赵仕俊, 丁为, 张朝晖. 基于 ZigBee 技术的石油钻井现场 WSN 研究. 石油矿场机械, 2009, 38(7): 15-19.

[7] 赵仕俊, 张仲宜, 赵京坤. 数字化钻井系统的构建及相关问题研究. 石油矿场机械, 2005, 34(1): 16-19.

[8] 赵仕俊, 刘育才. 数字化钻井系统信息资源的开发利用研究. 石油矿场机械, 2006, 35(1): 10-13.

[9] 唐懿芳, 穆志纯. 油气长输管道运行的天线传感器网络监测系统. 油气田地面工程, 2010, 4(29): 60-61.